普通高等教育农业农村部“十三五”规划教材

园艺植物病理学

主　编　童蕴慧　陈夕军

副主编　谢甲涛　杨荣明　刘淑艳　贺振

编　委　扬州大学　童蕴慧　陈夕军　张清霞　贺振　陈宸

江苏省植物保护植物检疫站　杨荣明

江苏省农业科学院　魏利辉　刘邮洲

华中农业大学　谢甲涛

江西农业大学　蒋军喜

吉林大学　刘金亮

吉林农业大学　刘淑艳

山东农业大学　丁新华

内蒙古农业大学　张笑宇

中国中医科学院　王铁霖

科学出版社

北　京

内 容 简 介

《园艺植物病理学》为普通高等教育农业农村部“十三五”规划教材。本书内容丰富，涵盖了园艺学科的蔬菜、果树和中草药等内容。全书分为总论和各论两部分：总论（第一章至第七章）主要介绍植物病理学的发展历程及性质和任务、植物病害的概念和种类、病原种类与所致病害特点、植物病害的发生与流行、植物病害的诊断和防治等；各论（第八章至第十九章）主要介绍苹果、梨、桃、葡萄、柑橘、柿、猕猴桃、杨梅等果树病害，茄科、葫芦科、十字花科、豆科等蔬菜及水生蔬菜病害，以及主要栽培药用植物病害。每种病害主要介绍其症状、病原、病害循环、影响病害发生的因素及综合防治措施等。

本书可作为高等农业院校植物保护、农学、园艺等植物生产类相关专业的本科生教材，也可作为广大园艺科技工作者和基层园艺技术推广人员的参考书。

图书在版编目（CIP）数据

园艺植物病理学 / 童蕴慧，陈夕军主编．—北京：科学出版社，2021.11
普通高等教育农业农村部“十三五”规划教材
ISBN 978-7-03-070125-1

Ⅰ．①园…　Ⅱ．①童…　②陈…　Ⅲ．①园艺作物－植物病理学－高等学校－教材　Ⅳ．① S436

中国版本图书馆CIP数据核字（2021）第212037号

责任编辑：张静秋 / 责任校对：严　娜
责任印制：赵　博 / 封面设计：蓝正设计

科学出版社出版
北京东黄城根北街16号
邮政编码：100717
http://www.sciencep.com
北京市金木堂数码科技有限公司印刷
科学出版社发行　各地新华书店经销

*

2021年11月第　一　版　开本：787×1092　1/16
2024年1月第四次印刷　印张：21　插页：3
字数：561 000

定价：69.80元

（如有印装质量问题，我社负责调换）

前言

“园艺植物病理学”是农学类专业的重要专业课程。随着我国设施园艺产业的大力发展，园艺植物病害的种类、症状类型、发生趋势、流行规律和防控措施等都发生了较大变化。为应对新形势下园艺产业需求，培养具有扎实学科理论基础、较强实践动手能力和积极创新精神的新型农业人才，我们组织了国内多所高校、科研院所和推广一线的专家共同编写了这本《园艺植物病理学》。为兼顾不同地理区域园艺植物种类和病害的差异，这些专家来自全国各地，从而使教材的内容更全面、更具代表性。

本书共分两部分：第一章至第七章为总论部分，主要介绍了植物病害的概念、引起植物病害的各种生物与非生物因子、植物病害的流行与预测、植物病害的诊断，以及植物病害的防治等；第八章至第十九章为各论部分，其中第八章至第十三章介绍了果树病害，第十四章至第十八章介绍了蔬菜病害，第十九章介绍了药用植物病害。所有章节均对原有的教学内容进行了拓展和更新，例如，一些病原属、种的重新划分和定名；已被禁用的高毒、高残留化学农药的剔除，新型低毒、高效、高残留农药的增补；新型栽培方式、新选育抗病品种，以及新型防治方法在园艺植物病害防控上的应用等内容。书中部分图片旁附有二维码，可扫码看彩图；全书最后也附有部分园艺植物病害的彩图。

本书的编写和出版得到了扬州大学、吉林大学、华中农业大学、山东农业大学、江西农业大学、吉林农业大学、内蒙古农业大学、江苏省植物保护植物检疫站、江苏省农业科学院、中国中医科学院和科学出版社等单位的大力支持。编写过程中参考了大量文献，在此对各位作者表示诚挚的谢意。

我们已尽最大努力减少书中的疏漏，但受编者业务水平和知识面所限，书中难免有不足之处，敬请读者斧正，以便再版时修订。

编　者

2021年5月

目　录

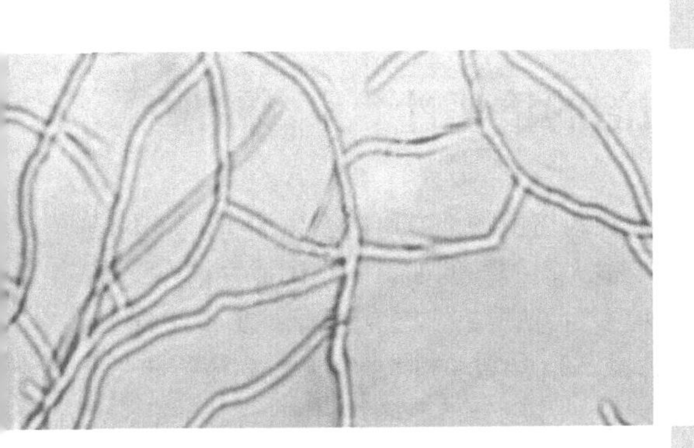

总　　论

第一章　绪　　论

园艺植物病理学是农业科学的一个重要分支学科，是植物病理学的重要组成部分，主要研究引起园艺植物病害的各种生物与非生物因子、病害的发生发展规律、病原与寄主植物间的互作机制，以及病害控制的基本理论与方法。

第一节　植物病害防治的重要性

与人类有时会感染疾病一样，在自然界中野生植物和栽培植物都有可能发生病害。病害是园艺植物生产中严重的自然灾害之一，往往对产量造成很大损失。例如，新中国成立前夕，东北地区由于苹果树腐烂病严重发生，病死苹果树达140多万株，减产2.5亿公斤；20世纪80年代，由于黑星病危害，梨树常年病果率达30%～60%，减产达30%～50%；在黑痘病流行年份，长江流域及沿海地区葡萄减产高达50%以上。蔬菜病害中，茄科和瓜类的灰霉病、白粉病、枯萎病、根结线虫病和病毒病等，都是生产上突出的病害。此外，全国各地普遍发生的大白菜病毒病、霜霉病、软腐病，以及茄黄萎病、辣椒疫病等，也是生产上的重要问题。

因此，为了保证高产、稳产和优质，必须加强园艺植物的病害防治工作。对园艺植物病害的防治是植物保护事业中的重要组成部分，更是我国农业现代化建设中不可缺少的一部分。

第二节　植物病理学发展简史

植物病理学是生物科学中发展较晚的一门学科，仅有不到200年的历史。但是，在人类悠久的农业生产实践中，已逐渐积累了很多关于植物病害的知识和防治经验。中国最早记载植物病害的典籍是公元前239年《吕氏春秋·士容论》的“审时”篇，有“先时者，暑雨未至，胕动蚼蛆而多疾”，即种得早的麦子，夏雨未到就发生了病虫害。晋朝葛洪在《抱朴子》中提到病害的防控方法，“铜青涂木，入水不腐”，即用氧化铜来涂木材，可以防止腐烂霉变。宋朝韩彦直在《橘录》中也记载了多种病虫害的防治方法，南宋林椿更是在《枇杷山鸟图》中绘出了枇杷叶斑病的症状。1834年，朝鲜人徐有榘所著《杏蒲志》中的种梨项，提到“梨最忌桧[①]，梨林相望之地，有一松树，浑林皆枯”，简朴地描述了梨锈病的发生与桧柏的关系，直到1903年，日本学者宫部金吾才用实验证明这是一种锈病的转主寄生现象。

人类对植物病害的正确认识经历了一个漫长的过程：早期对于植物病害发生原因的认识普遍受神道观念的影响，在寄生性植物病害的研究中又陷入病菌自生论的错误；此后很多人认为植物病害是由不适宜的气候直接引起的，虽然在植物病体上发现了菌体，但均认为这是植物组织病后的产物，而不是引起病害的原因。

---

① 即桧柏，或翠柏、龙柏、球柏等松柏科树木

19世纪中叶，欧洲资本主义兴起，社会生产力和自然科学都有了较大的发展。生物学家达尔文（C. R. Darwin，1809～1882，英国）的物种起源学说，有力打击了迷信的观念。巴斯德（L. Pasteur，1822～1895，法国）证明了微生物是由原先已经存在的生物繁殖而来，植物由于被某种微生物寄生后才引起病害，从而彻底推翻了"病菌自生论"，树立了微生物病原学说。大约与巴斯德同期，德巴里（Anton de Bary，1831～1888，德国）以仔细观察和精确的实验研究，阐明了许多真菌对植物的致病性及其生活史和病害循环，为植物病理学的发展做出了划时代的贡献。1878年，柏烈尔（T. J. Burrill，美国）首次确定细菌能引起植物病害，指出梨火疫病的病原是一种细菌。1892年，伊凡诺夫斯基（俄国）用实验证明，在烟草花叶病染病植株的汁液中，存在着一种可以透过细菌滤器但不能在普通显微镜下被观察到的微小病原，即病毒。1935～1936年，史丹莱（W. N. Stanicy，美国）和鲍登（F. C. Bawden，英国）在患病烟草的汁液中，各自得到具有侵染性的蛋白质结晶体，鲍登证明了该结晶体是核蛋白。

关于化学防治方法的发展，应该归功于密耶德（A. Millardet，法国），他在波尔多等地区的实地考察中，偶然发现一个葡萄园的农民为防止偷窃，在靠近路旁的葡萄叶上喷洒硫酸铜和石灰的混合液，这些喷过混合液的叶片上都没有发生霜霉病。他立即对这一现象进行深入研究，确认了这种混合液的杀菌防病作用，并在1883年发表了用波尔多液防治植物病害的经典报告。很快波尔多液被应用于防治危险性的葡萄霜霉病，拯救了法国当时面临危机的酿造业。不久，波尔多液被广泛应用于防治其他许多由真菌和细菌引起的植物病害。

我国已故植物病理学家戴芳澜，对许多真菌类群的形态和分类进行了深入细致的研究。他早期曾从事果树病害的研究工作，出版和发表过许多著作和文章：1937年出版并于1958年修订的《中国经济植物病原目录》，1979年出版的《中国真菌总汇》，1933年发表的《梨锈病及其防治法》和1934年发表的《石榴干腐病》，都是我国真菌鉴定工作中不可缺少的文献。已故植物病理学家魏景超的研究包括真菌、病毒等方面，曾发表《苹果轮纹褐腐病》（1941年）和《四川甜橙之贮藏病害》（1941年）等文章。王清和在果蔬病害研究方面也取得了令人瞩目的成就。

近代园艺植物病理学的发展甚为迅速，特别是20世纪60年代以来，由于遗传学、微生物学、生物化学、分子生物学、电子显微技术、电子计算机等学科的发展和应用，植物病理学已深入到更本质的研究。例如，病原生理生化和致病性变异的研究，植物抗病机制和抗病性遗传的研究，植物病毒本质的研究，植物病原类菌原体、螺原体、类立克次体和类病毒的发现等；在园艺植物病害的流行中，应用电子计算机测报病害的发生；在化学防治上，高效低毒内吸杀菌剂的应用，抑制固醇杀菌剂的发现，以及利用抗生素防治园艺植物病害等。这些新领域的成就，都促使园艺植物病理学不断向前发展。

第三节　园艺植物病理学的性质和任务

园艺植物病理学是植物病理学的一个分支，它是研究园艺植物病害的发生、发展规律及防治方法，提高园艺植物的产量和品质，为农业生产服务的一门学科。园艺植物病理学的主要内容包括：病害的分布、症状、病原、发生、发展、流行、测报和防治等。因为引起园艺植物病害的因素非常复杂，所以园艺植物病理学与其他学科，如植物学、植物生理学、微生物学、昆虫学、土壤肥料学、农业气象学、栽培学、化学、生物化学和遗传育种学等都有密切的关系。在学习和研究园艺植物病理学时，必须注意它与有关学科的联系，才能全面掌握园艺植物高产、稳产、优质的栽培技术，做好园艺植物病害的防治工作。

学习园艺植物病理学的任务是在认识园艺植物病害重要性的基础上，掌握主要园艺植物重要病害的发生、发展规律，吸取前人研究成果和国内外最新成就，结合生产实际，积极推广行之有效的综合防治措施，不断总结防治经验，进一步提高防治水平。同时，对有些新发生的、目前尚未明确发病规律的病害，要加强科学研究工作，以提高理论水平、解决生产问题。

第四节　我国园艺植物病害研究工作的成就

新中国成立后，我国制订了正确的植保工作方针和政策，广泛建立了植物保护和植物检疫机构，培训了大批植保技术人员，积极开展实验研究和大面积防治工作，取得了显著成绩，为农业生产做出了重大贡献。

在果树病害方面，东北地区苹果树腐烂病的防治成绩十分显著，通过清洁田园、加强栽培管理、进行病部治疗等综合防治措施，使病情逐年减轻，至1952年基本控制了此病的危害与发展。我国的植物病害研究者还明确了梨黑星病菌的初次侵染来源及病害的有效防治途径；探明了柑橘疮痂病的发病规律和有效防治的药剂，并提出根据物候期施药的针对性措施；证明利用四环素族抗生素及青霉素处理病株或病株接穗，可以抑制柑橘黄梢病症状的表现，明确了柑橘黄梢病的病原为韧皮部杆菌属；此外，还对苹果锈果病、炭疽病和柑橘溃疡病、树脂病，以及葡萄白腐病、枣疯病等病害的发生规律及防治实验，做了大量工作，取得了一定成果。

20世纪50～60年代，我国对十字花科蔬菜病毒病的病原鉴定，对大白菜三大病害（软腐病、霜霉病和病毒病）和马铃薯晚疫病等的流行规律及防治的研究均取得了较大成就。70年代，针对严重影响蔬菜生产的黄瓜枯萎病、疫病、霜霉病，以及茄黄萎病、番茄病毒病等，各地开展了病原鉴定、流行规律、抗病育种及防治等新技术研究，大大提高了防治水平。近年来，随着设施园艺植物栽培面积的逐年增加，对温室内的严重病害，如灰霉病、白粉病、根结线虫病等的研究也取得了较大进展，研发了一系列防控技术。

我国的植保方针是“预防为主，综合防治”。在综合防治中，要以农业防治为基础。为了加速实现我国农业现代化，植保工作也必须迅速赶上世界先进水平。现代化的植保工作，应在充分掌握病虫发生、消长、扩散、传播等规律的基础上，运用先进的科学技术，综合采用农业、生物、物理、化学等多种手段，安全、高效地把植物病虫害长期控制在经济允许水平之下，从而使植保工作对现代农业的高产、稳产、优质发挥更大的作用。

第二章　植物病害的概念

植物正常的生长发育需要适宜的养分、水、温度、光照等，当环境中这些因子缺乏或过量，或有病原为害时，植物常表现出异常状态，如出现病斑、生长不良、发育畸形等，严重时植株部分或整株死亡。

第一节　植物病害的定义

植物在生长、发育和贮运过程中，由于遭受病原的侵袭或不利环境条件的影响，其生长和发育受到阻碍，因而在生理、组织结构和形态上表现异常状态，导致产量降低、品质变劣，甚至造成植株死亡的现象，称为植物病害。

植物病害的发生必须具有病理变化的过程，简称病变。植物遭受病原的侵染或不利环境条件的影响后，往往先引起生理机能的改变，然后造成植物组织、形态的改变。这些病变均有一个逐渐加深、持续发展的过程。例如，苹果树皮受到腐烂病菌侵染后，首先是病部的呼吸作用不正常提高，病菌分泌酶和毒素使树皮细胞死亡、组织瓦解，树皮呈现变色和腐烂，随着腐烂部分的增加和扩大，树体营养物质运输受到的阻碍越来越大，致使枝条发育不良、生长衰弱，最后造成枝条枯死或全树死亡。又如铁对叶绿素的形成有催化作用，植物缺铁时，影响叶绿素的合成，引起叶片褪绿或黄化。植物病害和一般的机械创伤不同，例如，雹害、风害、机械造成的损伤，以及昆虫和其他动物的咬伤、刺伤等，都是植物在短时间内受外界因素作用而突然形成的，没有病理变化过程，这些都不是植物病害。但是机械创伤会削弱树势，且伤口的存在往往成为病原侵入植物的门户，诱发病害的发生。所以许多病害常在暴风雨后流行。

此外，从生产和经济的观点出发，有些植物由于生物或非生物因素的影响，尽管发生了某些变态，但是却增加了它们的经济价值，同样也不称为植物病害。例如，被黑粉菌寄生的茭白，因受病菌刺激，幼茎肿大形成肥嫩可食的组织；单色郁金香在感染碎色病毒后，更具经济和观赏价值；弱光下栽培的韭黄和葱白，因其比正常光照条件下生长的韭菜和大葱鲜嫩而受人们喜爱。虽然这些都是“病态”的植物，但是它们却有更高的经济利用价值。

第二节　影响植物病害发生的因素

植物病害是植物在病原和外界环境条件影响下导致的植物生病的过程。因此，影响植物病害发生的基本因素是病原、寄主植物和环境条件。病害发生的原因（即病因）可分为两大类：一类是不适宜的物理、化学等非生物的因素，如营养物质缺乏或过多、水分供应失调、温度过高或过低、日照不足或过强、空气中存在有毒气体，以及农药使用不当等。非生物因素引起的病害不能互相传染，没有侵染过程，因此称为非传染性病害，又称为非侵染性病害。另一类则是由生物因素所引起的病害，能互相传染，有侵染过程，称为传染性病害或侵染性病害，侵染性病害是病原在环境条件影响下与植物相互斗争，并最终导致植物发病的过程。

一、病原

传染性病害的病原种类繁多，分别来自原生动物界、色菌界、真菌界、细菌界、病毒界、动物界与植物界，如根肿菌、黏菌、卵菌、真菌、细菌、病毒、类病毒、线虫和寄生性种子植物等。在植物病理学中，把寄生于其他生物的生物称为寄生物（parasite）；被寄生的生物称为寄主（host）。能诱发寄主发病的生物称为病原（pathogen）。寄生物不一定是病原，病原也不一定是寄生物。

植物病原的存在及其大量繁殖传播是植物病害发生发展的重要因素。因此，消灭或控制病原的传播和蔓延是防治植物病害的重要措施。

二、寄主植物

植物病害的发生除了病原以外，还必须有感病寄主植物的存在。当病原侵染植物时，植物本身并不是完全处于被动状态，相反它要对病原进行积极抵抗。植物先天的免疫系统主要由两个免疫反应组成，即病原相关分子模式激发的免疫反应（PAMP-triggered immunity，PTI）和效应蛋白激发的免疫反应（effector-triggered immunity，ETI）。所以，有病原存在时植物并不一定生病。病害发生与否，常取决于植物抗病能力的强弱，如果植物本身抗病性强，即使有病原存在，也可以不发病或发病很轻。因此，栽培抗病品种和提高植物的抗病力，是防治植物病害的主要途径之一。

三、环境条件

植物病害发生的环境条件，包括气候、土壤、栽培等非生物因素，以及昆虫、其他动物及植物周围的微生物区系等生物因素。传染性病害的发生，除了必须存在病原和寄主植物外，还必须具有一定的环境条件。

环境条件一方面可以直接影响病原，促进或抑制其生长发育；另一方面也可以影响寄主的生活状态，影响其感病或抗病的能力。因此，只有当环境条件有利于病原而不利于寄主植物时，病害才能发生和发展；反之，当环境条件有利于寄主植物而不利于病原时，病害就不发生或者受抑制。例如，梨锈病若逢早春多雨，则梨锈病菌的冬孢子角吸水膨大，萌发产生担孢子进行侵染，使梨树严重发病；反之，如果早春干旱，降水量小，就不发病或发病轻微。

非传染性病害的病因是一些物理或化学因素，这些因素本身也是植物的环境条件，由于某种条件不适宜，超出植物的适应能力，引起植物病理变化而成为一种病因。一种环境因素成为病因后，其他环境因素对非传染性病害的发生发展也起着重要作用，所以不能把非传染性病害简单地看作是植物与病因孤立地、相互起作用的结果。例如，良好的栽培管理可以提高植物的抗逆能力，干旱和高温可增加日灼病的发生；土壤pH的变化可影响土壤中营养的有效性等。环境条件中的生物也可影响非传染性病害，在植物叶表面发现的几种冰核细菌，它们可促成霜害，就是典型的例证。因此，环境条件也是通过对植物的感病性和病因的作用来影响非传染性病害的发生和发展。在防治病害时必须充分重视环境条件，使之有利于植物抗病力的提高、不利于病原的发生和发展，从而减轻或防止病害的发生。

综上所述，强致病力的病原、感病的寄主植物和适宜的环境条件是植物病害发生的三个基本因素，病原和寄主植物之间的相互作用是在环境条件影响下进行的，这三个因素的关系称为植物病害的三角关系（disease triangle）（图2-1左）。

在农业生产中，植物病害造成严重损失时，人的因素往往起着重要的作用。生物在长期的进化过程中，经过自然选择，自然界呈现一种平衡、共存的状态，植物和病原也是这样。人类开始农业生产活动后，对这种自然平衡有很大的影响。不少病害的发生是人类自己造成的，如实行不适当的耕作制度、种植不适当的作物或品种、采用不适当的栽培措施、人为引进危险性病原和过量施用农药造成环境污染等。18世纪末，美国引进亚洲板栗时，将干枯病菌带入美国，几乎毁掉了北美洲的栗树。由此可见，在植物病害发生发展过程中，人的因素是非常重要的。因而有人提出了植物病害的四角关系（disease square）（图2-1右），即除病原、寄主植物和环境条件之外，再突出人的因素。

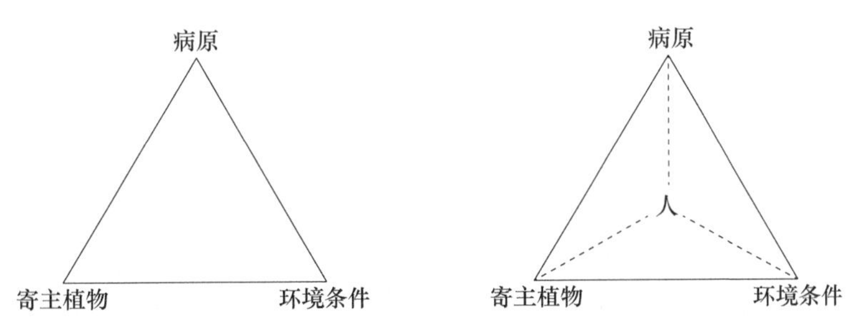

图2-1　病害三角（左）与病害四角（右）

第三节　植物病害的分类

一种植物可以发生多种病害，一种病原也可以侵染多种植物，且各种病害的症状、危害部位、发生时期、传播方式等也不同，因此植物病害的分类方法有多种。

一、按寄主植物分类

植物病害按寄主植物分类可分为大田作物病害、果树病害、蔬菜病害、观赏植物病害和林木病害等。这种分类方法的优点是便于了解一类或一种作物的病害问题。

二、按发病部位分类

植物病害按发病部位分类可分为局部性病害和系统性病害。局部性病害又可分为根病、叶病、茎病、花病和果实及种子病害等；系统性病害又称为全株性病害。这样分类便于病害的诊断。

三、按病因分类

植物病害按病因分类可分为非传染性病害和传染性病害两大类。传染性病害又可根据病原的种类分为原生动物病害、卵菌病害、真菌病害、病毒病害、细菌病害、线虫病害和寄生性种子植物病害等。按病原分类的优点是每一类病原所致病害均有其共性，因此这种分类法最能说明各类病害发生和发展的规律及其防治特点。

四、按传播方法分类

植物病害按传播方法分类可分为气流传播、水流传播、土壤传播、种苗传播、机械传播和昆虫传播等病害。这种分类方法便于根据传播特点来考虑防治措施。

五、按生育阶段分类

植物病害按生育阶段分类可分为苗期病害、成株期病害、花期病害、果（穗）期病害和贮藏期病害等。

第四节　植物病害的症状

植物生病后，由于病原的影响而发生一系列病变。按病变发生的顺序，首先是植物生理方面的变化，如呼吸作用和蒸腾作用加强、同化作用降低、酶的活性和碳氮代谢改变，以及水分和养分吸收运转的失常等，称为生理病变。接着是内部组织的变化，如叶绿体或其他色素体减少或增加、细胞数目和体积增减、维管束堵塞、细胞壁加厚，以及细胞和组织坏死等，称为组织病变。继生理和组织病变以后，才出现外部形态的变化，如植物的根、茎、叶、花、果实的坏死、腐烂、畸形等，称为形态病变。由此可见，生理病变是组织病变和形态病变的基础，组织和形态上的病变又进一步扰乱了植物正常的生理程序，这样不断地互相影响，病变逐渐加深，植物的不正常表现也越来越明显。

植物生病后其外表的不正常表现称为症状。植物病害的症状是它内部发生病变的结果。其中植物本身的不正常表现称为病状。有时在病部可以看见一些病原的结构，称为病征。凡植物病害都有病状，而病征只有在卵菌、真菌、部分细菌和寄生性种子植物所引起的病害中表现较明显。病毒、亚病毒和部分原核生物寄生在植物细胞内，在植物体外无表现，所以它们所致的病害无病征。植物病原线虫多数在植物体内寄生，一般植物体外也无病征（但胞囊线虫可外寄生于植物根表面，形成病征）。非传染性病害是由不利的非生物因素引起的，所以也无病征。各种植物病害的症状均有一定的特征，又有相对稳定性，所以是诊断病害的重要依据之一。

一、病状类型

（一）变色

植物生病后，病部细胞内的叶绿素被破坏或其形成受到抑制，以及其他色素（如花青素）形成过多而出现不正常的颜色，称为变色（图2-2）。其中，以叶片变色最为明显，叶片全部或部分变为淡绿色或黄绿色称为褪绿；全叶或半叶发黄称为黄化；叶片不均匀褪色、

图2-2　变色

A. 褪绿；B. 黄化；C. 花叶；D. 红叶；E. 脉明；F. 脉带

扫码见彩图

呈黄绿相间称为花叶；叶片因叶绿素合成受阻，花青素含量增加，导致全叶变红色或紫红色称为红叶；叶脉失绿成半透明状称为脉明；叶脉边缘出现明显浅绿色或深绿色称为脉带。例如，苹果花叶病、黄瓜病毒病、栀子黄化病、豌豆黄顶病等均会导致叶片变色。

（二）坏死

坏死是指植物发病后细胞组织死亡，但还保持原有的组织和细胞轮廓（图2-3）。植物的根、茎、叶、花、果等都能发生坏死，坏死在叶上常表现为叶斑和叶枯。叶斑根据其形状的不

图2-3　坏死

A. 圆斑；B. 角斑；C. 条斑；D. 环斑；E. 轮纹斑；F. 穿孔；G. 疮痂；H. 溃疡

扫码见彩图

同，分为不受叶脉限制的不规则斑和圆斑，受叶脉限制的角斑和条斑，以及病斑边缘着生环状结构的环斑和轮纹斑等，有些叶斑会造成病部脱落而形成穿孔。植物果部除形成病斑外，有些果实表皮组织会木栓化，形成粗糙的隆起，称为疮痂。在树木枝干上导致的皮层坏死、病部开裂凹陷、边缘木栓化称为溃疡。例如，苹果圆斑病、黄瓜细菌性角斑病、番茄条斑病毒病、番茄细菌性溃疡病、茄轮纹病、桃穿孔病、马铃薯疮痂病、猕猴桃溃疡病等均会导致坏死。

（三）腐烂

腐烂指植物发病后整个组织和细胞被破坏并发生消解（图2-4）。植物的根、茎、花、果均能形成腐烂，分别称为根腐、茎腐、花腐和果腐。根据腐烂部位细胞消解速度和失水情况，腐烂又可分为干腐、湿腐和软腐，其中含水分较多的组织发病后往往形成湿腐和软腐，而比较坚硬、含水分较少的组织则易形成干腐。例如，苹果树腐烂病、黄瓜绵腐病、大白菜软腐病等均会导致腐烂。幼苗茎基部或根部组织腐烂可造成幼苗死亡，出现猝倒或立枯的病状，如茄立枯病。

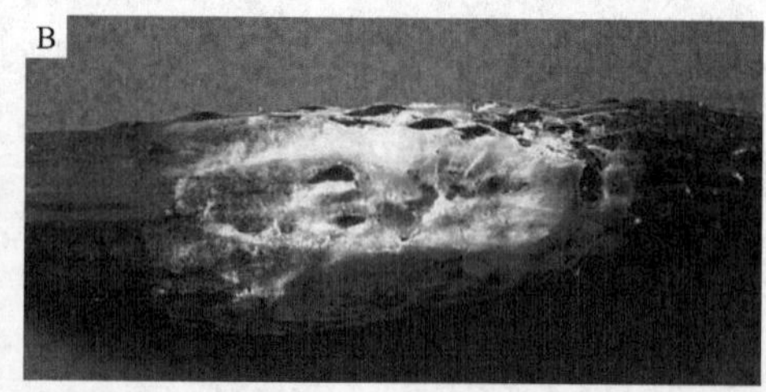

图2-4 腐烂

A. 干腐；B. 湿腐；C. 软腐；D. 立枯；E. 猝倒

扫码见彩图

（四）萎蔫

植物因失水而表现出枝叶萎垂的状态称为萎蔫（图2-5）。植物的萎蔫可以由多种原因引起，茎部的坏死和根部腐烂都可引起萎蔫。病理性萎蔫是指植物根部或茎部的维管束组织受到感染或破坏而发生的萎蔫现象，这种萎蔫一般是不可逆的。根据受害的部位不同，病理性萎蔫可以是全株性或局部性的。根部及主茎的维管束组织受到破坏，会引起全株的萎蔫；侧枝或叶柄的维管束组织受到侵染，则单个枝条或叶片发生萎蔫。例如，黄瓜枯萎病、茄青枯病等均会导致萎蔫。生理性萎蔫则是由于土壤含水量少或植株短时间内蒸发量大而造成的暂时缺水，若及时供水，植物很快可恢复正常。

（五）畸形

植物染病后其细胞组织生长过度或不足而造成的异常形态称为畸形（图2-6）。有的植株生长特别快，发生徒长；有的生长得特别短小，形成矮化；有时由于节间缩短而变为丛生。个别器官也可以发生畸形，例如，叶片呈现卷叶、缩叶和蕨叶等病状；果实则可形成袋果或

图2-5　萎蔫

A. 病理性；B. 生理性

扫码见彩图

图2-6　畸形

A. 徒长；B. 矮缩；C. 卷叶；D. 缩叶；E. 蕨叶；F. 袋果；G. 缩果；H. 束顶；I. 丛枝；J. 发根；K. 瘤肿；L. 耳突

扫码见彩图

缩果；有的枝梢卷缩成为束顶，有的枝梢或根梢过度分枝形成丛枝或发根；有的组织膨大形成肿瘤，有的沿叶脉组织增生，形成耳突；有的植物花器变成叶片状，形成花变叶。例如，枣疯病、桃缩叶病、根结线虫病、樱花根癌病和马铃薯卷叶病等均会导致畸形。

二、病征类型

（一）霉状物

病原菌在病部产生各种颜色的霉状物，如霜霉、青霉、灰霉、黑霉、腐霉、烟霉等（图2-7）。霉状物是由病原菌的菌丝体、孢子梗和孢子所组成。例如，十字花科蔬菜霜霉病，柑橘青霉病、绿霉病等。

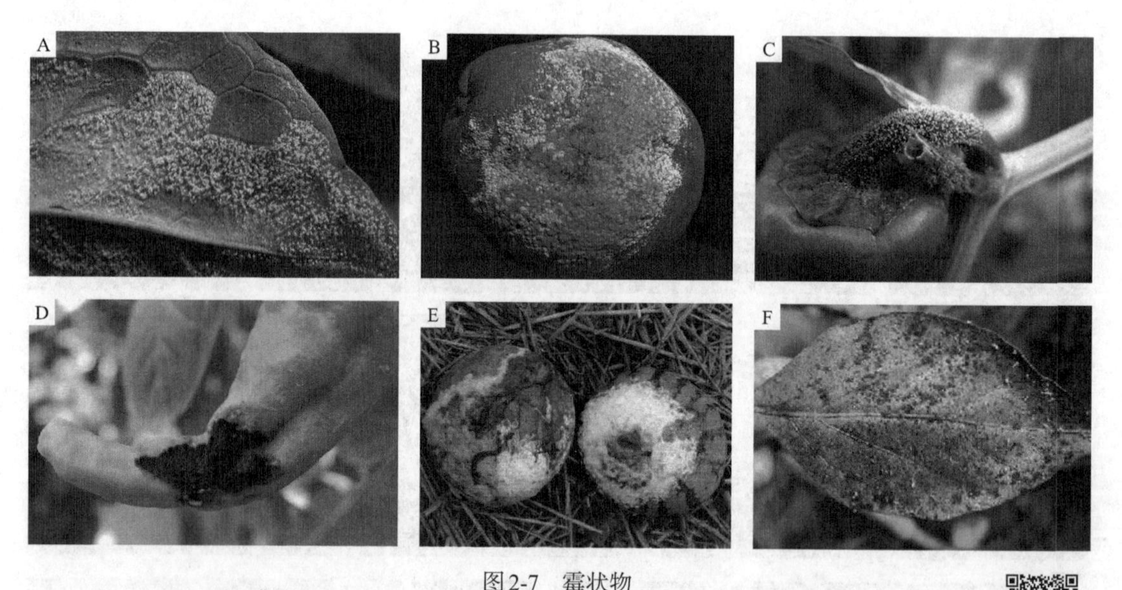

图2-7 霉状物

A. 霜霉；B. 青霉；C. 灰霉；D. 黑霉；E. 腐霉；F. 烟霉

扫码见彩图

（二）粉状物

病原菌在病部产生各种颜色的粉状物（图2-8），如苹果、瓜类和凤仙花白粉病，麦类黑穗黑粉病，水稻叶黑粉病，稻曲病等。

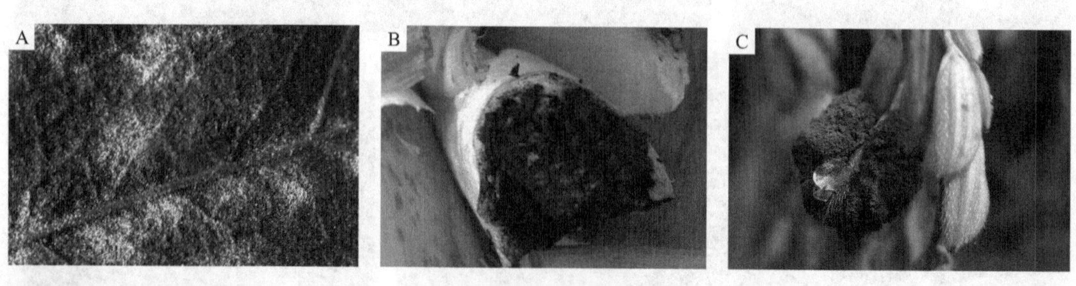

扫码见彩图

图2-8 粉状物

A. 白粉；B. 黑粉；C. 褐粉

（三）锈状物

病原菌在病部产生黄褐色锈状物（图2-9），如桃褐锈病、菜豆锈病和玫瑰锈病等。

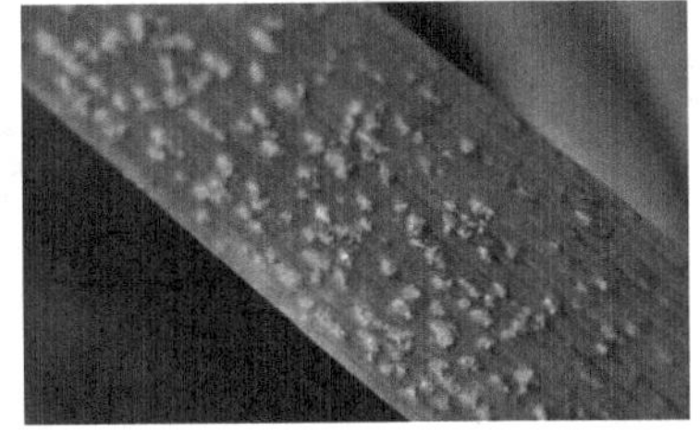

图2-9　锈状物

扫码见彩图

（四）颗粒状物

病原菌在病部产生黑色或褐色颗粒状物（图2-10），多为真菌的繁殖体，包括真菌的子囊果、分生孢子果、（微）菌核或线虫的孢囊等。例如，油菜菌核病、苹果腐烂病和棉铃黑果病等。

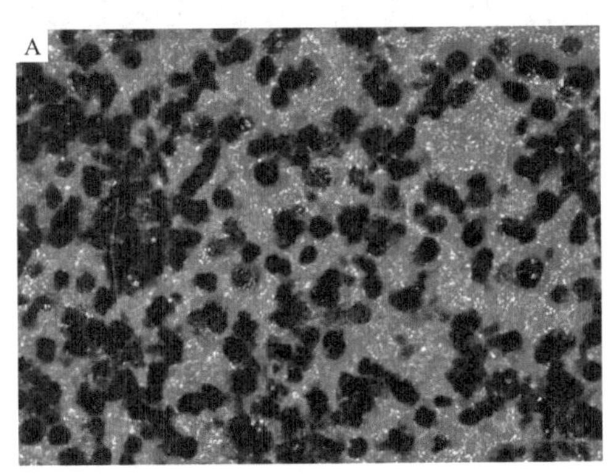

图2-10　颗粒状物

A、B. 菌核；C. 分生孢子器

扫码见彩图

（五）脓状物

病部出现的脓状黏液干燥后成为胶质颗粒（图2-11），这是细菌性病害特有的病征，如水稻白叶枯病、水稻细菌性条斑病、黄瓜细菌性角斑病、番茄青枯病和马蹄莲细菌性软腐病等。

（六）索状物及其他

有些病原菌在植物的根部或茎基部表面会形成大量菌丝，这些菌丝聚集形成绳索状物，称为菌索，如一些侵染树木的密环菌。有些病原菌则可在病部产生伞状物或马蹄状物，例如，果树根朽病在根茎部产生伞状物，桃木腐病在枝干上产生马蹄状物等（图2-12）。

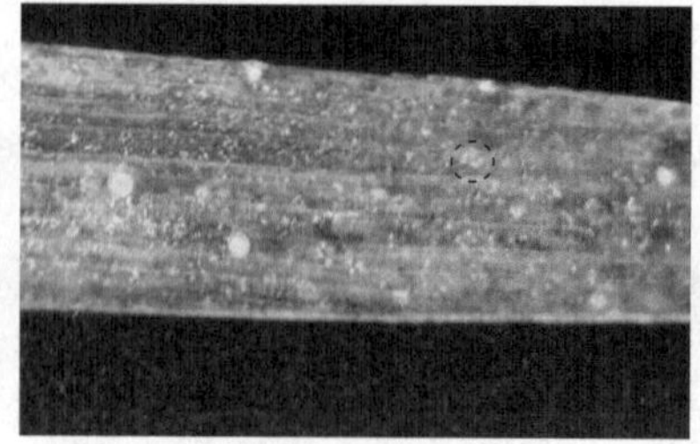

图2-11 菌脓

扫码见彩图

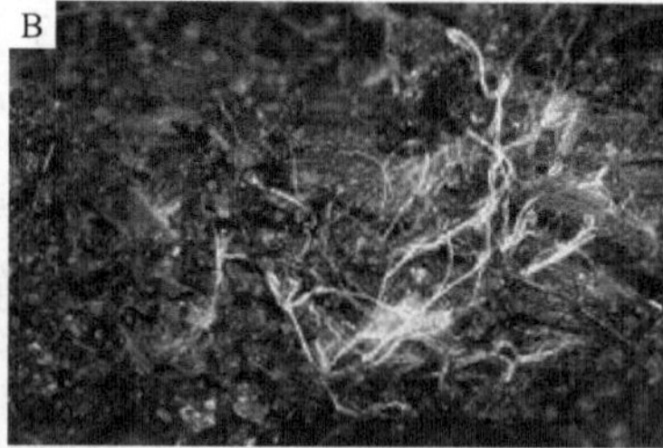

图2-12 索状物（A、B）与伞状物（C）

扫码见彩图

第三章　传染性病害病原

由生物因素引起的植物病害称为传染性病害或侵染性病害（infectious disease），也称寄生性病害（parasitic disease），这一类病害是可以传染的。引起传染性病害的病原有原生动物、色菌、真菌、原核生物、病毒和亚病毒、线虫及寄生性种子植物等。

第一节　原 生 动 物

一、概述

原生动物是最原始、简单和低等的动物，其最主要的特征是身体由单个细胞构成，也称单细胞动物。原生动物的营养体无细胞壁，但细胞内有特化的各种细胞器，行使着维持生命和延续后代所必需的一切功能，如行动、营养、呼吸、排泄和生殖等。

原生动物的营养方式多为异养型，如直接吞噬固体食物、营腐生性营养，或通过体表渗透作用吸收营养；也有少数种类含有叶绿素，能够进行光合作用而营自养性营养。

原生动物的繁殖方式除少数无有性生殖、只能进行无性繁殖外，大多兼有无性繁殖和有性生殖两种繁殖方式。营养体不经过核配和减数分裂而产生后代的繁殖方式称为无性繁殖，无性繁殖产生的孢子称为无性孢子。原生动物的无性孢子常有不呈直管状的鞭毛，可在水中游动，故又称为游动孢子。异性生殖细胞结合后，经过质配、核配和减数分裂产生后代的繁殖方式称为有性生殖，有性生殖产生的后代孢子称为有性孢子。原生动物的有性孢子为休眠孢子囊。

二、与植物病害相关的重要属

原生动物中，与植物病害相关的仅有根肿菌纲根肿菌目。该目中原生动物均专性寄生，主要寄生于高等植物根部、水生真菌或藻类，因寄生高等植物时往往引起寄主细胞膨大和组织增生，使受害植物根部肿大，故称为根肿菌。无性繁殖时，由单倍体的原质团形成薄壁的游动孢子囊，内生多个前端有两根长短不等的尾鞭型鞭毛的游动孢子。有性生殖时，两个异性的配子或游动孢子配合形成合子后发育成二倍体的原质团，原质团演化成厚壁的休眠孢子囊，适宜的条件下，休眠孢子囊萌发释放出游动孢子。由于根肿菌的休眠孢子囊通常只释放出一个游动孢子，故又常称其为休眠孢子。

根肿菌有1纲1目1科，即根肿菌纲根肿菌目根肿菌科，共16属，其中与植物病害相关的重要属主要为根肿菌属、粉痂菌属和多黏菌属。

（一）根肿菌属

根肿菌属（*Plasmodiophora*）的特征是休眠孢子游离分散在寄主细胞内，不联合形成孢子堆，外观呈鱼卵状，成熟时相互分离。该属都是细胞内专性寄生物，寄主范围较广，为害植物根部引起手指状或人参块状的膨大，称为根肿病。其中最主要的植物病原菌是芸薹根肿菌（*Plasmodiophora brassicae*，图3-1），引起十字花科植物根肿病。

（二）粉痂菌属

粉痂菌属（*Spongospora*）的休眠孢子聚集成休眠孢子堆。休眠孢子堆球状，中有空隙，形如海绵；休眠孢子球形或多角形，黄色至黄绿色，壁光滑。最常见的是马铃薯粉痂菌（*Spongospora subterranea*，图3-2），其为害马铃薯块茎引起马铃薯粉痂病。

（三）多黏菌属

多黏菌属（*Polymyxa*）的休眠孢子聚集成休眠孢子堆，休眠孢子堆长条形、近球形或不规则形。休眠孢子堆产生在草本植物根表皮细胞内，寄生在植物上，但不引起寄主组织肿大。最常见的种是禾谷多黏菌（*Polymyxa graminis*，图3-3），寄生在禾本科植物根表皮细胞内，不引起明显症状；但它的游动孢子是传播小麦土传花叶病毒和小麦梭条花叶病毒的介体。

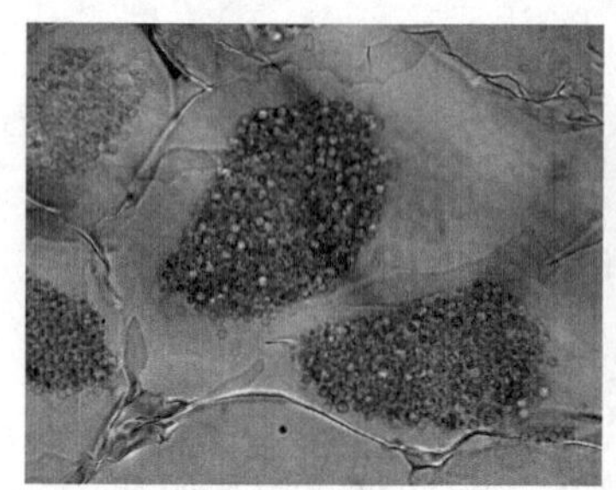

图3-1　芸薹根肿菌

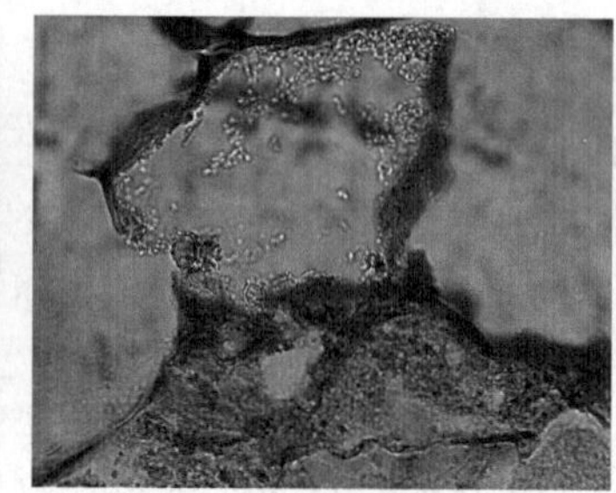

图3-2　马铃薯粉痂菌

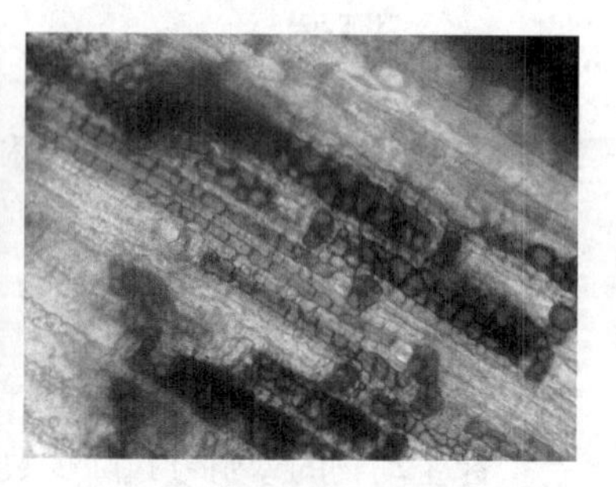

图3-3　禾谷多黏菌

第二节　色　　菌

一、概述

色菌中与植物病害相关的只有卵菌门下的卵菌纲。卵菌的共同特征是有性生殖时可以产生卵孢子。其营养体发达，多为可分枝的丝状体，菌丝可无限生长，没有隔膜，少数低等卵菌为多核的有细胞壁的单细胞。卵菌的营养体为二倍体，其细胞壁主要成分为β-葡聚糖和纤维素。有性生殖时，菌体形成雄器和藏卵器两个异形配子囊，当这两个异形配子囊接触后，雄器中的细胞核经授精管进入藏卵器，与藏卵器中的卵球核配，受精的卵球发育后形成厚壁的二倍体卵孢子，这种生殖方式称为卵配生殖。二倍体的卵孢子萌发后，可以产生二倍体菌丝，完成其生活史阶段，而单倍体仅限于配子囊时期。因此，卵菌具有其独特的生活史类型，即二倍体型生活史。

卵菌大多可水生，少数两栖或陆生，其进化顺序为从水生到陆生。低等的卵菌主要营腐生生活，少数可寄生于水生动物、水生植物或水生真菌上；两栖类型的卵菌可以水生，也可以生活在潮湿的土壤中，多数营腐生生活或兼性寄生；较高等的卵菌可陆生，其中许多为高等植物的病原菌，主要营寄生生活，且为专性寄生菌。营专性寄生生活的卵菌，可通过菌丝特化形成吸器，从寄主吸收营养，并以卵孢子在土壤或病残体中度过不良环境，成为下一次初侵染的来源。

二、与植物病害相关的重要属

卵菌有1纲12目95属，其中与植物病害相关的重要属有如下几个（图3-4）。

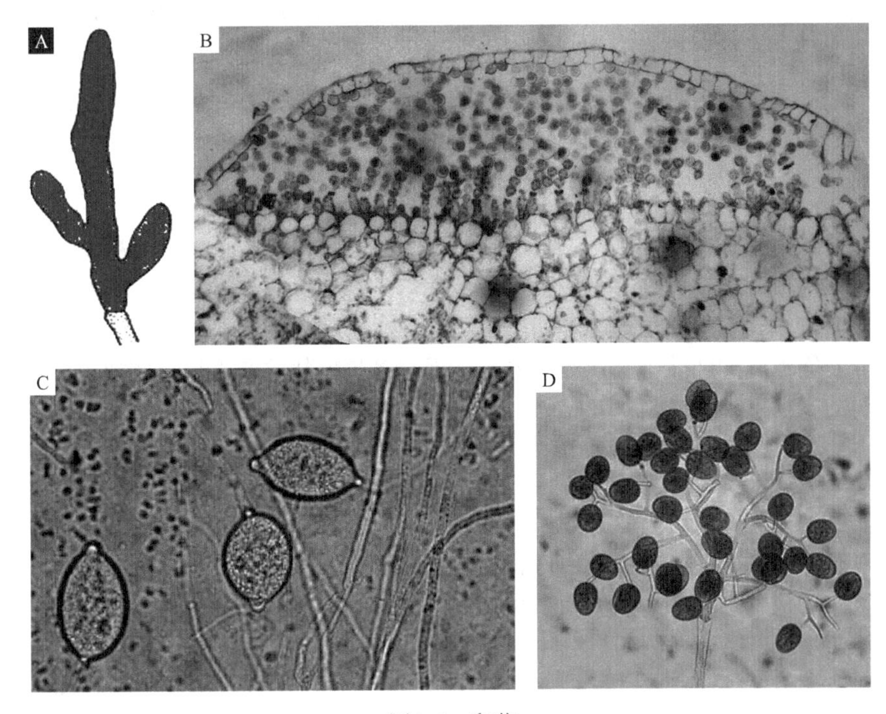

图3-4　卵菌

A. 腐霉菌；B. 白锈菌；C. 疫霉菌；D. 霜霉菌

扫码见彩图

（一）绵霉属

绵霉属（*Achlya*）的特征是孢囊梗菌丝状，孢子囊产生于孢囊梗的顶端，呈棍棒形。孢子囊有层出现象，游动孢子在孢子囊内呈多行排列。释放时，孢子囊内形成的前生双鞭毛梨形游动孢子在孢子囊口聚集，形成休止孢，休止孢萌发后形成侧生双鞭毛的肾形游动孢子，肾形游动孢子再次游动并于休止后萌发形成芽管和菌丝，这种行为又称为两游现象。绵霉属卵菌大多为腐生，少数为弱寄生，广泛分布于池塘、水田和土壤中，可引起多种植物病害。例如，引起水稻烂秧的稻绵霉（*A. oryzae*）。

（二）腐霉属

腐霉属（*Pythium*）的特征是无特化的孢囊梗，孢子囊产生于丝状菌丝的顶端或间生，呈丝状、球状或姜瓣状。孢子囊萌发时，先从孢子囊上产生1个排孢管，顶端着生一个膨大近球形的泡囊，泡囊内产生游动孢子。释放出的游动孢子为肾形，侧生双鞭毛，无两游现象，在水中游动一段时间后即变成圆形休止孢，然后萌发产生芽管侵入寄主。腐霉属在卵菌中较低等，主要以腐生的方式在土壤中长期存活，有些种类可以寄生于高等植物，为害根部、茎基部和花果等，引起腐烂。例如，引起植物幼苗猝倒、根茎和瓜果腐烂的瓜果腐霉（*P. aphanidermatum*）。

（三）疫霉属

疫霉属（*Phytophthora*）的特征是有特化的孢囊梗，孢子囊着生于孢囊梗顶端，呈近球形、卵形或梨形。许多孢子囊有层出现象，游动孢子在孢子囊内形成，不形成泡囊。疫霉属卵菌大多为两栖类型，少数为水生，较高等的种类有陆生习性。大多数疫霉为植物病原菌，寄生性从弱寄生到专性寄生，少数种类至今还不能在人工培养基上生长。疫霉菌寄主范围广泛，可以侵染植物的地上部分和地下部分。例如，引起马铃薯、番茄等作物晚疫病的致病疫霉（*P. infestans*）。

（四）霜霉属

霜霉属（*Peronospora*）的特征是孢囊梗主轴较粗壮，顶部有多次左右对称的二叉状分枝，末端分枝的顶端尖锐。孢子囊卵圆形，成熟后易脱落，萌发时直接产生芽管，偶尔释放游动孢子。菌丝体在寄主组织的细胞间隙扩展，产生丝状、囊状或裂瓣状的吸器进入寄主细胞吸收养分。霜霉属卵菌陆生，活体营养，可引起多种植物的霜霉病。例如，引起十字花科植物霜霉病的寄生霜霉（*P. parasitica*）。

（五）白锈菌属

白锈菌属（*Albugo*）的特征是孢囊梗粗短，棍棒形，不分枝，成排着生于寄主的表皮下，孢子囊圆形或椭圆形，顶生，串珠状。孢囊梗可无限生长，产生多个孢子囊，孢子囊萌发可以产生游动孢子。白锈菌属卵菌陆生，活体营养，目前还无法在人工培养基上生长，可以引起多种植物的白锈病。例如，引起十字花科植物白锈病的白锈菌（*A. candida*）。

第三节 真　　菌

真菌（fungus）是生物中一个庞大的类群，其分布很广，土壤中、水中和地面各种物体上都有真菌存在。据统计，已被描述过的真菌约有1万多属12万余种。真菌的营养体通常是分枝的丝状菌丝体，具有真正的细胞核；其细胞壁成分主要为几丁质、葡聚糖和纤维素等。繁殖方式是产生各种类型的孢子；没有叶绿素，不能进行光合作用，属于异养生物。真菌大部分是腐生的，少数可寄生在植物、人类和动物上引起病害。在植物病害中，有80%以上的病害是由真菌寄生引起的。真菌引起的病害不但种类多，而且危害性大。例如，苹果树腐烂病、梨黑星病、柑橘疮痂病、桃褐腐病、葡萄黑痘病、瓜类枯萎病、茄褐纹病、番茄黄萎病、月季黑斑病、菊花褐斑病，以及多种药用植物上的病害等都是生产上危害严重的病害，对作物的产量和品质影响极大。

一、真菌的一般性状

（一）营养体

真菌的营养体是指真菌营养生长阶段所形成的结构（图3-5）。真菌典型的营养体为很细小和多分枝的丝状体，常交织成团，称为菌丝体（mycelium）。单根的丝状体，称为菌丝（hypha）。菌丝通常呈圆管状，不同种真菌菌丝粗细差异很大，一般直径为2～100μm，多数为5～6μm，管壁无色透明，细胞壁的主要成分为几丁质、葡聚糖和纤维素等。细胞内除细胞核外，还有内质网、核糖体、线粒体、类脂质体和液泡等细胞器。菌丝体大多无色，但有些菌丝，尤其是老菌丝的原生质含有多种色素，因此呈现不同的颜色。高等真菌的菌丝有隔膜（septum），将菌丝分隔成多细胞，隔膜上有微孔，细胞间的原生质可以互相流通。低等真菌的菌丝一般无隔膜，通常认为是一个多核的大细胞。当它形成繁殖体或受到损伤或营养不足时，也可产生隔膜，但这种隔膜无微孔。菌丝一般由孢子萌发产生的芽管发展而成，它以顶部生长和延伸。菌丝每一部分都潜在生长的能力，每一小段断裂的菌丝均可继续生长。少数低等真菌的营养体不呈丝状，而是一团多核、无细胞壁而裸露的原生质（变形体），称为原质团（plasmodium）。

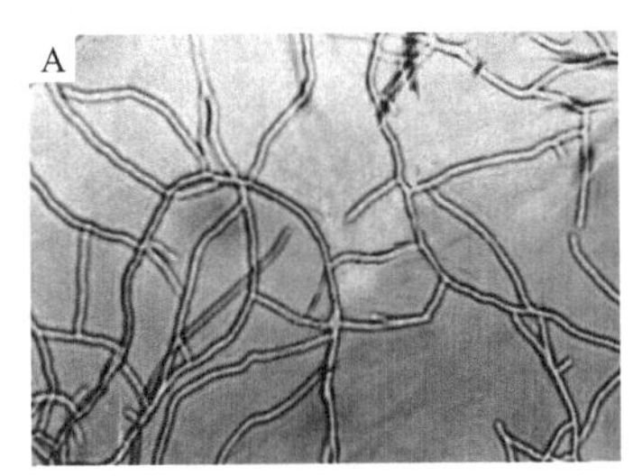

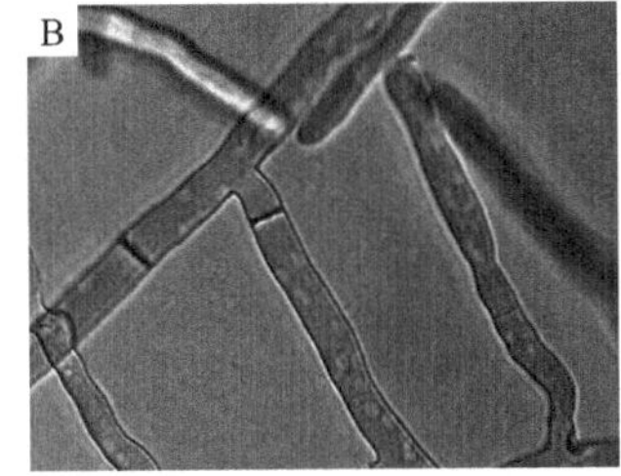

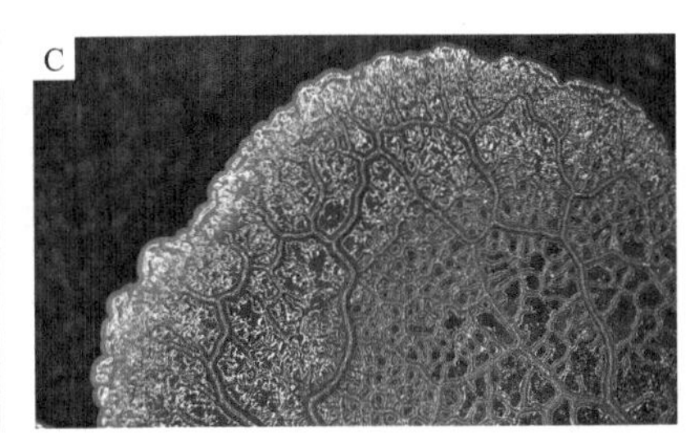

图3-5　真菌营养体

A. 无隔菌丝；B. 有隔菌丝；C. 原质团

扫码见彩图

真菌菌丝体是获得养分的机构，寄生真菌以菌丝体侵入寄主的细胞间或细胞内吸收营养物质。菌丝体可以分泌一些酶，溶解并吸收寄主或基物中的物质。生长在寄主细胞内的真菌，菌丝的细胞壁和寄主的原生质直接接触，主要通过离子交换作用吸收养分，通过渗透作用吸收水分。生长在寄主细胞间的真菌，特别是活体寄生真菌，往往在菌丝体上形成吸器（haustorium），伸入寄主细胞内吸收养分和水分。吸器的形状有指状、分枝状或掌状等。寄生在植物上的真菌，其菌丝体或吸器的渗透压一般高于寄主细胞的渗透压。菌丝体各细胞中的细胞质是不断运动的，通过隔膜中间的微孔，由胞间连丝相互沟通。因此，菌丝体接触基质部分所吸收到的营养物质，可以输送到其他部位，特别是输送到需要大量养分的菌丝生长点和产生繁殖体的部位。

真菌的菌丝体一般是分散的，但有时可以密集而形成菌组织。菌组织有两种：一种是菌丝体形成比较疏松的组织（但还能看到菌丝体的长形细胞），这种组织称为疏丝组织（prosenchyma）；另一种是菌丝体形成比较致密的组织（菌丝体细胞变成近圆形或多角形），与高等植物的薄壁细胞组织相似，称为拟薄壁组织（pseudoparenchyma）。有些真菌的菌组织，可以形成菌核（sclerotium）、子座（stroma）和菌索（rhizomorph）（图3-6）。

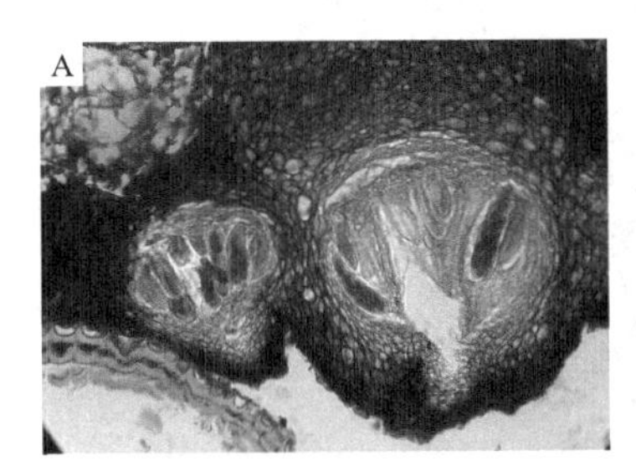

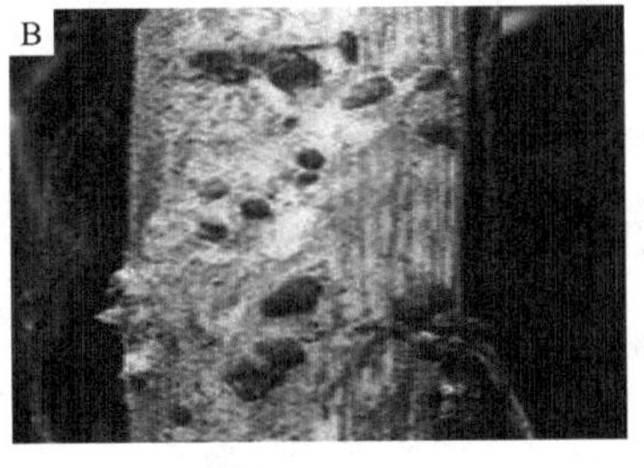

图3-6　菌组织

A. 子座；B. 菌核；C. 菌索

扫码见彩图

1．菌核　菌核是由菌丝紧密结合形成的用以度过不良环境的休眠机构，主要由外层的拟薄壁组织和内层的疏丝组织构成。菌核形状、大小不一，小的如菜籽状、鼠粪状、角状，大的如拳头状；颜色初期常为白色或浅色，成熟后呈褐色或黑色。表层细胞颜色深，细胞壁厚，所以菌核一般很坚硬。菌核中贮藏有较丰富的养分，对高温、低温和干燥的抵抗力很强。当环境条件适宜时，菌核可以萌发产生菌丝体，或者形成产生孢子的组织，一般不直接产生孢子。

2．子座　子座是由拟薄壁组织和疏丝组织形成的一种垫状物，或由菌丝组织与部分寄主组织结合而成。子座一般紧密附着在基物上，在其表面或内部形成产生孢子的组织。子座也有度过不良环境的作用。

3．菌索　菌索是由菌丝平行排列形成的绳索状结构，外形与高等植物的根系相似，也称为根状菌索。高度发达的菌索，可分为由拟薄壁组织组成的深色皮层和由疏丝组织组成的髓部，顶端为生长点。菌索的粗细不一，长短不同，有时可长达几十厘米。它在不适宜环境条件中呈休眠状态；当环境条件适宜时，又可从生长点恢复生长。菌索的功能，除抵抗不良的环境条件外，还有蔓延和侵入的作用。

（二）繁殖体

真菌在生长发育过程中，经过营养阶段后，即进入繁殖阶段，形成各种繁殖体即子实体（fruiting body）。真菌的繁殖方式分无性和有性两种：无性繁殖产生无性孢子；有性生殖产生有性孢子。真菌的繁殖体是从营养体上产生的，大多数真菌只以一部分营养体分化为繁殖体，其余营养体仍然进行营养生长，即分体产果；少数低等真菌则以整个营养体转变为繁殖体，即整体产果。

1．无性繁殖及无性孢子类型　无性繁殖（asexual reproduction）是指真菌不经过性细胞或性器官的结合，直接从营养体上产生各种类型的孢子。这种孢子称为无性孢子（图3-7），它相当于高等植物的无性繁殖器官，如块茎、鳞茎、球茎等。主要的无性孢子有以下几种。

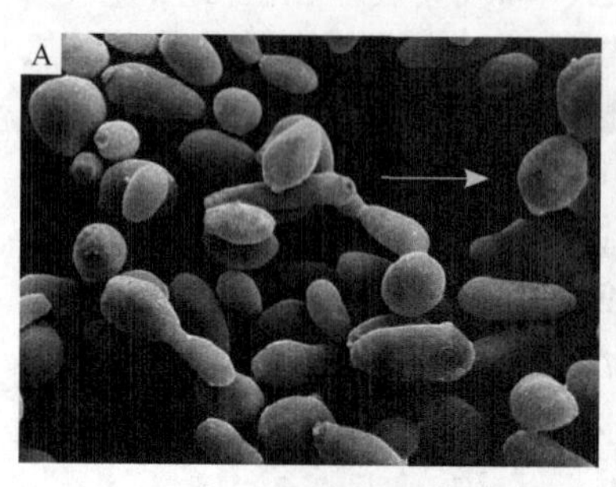

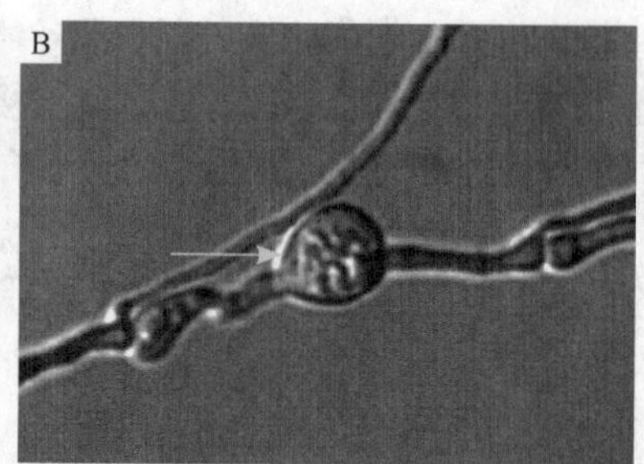

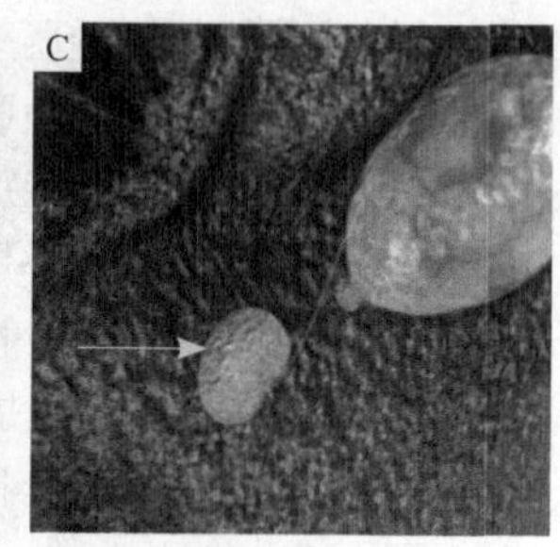

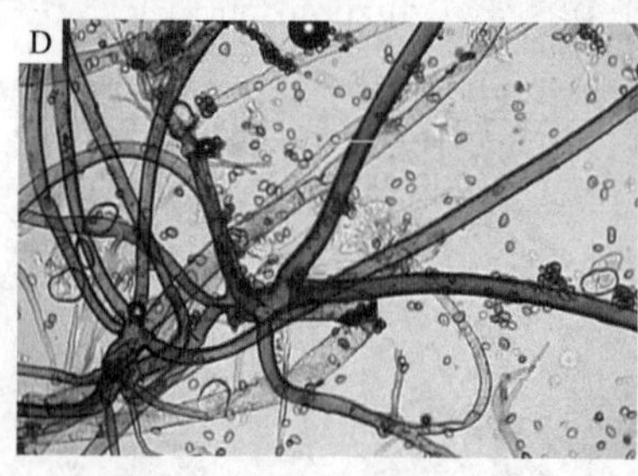

图3-7　无性孢子

A．芽孢子；B．厚垣孢子；C．游动孢子；D．孢囊孢子；E．分生孢子。箭头示相关孢子

扫码见彩图

（1）芽孢子（blastospore）　芽孢子是细胞以芽生方式形成的孢子：细胞首先产生小突起，并逐渐膨大，继而与母细胞相连处的细胞缢缩，最后脱离母细胞而独立为新个体。芽孢子在与母细胞脱离以前，可以继续产生芽孢子，脱离以后仍能以芽生的方式繁殖。

（2）厚垣孢子（chlamydospore）　菌丝中个别细胞膨大，细胞壁变厚，细胞质浓缩，内含较多的类脂物质，后变为圆形厚壁的孢子，称为厚垣孢子。它产生在菌丝的中间或顶端，有的表面具刺或瘤状突起。厚垣孢子抗逆性强，能抵抗不良的环境条件，具有越冬的功能。

（3）游动孢子（zoospore）　游动孢子是产生于孢子囊（sporangium）中的内生孢子，有鞭毛，在水中能游动。孢子囊球形、卵形或不规则形，从菌丝顶端长出，或着生于有特殊形状和分枝的孢囊梗（sporangiophore）上。孢子囊内容物最初由于液胞呈网状扩展，多核的原生质被分割成许多小块，每一小块变成球形、洋梨形或肾形，无细胞壁，形成具有1或2根鞭毛的游动孢子。

（4）孢囊孢子（sporangiospore）　孢囊孢子也是产生于孢子囊中的内生孢子，没有鞭毛，不能游动。孢囊孢子形成的步骤与游动孢子相同，区别是孢囊孢子有细胞壁。孢子囊着生于孢囊梗上，有些真菌的孢囊梗顶端膨大成球形、半球形或锥形，这种突起物称为囊轴（columella）。孢子囊成熟时，囊壁破裂散出孢囊孢子。

（5）分生孢子（conidium）　分生孢子是真菌最常见的一种无性孢子，它着生在由菌丝分化而来、呈短枝状或较长而分枝的分生孢子梗（conidiophore）上，由于细胞壁的紧缩，孢子成熟时容易从孢子梗上脱落。分生孢子的种类很多，它们的形状、大小、色泽、形成和着生方式都有很大的差异。不同真菌的分生孢子梗，其分化的程度也不一样，可散生、丛生或聚生在一定的组织结构中。

2. 有性生殖及有性孢子类型　有性生殖（sexual reproduction）是指真菌通过性细胞或性器官的结合而进行繁殖的一种方法。有性生殖产生的孢子称为有性孢子。它相当于高等植物的种子。真菌有性生殖的过程，要通过质配（plasmogamy）、核配（karyogamy）和减数分裂（meiosis）三个阶段。多数真菌有性生殖的方式是在菌丝体上分化出性器官进行交配。这些性器官称为配子囊；其内形成的性细胞称为配子。主要的有性孢子有以下几种。

（1）休眠孢子囊（resting sporangium）　壶菌产生的有性孢子为休眠孢子囊，通常由两个游动配子配合所形成的合子发育而成。萌发时发生减数分裂释放出单倍体的游动孢子。

（2）接合孢子（zygospore）　接合菌产生的有性孢子为接合孢子，由一对同形的雌、雄配子囊结合而形成。两者接触后，接触处细胞壁溶解，两个细胞的内含物融合在一起，经过质配和核配发育成细胞核为二倍体的厚壁接合孢子。接合孢子萌发时进行减数分裂，端生一个孢子囊或直接形成菌丝。

（3）子囊孢子（ascospore）　子囊菌产生的有性孢子为子囊孢子，由两个异形的配子囊——雄器和产囊体（ascogonium）结合而成。两者交配后，产囊体上长出许多丝状分枝的产囊丝（ascogenous hypha），后由产囊丝发育为子囊（ascus）。子囊内的两性细胞核结合后，通过一次减数分裂和一次有丝分裂，一般在子囊内形成8个细胞核为单倍体的子囊孢子。子囊圆筒形、棍棒状或球形，子囊孢子形状差异很大。

（4）担孢子（basidiospore）　担子菌产生的有性孢子为担孢子，它们一般没有明显的两性器官的分化，直接由性别不同的菌丝相互结合形成双核菌丝。双核菌丝顶端细胞膨大形成担子（basidium），或双核菌丝细胞壁加厚形成冬孢子（teliospore）。两性细胞在担子内或冬孢子内进行核配，再通过一次减数分裂，形成4个单倍体的细胞核，同时从担子顶端长出4个小梗（sterigma），最后在小梗顶端形成一般为4个、外生、细胞核为单倍体的担孢子。

担孢子圆形、椭圆形或香蕉形，担子大多为棍棒形。

二、真菌的生活史

真菌从一种孢子开始，经过生长和发育，最后又产生同一种孢子的过程称为真菌的生活史。真菌的营养（菌丝）体在适宜条件下产生无性孢子，无性孢子萌发形成芽管，芽管继续生长形成新的菌丝体，这就是无性态，在生长季节中常循环多次。至生长后期进入有性态，从单倍体的菌丝体上形成配子囊或配子，经过质配形成双核阶段，再经过核配形成双倍体的细胞核；最后经过减数分裂，形成单倍体的细胞核，这种细胞发育成单倍体的菌丝体。真菌生活史包括三个方面：①发育过程有营养阶段和繁殖阶段；②繁殖方式分无性繁殖和有性生殖；③细胞核的变化分单倍体阶段、双核阶段和双倍体阶段。

真菌生活史中可以形成无性孢子和有性孢子，有的真菌孢子不止产生一种，这种形成几种不同类型孢子的现象，称为真菌的多型性（polymorphism）。典型的锈菌在其生活史中可以形成5种不同类型的孢子，即冬孢子、夏孢子、担孢子、性孢子和锈孢子。多型性一般认为是对环境适应性的表现。植物病原真菌不同类型的孢子可以产生在同一种寄主上，这种只在一种寄主植物上就完成生活史的现象称为单主寄生（autoecism）。同一病原真菌不同类型的孢子，发生在两种不同的寄主植物上才能完成其生活史的现象，称为转主寄生（heteroecism）。

三、真菌的分类及主要类群

长期以来，人们将地球上的生物分为动物界和植物界，认为真菌是失去叶绿素的植物，因此将其放在植物界内，属于菌藻植物门。1969年，根据生物在自然界中的地位、作用及获取营养的方式，威特克提出了五界分类系统，将生物分为原核生物界（Procaryote）、原生生物界（Protista）、植物界（Plantae）、真菌界（Fungi）和动物界（Animalia）。进入20世纪80年代，电子显微镜、分子生物学等新技术的发展，促进了生物分类系统和理论的再更新。1981年卡佛利-史密斯（Cavali-Smith）首次提出生物八界分类系统，即真菌界、动物界、胆藻界（Biliphyta）、绿色植物界（Viridiplantae）、眼虫动物界（Euglenozoa）、原生动物界（Protozoa）、藻物界（Chromista）及原核生物界（Monera）。《菌物辞典》（第八版）已接收并采纳了生物八界分类系统。近年来，有人提出将植物病原分为原生动物界、色菌界（Chromista）、真菌界、真细菌界（Eubacteria）、病毒界（Virus）、动物界和植物界。不论哪种分类系统，都主张将真菌独立成为一个界，称为真菌界（Fungi或Eumycota）。真菌界下分6个门，其中与植物病害相关的真菌有4个门，即壶菌门、接合菌门、子囊菌门和担子菌门。没有或尚未发现有性态的真菌称为无性菌，又称有丝分裂孢子真菌。

真菌的各级分类单元是界、门（-mycota）、纲（-mycetes）、目（-ales）、科（-aceae）、属（genus）、种（specy）。种是真菌最基本的分类单元，许多亲缘关系相近的种就归于属。种的建立是以形态为基础，种与种之间在主要形态上应该有显著而稳定的差别，有时还应考虑生态、生理、生化及遗传等方面的差别。

真菌在种下有时还可分为变种（variety）、专化型（forma specialls，缩写为f. sp.）和生理小种（physiological race）：变种根据一定的形态差别来区分；专化型和生理小种在形态上没有什么差别，而是根据致病性的差异来划分。专化型的区分是以同一种真菌对不同科、属寄主致病性的专化为依据。生理小种的划分是以同一种真菌对不同寄主的种或品种致病性的专化为依据。有些寄生性真菌的种，没有明显的专化型，但是可以区分为许多生理小种。生理小种是一个群体，其中个体的遗传性并不完全相同。所以，生理小种是由一系列的生物型（biotype）组成的。生物型则是由遗传性一致的个体所组成的群体。

（一）壶菌门

壶菌门真菌是最低等的微小真菌，多生活于水中，在水中的动物、植物病残体上腐生或寄生于水生小型动物、植物、藻类和其他真菌上，极少数可寄生于高等植物，引起植物病害。有些壶菌可专性寄生于高等植物根部，虽然其本身对植物无致病性，但其游动孢子可传播病毒，从而引起寄主植物发病。

壶菌门真菌营养体差异较大。低等的壶菌营养体为单细胞、多核、球形或近球形、发育早期无细胞壁，有的可形成假根，进行整体产果或分体产果。高等的壶菌可形成较发达的菌丝体，无隔，进行分体产果。

无性繁殖产生的游动孢子囊有的无囊盖，游动孢子通过孢子囊的孔或逸出管释放；有囊盖的孢子囊在成熟时，囊盖打开，释放出游动孢子。游动孢子具有尾鞭。有性生殖时，两个同形或异形的游动配子配合形成接合子，接合子经发育后形成休眠孢子囊；有的可通过假根间的融合产生休眠孢子囊。休眠孢子囊萌发时，可释放一至多个游动孢子。

壶菌门有2纲5目，与植物病害相关的主要是壶菌目。该目壶菌相对较低等，几乎全部水生，极少数可寄生高等植物，引起肿瘤、褐斑、猝倒等症状。

1. 节壶菌属（*Physoderma*）　营养体多呈管状，有隔或无隔，外寄生阶段假根少而粗短；无性繁殖产生外生的游动孢子囊，聚集时呈稀疏的褐粉状；内寄生时，有性配子配合产生黄褐色近扁球形休眠孢子，萌发时转变为有囊盖的孢子囊，释放出多个游动孢子。节壶菌为高等植物的专性寄生菌，主要侵染植物的维管束，引起稍隆起的病斑。例如，引起玉米褐斑病的玉蜀黍节壶菌（*P. maydis*，图3-8A）。

2. 集壶菌属（*Synchytrium*）　营养体为单细胞，初期无细胞壁，侵入寄主表皮细胞后引起细胞膨大，在寄主表面形成瘿瘤。无性繁殖时，菌体转变为孢囊堆挤出体外，形成有公共细胞壁的孢子囊堆。游动孢子囊无色、有壁、产生游动孢子或游动配子，游动配子形成的双鞭毛合子侵入寄主，在体内形成休眠孢子囊。休眠孢子囊球形至椭圆形，外壁厚、褐色，内壁薄、无色，萌发时形成孢子囊，囊壁破裂释放出游动孢子。例如，引起马铃薯癌肿病的内生集壶菌（*S. endobioticum*，图3-8B）。

3. 尾囊壶菌属（*Urophlyctis*）　营养体为膨大细胞，具有多根假根状菌丝，菌丝顶端可反复生成膨大细胞，再于膨大细胞的顶部着生较大的薄壁细胞。薄壁细胞变厚可形成休

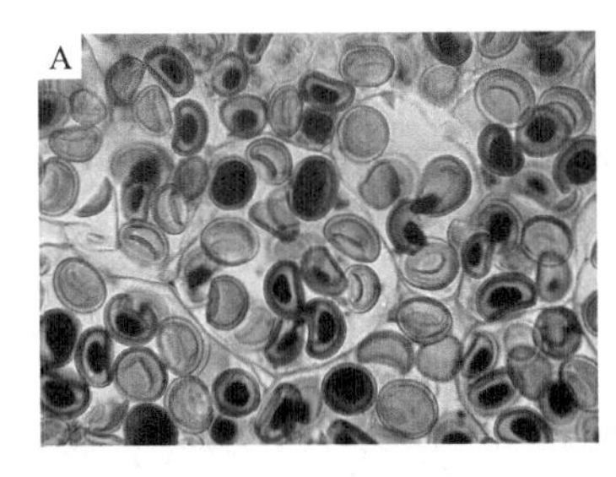

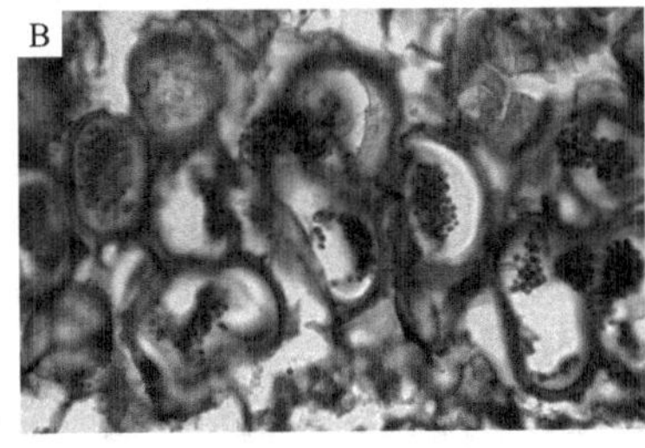

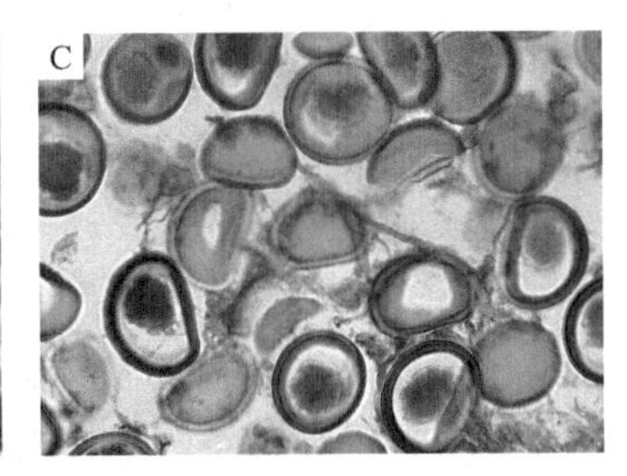

图3-8　壶菌门

A. 玉蜀黍节壶菌；B. 内生集壶菌；C. 车轴草尾囊壶菌

扫码见彩图

眠孢子囊，休眠孢子囊未成熟时在囊盖四周有分枝的吸器，萌发时囊盖打开释放出数个游动孢子囊，游动孢子囊萌发产生游动孢子。例如，引起紫云英结瘿病的车轴草尾囊壶菌（*U. tripholii*，图3-8C）。

（二）接合菌门

接合菌门真菌绝大多数为腐生菌。营养体多为发达的多核无隔菌丝，少数菌丝体有隔膜。有些菌丝可特化形成吸器、吸盘、假根和匍匐枝等（图3-9）。

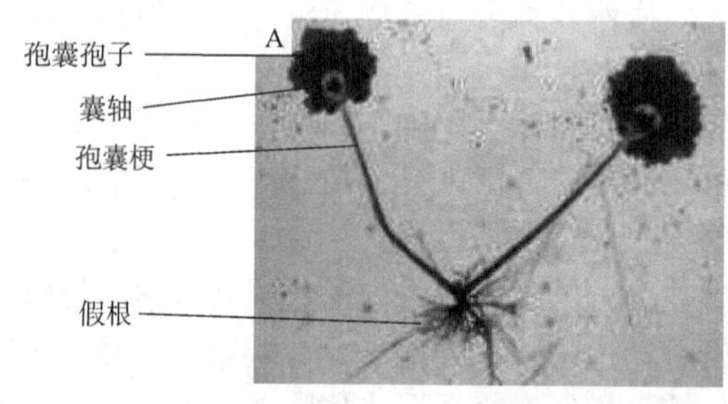

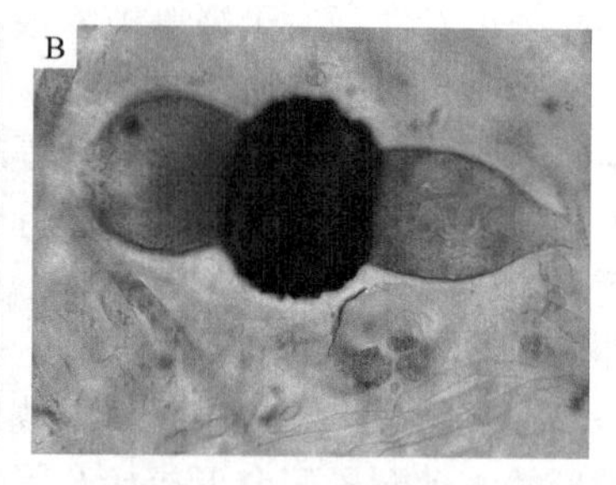

图3-9 接合菌门

A. 无性态；B. 接合孢子

扫码见彩图

接合菌无性繁殖时，部分菌丝特化形成孢囊梗，孢囊梗顶端着生孢子囊，孢子囊主要分为两类：较低等的接合菌产生大型的孢子囊，里面产生大量孢囊孢子；较高等的接合菌产生小型孢子囊，里面产生几个孢囊孢子。少数接合菌孢子囊中仅产生一个孢囊孢子，称为单孢子囊。接合菌孢子有单核、双核或多核，串生或单生，内生或外生，成熟的孢子大多很快直接萌发。

接合菌有性生殖时，同形或异形配子囊配合后进行质配，产生接合孢子。质配时，配子囊相接触部位细胞壁消失，融合成一个细胞，接合孢子由融合细胞发育而成。有些接合菌可从配子囊柄部位产生附属丝。形成接合孢子的配子囊来自同一菌株，称为同宗配合；由分别来自两个不同菌株的配子囊交配完成的有性生殖称为异宗配合。

接合菌广泛分布于土壤和粪肥中，少数为弱寄生菌，可引起果实贮藏期腐烂。接合菌有2纲10目，与植物病害有关的主要是毛霉目。根霉属（*Rhizopus*）真菌为毛霉目成员，菌丝发达，分布在基物上或基物内，有匍匐丝（stolon）和假根（rhizoid）。孢囊梗从匍匐丝上长出，顶端形成孢子囊，其内产生孢囊孢子。孢子囊壁易破碎，散出孢囊孢子，经气流传播。有性生殖形成接合孢子，但不常见。例如，引起甘薯软腐病的黑根霉（*R. nigricans*）和米根霉（*R. oryzae*）。

（三）子囊菌门

子囊菌门属于高等真菌，大多陆生，有些子囊菌腐生在朽木、土壤、粪肥和动植物残体上，有些则寄生在植物、人和动物上引起病害。子囊菌菌体结构复杂，形态特征差异很大，其主要特征：①菌丝体发达，有隔膜，细胞一般是单核的，细胞壁的主要成分为几丁质；②无性繁殖产生分生孢子；③有性生殖产生子囊和子囊孢子。

子囊菌的菌丝体除白粉菌在植物体外生长扩展外，大多数子囊菌的菌丝体寄生在植物体内。有性生殖产生的子囊，可以裸生在菌丝体上或寄主组织表面，但多数子囊菌的子囊在发育过程中，由原来的雄器和产囊体下面的细胞长出许多细丝，组成特殊的保护组织，有规则地将子囊包围起来，即子囊着生在这种组织的内部，好像植物的种子着生在果实内一样。真菌产生孢子的组织或结构统称为子实体（fruiting body）。有时将产生孢子较复杂的结构称为孢子果（sporocarp）。子囊菌的有性子实体称为子囊果（ascocarp）。根据子囊果的不同形态，可分为4种类型：完全封闭呈球形的称为闭囊壳（cleistocarp）；球形或瓶状、顶端有孔口的称为子囊壳（perithecium）；盘状或杯状、顶部开口大的称为子囊盘（apothecium）；子囊着生在子座的空腔内，称为子囊座（ascostroma）或子囊腔。

子囊菌门根据子囊果的有无、子囊果类型、子囊在子囊果内排列情况及子囊数等特征进行分类。子囊菌与植物病害关系较密切的有以下几类。

1. 外囊菌　外囊菌没有子囊果，子囊平行排列在寄主表面、形成栅状层，子囊长圆筒形，其中一般有8个子囊孢子，子囊孢子单细胞，椭圆形或圆形。外囊菌的无性繁殖是子囊孢子在子囊内芽殖产生芽孢子，芽孢子还可以继续芽殖。外囊菌引起的植物病害呈现畸形症状，如叶片皱缩、果实膨大等。例如，桃缩叶病菌（*Taphrina deformans*）等。

2. 闭壳菌　闭壳菌也称白粉菌，它是高等植物上的活体寄生物，菌丝着生于寄主表面，以吸器伸入表皮细胞中吸取养料。子囊着生在闭囊壳内，闭囊壳外部长有不同形状的附属丝（appendage）。闭囊壳内子囊的数目（1个或多个）及外部附属丝形态，是白粉菌分类的依据。无性态由菌丝分化成直立的分生孢子梗，顶端串生分生孢子。由于寄主体外寄生的菌丝和分生孢子呈白粉状，所以引起的植物病害称为白粉病。

3. 核菌　核菌种类很多，形态变化较大，但它们的共同之处是子囊着生在具有孔口的子囊壳内。子囊成束状或成层地着生在子囊壳的基部。子囊壳散生或聚生在寄主被害部表面，或半埋于寄主组织中，也有埋生在子座中的，而其孔口则外露。子囊内一般含有8个子囊孢子。子囊孢子单胞、双胞或多胞，有色或无色。子囊间大多有侧丝（paraphysis），也有很早就消解或没有侧丝的。核菌的无性态非常发达，形成各种形状的分生孢子，病害的流行主要由分生孢子的多次再侵染造成。核菌侵害果树的枝干，常引起皮层腐烂、溃疡、肿瘤和枯枝的症状；侵害果实，常引起腐烂和轮纹的症状。引起重要园艺植物病害的核菌有苹果树腐烂病菌（*Valsa mali*）、梨轮纹病菌（*Physalospora piricola*）、茄褐纹病菌（*Phomopsis vexans*）、兰花炭疽病菌（*Colletotrichum orchidearum*）等。

4. 盘菌　盘菌的子囊果是子囊盘。子囊盘呈盘状或杯状，有柄或无柄，内着生子囊。许多排列整齐的子囊与不育的侧丝组成子实层（hymenium）。子囊盘的大小、色泽和结构差异很大。盘菌类真菌大多数是腐生的，少数可以寄生在植物上引起病害。植物病原盘菌的子囊盘，有些从菌核或假菌核上长出。盘菌的无性态不发达，很多不产生分生孢子，但有些盘菌也会产生较发达的分生孢子。盘菌侵害果实常引起褐腐症状，侵害花可引起花腐。引起园艺植物病害的盘菌有桃褐腐病菌（*Monilinia fructicolai*）、十字花科蔬菜菌核病菌（*Sclerotinia sclerotiorum*）和山茶花腐病菌（*Sclerotinia camelliae*）等。

5. 腔菌　腔菌的子囊果是子囊座，典型特征为子囊着生在子囊座的空腔内，子囊腔没有特殊的腔壁。子囊座成熟后，子囊腔顶部的细胞组织消解而形成圆形的孔，这与子囊壳很早形成固定的孔口性质不同，称为拟孔口。腔菌的主要特征是子囊之间没有侧丝，有时在子囊间可看到与侧丝相似的丝状体，这是子囊座的残余组织——拟侧丝（pseudoparaphysis）。腔菌的另一重要特征是子囊具有双层壁，子囊在子囊座内的排列情况及有无拟侧丝是腔菌分类的重要依据。腔菌无性态很发达，形成各种形状的分生孢子，为害植物的主要是无性态。腔菌侵害植物造成斑点、疮痂和腐烂等症状，引起重要园艺植物病害的有引起葡萄黑痘病的葡萄痂囊腔菌（*Elsinoe ampelina*）。

（四）担子菌门

担子菌门是最高级的一类真菌，寄生或腐生，其中包括可供人类食用和药用的真菌，如蘑菇、木耳、银耳、茯苓、灵芝等。其主要特征：①菌丝体发达，有分隔，细胞一般是双核，有些双核菌丝在细胞分裂时，两个细胞之间可产生钩状分枝，形成锁状联合（clamp connection，图3-10），它有利于双核的并裂或营养物质的输导；②无性繁殖，除锈菌外，很少产生无性孢子；③有性生殖产生担子和担孢子。

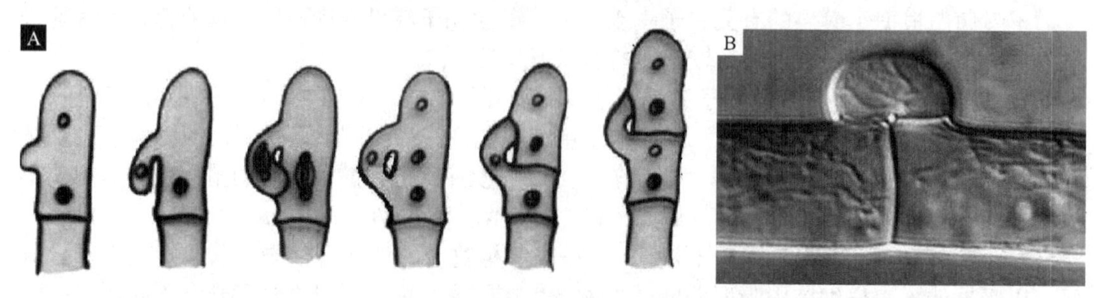

图3-10 锁状联合

A．锁状联合结构形成过程示意图；B．锁状联合结构扫描电镜图

高等担子菌的担子散生或聚生在担子果（basidiocarp）上，常见的担子果有蘑菇、木耳等。担子上着生4个小梗和4个担孢子。可根据担子果有无、担子有隔或无隔，以及裸果还是被果等性状对担子菌进行分类。与园艺植物病害关系较密切的担子菌有下列几类。

1．锈菌 锈菌是活体寄生菌，菌丝在寄主细胞间隙中扩展，以吸器伸入寄主细胞内吸取养料（图3-11）。在锈菌的生活史中可产生多种类型的孢子，典型的锈菌具有5种类型孢子，即性孢子（pycniospore）、锈孢子（aecidiospore）、夏孢子（urediospore）、冬孢子（teliospore）和担孢子（basidiospore）。冬孢子主要起越冬休眠的作用，冬孢子萌发产生担孢子，常为病害的初次侵染源；锈孢子、夏孢子是再次侵染源，起扩大蔓延的作用。有些锈菌还有转主寄生现象，即完成其生活史需要通过两种不同的寄主。锈菌引起的植物病害，由于在病部可以看到铁锈状物（孢子堆），故称为锈病。锈菌侵害叶片，一般引起黄色斑点；侵害枝梢引起肿瘤。引起的园艺植物病害有豇豆锈病、大葱锈病和韭菜锈病等。

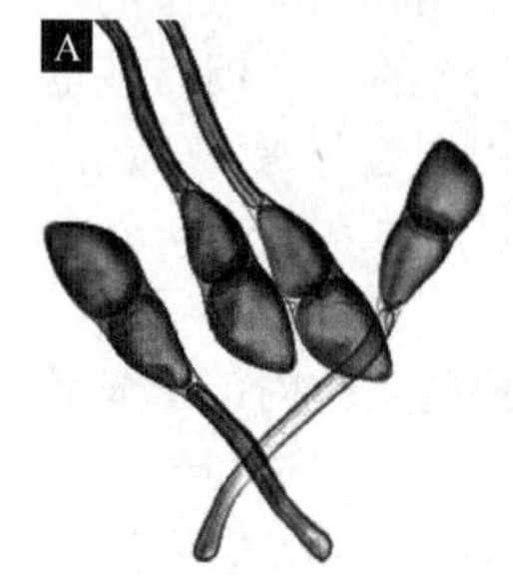

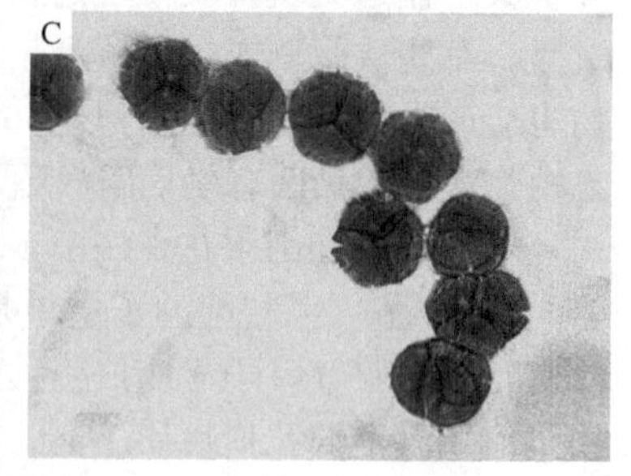

图3-11 锈菌

A．柄锈菌属；B．多胞锈菌属；C．花孢锈菌属

2．黑粉菌 黑粉菌（图3-12）以双核菌丝在寄主的细胞间寄生，一般有吸器伸入寄主细胞内。典型特征是形成黑色粉状的冬孢子，萌发形成先菌丝和担孢子。黑粉菌的分类主要依据冬孢子的形状和大小、有无不孕细胞、萌发的方式及冬孢子球的形态等。引起园艺植物病害的有茭白黑粉病菌（*Ustilago esulenta*）和慈姑黑粉病菌（*Doassansiopsis horiana*）等。

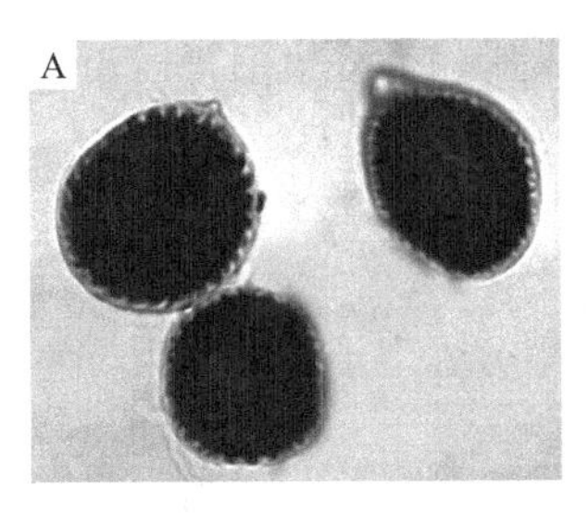

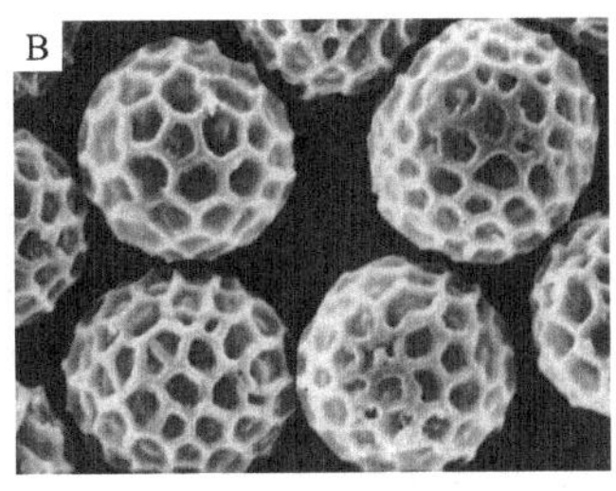

图3-12　黑粉菌

A. 黑粉菌属；B. 腥黑粉菌属；C. 条黑粉菌属

3. 层菌　层菌一般有比较发达的担子果，它们大多是腐生的，少数是植物病原菌。担子果有膏药状、马蹄状、伞状等。担子在担子果上整齐地排列成子实层，担子有隔或无隔，一般外生4个担孢子。层菌通常只产生有性孢子即担孢子，很少产生无性孢子。病害主要通过土壤中的菌核、菌丝或菌索进行传播和蔓延。层菌一般是弱寄生菌，经伤口侵入到果树根部或枝干的维管束，主要破坏木质部，造成根腐或木腐。

（五）无性菌

无性菌多为腐生，也有不少种类为寄生，引起多种园艺植物病害。由于该类真菌的生活史只发现无性态，未发现有性态，所以称为无性菌；由于繁殖方式主要通过有丝分裂形成各种类型的孢子，因此又称为有丝分裂孢子真菌。已发现的无性菌的有性态大多数为子囊菌，少数属于担子菌。无性菌的主要特征：①菌丝体发达，有隔膜；②无性繁殖产生各种类型的分生孢子；③有性态尚未发现。无性菌的繁殖方式是从菌丝体上分化出特殊的分生孢子梗，由产孢细胞产生分生孢子，孢子萌发产生菌丝体。分生孢子梗分散着生在营养菌丝上或聚生在一定结构的子实体中。它的无性子实体除分生孢子梗外，还有以下几种（图3-13）。

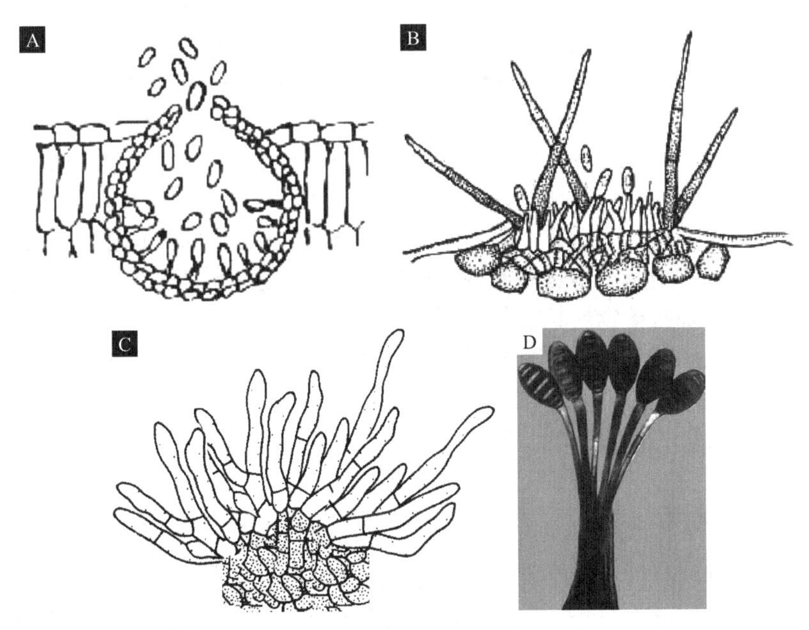

图3-13　无性菌

A. 分生孢子器；B. 分生孢子盘；C. 分生孢子座；D. 分生孢子梗束

（1）分生孢子器（pycnidium） 球形或烧瓶状，顶端具孔口结构的为分生孢子器。器内壁或底部的细胞长出分生孢子梗，一般较短和不分枝，但也有的梗较长而分枝。

（2）分生孢子盘（acervulus） 扁平开口的盘状结构称为分生孢子盘。盘基部凹面的菌丝团上平行着生分生孢子梗，有的分生孢子盘上长有黑色的刚毛。

（3）分生孢子座（sporodochium） 垫状或瘤状结构，其上着生分生孢子梗的称为分生孢子座。

（4）分生孢子梗束（synnema） 数根分生孢子梗的基部联合在一起呈束状，顶部分开并着生分生孢子的称为分生孢子梗束，也称束丝。

无性菌根据分生孢子的有无、分生孢子的形态、无性子实体和产孢细胞的类型等性状进行分类。与园艺植物病害有关的无性菌主要有以下几类。

1. 丛梗孢菌 分生孢子着生在疏散的分生孢子梗或分生孢子梗束上，或着生于分生孢子座上。分生孢子有色或无色，单胞或多胞。引起园艺植物病害的有梨黑斑病菌（*Alternaria kikuchiana*）、桃疮痂病菌（*Cladosporium carpophilum*）、葡萄褐斑病菌（*Phaeoisariopsis vitis*）、柑橘青霉病菌（*Penicillium italicum*）、白菜黑斑病菌（*Alternaria brassicae*）、南天竹红斑病菌（*Cercospora nandinae*）等。

2. 黑盘孢菌 分生孢子着生在分生孢子盘上。引起园艺植物病害的有柑橘炭疽病菌（*Colletotrichum gloeosporioides*）、苹果褐斑病菌（*Marssonina coronaria*）、瓜类炭疽病菌（*Colletotrichum orbiculare*）、罗汉松叶枯病菌（*Pestalotia podocarpi*）等。

3. 壳球孢菌 分生孢子着生在分生孢子器内。引起园艺植物病害的有柑橘黑斑病菌（*Phoma citricarpa*）、葡萄白腐病菌（*Coniothyrium diplodiella*）、茄褐纹病菌（*Phomopsis vexans*）、香石竹斑枯病菌（*Septoria dianth*）等。

4. 无孢菌 无孢菌不产生孢子，只有菌丝体，有时可以形成菌核。引起园艺植物病害的有立枯病菌（*Rhizoctonia solani*）、齐整小核菌（*Sclerotium rolfsii*）等。

第四节 原核生物

原核生物（procaryote）是指含有原核结构的单细胞生物。一般是由细胞壁和细胞膜或只有细胞膜包围细胞质的单细胞微生物。它的遗传物质（DNA）分散在细胞质内，没有核膜包围而成的细胞核。细胞质中含有小分子的核蛋白体（70S），没有内质网、线粒体和叶绿体等细胞器。原核生物作为园艺植物病原的重要性仅次于真菌和病毒，引起的重要病害包括十字花科植物软腐病、茄科植物青枯病、蔷薇科植物根癌病，以及柑橘溃疡病、桃细菌性穿孔病、桑萎缩病和枣疯病等。原核生物主要包括细菌、放线菌、植原体和螺原体等。

一、一般性状

（一）形态和结构

细菌的形态有球状、杆状和螺旋状。个体大小差别很大。植物病原细菌大多为杆状，菌体大小为（0.5～0.8）μm×（1～3）μm，因而称为杆菌（rod）。细菌细胞壁由肽聚糖、脂类和蛋白质组成，细胞壁外有以多糖为主形成的黏质层（slime layer），比较厚而固定的黏质层称为荚膜（capsule）。植物病原细菌细胞壁外有厚薄不等的黏质层，但很少有荚膜。细胞壁内是半透性的细胞膜。大多数的植物病原细菌有鞭毛（flagellum），鞭毛是从细胞膜下的粒状鞭毛基体上产生的，穿过细胞壁和黏质层延伸到体外，鞭毛基部有鞭毛鞘。着生在菌体一端或两端的鞭毛称为极鞭，着生在菌体四周的鞭毛称为周鞭。细菌鞭毛的数目和着生位置在属的分类上有重要意义。细菌没有固定的细胞核，它的核物质集中在细胞质的中央，形成一个椭圆形或近圆形的核区。在有些细菌中，还有独立于核质之外的呈环状结构的遗传因子，称为质粒（plasmid），它编码细菌的抗药性、育性或致病性等性状。细胞质中有颗粒状内含物，如异粒体、中心体气泡、液泡和核糖体等。一些芽孢杆菌在菌体内可以形成一种称作芽孢的内生孢子，芽孢具有很强的抗逆能力。植物病原细菌通常无芽孢。染色反应对细菌鉴别有重要作用，其中最重要的是革兰氏染色。植物病原细菌革兰氏染色反应大多是阴性，少数是阳性。

植物菌原体没有细胞壁，没有革兰氏染色反应，也无鞭毛等其他附属结构。菌体外缘为三层结构的单位膜。植物菌原体包括植原体（phytoplasma）和螺原体（spiroplasma）两种类型：植原体的形态、大小变化较大，表现为多型性，如圆形、椭圆形、哑铃形、梨形等，直径为80～1000nm，细胞内有颗粒状的核糖体和丝状的核酸物质；螺原体菌体呈线条状，在其生活史的主要阶段菌体呈螺旋形，一般长度为2～4μm，直径为100～200nm。

（二）繁殖、遗传和变异

原核生物多以裂殖的方式进行繁殖。裂殖时菌体先稍微伸长，细胞膜自菌体中部向内延伸，同时形成新的细胞壁，最后母细胞从中间分裂为两个子细胞。细菌的繁殖很快，在适宜的条件下，每20min就可以分裂一次。

原核生物的遗传物质主要是存在于核区内的DNA，但在一些细菌的细胞质中还有独立的遗传物质，如质粒。核质和质粒共同构成了原核生物的基因组。在细胞分裂过程中，基因组也同步分裂，然后均匀地分配到两个子细胞中，从而保证亲代的各种性状能稳定地遗传给子代。

植原体一般被认为以裂殖、出芽繁殖或缢缩断裂法繁殖；螺原体繁殖时是芽生出分枝，断裂而成子细胞。植原体尚不能人工培养；而螺原体可以人工培养，并在培养基上形成“煎蛋形”菌落，螺原体在培养时需提供甾醇才能生长。

原核生物经常发生变异，这些变异包括形态变异、生理变异和致病性变异等。表型性状是由遗传物质控制的，原核生物发生变异的原因还不完全清楚，但通常有两种不同性质的变异：一种变异是突变，细菌自然突变率很低，通常为十万分之一，但是细菌繁殖快，繁殖量也大，增加了发生变异的可能性；另一种变异是通过结合、转化和转导方式，一个细菌的遗传物质进入另一个细菌体内，使DNA发生部分改变，从而形成性状不同的后代。

二、分类及主要类群

原核生物的形态差异较小，许多生理生化性状较相似，遗传学性状了解尚少，因而原核生物界内各成员间的系统与亲缘关系目前还不明确。《伯杰氏系统细菌学手册》（第二版）根据16S rRNA序列相似性，将原核生物分为古菌域和细菌域。所有的植物病原原核生物均为细菌域的真正细菌，真细菌分为24门32纲，与植物病害相关的主要为变形菌门、放线菌门和厚壁菌门。

（一）变形菌门

变形菌门细胞壁薄，厚度为7～8nm，细胞壁中肽聚糖含量为8%～10%，革兰氏染色反应阴性。重要的植物病原细菌有农杆菌属（*Agrobacterium*）、泛菌属（*Pantoea*）、欧文氏菌属（*Erwinia*）、假单胞菌属（*Pseudomonas*）、黄单胞菌属（*Xanthomonas*）、果胶杆菌属（*Pectobacterium*）和劳尔氏菌属（*Ralstonia*）等。

1. 农杆菌属 农杆菌属是变形菌门α变形菌纲的一个成员，土壤习居菌。菌体短杆状，大小为（0.6～1.0）μm×（1.5～3.0）μm，鞭毛1～6根，周生或侧生。好气性，代谢为呼吸型。革兰氏反应阴性，无芽孢。营养琼脂上菌落为圆形、隆起、光滑，灰白色至白色，质地黏稠，不产生色素。氧化酶反应阴性，过氧化氢酶反应阳性。DNA中G+C含量为57%～63%。该属共有5个种，已知为植物病原细菌的有4个种，这些病原细菌都带有除染色体之外的遗传物质，即一种大分子的质粒，它控制着细菌的致病性和抗药性等，例如，侵染寄主引起肿瘤症状的质粒称为致瘤质粒（tumor-inducing plasmid，Ti质粒），引起寄主产生不定根的称为致发根质粒（root-inducing plasmid，Ri质粒）。代表性病原菌是根癌农杆菌（*Agrobacterium tumefaciens*），其寄主范围极广，可侵害90多科300多种双子叶植物，以蔷薇科植物为主，可引起桃、苹果、月季等的根癌病。

2. 欧文氏菌属 欧文氏菌属是变形菌门γ变形菌纲的一个成员，革兰氏反应阴性。菌体短杆状，大小为（0.5～1.0）μm×（1.0～3.0）μm，革兰氏反应阴性，多根周生鞭毛。兼性好气性，代谢为呼吸型或发酵型，无芽孢，营养琼脂上菌落圆形、隆起灰白色。氧化酶反应阴性，过氧化氢酶反应阳性。DNA中G+C含量为50%～58%。该属包括9个种，例如，引起梨火疫病的解淀粉欧文氏菌（*Erwinia amylovora*），可导致叶枯、枝枯、花腐和枝干溃疡等症状。

3. 泛菌属 泛菌属是变形菌门γ变形菌纲的一个成员，革兰氏反应阴性。长期以来，该属一直归在欧文氏菌属中，近年才从欧文氏菌属中分出。目前该属包括7个种，重要的植物病原菌有引起水稻内颖褐变病的成团泛菌（*Pantoea agglomerans*）和引起菠萝软腐病的菠萝泛菌（*P. ananatis*）。

4. 假单胞菌属 假单胞菌属是变形菌门γ变形菌纲的一个成员。菌体短杆状或略弯，单生，大小为（0.5～1.0）μm×（1.5～5.0）μm，鞭毛1～4根或多根，极生。革兰氏反应阴性，严格好气性，代谢为呼吸型。无芽孢。营养琼脂上的菌落圆形、隆起、灰白色，荧光反应白色或褐色，有些种产生褐色素扩散到培养基中。氧化酶反应多为阴性，少数为阳性，过氧化氢酶反应阳性，DNA中G+C含量为58%～70%。该属成员很多，包括多个异质性组群，按照rRNA同源性可分为5个组，植物病原假单胞菌主要归在rRNA第一组和第二组内，少数在第五组。近些年来，该属的一些成员已先后独立成为新属，如噬酸菌属（*Acidovorax*）、布克氏菌属（*Burkholderia*）和劳尔氏菌属（*Ralstonia*）等。例如，茄青枯病菌（*Pseudomonas solanacearum*）先归在*Burkholderia*属中，目前又改属名为*Rastonia*。假单胞菌属现有53个正式种和8个待定种，除去独立成为新属的，其余的植物病原菌主要是荧光假单胞菌组的成员，典型种是丁香假单胞菌（*P. syringae*）。丁香假单胞菌寄主范围很广，可侵害多种木本植物和草本植物的枝、叶、花和果，在不同的寄主植物上引起各种叶斑或坏死症状及茎秆溃疡。例如，侵害桑叶引起叶脉发黑、叶片扭曲黑枯的桑疫病菌（*P. syringae* pv. *mori*）。

5. 黄单胞菌属 黄单胞菌属是变形菌门γ变形菌纲的一个成员。菌体短杆状，多单生，少双生，大小为（0.4～0.6）μm×（1.0～2.9）μm，单鞭毛，极生。革兰氏反应阴性。

严格好气性，代谢为呼吸型。营养琼脂上的菌落圆形、隆起、蜜黄色，产生非水溶性黄色素。氧化酶反应阴性，过氧化氢酶反应阳性，DNA中G+C含量为63%～70%。该属过去有130个种，1974年被合并为5个种，将其余100多个种都并入野油菜黄单胞菌（*Xanthomonas campestris*），作为该种下的致病变种（pathovar，pv.）。近年来通过DNA-DNA杂交和脂肪酸分析后，认为黄单胞菌属至少可以划分为20个种（组）。该属的成员都是植物病原菌，重要的病原菌有引起甘蓝黑腐病的野油菜黄单胞菌（*X. campestris* pv. *campestris*）。

（二）放线菌门

放线菌门细胞壁较厚，肽聚糖含量在50%～80%，DNA的G+C含量在50%以上，革兰氏染色反应呈阳性。重要的植物病原细菌有棒形杆菌属（*Clavibacter*）和链霉菌属（*Streptomyces*）等。

1. 棒形杆菌属　棒形杆菌属是放线菌门放线菌纲的重要成员。菌体短杆状至不规则杆状，大小为（0.4～0.8）μm×（0.8～2.5）μm，无鞭毛，不产生内生孢子，革兰氏反应阳性。好气性，呼吸型代谢，营养琼脂上菌落为圆形光滑凸起，不透明，多为灰白色，氧化酶反应阴性，过氧化氢酶反应阳性。DNA中G+C含量为67%～78%。该属包括5个种，7个亚种，重要的病原菌有马铃薯环腐病菌（*Clavibacter michiganensis* subsp. *sepedonicus*），可侵害5种茄属植物，主要为害马铃薯的维管束组织，引起环状维管束组织坏死，故称为环腐病。

2. 链霉菌属　链霉菌属是放线菌门放线菌纲成员。营养琼脂上菌落圆形，紧密，多灰白色。菌体丝状，纤细、无隔膜，直径0.4～1.0μm，辐射状向外扩散，可形成基质内菌丝和气生菌丝。在气生菌丝即产孢丝顶端产生链球状或螺旋状的分生孢子。孢子的形态色泽因种而异，是分类依据之一。链霉菌多为土壤习居性微生物，少数链霉菌侵害植物引起病害，如马铃薯疮痂病菌（*Streptomyces scabies*）。

（三）厚壁菌门

厚壁菌门菌体无细胞壁，只有一种称为单位膜的原生质膜包围在菌体四周，厚8～10nm，没有肽聚糖成分，菌体以球形或椭圆形为主，营养要求苛刻，对四环素类敏感。该门只有一个纲即柔膜菌纲，与植物病害有关的统称为植物菌原体，包括螺原体属和植原体属。

1. 螺原体属　螺原体属为厚壁菌门柔膜菌纲成员。菌体的基本形态为螺旋形，繁殖时可产生分枝，分枝也呈螺旋形。螺原体存在于寄主植物韧皮部的筛管细胞内，生长繁殖时需要提供甾醇。螺原体在固体培养基上的菌落很小，煎蛋状，直径1mm左右，常在主菌落周围形成更小的卫星菌落。菌体无鞭毛，但可在培养液中做旋转运动，属兼性厌氧菌。基因组大小为5×10^8～5×10^9bp，DNA中G+C含量为24%～31%。植物病原螺原体只有3个种，主要寄生于双子叶植物韧皮部，由叶蝉传播。例如，引起柑橘僵化病的柑橘僵化螺原体（*Spiroplasma citri*）可侵染柑橘和豆科植物等多种寄主。

2. 植原体属　植原体属为厚壁菌门柔膜菌纲成员。菌体的基本形态为圆球形或椭圆形，但在韧皮部筛管中或在穿过细胞壁上的胞间连丝时，可以成为变形体状，如丝状、杆状或哑铃状等。菌体大小为200～1000nm。目前还不能人工培养。DNA的G+C含量为23%～29%。植原体对四环素敏感，对青霉素不敏感；对低渗盐溶液敏感，而对洋地黄皂苷有抗性。植原体主要存在于植物韧皮部筛管中，由叶蝉类昆虫传播。常见的植原体病害有桑萎缩病、泡桐丛枝病、枣疯病等。

三、病害的特点

植物受原核生物侵害以后，在外表显示出许多特征性症状。

细菌病害的症状主要有坏死、腐烂、萎蔫和肿瘤等。褪色或变色较少，有的还有菌脓（ooze）溢出。在田间，细菌病害的症状往往有如下特点：一是受害组织表面常为水渍状或油渍状；二是在潮湿条件下，病部有黄褐色或乳白色、胶黏、似水珠状的菌脓；三是腐烂型病害患部往往有恶臭味。

植原体和螺原体病害的症状主要有变色和畸形，包括病株黄化、矮化或矮缩、枝叶丛生、叶片变小、花变叶等。

第五节 病毒和亚病毒

一、病毒

病毒（virus）是包被在蛋白质或脂蛋白保护性衣壳中，只能在适合的寄主细胞内完成自身复制的一个或多个基因组的核酸分子。病毒区别于其他生物的主要特征：①病毒是非细胞结构的分子寄生物，主要由核酸及保护性衣壳组成；②病毒是专性寄生物，其核酸复制和蛋白质合成需要寄主提供原料和场所。目前发现的病毒病害已超过700种，几乎每种作物都有一至几种病毒病害。从数量、危害性及重要性来看，病毒病害均超过细菌性病害，仅次于真菌性病害。园艺植物的许多病毒病都是农业生产上的突出问题，如柑橘衰退病、苹果花叶病、十字花科蔬菜病毒病、番茄病毒病、烟草花叶病、瓜类病毒病，以及药用植物如地黄、白术、半夏等的病毒病。植物病毒也有可利用的价值，特别在开发基因工程的载体、转基因植物研究等方面可发挥很大的作用。

（一）植物病毒的形态、结构与组分

1．形态 植物病毒的基本形态为粒体（virion或particle），大部分病毒的粒体为球状、杆状和线状，少数为弹状、杆菌状和双联体状等。球状病毒也称为多面体病毒或二十面体病毒。直径大多为20～35nm，少数可以达到70～80nm。杆状病毒粒体刚直，不易弯曲，大小多为（20～80）nm×（100～250）nm。线状病毒粒体有不同程度的弯曲，大小多为（11～13）nm×750nm，个别可以达到2000nm以上。此外，有的病毒由两个球状病毒粒体联合在一起，称为双联病毒（或双生病毒，geminivirus）；有的像弹头，称为弹状病毒（rhabdovirus）；还有的呈丝线状，柔软不定型。

2．结构 完整的病毒粒体是由一个或多个核酸分子（DNA或RNA）包被在蛋白质或脂蛋白衣壳里构成的。绝大多数病毒粒体都只是由核酸和蛋白质衣壳（capsid）组成，但植物弹状病毒粒体外有囊膜（envelope）包被。杆状或线条状植物病毒粒体的中间是螺旋状的核酸链，外面是由许多蛋白质亚基（subunit）组成的衣壳。蛋白质亚基也排列成螺旋状，核酸链就嵌在亚基的凹痕处。因此，杆状或线状病毒粒体是中空的。以烟草花叶病毒的粒体为例，每个粒体大约有2100个蛋白质亚基，排成130圈，每圈亚基间隔约2.3nm，每3圈有49个亚基。其粒体直径是18nm，核酸链的直径是8nm。球状病毒的结构较复杂，其粒体表面

是由20个正三角形组合而成。因此，球状病毒也称为二十面体病毒。有些病毒表面的正三角形又分成更多更小的三角形，如六十面体等。

3. 组分 植物病毒的主要成分是核酸和蛋白质，核酸在内部，外部由蛋白质包被，称为外（衣）壳蛋白（coat protein）。有的病毒粒体中还含有少量的糖蛋白或脂类。而亚病毒则没有蛋白质外壳，仅为小分子量的RNA。不同形态病毒中核酸的比例不同，一般来说，球状病毒的核酸含量高，占粒体质量的15%～45%；线状和杆状病毒中核酸含量占5%～6%；而在弹状病毒中只占1%左右。大多数植物病毒的所有遗传信息都存在于一条核酸链上，包被在一种粒体中。也有些病毒的遗传信息存在于两条或两条以上核酸链上，包被在两种或两种以上粒体中，称为双分体病毒（bipartite virus）或多分体病毒（multicomponent virus）。例如，烟草脆裂病毒属（*Tobravirus*）和蠕传病毒属（*Nepovirus*）有两条核酸链，包被在两种粒体中；黄瓜花叶病毒属（*Cucumovirus*）和苜蓿花叶病毒（AMV）均有4条核酸链，但被包装在3种或4种粒体中。在某些多分体病毒中发现有小分子的RNA，其与辅助病毒RNA无同源性，不能单独侵染，要依赖辅助病毒才能侵染和增殖，这种小分子RNA称为卫星RNA（satellite RNA，sRNA），其依赖的病毒称为辅助病毒。卫星RNA与辅助病毒包被在同一外壳内，并能抑制辅助病毒的复制，影响其浓度和致病力。利用sRNA与病毒的关系，可进行病毒病害的生物防治及基因工程抗病毒育种工作。除蛋白质和核酸外，植物病毒中含量最多的是水分，例如，在番茄束矮病毒和芜菁黄花叶病毒的结晶体中，水分的含量分别为47%和58%。此外，金属离子也是许多病毒所必需的，主要有钙离子、钠离子和镁离子。

（二）植物病毒的复制和增殖

病毒侵染植物以后，在活细胞内增殖后代病毒需要两个步骤：一是病毒核酸的复制（replication），即从亲代向子代病毒传送核酸性状的过程；二是病毒核酸信息的表达（gene expression），即按照信使RNA（mRNA）的序列来合成病毒专化性蛋白的过程。这两个步骤遵循遗传信息传递的一般规律，但也因病毒核酸类型的变化而存在具体细节上的不同。

病毒核酸的复制需要寄主提供复制的场所（通常是在细胞质或细胞核内）、复制所需的原材料和能量。病毒本身提供的主要是模板核酸和专化的聚合酶（polymerase），也称复制酶（或其亚基）。

病毒基因组信息的表达主要有两个方面：一是病毒基因组转录出mRNA的过程；二是mRNA的翻译即表达。病毒基因组转录mRNA具有多种合成途径，mRNA的翻译加工也有多种策略。病毒核酸的转录和翻译同样需要寄主提供场所和原材料。植物病毒基因组的翻译产物较少，一般RNA病毒的翻译产物有4或5种，多的可以达到9种。有些产物会与病毒的核酸、寄主细胞成分等物质聚集在一起，形成具有一定大小和形状的内含体（inclusions）。内含体的形状有不定形体及精细的晶体结构，可分为核内含体（nuclear inclusions）和细胞质内含体（cytoplasmic inclusions）两类。不同属的植物病毒往往产生不同类型、不同形状的内含体，这种差异可用于某些病毒的鉴定。

（三）植物病毒的传播

病毒的传播是完全被动的。根据自然传播方式的不同，植物病毒传播可分为介体传播和非介体传播：介体传播（vector transmission）是指病毒依附在其他生物体上，借其他生物体的活动而进行的传播及侵染，包括动物介体和植物介体两类；在病毒传播中没有其他生物体介入的传播方式称为非介体传播，包括汁液接触传播、嫁接传播和花粉传播等。病毒随种子和无性繁殖材料传带而扩大分布的情况也属于非介体传播。

1. 介体传播 自然界能传播植物病毒的介体种类很多，主要有昆虫、螨、线虫、真菌、菟丝子等，其中以昆虫最为重要。在传毒昆虫中，多数是刺吸式昆虫，特别是蚜虫、叶蝉、飞虱等是主要的传毒昆虫。目前已知的昆虫介体有400多种，其中约200种属于蚜虫类，130多种属于叶蝉类。根据介体昆虫传播病毒的特性，植物病毒可分为以下3种类型。

（1）口针型（stylet-borne） 这类病毒也称为非持久性病毒（non-persistent virus）。病毒只存在于昆虫口针的前端。昆虫在病株上取食几分钟后就能立即传染病毒，但保持传毒的时间不长，一般数分钟后口针里的病毒即全部排完，不能再起传毒作用。属于这一类的病毒一般都可以通过汁液接触传播，传毒昆虫主要是蚜虫，引起的病害症状多为花叶型，如芜菁花叶病毒、黄瓜花叶病毒、大豆花叶病毒等。

（2）循回型（circulative） 这类病毒包括所有半持久性病毒和部分持久性病毒。介体在病株上取食较长的时间才能获毒，但不能立即传毒。经过几小时至几天的循回期后，介体才能传毒。在循回期内，病毒从介体昆虫的口针经中肠和血淋巴到达唾液腺，再经唾液的分泌才开始侵染寄主。昆虫保持传毒的时间虽然比口针型长些，但也是有限的，一般不超过4天。病毒大多存在于植物的维管束中，引起黄化或卷叶等症状。属于这一类的病毒一般不能通过汁液接触传染，而是由较专化的蚜虫传染，如大麦黄矮病毒；有的可以由叶蝉、飞虱传染，如甜菜缩顶病毒。

（3）增殖型（propagative） 这类病毒为部分持久性病毒。病毒在昆虫体内的转移时间更长，并能进行增殖。所以，获毒的昆虫可终身传毒，有的还能经卵传毒。属于这一类的病毒都不能通过汁液接触传染。传毒昆虫主要是叶蝉和飞虱。引起黄化、矮缩、丛生等症状，寄主主要是大田作物，如水稻黑条矮缩病毒、水稻条纹病毒等。

2. 非介体传播

（1）机械传播 机械传播（mechanical transmission）也称为汁液摩擦传播，是指病株汁液通过与健株表面的各种机械伤口摩擦接触进行传播。田间的接触或室内的摩擦接种均可称为机械传播。在田间病毒病的传播主要由植株间接触、农事操作、农机具及修剪工具污染、人和动物活动等造成。这类病毒存在于寄主的表皮细胞，浓度高、稳定性强。引起花叶型症状的病毒及由蚜虫、线虫传播的病毒较易机械传播，而引起黄化型症状的病毒和存在于韧皮部的病毒难以或不能机械传播。

（2）无性繁殖材料和嫁接传播 不少病毒具有系统侵染的特点，在植物体内除生长点外各部位均可带毒，因而以块根、块茎、球茎和接穗芽作为繁殖材料就会引起病毒的传播。嫁接是园艺上普通的农事活动，可以传播任何种类的病毒病害。

（3）种子和花粉传播 据估计，约有1/5的已知病毒可以种传。种子带毒的危害主要表现在早期侵染和远距离传播。病毒种传的主要特点：母株早期受侵染，病毒才能侵染花器；病毒进入种胚才能产生带毒种子，仅种皮或胚乳带毒常不能种传（烟草花叶病毒污染种皮可传毒是个例外）。种传病毒大多可以机械传播，症状常为花叶，如可经蚜虫传播则为非持久性的。

由花粉直接传播的病毒数量并不多，现在知道的有十几种，多数为害木本植物。例如，为害樱桃的李属坏死环斑病毒、樱桃卷叶病毒，为害悬钩子的悬钩子环斑病毒、悬钩子潜隐病毒、悬钩子丛矮病毒及酸樱桃黄化病毒等。染病寄主的花粉可以由蜜蜂携带从而引起病毒的传播。

（四）植物病毒的抗原性

病毒的化学本质是一种核蛋白，上面带有抗原（antigen）结构。把这种物质注射到动物体内后会产生一种相应抗体（antibody），含有抗体的血清称为抗血清（antiserum）。抗体和抗原有专化性，相应的抗原和抗体在动物体外也能引起结合反应，表现为凝聚或沉淀，这种反应称为血清反应。

植物病毒的抗原活性部分，都是其蛋白质外壳部分（除少数例外）。不同的病毒粒体上有不同的抗原决定簇，相同的病毒粒体上含有相同的抗原决定簇，相关病毒株系的粒体上含有一定数量相同的抗原决定簇。因此，可用血清学反应来测定不同病毒之间的抗原相关程度。属同一种群的病毒株系，其中任一株系的抗血清必然会与相关株系的抗原起凝聚或沉淀反应。根据反应的强烈程度和类型，确定两者之间的亲缘关系。凡反应强烈或反应类型相同的，表示具有完全相同或很相近的抗原，两者的亲缘关系很近；反应弱或反应类型不同，表示无相同抗原，两者的亲缘关系较远。由于病毒具有很强的抗原性，因而目前血清学反应不仅用于病毒的诊断，而且也应用在植物病毒病的防治上，如植物检疫及抗病良种的选育等。

（五）植物病毒的物理特性

在被侵染植物的汁液中，病毒侵染粒体的物理特性常用钝化温度、稀释限点及体外保毒期来表示。这些物理性状也往往因病毒而异。

1. 钝化温度　将含有病毒的汁液放入不同温度中处理10min，使其失去致病力的最低温度称为钝化温度。病毒对温度的抵抗力较其他微生物高，也相当稳定。一种病毒的不同株系可有不同的钝化温度，所以钝化温度是鉴定病毒的一个较有用的指标。

2. 稀释限点　病毒汁液用水稀释，直至仍保持有致病力的最大稀释倍数称为稀释限点。它与汁液中病毒的浓度有关。浓度越高，稀释限点也越大，而病毒的浓度往往受栽培条件、寄主状况所影响。因此，同一病毒的稀释限点不一定相同，稀释限点只能作为鉴定病毒的参考指标。

3. 体外保毒期　在20℃左右的条件下，病毒汁液离体后能保持致病力的最长时间称为体外保毒期。由于不同植物的汁液中存在着不同的酶或某些抑制病毒的物质，从而使病毒的体外保毒期也可能有较大的差异，所以这项指标只是鉴定病毒时的参考指标。

（六）植物病毒病的症状特点

1. 外部症状　植物病毒病几乎都属于系统侵染性病害。当寄主植物感染病毒后，或早或迟都会在全株表现出病变和症状，这是该类病害的一个重要特点；植物病毒病只有明显的病状而无病征，这在诊断上有助于区分病毒和其他病原所引起的病害。植物病毒病的症状有多种类型，如褪色、坏死、畸形等。畸形症状中，皱缩、小果、小叶、皱叶、丛枝、矮缩、蕨叶、花变叶等均比较常见。

2. 内部变化　植物受病毒侵染后除在外部表现一定的症状外，在感病植物的细胞组织内也可以引起病变。细胞内结构的变化，较为明显的有叶绿体的破坏和各种内含体的出现等，而最特殊的变化是形成内含体。

在光学显微镜下所见到的内含体，有无定形内含体（x-体）和结晶状内含体两种，这两种内含体在细胞质内和细胞核内均有。此外，还有一些内含体在电镜下才能观察到，呈风轮状（pinwheel）、环状（ring）及束状（bundle）等（图3-14）。

3. 症状变化　植物病毒病的症状容易发生变化。引起变化的原因很多，主要是病毒、寄主和环境三方面的因素。

（1）病毒因素　一种病毒的不同株系侵染同一种植物，其症状的表现可能不同。植

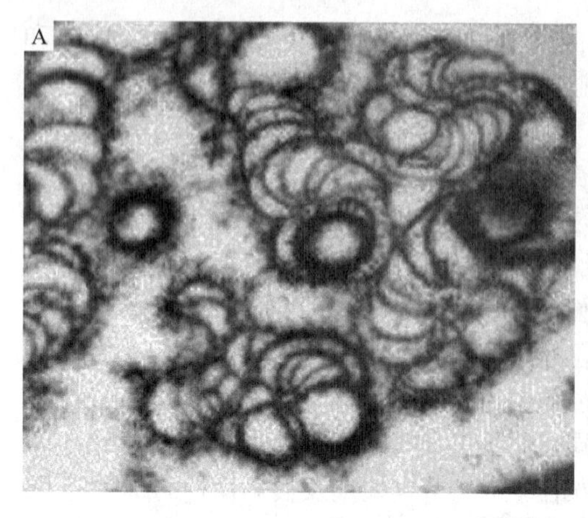

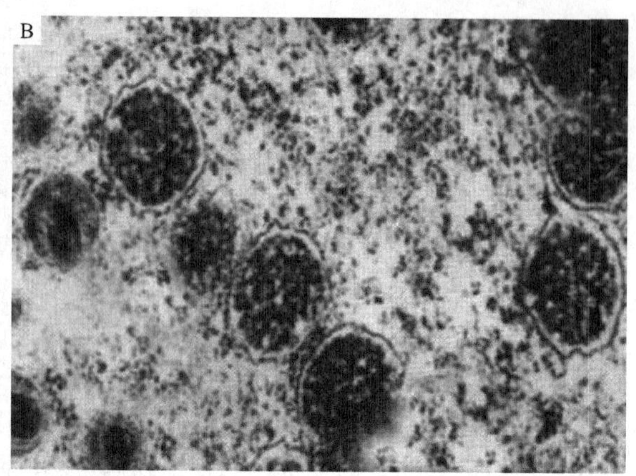

图3-14　病毒内含体

A．风轮状；B．束状

物在自然条件下可以被感染一种以上的病毒，这些病毒间互相作用的关系比较复杂，也影响症状的表现。两种有亲缘关系和没有亲缘关系的病毒反应是不同的。两种有一定亲缘关系的病毒，如属同一种病毒的不同株系侵染一种植物，这两种病毒在植物体内就可以发生干扰作用。最明显的干扰作用是交互保护（即弱株系保护），这是一种植物受到病毒的一种弱株系（mild strain）侵染后可避免或延迟受该病毒强株系（severe strain）侵染的现象。各种病毒交互保护作用的强弱不同，花叶型及环斑型病毒的保护作用较强。实验证明，只有当植株体内有弱株系存在时，才能抵抗强株系的侵染。根据交互保护现象，选择一种病毒的弱毒株系接种植物，以抵御强株系的侵染，减轻病毒危害，这在防治上是很有意义的。

两种没有亲缘关系的病毒混合侵染，一般可能有两种表现：一种是病毒间发生拮抗作用，如烟草植株内的蚀纹病毒抑制天仙子花叶病毒和马铃薯Y病毒的增殖；另一种是两种病毒发生协生作用，表现出与原有两种病毒所致的症状完全不同的严重症状，如马铃薯X病毒和Y病毒单独侵染马铃薯时只造成轻微花叶和枯斑，但两者混合侵染时则表现皱缩花叶症状，这种混合侵染后所表现出的症状称为复合症状。

（2）寄主因素　一种病毒引起的症状可随寄主种类和品种不同，或随砧木与接穗的组合不同而异。接穗相同，砧木不同，症状表现也不一样。例如，柑橘衰退病在酸橙砧和尤力克柠檬砧的甜橙上，症状表现为急性衰退；在枳壳砧和甜橙砧的甜橙上，不表现症状。砧木相同，接穗不同，症状表现也各异。例如，柑橘衰退病在枳壳砧的甜橙上不表现症状，在枳壳砧的葡萄柚上呈茎陷点（stem-pitting）症状。

（3）环境因素　环境条件也可改变或抑制症状的表现。在各种环境因素中，温度和光照对病毒病症状影响最大，高温和低温对花叶型病毒病的症状表现均有抑制作用。例如，烟草在35℃以上或10℃以下时不呈现花叶症状；酸樱桃黄化病在16℃以下表现症状，而在20℃以上不显现症状或症状消失。这些病毒在引起植物发病后，因环境不适，症状暂时消失的现象称为隐症现象。强光能促进某些病毒病害症状的发展。寄主的营养条件也能使症状发生变化，一般增加氮素营养可以促进症状表现，增加磷、钾肥则相反；微量元素对病毒症状的发展也有影响。

（七）植物病毒的分类及主要类群

1．植物病毒的分类与命名　植物病毒的分类工作由国际病毒分类委员会（International

Committee on Taxonomy of Viruses，ICTV）植物病毒分会负责。1995年，在ICTV发表的《病毒分类与命名》第六次报告中，植物病毒与动物病毒和细菌病毒一样实现了按科、属、种分类。植物病毒分类的依据：①构成病毒基因组的核酸类型（DNA或RNA）；②核酸是单链还是双链；③病毒粒体是否存在脂蛋白包膜；④病毒形态；⑤核酸多分体现象等。根据上述主要特性，截至目前ICTV认可的病毒有7目96科420属2618个种。其中植物病毒有3目25科120属1114个种，包括类病毒2科8属32个种。

植物病毒的名称目前不采用拉丁文双名法，仍以寄主英文名加上症状来命名。例如，烟草花叶病毒为tobacco mosaic virus，缩写为TMV；黄瓜花叶病毒为cucumber mosaic virus，缩写为CMV。属名为专用国际名称，常由典型成员寄主名称（英文或拉丁文）缩写加主要特点描述（英文或拉丁文）缩写再加virus拼组而成。例如，黄瓜花叶病毒属的学名为Cucu-mo-virus（*Cucumovirus*）；烟草花叶病毒属为Toba-mo-virus（*Tobamovirus*）。即植物病毒属的结尾是-virus，科、属名书写时应用斜体，而种和株系的书写不采用斜体。

2．重要的植物病毒属及典型种

（1）烟草花叶病毒属及TMV　烟草花叶病毒属（*Tobamovirus*）包括13个种和2个可能种，典型种为烟草花叶病毒（TMV）。病毒粒体为直杆状，直径18nm，长300nm；核酸为一条正单链RNA，分子量为2×10^6u；衣壳蛋白为一条多肽，分子量为17 000～18 000u。烟草花叶病毒的寄主范围较广，自然传播不需要介体，主要通过染病汁液接触传播。其对外界环境的抵抗力强，体外存活期一般在几个月以上，在干燥的叶片中可以存活五十多年，可引起烟草、番茄等作物的花叶病。

（2）马铃薯Y病毒属及PVY　马铃薯Y病毒属（*Potyvirus*）是植物病毒中最大的一个属，含有75个种和93个可能种，属于马铃薯Y病毒科。病毒粒体为线状，大小为（11～15）nm×750nm。病毒具有一条正单链RNA，基因组分子量为2700～3650u，衣壳蛋白亚基的分子量为32 000～36 000u。主要由蚜虫进行非持久性传播，绝大多数可通过机械传播，个别可以种传。所有种均可在寄主细胞内产生风轮状内含体，也有的产生核内含体或不定形内含体。马铃薯Y病毒（potato virus Y，PVY）是一种分布广泛的病毒，主要侵染茄科作物如马铃薯、番茄、烟草等。侵染马铃薯后，引起下部叶片轻花叶，上部叶片变小，脉间褪绿花叶，叶片皱缩下卷，叶背部叶脉上出现少量条斑。

（3）黄瓜花叶病毒属　黄瓜花叶病毒属（*Cucumovirus*）有3个成员，即黄瓜花叶病毒（CMV）、番茄不孕病毒（ToAV）和花生矮化病毒（PnSV）。粒体球状，直径为28nm。三分体病毒，基因组的分子量分别为1.3×10^6u、1.1×10^6u和0.8×10^6u。衣壳蛋白的分子量为24 500u。在CMV中，有卫星RNA存在。在自然界主要依赖多种蚜虫以非持久性方式传播，也可经汁液接触而机械传播。CMV寄主范围很广，自然寄主有67个科470种植物。CMV被认为是植物的"流感性病毒"。

二、亚病毒

亚病毒（subvirus）是一类比病毒更微小、更简单的小分子RNA，其分子量一般在1.25×10^5u以下。亚病毒包括类病毒和拟病毒，都只有裸露的RNA而没有蛋白质衣壳。

（一）类病毒

类病毒（viroid）最早是迪南（T. O. Diener）和莱曼（W. B. Raymer）于1967年研究马铃

薯纤块茎病（potato spindletuber viroid，PSTVd）时发现的，1972年迪南称之为类病毒。它是一种独立存在于细胞内具有侵染性的低分子量的核酸，是迄今所知生命中最简单、最小的一种。植物类病毒病害现在已发现有8种，我国有马铃薯纤块茎病、柑橘裂皮病、黄瓜白果病及菊花褪绿斑驳病4种。类病毒（viroid）在命名时遵循与病毒类似的规则，因缩写名易与病毒混淆，新命名规则规定类病毒的缩写为Vd，如马铃薯纺锤块茎类病毒（potato spindle tuber viroid）的缩写为PSTVd。

1. 类病毒的主要性状 类病毒是高度碱基配对、棒形、单链闭合的RNA，分子量为1×10^5u，比病毒小，基因组也异常小。类病毒对核糖核酸酶（RNase）很敏感，而对脱氧核酸酶（DNase）不敏感。无论用物理还是化学方法处理类病毒，其稳定性都较高。例如，大多数类病毒耐75℃以上高温，比病毒对热的稳定性高；对辐射不敏感；有的类病毒对氯仿、正丁醇、酚等有机溶剂也不敏感。

类病毒能在寄主细胞内直接进行复制。对于它们的复制机制目前还不够清楚，估计是利用寄主的生物合成机制进行。其复制方法可能有两种：①以寄主细胞内现存的DNA或是以侵染后合成DNA为模板进行复制；②借互补的RNA进行复制。类病毒的不同株系间有明显的干扰现象。植物类病毒与植物病毒都是非细胞形态、具有侵染性的生物，它们之间有很多相同点。

2. 植物类病毒病的特点

（1）症状 类病毒侵染草本寄主后，寄主出现叶片上卷或地上部分矮化等系统症状。但多数寄主感染类病毒后都不表现症状，大多为隐症（即带毒）。例如，柑橘裂皮病分布较广（仅次于柑橘衰退病），是柑橘生产中一大问题，症状主要表现为树皮开裂、剥落、卷叶或全株呈现萎缩状。

（2）传播 类病毒的传播方式与病毒不同：病毒主要是通过昆虫、菟丝子等介体及无性繁殖材料传播；而类病毒主要是种子带毒及通过无性繁殖材料和接触传播。类病毒在细胞核内与染色质结合，所以感病植物通常是全株带毒，种子带毒率很高，例如，马铃薯纺锤块茎病毒病，其种子带毒率高达87%～100%。

（二）拟病毒

1981年Francki发现绒毛烟斑驳病的病原与病毒不同，将其命名为拟病毒（virusoid）。1982年Matthews用电泳法进行分离，发现电泳带中有分子量为1.5×10^6u的核酸大分子，又有分子量为1×10^5u的核酸小分子，都是环状结构，前者像正常的植物病毒的核酸，后者则像类病毒的核酸。将这两种核酸分别提纯后进行接种均不能致病，但混在一起后进行接种则能致病，所以认为其是共生致病。目前已发现的拟病毒有苜蓿暂时性条斑拟病毒，拟病毒诱发的病害症状是斑驳和条斑，可通过汁液传染。

第六节 线　　虫

线虫（nematode）是一种低等动物。它在自然界分布很广，种类很多，多数在土壤和水中营腐生生活，少数寄生于人、动物和植物体内。寄生在园艺植物上的线虫可以引起许多重要的病害，如柑橘根结线虫、大豆胞囊线虫、当归茎线虫和三七茎线虫等。线虫除引起植物病害外，还能传带许多其他病原或为其他病原的侵入“打开门户”，导致许多寄生性较弱的病原入侵和危害，例如，线虫可作为细菌性青枯病、镰孢菌枯萎病和某些病毒病等土传病害的先导和媒介，诱发或加重病害的发生与危害。

一、植物病原线虫的一般性状

（一）形态和结构

植物病原线虫多为不分节的乳白色透明线形体，大多为雌雄同形，少数为雌雄异形。雌雄异形的线虫，幼虫期雌虫和雄虫均为线形，成熟后雄虫线形，雌虫膨大成梨形、球形、柠檬形、肾形或各种囊状。线形线虫的长一般不到1mm，宽0.05～0.1mm。

线虫虫体通常分为头部、颈部、腹部和尾部。头部位于虫体前端，包括唇、口腔、口针和侧器等器官。唇和侧器都是一种感觉器官。口针（stylet）位于口腔中央，是吸取营养的器官，口针的形态和结构是线虫的分类依据。颈部是从口针基部球到肠管前端之间的一段体腔，包括食道、神经环和排泄孔等。腹部是从后食道球到肛门之间的一段体腔，包括肠和生殖器官。尾部是从肛门后到虫体末端的部分，主要有尾腺、侧尾腺、肛门。植物线虫的尾腺都不发达，有成对侧尾腺，侧尾腺是重要感觉器官，它的有无也是分类的依据之一。

线虫体壁最外面是不透水的角质膜，其下为下皮层，再下是肌肉层。肌肉层主要分布在背腹两侧，以尾部肌肉最为发达。体壁内为体腔，其中充满无色体腔液。体腔液润湿各个器官，并供给所需的营养物质和氧，可算是一种原始的血液，起着呼吸系统和循环系统的作用。体腔内有消化、生殖、神经和排泄等器官，以消化及生殖系统最显著，几乎占据了整个体腔。神经系统和排泄系统不发达。神经中枢是围绕在食道峡部四周的神经环。排泄系统只有一个排泄孔在神经环附近（图3-15）。

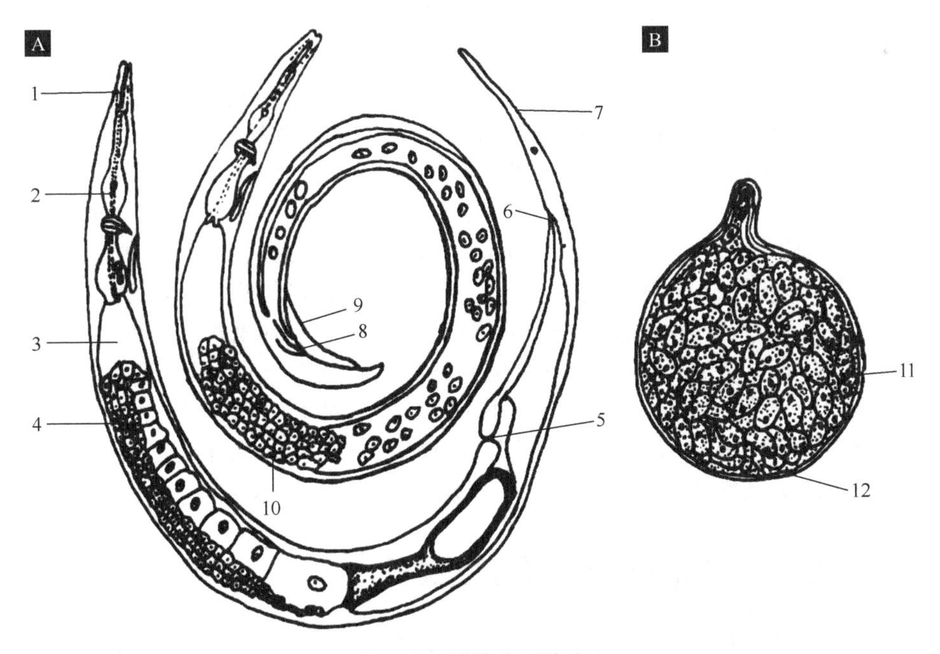

图3-15　植物病原线虫

A. 线形雄虫和雌虫；B. 梨形线虫。1. 头部及口针；2. 食道球部；3. 肠；4. 卵巢；5. 阴门；6. 肛门；7. 尾部；8. 交合刺；9. 交合腺；10. 精巢；11. 卵；12. 肛门

（二）植物病原线虫生物学特性

1. 生活史 植物病原线虫的生活史一般很简单。除少数可营孤雌生殖外，绝大多数线虫是经两性交尾后，雌虫才能排出成熟卵。线虫卵一般产在土壤中，有的产在植物体内，有少数留在雌虫母体内，一个成熟雌虫可产卵500～3000个。卵在适宜的条件下迅速孵化为幼虫，幼虫发育到一定阶段即蜕皮，蜕皮一次体形长大一些，增长一龄。一般线虫经3或4次蜕皮后即发育为成虫。从卵孵化到雌虫再产卵为一代，各种线虫完成一代所需的时间不同：有的几天，有的几个星期，有些长达1年才能完成一代。

2. 寄生方式 植物病原线虫大多为专性寄生，只能在活组织上取食，少数可兼营腐生生活。不同种类的线虫寄主范围也不同：有的很专化，只能寄生在少数几种植物上；有的寄主范围较广，可寄生在许多种分类不相近的植物上。

线虫根据寄生的部位，可分为地上部寄生和地下部寄生两类，由于线虫大都在土壤中生活，所以在地下部寄生于植物根及地下茎的是多数。线虫根据寄生的方式又可分为内寄生和外寄生两类：虫体全部钻入植物组织内的称为内寄生，如根结线虫；虫体大部分在植物体外，只是头部穿刺入植物组织吸食的称为外寄生，如柑橘根线虫。还有些线虫一开始为外寄生，后期进入植物体内成为内寄生。

3. 温湿度 一般最适于线虫发育、孵化的温度范围为20～30℃，最低为10～15℃，最高为40～55℃。最适于线虫活动的相对湿度为10%～17%。一般在潮湿高温条件下，线虫存活时间短；在干燥和低温条件下，存活时间较长。

4. 与其他病原的联合作用

（1）真菌 有些线虫和真菌联合对植物的危害，远远超过两者中任何一个单独造成的后果，这种情况称为联合作用。例如，根结线虫（*Meloidogyne incognita*）与尖镰孢菌黄瓜专化型（*Fusarium oxysporum* f. sp. *cucumerinum*）就存在联合作用，当根结线虫侵害黄瓜根时，会极大地加重黄瓜枯萎病发生。线虫和真菌间的相互关系，不单是线虫为真菌的侵入创造条件或携带真菌孢子，线虫食道腺的最初分泌液，在植物组织中促成的生理变化往往也有利于病原真菌活动。此外，有些真菌对线虫还具有拮抗作用，如节丛孢菌属（*Arthrobotrys*）、头孢霉属（*Cephalosporin*）等能捕获并杀死线虫，有些真菌还可在线虫体内寄生。

（2）细菌 线虫和细菌之间也有联合作用，例如，小麦蜜穗病是由小麦粒线虫（*Anguina tritici*）和小麦棒状杆菌（*Corynebaeterium tritici*）联合作用造成的。线虫是一些植物病原细菌的携带者，线虫在植物组织中的生理作用往往也有利于植物病原细菌的定殖。

（3）病毒 线虫也是一些植物病毒的传播介体，现已证明植物寄生线虫中，剑线虫属（*Xiphinerna*）、长针线虫属（*Longidorus*）和毛刺线虫属（*Trichodorus*）等均可成为植物病毒传播的介体（主要是剑线虫和长针线虫两属）。线虫传播病毒具有专化性，这种专化性取决于致病病毒的基因。线虫的幼虫和成虫都能传毒，一般在温室条件下，不到一天就可以获毒，而且在不足一天的时间内就可以传毒，保毒时间最长可达9个月。

二、植物病原线虫的分类及其重要类群

线虫分类的主要依据是形态学特征。线虫属于动物界，Chitwood等曾提出将线虫单独建立一个门即线虫门（Nematoda）。线虫门分为侧尾腺口纲和无侧尾腺口纲。植物病原线虫主要分布在侧尾腺口纲的垫刃目和滑刃目中，园艺植物上重要的病原线虫有以下几个属。

（一）根结线虫属

根结线虫属（*Meloidogyne*）雌、雄虫异形。雌成虫梨形，表皮无色，双卵巢，阴门周围有特殊的会阴花纹。卵大多排在尾部胶质的卵囊中。雄虫线形，尾短，无交合伞，交合刺粗壮。根结线虫为害植物的根部，形成瘤状根结，如柑橘根结线虫。川贝、罗汉果和大多数蔬菜上都有根结线虫的危害。

（二）异皮线虫属

异皮线虫属（*Heterodera*）雌、雄虫形态与根结线虫相似，区别是异皮线虫属雌虫体壁厚，着色程度深，卵留在雌虫虫体变成的胞囊（cyst）内，不排出体外。胞囊线虫为害植物的根部，后期雌虫头部留在组织中，虫体大部外露，受害根部不肿大但可形成紊乱的根系，如大豆胞囊线虫和地黄胞囊线虫。

（三）茎线虫属

茎线虫属（*Ditylenchus*）雌、雄虫均为线形。头尾弯曲度大，尾部尖。雄虫交合伞仅包至尾长的3/4，不达尾尖；雌虫单卵巢，阴门在虫体后部。茎线虫内寄生，但有一定的迁移性。主要为害植物的根、球茎、鳞茎和块根等，也可以为害地上部的茎叶和芽，引起组织糠心干腐和生长畸形。例如，甘薯茎线虫，当归、人参、三七等的根腐线虫，水仙鳞茎环状干腐线虫等。

（四）滑刃线虫属

滑刃线虫属（*Aphelenchoides*）雌、雄虫均为线形。雄虫尾部弯曲呈镰刀形，尾尖常有突起，交合刺强大，呈玫瑰刺状，无交合伞。雌虫尾部不弯曲，从阴门后渐细，单卵巢。主要为害植物地上部的茎、叶和幼芽，如菊花、珠兰叶线虫病。

（五）伞滑刃线虫属

伞滑刃线虫属（*Bursaphelenchus*）雌、雄虫均为线形。唇区较高，常有一个缢缩将唇区与体区分开。口针纤细，通常基部增厚。雄虫的阴门一般位于虫体2/3后，尾形中等至长椭圆形，有的种类出现尾尖遮盖；后阴子宫囊较宽，一般可达体宽的3～6倍。雄虫交合刺粗壮，常伴有明显的喙突；交合伞位于泄殖腔之后的尾端。主要为害林木，如引起松树萎蔫枯死的松材线虫。

三、植物线虫病害的特点

线虫食道腺的分泌物对寄主植物可产生下列影响：①刺激寄主细胞增大，形成巨细胞；②刺激细胞分裂，形成肿瘤和根过度分枝等；③抑制根茎顶端分生组织细胞分裂；④溶解细胞壁及中胶层，破坏细胞、使细胞离析等。所以，植物受害后可表现局部症状和全株症状。

（一）局部症状

地上部的症状有顶芽、花芽坏死，茎叶卷曲或组织坏死及形成叶瘿或穗瘿等。地下部的症状在根部，有的生长点破坏使生长停滞或卷曲，有的形成肿瘤或丛根，有的组织坏死和腐烂；在地下茎上，可使细胞破坏，组织坏死，引起整个块茎腐烂。

（二）全株症状

植物生长衰弱、矮小、发育缓慢、叶色变淡，甚至萎黄类似缺肥营养不良的现象。

第七节 寄生性种子植物

种子植物大都是自养的。有少数因缺乏叶绿素不能进行光合作用或某些器官退化而成为异养的寄生植物，这类寄生性种子植物都是双子叶植物，已知有2500多种，分属12科，最重要的有桑寄生科（Loranthaceae）、菟丝子科（Cuscutaceae）和列当科（Orobanchaceae）：桑寄生科的植物最多，占寄生性种子植物的1/2以上，主要分布在我国热带、亚热带地区，在我国南方常见，有的为害果树；菟丝子科植物除为害豆科、茄科和木本植物外，还可以传播病毒；列当科植物主要产于高纬度地区，寄生在草本植物根部。

寄生性种子植物寄生于植物的不同部位。有的寄生在植物的地上部，称为茎寄生，如桑寄生、菟丝子；有的寄生于植物的地下根部，称为根寄生，如列当。它们和寄主植物之间的关系也有不同，根据对寄主的依赖程度，可以分为半寄生和全寄生两类：半寄生植物有叶绿素，能进行正常的光合作用，但因缺乏根系，无机盐和水分必须从寄主体内吸取，因此，解剖上的特点是寄生植物的导管和寄主植物的导管相连，如桑寄生科植物；全寄生植物没有叶片或叶片已退化成鳞片状，无叶绿素，不能进行光合作用，也没有根系，不能吸收无机盐和水分，它们的全部无机盐、有机营养物质和水分都必须从寄主植物中获得，因此，解剖上的特点是寄生植物和寄主植物除导管外，筛管也相连，如菟丝子和列当。

一、菟丝子

图3-16 菟丝子
（引自沈阳药学院，1963）
1. 植株；2. 花冠纵切面；3. 果实；4. 种子

菟丝子是菟丝子科菟丝子属（*Cuscuta*）植物。全世界有1000多种。我国发现10余种。常见的有中国菟丝子（*Cuscuta chinensis*）和日本菟丝子（*Cuscuta japonica*）。前者茎细，种子较小，主要为害草本植物；后者茎较粗，种子较大，主要为害草本植物和灌木。

菟丝子是一年生攀藤寄生的草本植物，没有根和叶或叶片退化为鳞片状，无叶绿素；藤茎丝状，黄色或紫色；花小，白色、黄色或粉红色，球状花序；果实为球状蒴果，有种子2～4枚，种子小，没有子叶和胚根（图3-16）。

菟丝子种子成熟后落入土中，或混杂于寄主植物种子内。次年当寄主植物生长后，菟丝子种子便开始萌发，种胚的一端先形成无色或黄白色丝状幼芽，以棍棒状的粗大部分固着在土粒上。种胚的另一端形成丝状体并在空中旋转，碰到寄主就缠绕其上，在接触处形成吸盘伸入寄主。吸盘进入寄主组织后，细胞组织分化为导管和筛管，分别与寄主的导管和筛管相连，从寄主体内吸取水分和养分。当寄生关系建立以后，菟丝子就与其地下部分脱离。菟丝子在生长期间蔓延很快，可从一株寄主植物攀缘到另一株寄主植物，往往蔓延很远。其断茎也能继续生长，进行营养繁殖。植物受害后表现为黄化和生长不良。因此，田间发生菟丝子危害时常造成成片植物枯黄。

二、桑寄生

桑寄生科共有30属，主要分布在热带与亚热带。产于我国的有6属40余种。其中最重要的是桑寄生属（*Loranthus*），其次为槲寄生属（*Viscum*）（图3-17）。

图3-17　桑寄生（左）与槲寄生（右）（引自中国自然植物标本馆，http://www.cfh.ac.cn/）

扫码见彩图

（一）桑寄生属

桑寄生属在我国最常见的有两种：一种是桑寄生（*Taxillus sutchuenensis*），主要分布在四川、云南、贵州等地，为害桃、李、沙梨、枣、板栗、柑橘、柿、石榴、龙眼等果树；另一种是灰毛桑寄生（*Taxillus sutchuenensis* var. *duclouxii*），主要分布在长江下游各省，为害沙梨、板栗等果树。两者的主要区别：樟寄生叶片背面密被红棕色的星状短毛，浆果黄色；桑寄生仅幼叶上有星状短绒毛，成叶两面光滑，浆果红色。

桑寄生是一种常绿性寄生灌木，也有少数为落叶性。茎褐色、圆筒状，有匍匐茎。叶对生、全缘。两性花、花被4～6枚，浆果。桑寄生的种子由鸟类传播。有的鸟喜欢啄食浆果，但种子不能消化，被吐出或经消化道排出。种子落在树上时便黏附于树皮上，在适宜条件下萌发。种子萌发时产生胚根，与寄主接触后，即形成盘状吸盘，黏附于树皮上。由吸盘产生初生吸根，从树皮的皮孔或侧芽侵入。当初生吸根接触到活的寄主皮层组织时，便形成分枝的假根，然后再产生与假根垂直的次生吸根，次生吸根伸入木质部与寄主导管相连，吸取寄主的水分和无机盐，供桑寄生生长发育。在初生吸根及假根上，可以不断产生不定芽并形成新的枝条，又从茎基部的不定芽长出匍匐茎，沿寄主枝干背光面延伸，并产生吸根侵入寄主树皮，如此不断蔓延危害。被害植株树势衰退，严重者被桑寄生危害处的上部枝条都枯死。

（二）槲寄生属

槲寄生叶片革质、对生或全部退化；小茎作叉状分枝，不产生匍匐茎。花极小，单生

图3-18 列当

扫码见彩图

或丛生，单性，雌雄异株；果实为浆果。我国寄生在柑橘及其他果树上的通常是东方槲寄生（*Viscum orientale*），其与寄主的关系和桑寄生相同。

三、列当

列当属于列当科、列当属（*Orobanche*），主要分布于新疆、甘肃、内蒙古及河北等地，在我国主要有埃及列当（*O. aegyptica*）和向日葵列当（*O. cumana*）两种。埃及列当又称瓜列当，在新疆为害瓜类特别普遍，造成严重损失。

列当是一年生根寄生的草本植物，茎肉质，单生或少数分枝，黄白色，渐变成褐色，直立，高度不等；不具叶片或仅在花茎基部具有退化的鳞片，无叶绿素；根退化形成吸盘；花两性，穗状花序，花冠筒状，蓝紫色；果为蒴果，通常两裂，间有三裂或四裂（图3-18）。果内含多数小而轻的种子，椭圆形，表面有网状花纹。列当靠种子传播，落在土中的种子有些可以保持发芽力达十年之久。种子萌发时形成线状的幼芽，随即侵入寄主根部，以吸根侵入寄主内吸取养料和水分。

埃及列当茎部有少数分枝，寄主范围广，除瓜类外还为害茄科、豆类、向日葵等作物。向日葵列当仅为害向日葵，而且茎部不分枝。

第四章　非传染性病害

植物正常的生长和发育要求一定的外界环境条件，如养分、水分、温度和光照等。各种植物只有在适宜的环境条件下生长，才能发挥它的优良性状。当植物遇到特殊的气候条件、不良的土壤条件或有害物质时，植物的代谢作用受到干扰，生理机能受到破坏。因此，在外部形态上必然表现出症状。这种由于不适宜的非生物因素直接引起的病害，称为非传染性病害（noninfectious disease），也称非寄生性病害（nonparasitic disease）或生理性病害（physiological disease）。

第一节　非传染性病害发生的原因

非传染性病害发生的原因很多，最重要的是土壤和气候条件。因为各因素间是互相联系的，所以病害发生原因有时很复杂。例如，果树遭受冻害和它的营养状况有关；高温对苗木的损害与苗木生长状况和皮层的木质化程度有关；缺铁与土壤酸碱度有关；干旱与日光和风有关等。此外，不同植物和同一植物的不同品种对不良环境条件的抵抗力也不一样。由于非传染性病害病因的复杂性，因此对它的研究和防治也应是综合性的，必须与植物生理学、土壤学、栽培学和气象学等方面密切配合。

一、营养条件不适宜

植物所必需的营养元素有常量元素氮、磷、钾、钙、镁和微量元素铁、硼、锰、锌、铜等10多种。缺乏这些元素时，就会出现缺素症；某种元素尤其是微量元素过多，也会影响植物的正常生长发育而出现异常症状。例如，在盐碱地区，土壤中可利用态铁的含量低，常导致多种植物的缺铁黄化病。因为铁在植物体内的流动性差，正在生长的部位最需要铁，而老叶中的铁又不能到新叶中，所以缺铁植株的新叶黄化而老叶仍保持绿色。

土壤内有害盐类的含量，是影响和限制植物生长的重要因素之一。盐碱地区有害的盐类主要是碳酸钠、硫酸钠和氯化钠，其中以碳酸钠的危害程度最严重。其对植物的危害，主要是渗透压过高，使植物吸水困难，破坏了正常的新陈代谢过程，造成生理性青枯现象。其症状基本上和干旱造成的症状相似：生长缓慢、叶片褪绿、变色和焦枯，甚至全株死亡。

二、水分失调

水分是植物不可缺少的组成部分，其含量可占植物质量的40%～97%。它直接参加植物体内各种物质的转化和合成，也是维持细胞膨压、溶解土壤中矿物质养料、平衡植物体温不可缺少的因素。因此，水分不足或过多，都会对植物产生不良的影响，导致发生病害。

天气干旱，土壤水分不足，可引起叶片凋萎和黄化、花芽分化减少、早期落叶、落果；

久旱后遇雨又可造成果实脱落和裂果，这些都会严重影响植物的正常生长。

涝害对植物的影响也很大。雨水过多时，由于土壤中缺少氧气，抑制了根系的呼吸作用，使植物叶片变色、枯萎，造成早期落叶和落果，最后引起根系腐烂和全株干枯死亡。

三、温度不适宜

温度是影响植物生长和发育的重要因素之一。植物体内的一切生理、生化活动，都必须在一定的温度条件下进行。温度对植物的影响，主要表现在大气温度和土壤温度两个方面。

（一）低温

低温可以引起植物的霜害和冻害，这是温度降到冰点以下，使植物体内发生冰冻而造成的危害。

在我国北方，桃、李、梨、苹果等果树，春季开花期间往往受晚霜危害，幼芽受冻变黑，花器呈水浸状，花瓣变色脱落，果树不能结实，或结实后果实早落、畸形。受了霜害的幼果，其外皮不易看出受伤的痕迹，果心部却为褐色或黑色，这种果实大多会早期脱落；受害轻的果实，虽然能够生长成熟，但是果型小而畸形，品质差或丧失经济价值。

冻害是植物组织直接受低温影响所引起。冬季过低的气温，常导致枝干组织的开裂和树皮的脱离。枝干开裂发生于温度骤然下降的情况下，此时由于树木外层的收缩大于内层，造成树皮崩裂；严寒之后，当温度突然上升时，外层又比内层伸张得快，使树皮脱离木质部而剥落。早春茄科和瓜类幼苗受低温危害后，幼苗子叶褪绿或枯死。豇豆幼苗对温度敏感，如遇低温幼苗即停止生长新根，老根呈褐锈色，形成沤根。

在贮藏期的蔬菜，如处于超低温范围，即易受冻，呈水浸状软腐。冬季室温过低，米兰根部受冻可造成整株死亡；冬季的反常低温也可使常绿观赏树木的叶片和嫩梢冻死。果实贮藏期间受冻后，由于细胞间隙冰块的形成，致使细胞破裂；若细胞还没有死亡，缓慢解冻时还可以恢复生机。如果是骤然解冻，细胞间隙充满了水分，则细胞受窒息而死亡。贮藏中的果实受到冻害后，大部分软化为水浸状，品质降低或丧失食用价值。

（二）高温

高温能破坏植物正常的生理生化过程，使原生质中毒凝固，最后造成茎、叶或果实的局部灼伤。苹果树的向阳部位，若修剪过度，夏季高温时果实得不到遮阴，就容易发生日灼病。“北药南移”引种中的当归、大黄等，因夏季高温会出现枝叶焦枯，甚至死亡。干旱会加重强光和高温的危害性。

四、光照不适宜

光照过弱会影响叶绿素的形成和光合作用的进行。受害植物叶色发黄，枝条细弱，花芽分化率低，易落花落果，果实品质降低，并容易受病原侵染。特别是温室和温床栽培的植物，由于光照强度或时长不足，更容易出现上述现象。

光照过强对植物也有一定的不良影响，但是很少单独引起病害。强光照射常与高温干旱结合引起日灼病。

五、中毒

空气、土壤和植物表面有时存在有害的气体或物质，可引起植物中毒。

（一）空气

空气中的有害气体，主要是从工厂内燃机中排出的二氧化硫、二氧化氮、氟化氢、四氯化硅和臭氧等，这些气体常使植物受到损害，称为烟害。烟害通常由空气中的二氧化硫所引起，病状为叶片不均匀地褪绿，形成白斑或网斑，有时还表现生长受抑制、不结实和早期落叶等现象。植物对二氧化硫的反应，以豆科最敏感，十字花科较能抵抗。氟化氢中毒的症状是双子叶植物的叶缘或单子叶植物的叶尖呈水渍状，逐渐变为黄褐或黑褐色，后向中心部扩展，浓度高时整片叶枯焦脱落。氟化氢的毒性很大，空气中微量氟化氢（0.002～0.004ppm①）就可使植物中毒。各种植物对氟化氢的反应不同：果树中以梅树最敏感，花卉中郁金香和万年青等较敏感。磷肥厂排出的废气中，如含有较多的四氟化硅，也能引起植物中毒。其中以梅、桃受害最重，葡萄、枣、栗等也能被害，受害组织呈水渍状而后萎蔫。

果品在贮藏中，通过呼吸可以产生各种气体，如果贮藏处通气条件不好，积聚有害气体过多，也可能引起病害。例如，苹果在贮藏期发生的虎皮病，就是由于贮藏库中果实吸收了它本身散发的一种挥发性酯而引起的。此外，贮藏中的块茎、块根或其他植物的贮藏器官，如果通气不良，也能引起生理病害，马铃薯黑心病就是最明显的例子。

塑料大棚栽培早春蔬菜时，如果塑料薄膜是用邻苯二甲酸二异丁酯为增塑剂，在高温下会产生有毒气体，可使黄瓜、油菜、甘蓝、小白菜等在2～3d内中毒死亡。

（二）土壤

由于耕作和施肥不当，土壤中积累的有害物质对植物也能引起伤害。在水淹地和沼泽地的土壤中，由于空气不流通，植物根部呼吸所积累的二氧化碳、厌氧性微生物所产生的有机酸及其他有毒物质，常使植物中毒，根部腐烂，甚至全株枯死。

使用农药防治病虫害时，如果没有按照操作规程施药，或使用浓度过高，会使植株细胞组织死亡，形成不规则形坏死斑，称为药害。

第二节　非传染性病害与传染性病害的关系

非传染性病害的发生与传染性病害的关系非常密切。不适宜的非生物因素不仅使植物本身发生非传染性病害，而且也可以为传染性病害的病原“开辟”侵入途径——受害的植物或其个别器官降低了抵抗力，就易受病原的侵染或使已经潜伏在其体内的病原大量发展，因此非传染性病害常诱发传染性病害。例如，苹果树在树干受到冻害后，容易发生树皮腐烂病；番茄、辣椒、柑橘果实发生日灼后，易染炭疽病。

同样，传染性病害发生后，植物生长衰弱、对不良环境条件的抵抗力下降，常诱发非传染性病害。最常见的是果树和木本花卉，由于某种真菌性叶斑病的危害，导致早期落叶，削

① 1ppm＝1×10^{-6}

弱其抗寒能力，更容易遭受冻害和霜害。实践证明，植物的许多传染性病害，往往通过非传染性病害的防治而得到解决。例如，柑橘树脂病虽然是真菌引起的，但是冻害是诱发此病的重要因素，因此防止柑橘受冻是防治柑橘树脂病的重要措施。

由此可见，植物的非传染性病害常可以诱发传染性病害，而传染性病害又可诱发非传染性病害，两者相互影响，相互作用，从而导致了植物病害的复杂性和严重性，同时也给病害的诊断增加了不少困难。

第三节　非传染性病害的诊断和防治特点

非传染性病害在症状上和某些传染性病害（特别是病毒病害、植原体病害）相似。非传染性病害是由不适宜的生长条件和有害物质引起的，它的发生往往与特殊的土壤、气候和栽培措施有关。在田间发生时，一般比较普遍、没有发病中心、没有传播蔓延的现象。常见的非传染性病害的症状如下：①变色，叶片颜色变浅以至变黄变白，或产生红色、黄色、紫色斑点；②坏死，植物组织局部坏死产生斑点、斑纹和焦枯；③落叶、落花或落果；④畸形、矮化、徒长、小叶或小果；⑤萎蔫。

非传染性病害是由不适宜的非生物因素引起的，主要通过改进栽培技术、改善环境条件和消除有害的环境因素进行防治。由于发病因素比较复杂，特别是它与传染性病害往往有密切的关系，所以应根据病害发生的原因和有关因素，采取综合的防治措施。

第五章 传染性病害的发生、流行和预测

传染性病害的发生是寄主植物和病原在一定环境条件影响下相互斗争、相互作用，最后导致植物生病的过程，经过进一步的发展而使病害蔓延和流行。因此，认识病害的发生发展规律，必须了解病害发生发展的各个环节，并深入分析病原、寄主植物和环境条件三个因素在各个环节中的相互作用，才能认识病害发生发展的规律，为有效防治病害奠定基础。

第一节 病原的寄生性和致病性

一、共生和寄生

各种生物在自然界生存时往往不是孤立的，彼此之间常构成一定的关系，两种不同的生物共同生活在一起的现象称为共生（symbiosis）。有些生物是异养的，自身不能制造营养物质，需要从其他生物吸取养分。一种生物与另一种生物生活在一起并从中吸取养分的现象称为寄生（parasitism）。

两种不同的生物共生时，有的彼此没有利害关系，有的对双方有利，有的对一方有利但对另一方无害，有的对一方有害或对双方都有害，可归纳为以下3种情况。

（一）互惠性共生

互惠性共生（mutualism）指两种不同的生物共生，彼此有利。例如，真菌和藻类共生构成地衣，藻类通过光合作用制造食物，真菌为藻类提供水分和无机物，也从藻类中吸取养分。丛枝菌根（*Arbuscular mycorrhizal*）是植物和球囊菌门真菌之间广泛存在的共生互惠体，超过80%的陆生植物能够与丛枝菌根真菌共生，包括小麦、水稻和玉米等粮食作物。根瘤菌（*Rhizobium*）主要指与豆类作物根部共生形成根瘤并能固氮的细菌。

（二）共栖性或偏利性共生

共栖性或偏利性共生（commensalism）指两种不同的生物共生，彼此没有利害关系。例如，地衣和藓类在树皮上生长，它们并不从树皮中吸取养分，树皮也不从它们中吸取任何东西，称为共栖性共生。又如根围和叶围的微生物与高等植物相结合，根和叶的分泌物对微生物生长有利，微生物对高等植物也无害，称为偏利性共生。

（三）拮抗性或致病性共生

拮抗性（antagonism）或致病性共生指两种不同的生物共生有拮抗作用，对一方或对双方都有害。

从以上几种共生关系中可以看出，寄生是共生中的一种现象，寄生不一定是有害的，也就是说寄生物不一定是病原。例如，根瘤菌和豆科植物，根瘤菌侵入豆科植物的根毛后，利

用寄主植物的营养物质进行生长繁殖。而根瘤菌能把空气中的氮固定为氮化合物，被豆科植物利用来合成蛋白质。因此固氮细菌是寄生物，它和寄主的关系是互惠的。也应该指出，不是所有的病原生物都是寄生物。例如，在土壤中植物的根围有些微生物，它们并没有进入植物的体内吸取养分而致病，而是在植物的根外滋长和分泌一些对植物有害的物质，使植物根部扭曲或生长矮化。这些微生物是体外致病的（exopathogenic），有人称之为危害菌（deleterious rhizobacteria），它们是病原，但不是寄生物①。

掌握生物间共生的观点，对于理解农业生态系统中各种生物因素间的相互关系和作用是有好处的。例如，植物根部周围居住着复杂的微生物群，其中有致病的和非致病的。致病的与致病的、致病的与非致病的、非致病的与非致病的生物之间的生存竞争和相互作用是非常复杂的共生关系，而这些微生物有些又与植物有相互作用或与诱发病害有关，因此如果不具备生物间共生的概念，将很难了解病害发生发展的规律和制定有效的防治策略与方法。

二、寄生性

寄生性（parasitism）是指异养生物从其他生物获取营养的能力。异养生物中，从死的生物或无生命的物质中获取养分的称为腐生物（saprophyte）；从活的生物中获取养分的称为寄生物（parasite）。还有各种既能寄生又能腐生的生物。

以前在植物病理学中，把只能寄生不能腐生的病原称为专性寄生物（obligate parasite）。把既能寄生又能腐生的分为两类：一类是以寄生为主兼营腐生，称为兼性腐生物（facultative saprophyte）；另一类是以腐生为主兼营寄生，称为兼性寄生物（facultative parasite）。把只能腐生不能寄生的称为专性腐生物（obligate saprophyte）。这些术语现在看来有些并不确切。所谓专性寄生物（如锈菌），现在有的已经可以人工培养。此外，兼性腐生或兼性寄生并没有一个明确的界限，并且术语的含义也容易混淆。近代文献已不用专性寄生、兼性腐生等术语，一般将寄生物分为活体营养生物（biotroph）、半活体营养生物（semi-biotroph）和死体营养生物（necrotroph）三类。

（一）活体营养生物

活体营养生物相当于以前的专性寄生物。不论是否容易人工培养，它们的寄生能力都非常强，只能从活的寄主细胞和组织中获得养分，当寄主植物细胞和组织死亡后，寄生物也停止生长和发育，寄主的死亡对它们是不利的。在植物病原中，病毒、部分真菌（白粉菌和锈菌）、卵菌（霜霉菌和白锈菌）、寄生性种子植物和大部分植物病原线虫都属于这一类。其一般不能在普通的人工培养基上培养。

（二）半活体营养生物

半活体营养生物可以像活体营养生物一样侵害活的植物组织，从中吸收营养，且当组织死亡后也能继续发育和繁殖。半活体营养生物寄生性的强弱有很大差别：①有的寄生性很

---

① 在第一章中提到了寄生在其他生物体上的生物称为寄生物，被寄生的生物称为寄主，它们之间的关系是寄生物和寄主的关系。如果病原不是寄生物，那么被诱发致病的植物就不能称为寄主，而称为感病体（suscept）。它们之间的关系是病原和感病体的关系。只有病原是寄生物时，才能把它们的关系称为病原和寄主的关系。本课程中涉及的绝大多数病害都是由寄生物诱发的，所以就用寄主和病原的术语来表示

强，它们在人工培养基上虽然能够勉强生存，但不能完成其生活史，在自然界中也只寄生在一定的植物上，如真菌中的外囊菌和多数黑粉菌等；②有些寄生物的寄生性较强，如许多真菌性和细菌性叶斑病菌可以在落叶上营腐生生活和越冬，而当落叶完全腐烂之后，就不能再生存；③有的寄生性较弱，既能为害活的寄主植物营寄生生活，又能离开活的寄主营腐生生活，如葡萄白腐病菌等。

（三）死体营养生物

死体营养生物在侵入寄主组织前先杀死寄主的组织，然后侵入其中腐生。死体营养生物在一般情况下以腐生生活为主，只在一定条件下才能在衰老的植物体和块根、块茎、果实等贮藏器官上营寄生生活，易人工培养，并借以完成生活史。例如，引起果实腐烂的匍枝根霉菌，引起柑橘腐烂的青霉菌、绿霉菌都属于这一类。它们在空气和土壤中普遍存在，经常营腐生生活，在果实成熟并具有伤口的情况下才能侵入，引起果实发病。

三、寄生专化性

前述寄生性的强弱是指寄生物从活的组织和细胞中获得营养物质的能力。寄生物对寄主植物的种类和品种，以及寄主的发育阶段有一定的选择性，我们称为寄生专化性（parasitic specificity）。

（一）寄主范围

寄生物对寄主具有选择性。任何寄生物都只能寄生在一定范围的寄主植物上。一种寄生物能寄生的植物种的范围称为寄主范围（host range）。各种寄生物的寄主范围差别很大，有的只有一两种寄主；有的则多至几百种，甚至上千种寄主。例如，桃缩叶病菌只为害桃树，而紫纹羽病菌可以为害苹果、梨、桃、马铃薯等百余种植物。一般来说，死体营养生物的寄主范围比较广泛，而活体营养生物的寄生范围则比较狭窄（但是病毒的寄主范围广是个例外）。对病原寄主范围的研究，是轮作防病和铲除野生寄主的理论基础。

（二）转主寄生

寄生性的专化，还表现在病原的转主寄生方面。有的病原（如某些锈菌）必须经过在两种亲缘不同的寄主植物上寄生才能完成其生活史，这种现象称为转主寄生（heteroecious）；在两种寄主植物中，对国民经济较重要的植物称为寄主，较次要的植物称为转主寄主（alternate host）。例如，苹果锈菌和梨锈菌分别在苹果树和梨树上度过其性孢子和锈孢子阶段，而在桧柏上度过冬孢子阶段，没有桧柏，这两种锈菌就不能完成其生活史，锈病也就不会发生。苹果和梨即称寄主，桧柏则称转主寄主。

（三）专化型和生理小种

病原的寄生性在演化过程中，由于受不同性质的寄主植物的影响，即由于病原和某些科、属、种寄主植物，甚至和某些品种经常发生营养关系后，便逐渐失去了在其他寄主植物上寄生的能力，于是便产生了寄生性的专化现象。这些菌的“种”内群体对寄主的致病力都有不同程度的变化，而在形态上并无差异。一般来说，病原种内对寄生植物的科和属具有不同致病力的专化类型，称为专化型。病原种内或专化型内对寄主植物的种或品种具有不同致病力的专化类型，称为生理小种（physiological race）。

专化型和生理小种是寄生性专化的一种最强的表现，以寄生活体的锈菌、白粉菌、霜霉菌等的寄生专化现象最明显。但是，有些死体营养寄生菌也存在寄生专化现象。例如，枯萎病菌（*Fusarium oxysporum*）包括分别专化于瓜类、甘蓝、棉花、番茄等作物上的不同专化型，各专化型内根据对各种作物种或品种的致病力差异，又可分为不同的生理小种。据报道，苹果黑星病菌和梨黑星病菌都存在生理小种。

许多死体营养生物没有专化性的表现。例如，从任何一个寄主分离出来的灰霉、腐霉、立枯病菌，都可以寄生于该菌寄主范围内的任何其他寄主上，其致病力常没有显著的差异。

四、致病性

致病性（pathogenicity）是指异养生物诱发病害或对寄主破坏的能力。植物病害的病原虽然大部分是寄生物，但是病原的寄生性并不等于致病性。寄生性和致病性可以一致，也可以不一致，寄生性强的病原有时对植物的破坏性很小，而许多寄生性弱的病原反而破坏性较大。

病原对寄主的影响是多方面的，它可以从寄主中吸取水分和其他营养物质，供自己生长和繁殖，也可以分泌各种酶，如果胶酶、脂肪酶、纤维素酶等，直接或间接地破坏寄主组织和细胞。此外，病原的新陈代谢产物和感病组织的分解物都可以影响寄主的生长和发育。例如，枯萎病菌分泌的有毒物质破坏导管，影响水分的运输，使寄主萎蔫枯死；果树根癌细菌分泌的激素刺激根部细胞分裂，形成癌肿。

植物生病后，虽然最后都会引起部分组织或全株死亡，但是各种寄生物对寄主细胞和组织的直接破坏性仍可以分为两种不同的类型：一类是直接破坏性很大，它在寄生物侵入前或侵入后不久就能分泌一些酶和毒素等物质，杀死寄主的细胞和组织，然后吸取营养，例如，匍枝根霉能分泌果胶酶，使果实组织细胞的中胶层分解，细胞组织瓦解，出现软腐，寄生性较弱的死体寄生物属于这一类；另一类是直接破坏性较小的寄生物，它侵入以后并不立即引起寄主细胞和组织的死亡，而是直接从活的细胞中吸取营养，寄主细胞和组织的死亡对这类寄生物反而是不利的，因为寄主细胞和组织如果很快死亡，寄生物也随之死亡，活体寄生物和寄生性较强的死体寄生物属于这一类型。

应当指出，病原的致病力仅仅是决定植物病害严重性的一个因素。此外，病原致病的持久性、发展速度、传染效率等许多因素都与发病的严重程度有关。因此，在一定条件下致病力较低的病原也有可能引起严重的病害。

五、致病机制

病原对寄主的影响，除了从寄主中吸取营养物质和水分外，还在于产生对寄主正常生理活动有害的代谢产物，如酶、毒素、生长调节物质和抑制植物免疫的效应因子（effector）等。这些物质的作用，就是病原的致病机制。

（一）酶

植物细胞壁的主要成分是果胶质、半纤维素、纤维素和蛋白质等。针对植物细胞壁的每一种组分，植物病原真菌和细菌都能产生相应的酶使其降解。其中研究得最多的是果胶酶，其根据作用性质可分为果胶水解酶（pectin hydrolase）和果胶裂解酶（pectin lyase）

两大类。许多病原真菌和细菌都能产生具有类似活性的酶，特别是引起软腐或水渍状斑点的病原，如桃褐腐病菌、苹果白绢病菌和青霉病菌。引起组织软腐的原因是连接细胞的中胶层被分解，使寄主细胞彼此分离、组织瓦解。果胶酶使中胶层溶解后，质膜的透性增加，当原生质吸水膨胀超过一定限度时，质膜破裂，细胞死亡。所以，果胶酶引起的细胞死亡是一种间接效应。与细胞壁分解有关的酶还有果胶酯酶、半纤维素酶、纤维素酶、β葡糖苷酶、磷酸酶和蛋白酶等。

（二）毒素

植物病理学中的毒素是指病原在致病过程中产生的对植物有害的物质，不包括酶和生长调节素。毒素常引起植物的褪绿、坏死和萎蔫等症状。毒素在低浓度下即能诱发植物生病，而其他一些物质必须在较高浓度下才能对植物产生有害的影响，后者不能称为毒素。典型的毒素应具备3种特性：①毒素可诱发病害的一切特征性症状；②植物对毒素的敏感性与植物的感病性相关；③病原产生毒素的能力与其致病力相关。不同种类的毒素影响植物的范围是不同的，那些只对病原原来的寄主起作用的毒素称为选择性毒素，也称寄主专化性毒素，如梨火疫病菌（*Erwinia amylovora*）和梨黑斑病菌（*Alternaria alternata*）产生的毒素。除对病原原来的寄主有毒外，对非寄主植物也有毒害作用的毒素称为非选择性毒素，也称非寄主专化性毒素。例如，根霉（*Rhizopus*）产生的延胡索酸，侵害桃、梅、李、杏等多种果树叶片和果实；细链格孢（*Alternaria tunis*）产生的黑斑毒素等。

（三）生长调节物质

生长调节物质与毒素不同，它对植物的影响主要反映在植物的不正常生长上，但病组织的结构并不产生明显变化，植物病害中肿瘤、徒长等症状大多与植物体内生长调节物质失去平衡有关。植物生长素（auxin）主要指吲哚乙酸。许多病原真菌和细菌在一定条件下都能合成吲哚乙酸，但是病组织中吲哚乙酸含量的增加，主要是病原和寄主相互作用的结果。例如，在果树根癌病细菌（*Agrobacteium tumefaciens*）引起的癌肿症状、桃缩叶病菌（*Taphrina deformans*）引起的缩叶症状中，吲哚乙酸的增加起着主要作用。其他重要的生长调节物质还有赤霉素（gibberellin）、细胞分裂素（cytokinin）和乙烯等。

（四）效应因子

植物在不断地遭受病原菌的攻击中已进化出了一套精细的防御系统以抵御病原菌侵染。为成功侵染宿主植物，病原菌通过分泌效应因子与宿主靶蛋白互作来抑制植物免疫。在侵染过程中，病原细菌分泌的效应因子多达十几种甚至几十种，病原真菌分泌的效应因子则多达几百种，这些效应因子对病原菌的致病力具有十分重要的作用。目前，对丁香假单胞菌、黄单胞菌、稻瘟病菌和致病疫霉等的效应因子的研究比较深入。已有研究报道丁香假单胞菌效应因子直接靶向植物免疫受体而达到致病的目的，如效应因子AvrPtoB靶向植物特定模式识别受体的降解。而大豆疫霉（*Phytophthora sojae*）效应蛋白RNA沉默抑制子PSR1和PSR2通过干扰宿主RNA沉默促进疫霉感染。据报道，卵菌和线虫效应因子（如效应因子PsAvh23）采用干扰组蛋白乙酰化的机制促进病原菌侵入。黄单胞菌具有独特的转录激活类（transcription activator-like，TAL）效应因子，TAL效应因子经三型分泌系统直接分泌至寄主植物的细胞中，在核定位序列的作用下进入细胞核，特异性识别、结合寄主基因启动子DNA序列，并激活寄主基因的转录为其致病服务。

六、寄生性和致病性的变化

病原的寄生性和致病性是经过长期进化而形成的，在遗传上具有一定的稳定性，但是也会发生变异。特别是病原绝大多数是微生物，它们的体积小、个体多、繁殖快、无性或有性杂交的可能性大、受外界条件影响的机会多，因此其特性很容易发生变化。例如，由于致病性的变异而产生新的生理小种，常使推广的品种丧失抗病性，给农业生产带来巨大的损失。变异的途径有以下几种。

（一）有性杂交

很多真菌生活史中存在有性生殖阶段。在有性生殖中，遗传性状不同的两个亲本的性细胞结合后，经过质配、核配和减数分裂，基因进行重新组合，使后代的生物学特性发生变异。

（二）体细胞重组

有不少真菌可以在无性繁殖阶段通过体细胞的细胞核染色体，或基因的重新组合而发生变异。在细菌和病毒中也有这种迹象。在有些真菌的菌丝细胞中有异核现象（heterocaryosis）。在异核体中，异核经过重新组合，进行遗传物质的交换，使后代性状发生变异。

（三）突变

病原在遗传性状上发生的变化称为突变。在人工培养真菌或细菌时，经常发现在菌落中出现与原来性状不同的菌落，而且新菌落的性状可以遗传，这就是突变。

（四）适应

病原受外界条件的影响也可以发生变异。例如，植物病原真菌或细菌在人工培养基上长期培养后，致病性会减弱或者完全丧失。果树根癌病菌的致病性在一般的人工培养基上很稳定，但在含有甘氨酸的培养基上培养时，致病性就会逐渐减退。究其原因，有人认为是因为在培养基上病原生物丧失了某些酶的活性或者丧失了合成生长调节素的能力。

病原的致病性通过寄生生物也可以发生改变。例如，在人工培养基上培养后致病力减弱的菌株，经过植物接种度过一段寄生生活，致病力常常得到恢复。病原通过寄生不同的寄主，致病性也可以发生改变，在真菌、细菌和病毒中都有这种现象。

不可逆的适应是遗传上发生了质的变异，而可逆适应则主要是病原菌对周围环境变化的应激反应，其体内某些基因的表达水平受到影响。

第二节　寄主的抗病性

病原侵染寄主后不仅掠夺寄主的养料和水分，而且扰乱生理活动，使其组织、形态发生病变，产生症状，造成危害。而寄主对病原的侵害，也有不同的反应，有的被侵染而严重发病，有的则能抵抗病原的侵染或限制侵染危害。植物的抗病性是寄主抵抗病原侵染或限制侵染危害的一种特性，它是植物和病原在一定的外界环境条件下长期斗争所积累的遗传特性，虽有一定的稳定性，但也可以发生变异。

一、寄主的反应

寄主对病原侵染的反应可分为以下4个类型。

（一）感病

寄主遭受病原的侵染而发生病害，使植物生长发育、产量或品质受到很大的影响，甚至引起局部或全株死亡，称为感病。

（二）耐病

寄主遭受病原的侵害后，发生相当显著的症状，但对寄主的产量或品质没有很大影响，称为耐病。

（三）抗病

病原能侵入寄主并建立寄生关系，但由于寄主的抗病作用，病原被局限在很小的范围，不能继续扩展，寄主仅表现轻微的症状。有的病原不能继续生长发育而趋于死亡，有的能继续生长，甚至还能进行少量繁殖，但对寄主几乎不造成危害，称为抗病。

（四）免疫

寄主植物能抵抗病原的侵入，使病原不能在寄主上建立寄生关系；或是病原虽能在寄主上建立初步的寄生关系，但由于寄主的抗病作用，使侵入的病原不久即死亡，寄主不表现任何症状，称为免疫。

应该指出，这些反应类型之间并没有截然的界限。根据实际需要，感病还可以分为高感、中感、感病；抗病也可以分为抗病、中抗、高抗。因为不同品种与一种病原的不同生理小种或菌系的反应可能不同，所以寄主的反应只是相对于一定品种对一定小种的反应而言。

二、寄主植物的抗病机制

寄主植物的抗病性，有一些是在病原侵染寄主以前已经存在的，是寄主固有的抗病性；有一些是在病原侵染过程中或侵染后在寄主植物中形成的，是病原侵染所诱发的。无论是寄主固有的抗病性还是诱发的抗病性，都包括形态结构和生理生化两方面的抗病性。

（一）植物固有的形态结构抗病性

与寄主抗病性有关的固有的形态结构，包括植物表面的角质层、茸毛、木栓化细胞、内皮层、叶片的硅质化程度，以及气孔的数目、结构、开闭时间长短和迟早等。植物不同部位的细胞，其角质层厚度不一，一般在0.5～14nm。通常幼嫩组织表面的角质层较薄，而成熟器官组织表面的较厚。对于那些主要靠机械作用穿透角质层侵入寄主组织的病原来说，寄主的角质层越厚，就越能抵抗病原的侵入，如梨锈病菌容易侵染梨的幼嫩叶片的原因是嫩叶的角质层较薄。角质层和茸毛的疏水性，使水滴不易在果面和叶面附着，也减少了病菌侵入的机会。伤口组织木栓化可以有效地保护组织不受细菌和真菌的侵染，例如，阻止由软腐细菌和根霉、毛霉引起的贮藏期腐烂病。寄主的气孔也与抗病性有关，柑橘溃疡病菌是由气孔侵入的，由于甜橙的气孔分布最密，气孔的中隙最大，最容易感染溃疡病；相反，金柑的气孔最稀，而且中隙最小，所以抗病性最强。

（二）植物固有的化学抗病性

与寄主抗病性有关的化学物质，包括植物体外和植物体内两类。在植物的叶片、根及种子等分泌到体外的化学物质中，有些是直接对病原有毒，如影响真菌孢子的萌发、生长及侵染结构的形成；有些是间接对病原有毒，如刺激对病原有拮抗能力的其他微生物的生长繁殖，从而对病原起抑制作用。这些化学物质包括酚类化合物、氰化物（CN^-）、氨基酸等。例如，植物表面的儿茶酚和原儿茶酚能阻止炭疽菌孢子的萌发。

寄主组织内的有毒物质，有些是直接对病原有毒，有些是破坏病原的致病手段。不少植物能产生β-1, 3-葡聚糖酶和甲壳素酶，这些酶可以使侵入寄主组织的真菌菌丝溶解。有些植物产生的蛋白酶可以钝化病毒。大多数植物病原真菌和细菌的致病作用与它们所分泌的胞外酶有关，而植物中的一些成分（其中大多数是酚类化合物和单宁）能破坏病菌的这些致病手段。

（三）诱发的形态结构抗病性

由于病原的侵染常引起寄主植物形态结构的变化，这些变化有助于提高寄主对病原的抗性。真菌的侵染丝侵入抗病品种时，在细胞壁内侧和原生质膜之间有乳状突起，而感病品种则没有这种反应。乳突的形成是寄主对真菌侵入的反应，它是新生成的碳水化合物沉积使细胞壁加厚的结果。愈伤葡聚糖的早期沉积，阻塞了胞间连丝，因而有阻碍病毒扩展的作用，可能是植物对病毒抗性的一种重要机制。由真菌侵染引起的坏死斑，在其周围的健康细胞中，由于愈伤葡聚糖的沉积而使细胞壁加厚，有阻止或延缓菌丝扩展的作用。组织的木质化也与植物的抗病性有关，在病毒病害的局部病斑中，周围细胞壁的木质化过程明显增强，病毒不能越过木质化细胞而扩展。抗病品种受线虫侵染后，邻近线虫的细胞也发生木质化，在感病品种中则没有这种现象。在许多由真菌和细菌引起的叶片穿孔和枝干疮痂的症状中，侵染点周围形成离层，它是由病菌侵染而诱发的。细胞木栓化和木质化后，形成的木栓层隔断了健全组织向被侵染组织的物质输送，也避免了病菌毒素和坏死组织的产物再向健全组织渗透。

（四）诱发的化学抗病性

前述诱发的形态结构上的变化，实际上也包含了许多复杂的生物化学过程。例如，由于诱发苯丙氨酸裂解酶及酪氨酸裂解酶活性的加强，才促进了木质素的积累，提高了寄主抗病性。又如，在发生与抗性有关的坏死现象的同时，高度抗病的植物其黑色素形成也最多。一般把植物和病原相互作用而产生的抗生物质称为植保素（phytoalexin），已发现的植保素有萜类、类黄酮类、香豆素类、环二酮类、内酯类、醌类、苯乙酮类、苯并呋喃类和生物碱类等。例如，苹果树由于癌肿病菌（*Nectria galligena*）的侵染而诱发产生的苯甲酸，也是植保素。

三、植物抗病性的变异

植物抗病性是植物与病原长期斗争形成的一种生物学特性，它有一定的稳定性，但是由于寄主本身和病原致病力的变化，以及外界环境条件的影响，抗病性可以发生变异，甚至完全丧失。植物的抗病性常因寄主植物的发育阶段、器官生长的年龄等有明显的变化。例如，果树苗期容易感染立枯病，成株期则高度抗病；柑橘溃疡病菌更容易侵染嫩叶、幼果和新梢；葡萄幼果期易感染黑痘病，而近成熟的果实很抗病，葡萄白腐病则相反。

寄主的生活力会影响它的抗病性，一般随着生活力的降低，往往导致寄主感病性增加。例如，树势衰弱常诱发苹果树腐烂病菌的严重危害。此外，植物的营养条件对抗病性也有影响，一般氮肥施用过多会增加感病性，磷、钾肥和其他微量元素在一定限量内可以增强抗病性。温度、湿度和光照等环境条件也都影响着植物的抗病性，在不适宜的环境条件下栽培植物，其抗病性往往减退。

应当指出，由于病原致病力的变化而产生新的生理小种，常是品种丧失抗病性的重要原因。

第三节　病害的侵染循环

传染性病害的发生必须有侵染来源。前一个生长季节的病原要以一定的方式越冬、越夏，度过寄主的休眠期，才有可能成为下一个生长季节的侵染来源；病原还必须经过一定的途径传播到感病植物上才能引起侵染。侵染过程是指病原与寄主接触、侵入，并在寄主体内扩展，最后引起发病的过程。许多病害还能进行多次再侵染，使病情不断发展。所以病害循环是指病害从前一生长季节开始发病，到下一生长季节再度发病的全部过程。病害循环是植物病理学的一个中心问题，因为病害的防治措施主要是根据病害循环的特点拟定，只有明确病害循环的特点，抓住其中的薄弱环节，才能进行经济有效的治理。

如上所述，在病害循环中通常有活动期和休止期的交替，有越冬和越夏、初侵染和再侵染，以及病原的传播几个环节。

一、病原的越冬和越夏

当寄主成熟收获或进入休眠期后，病原如何度过这段时间，并引起下一生长季节的侵染危害，就是所谓病原的越冬和越夏问题。大部分的寄主植物冬季是休眠的，同时，冬季气温低，病原一般也处于不活动状态，因此病原的越冬问题在病害研究中就显得更加重要。病原的越冬、越夏场所，也就是寄主植物在生长季节内最早发病的初侵染来源。病原越冬、越夏的场所有以下几类。

（一）田间病株

绝大多数病原可在果树的病枝干，植物的病叶、病根、病芽等组织内外潜伏越冬。其中，病毒以粒体，细菌以个体，真菌以孢子、休眠菌丝或休眠组织（如菌索、子座）等，在病株的内部或表面度过夏季和冬季，成为下一个生长季节的初侵染来源。例如，苹果树腐烂病、梨黑星病、白菜霜霉病等都是以田间病株作为主要越冬、越夏场所。因此采取剪除病枝、刮治病干、喷药和涂药等措施可杀死病株上的病原，消灭初侵染来源，是防止发病的重要措施之一。

病原的寄主往往不止一种植物，许多病毒病和一些真菌、细菌性病害的寄主范围比较广泛：有野生的，也有栽培的；有一年生的，也有多年生的。所以，多种植物往往都可以成为某些病原的越冬、越夏场所。因此，针对这些病害，除消灭田园内病株的病原外，还应考虑对其他栽培作物和野生寄主采取措施。对转主寄生的病害，还应考虑对转主寄主的铲除等。

（二）种子苗木和其他繁殖材料

不少病原可以潜伏在种子、苗木、接穗和其他繁殖材料的内部或附着在表面越冬。使用这些繁殖材料时，不但植株本身发病，而且其往往成为田间的发病中心，可以传染给邻近的健株，造成病害蔓延。此外，病害还可以随着繁殖材料的远距离调运传播到新的地区。例如，柑橘溃疡病、葡萄黑痘病、瓜类炭疽病等常通过种子苗木传播。种子带菌对蔬菜病害来说相当重要，但对果树病害不十分重要。

（三）病株残体

绝大部分死体寄生的真菌、细菌都能在染病寄主的残体中存活，或者以腐生的方式存活一定时期，当寄主残体分解和腐烂后，其中的病原也逐渐死亡和消失。病原在病株残体中存活时间较长的主要原因是受到了植株残体组织的保护，增加了对不良环境因子的抵抗能力。因此清洁田园，彻底清除病株残体，集中烧毁或采取促进病残体分解的措施，都有利于初侵染来源的消灭和减少。

（四）土壤

土壤也是多种病原越冬、越夏的主要场所。病株残体和病株上着生的各种病原都很容易落到土壤里而成为下一季节的初侵染来源。其中活体寄生物的休眠体（白粉菌的闭囊壳、霜霉菌的卵孢子、线虫的胞囊、菟丝子的种子等）在土壤中萌发后，如果接触不到寄主，就会很快死亡，因而这类病原在土壤中存活时间的长短和环境条件有关。土壤温度比较低，而且土壤比较干燥时，病原容易保持休眠状态，存活时间就较长，反之则短。另外，有些寄生性比较弱的病原，它们在土壤中不但能够保存生活力，而且还能够转为活跃的腐生生活，在土壤里大量生长繁殖，增加了病原的数量。病原在土壤里的腐生程度也有差别：土壤寄居菌只能在病残体中长期存活，当这些残余物完全腐烂分解时，它们就不能单独在土壤中繁殖和长期存活，大多数病原真菌和细菌属于这一类型；土壤习居菌对土壤环境因素具有较强的抵抗能力，能完全离开寄主残体在土壤中繁殖和长期存活，腐霉属（*Pythium*）、丝核菌属（*Rhizoctonia*）和镰孢菌属（*Fusarium*）真菌就是典型的土壤习居菌。

（五）肥料

病原可以随着病株残体混入肥料或以休眠组织直接混入肥料，肥料如未充分腐熟，其中的病原就可以存活下来，作为病害的初侵染来源。所以在使用粪肥前，必须使其充分腐熟，通过发酵时的高温和残体的分解使其失去生活力。

（六）昆虫或其他介体

一些昆虫传播的病毒可以在虫体内越冬或越夏。例如，水稻条纹病毒和水稻黑条矮缩病毒可在灰飞虱体内越冬，大麦黄化叶病毒可以在禾谷多黏菌的休眠孢子中越夏。

不同病原的越冬、越夏场所各有不同，同一种病原有时也有多个越冬、越夏场所。例如，引起植物枯萎病的镰孢菌可以在土壤、病残体、粪肥、种子等场所越冬。各种病原真菌越冬、越夏的形态多种多样，有菌（丝）体、分生孢子、厚垣孢子、卵孢子、分生孢子器、子囊壳、菌核、菌索等。

二、病原的传播

在植物体外越冬或越夏的病原，必须传播到植物体上才能发生侵染；在最初发病植株上繁殖出来的病原，也必须传播到其他部位或其他植株上才能引起侵染；此后的多次侵染也是靠不断地传播才能发生；最后，有些病原也要经过传播才能到达越冬、越夏的场所。可见，传播是联系病害循环中各个环节的纽带。防止病原的传播，不仅使病害循环中断，病害发生受到控制，而且还可防止危险性病害发生区域的扩大。

有些病原可以通过自身的活动主动地进行传播。例如，许多真菌具有强烈释放其孢子的能力，另一些真菌能产生游动孢子；具有鞭毛的病原细菌能够游动；线虫能够在土壤中和寄主上爬行；菟丝子可以通过蔓茎的生长而蔓延。但是病原释放和活动的距离有限，只起传播开端的作用，一般仍需依靠自然传播把它们传播到较远的距离。除了上述主动传播外，植物病原主要的传播方式如下。

（一）气流传播

在病原的传播中，风力占据主要地位，它可以将真菌孢子吹落、散入空中做较长距离的传播，也能将病原的休眠体或病组织吹送到较远的地方。特别是真菌产生的孢子数量多、体积小、质量轻，更利于风力传播。

气流传播的距离较远，范围也较大。但是传播的距离并不等于有效传播距离，因为部分孢子在传播的途中可能死去，而且活的孢子还必须遇到感病的寄主和适当的环境条件才能进行侵染。气流传播的有效距离是由孢子耐久力、风速、风向、温湿度、光照、寄主感病性等许多因子决定的。近距离风力传播的病害比较普遍。

借风力传播的病害，其防治方法比较复杂。因为除需注意消灭当地的病原之外，还要防止外地的病原随风吹过来，所以对这些病害必须组织大面积的联防，才能获得较好的防治效果。不同病原传播的距离有远有近，因此确定病原传播的距离在防治上十分重要。转主寄主是否砍除或者苗圃的间隔距离，都取决于病原传播的距离。例如，为了防治梨锈病，果园与桧柏间隔的距离应为2.5～5km。

（二）雨水传播

雨水传播病原的方式十分普遍，但传播的距离不及风力远。炭疽病菌的分生孢子、球壳孢菌的分生孢子及许多病原细菌都黏聚在胶质物内，在干燥条件下不能传播，必须利用雨水把胶质溶解，使孢子或细菌散入水内，然后随着水流或飞溅的雨滴进行传播。低等菌物的游动孢子只能在水滴中产生并保持它们的活动性。此外，雨水还可以把病株上部的病原冲洗到下部或土壤内，或者借雨滴的反溅作用，把土壤中的病原传播到距地面较近的寄主组织上进行侵染。雨滴还可以促使飘浮在空气中的病原沉落到植物上。因此，风雨交加的气候条件更有利于病原传播。

土壤中的病原，如根癌细菌、猝倒病菌、立枯病菌还能随着灌溉水传播，因此在病害防治时要注意采取适当的灌水方式。

（三）昆虫和其他动物传播

有许多昆虫在植物上取食和活动，成为传播病原的介体。大多数病毒病害、植原体病害、螺原体病害和少数细菌性与真菌性病害可由昆虫传播。

昆虫传播病毒的情况比较复杂。传播病毒病的主要介体昆虫是同翅目刺吸式口器的蚜虫和叶蝉，其次为木虱、粉蚧等，有少数病毒也可通过咀嚼式口器的昆虫传播。昆虫传播能力也有显著差别：有的能传播多种病毒，如桃蚜可传播50种以上的病毒；有的专化性很强，只能传播1个株系。昆虫传播病毒期限的长短，主要由病毒与昆虫的关系来决定，一般可分为非持久性和持久性两大类：非持久性的这类昆虫在吸收病毒后能立即传毒，但传毒时间很短（1d以内），一般随着所带病毒的消失，便失去传毒能力；持久性的这类昆虫吸毒后要经过一定的时间才能传毒，即病毒需要随着植物汁液由昆虫口针进入食道，通过胃和肠部达到肠壁，进入血液，然后再回到唾液腺中，昆虫才能传毒。从昆虫获毒到开始有传毒能力，这一段时间称为循回期。这类昆虫传毒的时间较长（1d以上）。病毒在持久性传毒昆虫体内有的不能增殖；有的能增殖，而且可以使昆虫终身带毒；有的不仅能在昆虫体内增殖，还可以通过该虫的卵传至后代，使后代也能传毒。

昆虫不仅是病原的传播者，同时还能造成伤口，为携带的病原开辟了侵入门户。例如，蚜虫、叶蝉传播病毒病，透翅蛾、吉丁虫传播苹果树腐烂病等。

此外，线虫也能传播少数细菌、真菌和病毒病害；鸟类能传播桑寄生的种子；菟丝子能传播病毒病。

（四）人为传播

人类在商业活动和各种农事操作中，常常无意识中帮助了病原的传播。例如，使用带病的种子、苗木、接穗和其他繁殖材料，会把其所带的病原带到田间。这些病原或是继续在所栽种的植物上发展，或是传播到新的感病点上开始新的侵染过程。

在疏花、疏果、嫁接、修剪、绑蔓等农事操作中，手和工具很容易直接成为传播的动力，将病菌或带有病毒的汁液传播到健康的植株上。嫁接是病毒病的主要传播方式之一，有些病毒病专靠嫁接来传播。病原的长距离传播则常通过人类的运输活动来完成。调运的种苗、接穗、产品，以及包装和填充用的植物材料都可能携带病原。因此，一个地区新病害的引进多半可以通过这些途径进行溯源。

应该指出，病原的来源和传播有多种可能性。大多数病原都有固定的来源和传播方式，并且与其生物学特性相适应。例如，真菌以孢子随气流和雨水传播，细菌多由风、雨传播，病毒常由昆虫和嫁接传播。因此，病害按其来源和传播方式不同可以区分为土壤传播病害、气流传播病害、种子传播病害、昆虫传播病害等。某些病原并不是只有一种来源和传播方式，只是有主要和次要之别。防治植物病害应着重于预防措施，因此关于病原来源和传播规律的研究就有着重大的实践意义。

三、病原的侵染过程与初侵染和再侵染

（一）病原的侵染过程

病原从存在的场所通过一定的传播介体传到寄主的感病点上与之接触，然后侵入寄主体内获取营养物质，建立寄生关系，并在寄主体内进一步扩展使寄主组织破坏或死亡，最后出现症状。病原这一系列从接触、侵入到引起寄主发病的过程称为侵染过程。病原的侵染过程一般分为4个阶段，即侵入前期、侵入期、潜育期和发病期。

1. 侵入前期（又称接触期）　从病原与寄主接触或到达能够受到寄主外渗物质影响的根围开始，到病原向侵入部位生长或活动，并形成侵入前的某种侵入结构为止称为侵入前期。病原的繁殖结构或休眠结构可以通过风、雨水、昆虫等各种途径进行传播，有的可能被传播到寄主植物的感病部位，并进行一段时间的生长。例如，真菌休眠结构或孢子的萌发，芽管或菌丝体的生长，细菌的分裂繁殖，线虫幼虫的蜕皮和生长等。病原通过这些生长活动进行侵入前的准备，并到达侵入部位，有的还形成某种结构，至此侵入前期即告完成。

在侵入前期，病原除直接受到寄主的影响外，还受到生物和非生物环境因素的影响。寄主植物表面的淋溶物（leachate）和根的分泌物可以促使病原休眠结构或孢子的萌发，或引诱病原的聚集。例如，植物的根生长时所分泌的二氧化碳和某些氨基酸可使植物寄生线虫在根部聚集，其影响可达距离根部数厘米以外。在土壤和植物表面的拮抗微生物可以明显抑制病原的活动。非生物环境因素中以温度、湿度对侵入前病原的影响最大。

病原在侵入前期存活于复杂的生物和非生物环境中，容易受到各种因素的影响，这一时期是病原侵染过程中的薄弱环节，所以也是防止病原侵染的有利阶段。近年来生物防治的许多进展正是针对这个阶段进行的研究。

2. 侵入期　从病原开始侵入寄主起，到病原与寄主建立寄生关系为止的这一段时期称为侵入期。植物病原几乎都是内寄生的，都有侵入的阶段。即使是外寄生的如白粉菌，一般也要在表皮细胞内形成吸器；外寄生的线虫也要以头、颈刺入寄主组织中吸吮汁液；寄生性种子植物也要在寄主组织内形成吸盘，所以它们均有侵入阶段。

（1）侵入途径　病原的种类不同，其侵入途径也不同，在最重要的三大类病原中：病毒只能通过活细胞上的轻微伤口侵入；病原细菌可以由自然孔口和伤口侵入；真菌大都是以孢子萌发后形成的芽管或菌丝侵入，侵入途径主要为自然孔口和伤口，有些真菌还能形成特殊结构如侵入钉或侵染垫等，穿过寄主表皮的角质层直接侵入。

1）直接侵入：一部分真菌可以从健全的寄主表皮直接侵入，但是要穿过已经角质化了的表皮细胞还是相当困难的。所以它们中大多数只能侵入寄主植物的幼嫩部分。有些真菌，如为害树木的伞菌，可以用菌索集体侵入植物体内。寄生性种子植物如菟丝子、槲寄生等可以利用吸盘突破寄主的表皮组织。线虫则以锋利的口针刺破表皮直接侵入。

2）自然孔口侵入：植物体表的自然孔口，有气孔、皮孔、水孔、蜜腺等，绝大多数细菌和真菌都可以通过自然孔口侵入。例如，霜霉菌游动孢子、锈菌夏孢子萌发后可以从气孔侵入，甘蓝黑腐病菌可以通过气孔、水孔侵入，梨轮纹病菌可以通过皮孔侵入，梨火疫病菌可以由蜜腺、柱头侵入，苹果花腐病菌可以从柱头侵入。

3）伤口侵入：植物表面的各种伤口，如剪伤、锯伤、虫伤、碰伤、冻伤、落叶的叶痕和侧根穿过皮层形成的伤口等都是病原侵入的门户。在自然界中，一些病原细菌及许多寄生性比较弱的真菌往往由伤口侵入，而病毒只能从轻微的伤口侵入。从伤口侵入的病原，大多于侵入前后已在伤口处度过一段时间的腐生生活。在真菌病害中，如苹果腐烂病菌，柑橘贮藏期的青霉病菌、绿霉病菌等都是典型的伤口侵入的真菌。

各种病原侵入寄主的途径大多是固定的。了解各种病原的侵入途径，对病害防控措施的确定有一定意义。

（2）侵入步骤　真菌大多是以孢子萌发后形成的芽管或菌丝侵入。典型的步骤：孢子的芽管顶端与寄主表面接触时，膨大形成附着胞，附着胞分泌黏液将芽管固定在寄主表面，然后从附着胞产生较细的侵染丝侵入寄主体内。无论是直接侵入还是从自然孔口、伤口侵入的真菌，都可以形成附着胞，但以直接侵入和由自然孔口侵入的真菌产生附着胞更普遍；从伤口和自然孔口侵入的真菌也可以不形成附着胞和侵染丝，直接以芽管侵入，这在由伤口侵入的真菌中比较普遍。

从表皮直接侵入的病原真菌，其侵染丝先以机械压力穿过寄主植物角质层，然后通过酶的作用分解细胞壁而进入细胞内。

真菌不论是从自然孔口侵入还是直接侵入，进入寄主体内后孢子和芽管里的原生质均随即沿侵染丝向内输送，并发育成为菌丝体，吸取寄主体内的养分，建立寄生关系。病毒是靠外力通过微伤口或以昆虫的口器为介体，与寄主细胞原生质接触来完成侵入的。细菌个体可以被动地落到自然孔口里或随着植物表面的水分被吸进孔口；有鞭毛的细菌靠鞭毛的游动也能主动侵入。

（3）*影响侵入的环境条件*　影响侵入的环境条件中最重要的是湿度和温度，其次是寄主植物的形态结构和生理特性。湿度和温度主要是由气候条件决定的，因此可以根据气候条件预测病原侵入的可能性。

1）湿度：湿度对侵入的影响最大，这是因为大多数真菌孢子的萌发、细菌的繁殖，以及游动孢子和细菌的游动都需要在水滴里进行。植物表面的不同部位在不同时间内可以有雨水、露水、灌溉水和从水孔溢出的水分存在，其中有些水分虽然保留时间不长，但足以满足病原完成侵入的需要。一般来说，湿度高对病原的侵入有利，而使寄主植物抗侵入的能力降低。在高湿度下，寄主愈伤组织形成缓慢，气孔开张度大，水孔泌水多而持久，保护组织柔软，从而降低了植物抗侵入的能力。因此，在田园内采取适当的栽培措施，如开沟排水、适度修剪、合理密植、改善通风透光条件等，常成为防治园艺植物病害的有效措施之一。

2）温度：湿度能左右真菌孢子的萌发和侵入，而温度则影响孢子萌发和侵入的速度。各种真菌的孢子都具有其最高、最适及最低的萌发温度。离最适温度越远，孢子萌发所需要的时间越长，超出最高和最低的温度范围，孢子便不能萌发。

应当指出，在病害能够发生的季节里，温度一般都能满足侵入的要求，而湿度条件则变化较大，常常成为病原侵入的限制因素。

病毒在侵入时，外界条件对病毒本身的影响不大，而与病毒的传播和侵染的速度等有关。例如，干旱年份病毒病害发生较重，主要是由于气候条件有利于传毒昆虫的活动，因而病害常严重发生。

（4）*侵入所需时间和数量*　病原侵入寄主所需的时间与环境条件有关，但一般不超过几小时（很少超过24h）。病原侵入以后，必须不断突破寄主的防御，与其建立寄生关系、获得必要的营养物质，才能迅速成长和发育。一般侵入的数量多、扩展蔓延较快，就容易突破寄主的防御作用。例如，真菌中的锈菌，单个孢子就能侵入引起感染，但也有一些真菌需要许多孢子才能引起感染。同样，植物病原细菌的接种量和发病率也呈正相关，单个细菌往往不能引起感染。植物病毒侵入以后能否引起感染也和侵入的数量有关，一般需要达到一定的数量才能引起感染。

3. 潜育期

（1）*病原的扩展*　从病原侵入与寄主建立寄生关系开始，直到表现明显的症状为止称为病害的潜育期。潜育期是病原在寄主体内吸收营养和扩展的时期，也是寄主对病原的扩展表现不同程度抵抗能力的过程。无论是活体寄生还是营腐生生活的病原，在寄主体内进行扩展时都需消耗寄主的养分和水分，并分泌酶、毒素和生长调节素，扰乱寄主正常的生理活动，使寄主组织遭到破坏、生长受到抑制或促使其增殖膨大，最后导致了症状的出现。症状的出现就是潜育期的结束。

病原在植物体内扩展：有的局限在侵入点附近，称为局部性或点发性侵染，如各种植物上的叶斑病；有的则从侵入点向各个部位发展，甚至扩展到全株，称为系统性或散发性侵染，如番茄病毒病等。一般系统性侵染的潜育期较长，局部性侵染的潜育期较短。

（2）环境条件对潜育期的影响　每种植物病害均有一定的潜育期，潜育期的长短因病害而异，一般10d左右，也有较短或较长的。例如，柑橘溃疡病的潜育期最短为3d，一般4～6d，最长为10d；有些果树病毒病的潜育期可达一年或数年。

在一定范围内，潜育期的长短受环境的影响，特别是温度的影响最大。例如，黄瓜霜霉病的潜育期，在15～16℃时是5d，在气温高于25℃或低于15℃时为8～10d。

湿度对于潜育期的影响较小，因为此时病原已经侵入寄主体内，所以不受外界湿度的干扰。但是如果植物组织中的湿度高，尤其是细胞间充水时，有利于病原在组织内的发育和扩展，潜育期相应就短。

值得注意的是，有些病原侵入寄主植物后，经过一定程度的发展，由于寄主抗病性强，病原只能在寄主体内潜伏而不表现症状，但是当寄主抗病力减弱时，它可继续扩展并出现症状，这种现象称为潜伏侵染。这一概念对研究病害发生、发展和防治有重要意义。例如，苹果树腐烂病菌很容易侵入树皮，但是生长正常的枝条并不一定发病，病菌只是潜伏在树皮组织内，当树体或局部组织衰弱时，病菌就趁机扩展并引起树皮腐烂、表现症状。有些病害出现症状后，由于环境条件不适宜，症状可暂时消失，称为隐症现象。有些病毒侵入一定的寄主后，在任何条件下均不表现症状，称为带毒现象。

4. 发病期　植物受到病原侵染后，从出现明显症状开始就进入了发病期，此后症状的严重性不断增加。在发病期中，真菌性病害随着症状的发展，在受害部位产生大量无性孢子，提供了再侵染的病原来源。至于适应休眠的有性孢子，大多在寄主组织衰老和死亡后产生。细菌性病害在显现症状后，病部往往产生脓状物，含有大量的细菌个体，其作用相当于真菌孢子。病毒是细胞内的寄生物，在寄主体外不表现病征。

孢子生成的速度和数量与环境条件中的温度、湿度关系很大。例如，苹果炭疽病在30℃的条件下，果实上的病斑在3～4d内就能产生分生孢子，而在15～20℃时则产生较慢。绝大多数的真菌只有在大气湿度饱和或接近饱和时才能形成孢子，如霜霉病菌等，但白粉病菌在饱和湿度下反而较难或不能形成分生孢子。

（二）病原的初侵染和再侵染

如前所述，病原每进行一次侵染都要完成病程的各个阶段，最后又为下一次的侵染准备好病原。在植物生长期内，病原从越冬和越夏场所传播到寄主植物上引起的侵染，叫作初侵染。在同一生长期中初侵染的病部产生的病原传播到寄主的其他健康部位或健康植株上，又一次引起的侵染称为再侵染。在同一生长季节中，再侵染可能发生许多次。病害的循环，可按再侵染的有无分为以下两种类型。

1. 多循环病害　一个生长季节中发生初次侵染过程以后，还有多次再侵染过程，这类病害称为多循环病害，如梨黑星病、各种白粉病和炭疽病等。

2. 单循环病害　一个生长季节只有一次侵染过程，这类病害称为单循环病害，如梨锈病、桃缩叶病和瓜类枯萎病等。

病害有无再侵染，与防治方法和防治效果有密切关系。对于单循环病害，每年的发病程度取决于初侵染的多少，只要集中力量消灭初侵染来源或防止初侵染，这类病害就能得到防治。对于多循环病害情况就比较复杂，除应注意防止初侵染外，还要防止再侵染问题。再侵染的次数越多，需要防治的次数也越多。

第四节　病害的地理分布、流行和预测

一、病害的地理分布

不同病害的地理分布是不一样的。有的病害与其寄主的分布一样广泛，有的则在一定地区发生，发病的严重程度也随地区而异。病害地理分布的范围不是固定不变的，而是经常在变动。一种病害传播到一个新的地区后，有时可能引起病害的暴发流行。影响病害地理分布的因素有以下几种。

（一）病原

寄主范围的扩大或由于人为的因素把病原传到新地区，是病害分布区扩大的主要原因，新病原的引进有时会形成暴发流行。例如，1870年葡萄霜霉病菌由北美引入法国，引起霜霉病大流行，之后传播到全世界的葡萄产区。

（二）环境条件

一种病原传入新地区后，必须有适宜的环境条件才能在新地区定植。柑橘溃疡病菌传到美国东部后，因环境适宜，便很快蔓延；而传到美国西海岸等干燥地区后，却始终局限在个别地区轻微发生。桃缩叶病在我国南方春季低温多雨地区发病较重，但在土壤pH7.2以上的地区一般发病极轻。

（三）寄主的分布

虽然寄主的分布不等于病害的分布，但是在一个地区种植新的植物后，有可能因当地寄生物的寄主范围扩大而出现新的病害。

二、病害的流行

植物病害在一定时期或者在一定地区大量发生，造成植物生产的显著损失，称为病害的流行。病害流行是研究群体发病及其在一定时期、一定地区变化规律的科学，它与个体发病规律有所不同，当然也是以个体发病规律为基础。

（一）病害流行的类型

植物病害的流行大致可分为两种类型。

1. 积年流行病害（也称单循环病害）　需连续几年才能完成菌量的积累过程、造成一定程度危害的病害，称为积年流行病害。一些单循环病害或再侵染极次要的病害流行均属于此类，如梨锈病、桃缩叶病等。

2. 单年流行病害（也称多循环病害）　在植物的一个生长季节中只要条件合适就能完成菌量的积累过程、造成一定程度危害的病害，称为单年流行病害。这类病害的再侵染频

繁，受环境条件尤其是气象因子影响较大。例如，苹果白粉病、梨黑星病、柑橘溃疡病、各种作物的霜霉病等大多数园艺植物病害都属于这一类型。

（二）病害流行的基本因素

传染性病害的发生包括病原、寄主植物和环境条件三个方面。所以，病害流行必须具备以下三个基本因素。

1. 大量感病寄主　每种病原都有其一定的寄主范围，没有感病寄主的存在，病害就不能发生。因此感病寄主的数量和分布是病害能否流行和流行程度轻重的基本因素之一。不同植物对某一病害具有不同的感病性，大面积栽种感病品种容易造成病害的流行。即使原来是抗病品种，若大面积单一化栽培，也会造成病害流行的潜在威胁。因为病原的致病力有时可以发生变化，抗病品种有可能丧失抗病性而成为感病品种，所以会引起病害大面积的严重危害。因此，合理的布局和品种组合等都可以起减轻病害流行程度和降低危害的作用。

2. 大量致病力强的病原　病原的致病力强和数量多，是病害流行的基本条件之一。没有再侵染或再侵染次要的病害，病原越冬或越夏的数量，即初侵染来源的多少，对病害的流行有着决定性的影响。而再侵染重要的病害，除初侵染来源外，再侵染次数多、潜育期短、病原繁殖快，对病害的流行常起很大的作用。病原寿命长和大量传播介体，以及其他有利的传播动力等都可以增强传染效率，从而加速病害流行。病原大多是微生物，容易受环境的影响而发生变异，同时病原本身遗传物质的重组也能发生变异。因此，新的致病力强的生理小种的形成，也是病害流行的重要因素。

3. 适宜发病的环境条件　在具备强致病的病原和感病寄主的情况下，适宜的环境条件常成为病害流行的主导因素。所谓环境条件，主要是指气象条件、土壤条件和栽培条件，其中，以气象条件的影响较大。

（1）气象条件　温度、湿度和光照等气象条件与病害流行的关系很密切。病原的繁殖、侵入和扩展，都需要一定的温度和湿度，寄主植物的感病或抗病，也与气象条件有关。在气象条件中，对病害流行影响较大的是温度和湿度。由于年份间温度的变化比湿度小，因而湿度更为重要。

（2）土壤条件　土壤条件对寄主植物和在土壤中活动的病原影响较大。因此，根部病害的流行常受土壤条件的制约。

（3）栽培条件　种植密度、肥水管理、品种搭配等栽培条件，对病害的流行也有一定影响。

大量致病力强的病原、大量感病寄主和适宜发病的环境条件是病原流行的三个基本因素。任何一种传染性病害在某个地区流行时期的早晚、发展的快慢、对生产的危害程度，都是这三个基本因素相互影响的结果。但是，各种流行性病害由于病原、寄主和它们对环境条件要求等方面的特性不同，在一定地区、一定时间内，分析某一病害的流行条件时不能把三个因素同等看待，可能其中某些因素基本具备、变动较小，而其他因素容易变动或变动幅度较大，不能稳定地满足流行的要求，限制了病害的流行，因此，把那种容易变动的限制性因素称为主导因素。例如，梨锈病的流行，虽然同样必须具备上述三个因素，但在我国的一般条件下，由于绝大多数的梨树品种都不抗病，因而寄主就不会成为病害流行的主导因素。该病害的病原有转主寄生的特性，必须在桧柏上越冬，才能完成其生活史。春季多雨地区，果园周围有没有桧柏、有没有初侵染来源，就成为梨锈病流行的主导因素。在风景绿化区，桧柏的栽植不易避免，因此，春季的降雨情况就决定了病害的轻重，成为该病流行的主导因素。又如黄瓜枯萎病菌，在连年种植地土壤中存在大量病原，加上长江流域在黄瓜生长期的气象条件又适宜于发病，此时，种植的黄瓜品种是否抗病就成了这种病害流行的主导因素。

（三）病害流行的季节性

多循环病害在一年或一个生长季节中病情发展的全过程，一般可分为始发期、盛发期和稳定期三个时期。

1. 始发期 始发期是病害在一年或一个生长季节中开始发生的时期。在田间，病害一般从零星发生开始，后逐渐传染形成中心病株或点片发生。这个时期病害发生一般较轻。多数病害在一个地区内有相对固定的始发期。

2. 盛发期 盛发期是病情发展到高峰的时期。由于该时期的发病条件比较适宜，病害经过反复再侵染，发病率和严重度迅速上升，造成植物的严重减产，甚至死亡。

3. 稳定期 由于生长季节和气候条件的限制，病害在盛发期后或两个盛发期间出现发病的低潮时期称为稳定期，该时期病情停止上升或上升缓慢，危害减轻。

以病害的发病率或病情指数的系统数据为纵坐标，日期为横坐标，绘成病害随时间发展的曲线，称为季节流行曲线。曲线的开始阶段为始发期，顶峰为盛发期，逐渐趋于平缓或下降阶段为稳定期。

病害发生和流行的季节性变化是由许多因子决定的，也应该从病原、寄主植物和环境条件三方面来分析。发病量的增加除病原的繁殖、积累和气候条件有利于病害的发展以外，寄主感病性的改变影响也很大。例如，葡萄黑痘病幼果期较感病；桃褐腐病则在果实接近成熟时寄主的感病性才增加，如果在感病阶段雨水多，就会造成病害的流行。

（四）病害流行的年份变化

病害流行中最重要的问题是病害在不同年份间流行变化的规律，也就是同一种病害在同一地区不同年份间发生的早晚和轻重程度差异的问题。同一种病害在一年中虽有其相对固定的流行时期，但在不同年份，常因气候的变化而差别很大。必须指出，病害流行年份间的变化和季节性的变化相互有联系，从季节性变化的规律可以分析年份间变化的原因。

影响病害流行年份间变化的主要因素是环境条件，其中除栽培条件的改变以外，尤以气候的影响最大，在气候因素中又以温度和湿度变化为主。但是在不同年份，温度的差异一般比较小，而湿度的差异则十分显著。因此，不同年份的降水期、降水量和雨日、露日的分布，以及大气湿度等起着极大的作用。

感病品种的大规模引进或更换，以及寄主植物抗病性和病菌致病性的改变，都会成为病害流行年份变化的主要原因。

三、病害的预测

（一）病害预测的意义和依据

植物病害的预测预报是根据病害发生发展情况和流行的规律，通过必要的病情调查，掌握有关的环境因素资料进行综合分析研究，对病害的发生时期、发展趋势和流行危害等做出预测，并及时发布预报，为制订防治计划、掌握防治有利时机等提供依据。特别是大多数园艺植物经济价值高、病害种类多、药剂防治的必要性和可能性也大，因此研究其病害的测报方法就更加重要。每种病害有其不同的预测方法，但是它们的测报依据是相同的，主要有以下几点：①病菌侵染过程和病害循环的特点；②病害流行因素的综合利用，特别是主导因素与病害流行的关系；③病害流行的历史资料，包括当地逐年积累的病情消长资料、气象资料、历年测报经验、品种栽培情况及当年的气象预报等。

（二）病害预测的类型

按测报的有效期限，病害预测可区分为长期预测和短期预测两种。

1. 长期预测　在生长季节开始前或开始时预测病害的流行程度称为长期预测。长期预测主要用于种子、苗木、土壤或病残体等传播的病害，以及历年发生发展有明显季节性或年份变化规律的某些气流传播的病害。例如，在栽种以前检验种子、苗木的带菌情况，可以初步预测种苗传播病害未来的流行情况。

2. 短期预测　预测短期内病害的发生，如病害的始发期、盛发期，某些病害从一个高峰到下一个高峰的出现期，以及测报某些病害达到防治标准的时期等，称为短期预测。短期预测主要用于气流传播、有再侵染、受环境条件影响较大的病害。

长期预测和短期预测的区分是相对的，有的病害预测介于长期和短期之间，如病情发展趋势的预测就称为中期预测。

（三）现行的病害预测方法

我国现行作物病害的预测预报方法大致可归纳为4个类型。

1. 田间病情与抗病力调查　调查田间病情和寄主抗病力的变化，即田间调查、定点观察和设立预测圃定期检查。一般定点调查适于发病的地块和感病品种，它们的发病表示环境条件已适合，可以预测普遍发病的日期。

2. 病原数量和动态的检查　通过种子、苗木、病残体上病原和空中孢子捕捉，以及传毒昆虫带毒率的测定等，了解越冬菌源或初期菌源的数量，预测病害的始发期和发病程度。

3. 根据气象条件预测病害的流行　温度和湿度是影响病害流行的主要因素，根据一段时间内气象条件的变化，预测病害的发展趋势。

4. 多元回归分析在病害测报中的应用　如前所述，病害流行的程度是受各种因素影响的，它们和流行程度之间存在一定的联系。病害流行程度是变量，各种影响病害流行的因素是自变量。因此，可以根据对各种因素的观测数据来预测病害流行的程度。如果影响因素只有一个是主要的，就可以用单元回归分析。不过影响病害流行的因素往往是复杂的，自变量有多个，所以在病害流行学中，多元回归法用得较多。

5. 新型植物病害预测预报技术　随着信息技术的不断发展，计算机技术、数码技术、卫星遥感、地球科学等与植物病理学紧密结合，创建了一系列新的植物病害预测预报技术，例如，数码技术可通过连续的病害症状图像的提取、分析、计算，了解病害的发展速率；卫星遥感通过记录电磁辐射和光谱反射的数据，将田间信息变为可视的图片资料；全球定位系统则可精确锁定某一地区、某一田块，甚至某一棵树，并根据收集的图像信息对病害的发生情况进行系统观察。总之，信息技术的发展为植物病害的预测预报提供了更省时、省力、精确、实时的预测方法。

分子生物学技术近年来在植物病害的预测方面也有较多应用，例如，聚合酶链反应（polymerase chain reaction，PCR）、巢式PCR（nested PCR）、实时PCR（real-time PCR）和环介导等温扩增技术（loop-mediated isothermal amplification），以及基于病菌遗传物质特异性片段的代换系序列特征扩增区（sequence characterized amplified region，SCAR）分子标记技术等。

无论是从寄主、病原、环境条件的某一方面，还是综合进行分析，所有预测方法都是建立在经验或模型的基础上的，所以也分为经验预测与模型预测。经验预测与测报者的专业知识水平密切相关；模型预测则根据多年收集的田间资料，建立预测因子与发病程度的函数关系，通过计算机分析，按数学模型预测病害的发生与发展。但因影响病害发生的因子较多，模型组建比较困难，且因条件的变化，模型需不断校正，因此目前很少有完善的模型可直接在生产上加以应用。

第六章　植物病害的诊断

诊断的目的在于查明和鉴别植物发病的原因，确定病原的种类，然后根据病原特性和发病规律提出对策，及时有效地进行防治。只有正确的诊断才能有的放矢，对症下药，从而收到预期的防治效果。因此，正确的诊断是防治植物病害的前提。

第一节　植物病害的诊断方法

植物病害分为非传染性病害和传染性病害两大类，这两类病害的病因和防治措施完全不同。诊断时首先应确定所发生的病害属于哪一类，然后再做进一步的鉴定。

一、非传染性病害

（一）田间观察

各种病害在田间的发生和发展都表现一定的规律，因此到发病现场做田间观察是诊断病害的首要工作。在观察中应详细记载和调查：病害发生的普遍性和严重性；病害发展的快慢；在田间的分布；发生时期；寄主品种及生育期；受害部位、症状，以及发病田的地势、土壤；昆虫活动等环境条件。根据病害在田间的分布发展情况、病株发病情况及发病条件等，初步判定病害的类别。

1. 病害在田间的分布状况　非传染性病害在田间开始出现时一般表现为较大面积同时发生，发病程度可由轻到重，没有由点到面即由发病中心向周围逐步扩展的过程。

2. 病株的表现　除因高温引起的日灼或喷洒药剂不当产生的药害等引起局部病变外，通常非传染性病害发病植株均表现为全株性发病，如缺素症、涝害等。

3. 症状鉴别　症状对病害的鉴定具有极为重要的意义。各种植物病害一般都具有特异的症状，常见病、多发病往往通过症状的鉴别就能得出诊断结论。

症状鉴别可采用肉眼及放大镜观察或显微镜检查。对病株上发病部位、病部形态、大小、颜色、气味、质地（软腐或干腐）、有无病征及病征类型等外部症状可用肉眼及放大镜观察。至于染病植物内部组织结构的变化及病部产生的病原的形态结构，只有用显微镜才能观察。非传染性病害不是由病原生物传染引起的，发病植株表现出的症状只有病状而没有病征。通常为了确定是否有病征，可取病组织进行表面消毒，并放在一般为25～28℃的保温保湿环境中诱发，如经24～48h后仍无病征产生，即可初步确定该病不是真菌病害及细菌病害，而属于非传染性病害或病毒病害。在园艺植物上有很多种缺素症常与病毒病相似，特别是由病毒引起的黄化、花叶很容易与某些营养缺乏症所表现的症状相混淆。在遇见这种情况时，为了排除病毒病害的可能性，可按病毒病害的诊断法进一步诊断或按非传染性病害的化学诊断方法诊断。

（二）解剖检验

用新鲜幼嫩的病组织或剥离表皮的病组织制作切片，并采用染色法处理，然后镜检有无病原及内部组织有无病理变化。镜检时注意排除植株发病后滋生的腐生菌的干扰。例如，通过镜检未见病原及病毒所致的组织病变，包括内含体等，即可结合田间观察情况，提出非传染性病害的可疑病因。

（三）环境条件

通常非传染性病害是由土壤、肥料、气象等条件不适宜或接触化学毒物、气体而引起的。因此，这类病害的发生与以下情况有密切关系：①地势、地形和土质、土壤酸碱度等情况；②当年气象条件的特殊变化；③栽培管理情况，如施肥、排灌和喷洒化学农药是否适当；④因与某些工厂相邻而接触废气、废水、烟尘等。例如，苹果缩果病与芽枯病往往在河滩砂地、砂砾地或薄山地栽培的苹果树上易发生；冬季在柑橘叶片或嫩梢上出现的枯焦及萎蔫，与早霜、晚霾或冬季异常低温有关；苹果叶片上有时发现大小不等的褐色圆形斑点，严重时可引起落叶，这往往是由使用药剂浓度过高造成。因此遇见这些情况时，不能单凭症状及田间发病情况来诊断，必须对发病植物所在的环境条件等进行调查和综合分析，然后才能确定致病原因。

（四）病因鉴定

对非传染性病害的进一步鉴定，通常采用化学诊断法、人工诱发及排除病因（即治疗试验）诊断法，以及指示植物鉴定法等。

1. 化学诊断法 经过初步诊断，如果怀疑病因可能是土壤或肥料中的因素，可进一步采用化学诊断法。通常是对病树组织或病田土壤进行化学分析，测定其成分和含量并与正常值进行比较，从而查明过多或过少的成分，确定病因。这一诊断法对缺素症和盐碱害的诊断较可靠。

2. 人工诱发及排除病因诊断法 根据初步分析的可疑病因，人为提供类似发病条件，如低温、缺乏某种元素及药害等，对植株进行处理，观察其是否发病。或采取治疗措施排除病因，用可疑缺乏元素的盐类对病株进行喷洒、注射、灌根等方法治疗，观察是否可以减轻病害或恢复健康。

3. 指示植物鉴定法 指示植物鉴定法可用于鉴定缺素症病因。当提出可疑病因后，可选择最容易缺乏该种元素，症状表现明显、稳定的植物，将其种植在疑为缺乏该种元素的植物附近，观察其症状反应，借以鉴定病株表现出的症状，最终鉴定是否为该种元素的缺乏症。

（五）草本指示植物及其缺素症状的主要表现

1. 缺氮指示植物花椰菜和甘蓝 表现生长衰弱、发育不良、叶片上挺、色淡。随着症状发展，叶片渐呈黄、橙、紫色，并由下向上形成脱落。

2. 缺磷指示植物油菜 表现生长衰弱、发育不良、茎秆纤细、叶片带有浓紫色，随症状发展呈现黄色至紫色。叶片由下向上早期脱落。

3. 缺钾指示植物马铃薯和蚕豆 马铃薯叶片表现青绿色，叶脉间颜色浓淡不匀，缺钾初期叶背有斑点，叶尖及叶缘有焦状干枯；缺钾严重时，全株萎缩，茎秆早期枯死。蚕豆缺钾时，节间缩短，叶缘发生黑褐色焦枯。

4. 缺钙指示植物甘蓝和花椰菜 植株幼小时叶上表现失绿斑、叶缘白化。成株期植株在中心叶的边缘发生焦枯，并向内侧卷曲。缺钙严重时，叶肉部分产生坏死乃至生长点枯死。

5. 缺铁指示植物甘蓝和马铃薯 叶片先发生失绿斑，逐渐白化。马铃薯除表现上述症状外，缺铁时叶片往往向上卷曲。

6. 缺硼指示植物甜菜和油菜 幼叶枯死，顶端发生很多异常小叶。老熟叶片往往失去光泽，萎缩开裂，有时发生焦枯斑点，叶柄向下弯曲。根的先端变为黑褐色。

二、传染性病害

传染性病害的病原有原生动物、色菌、真菌、原核生物、病毒和亚病毒、线虫及寄生性种子植物等。这些病原所致的病害都具有传染性，在田间发生时，一般呈分散状分布，具有明显的由点到面，即由一个发病中心逐渐向四周扩大的发展过程。有的病害在田间扩展还与某些昆虫有联系。传染性病害的诊断也需要进行田间观察、症状鉴别，然后再做病原鉴定。

（一）田间观察与症状鉴别

传染性病害的各类病原除病毒和部分原核生物外，在病部都会产生病征。一般情况下，真菌病害的病征很明显，在病部表面可见粉状物、霉状物、粒状物、锈状物等各种特有的结构。细菌病害在潮湿条件下一般在病部都可见滴状或一层薄薄的脓状物，通常呈黄色或乳白色，干燥时成为小球状、不规则形粒状或发亮的薄膜，这些是细菌菌脓，也是细菌性病害的病征。不过真菌病害和细菌病害在田间有时由于受发病条件的限制，症状特点尤其是病征表现不够明显，也较难区别。遇见这种情况时，一方面可继续观察田间病害发生情况，另一方面可将病株或病部采回实验室，用清水洗净后，置于保温、保湿条件下，促使症状充分表现，再进行鉴定。寄生性种子植物所致的病害，在病部很容易看见寄生的植株。线虫病害在病部有时也能看见线虫。病毒、类病毒和植原体、螺原体等所致的病害都不产生病征，但它们的病状有显著特点，如变色、畸形等。这些病状表现首先是从分枝顶端开始，然后在其他部分陆续出现，这点与非传染性病害的发生不同。要确诊这几种病害，就必须做进一步检查，如内含体的观察、抗生素处理实验等。

（二）病原鉴定

传染性病害的病原种类很多。一般来说，病原不同，其引起的症状也不同，但有时相同病原在不同部位、不同发病时期和不同条件下所致病害的症状也有差异，例如，苹果褐斑病在叶上可产生同心轮纹状、针芒状及混合型三种不同的病斑；大白菜病毒病在叶上可产生坏死斑、脉明和皱缩等病状。从这两个例子可以看出，即使同一病原在不同的感病部位上，也可表现出不同的症状。病原不同，产生相似症状的情况也不少，例如，桃的细菌性穿孔病、褐斑穿孔病及霉斑穿孔病，在叶上都表现为穿孔症状，但这三种病原是完全不同的。因此仅以症状为依据，往往还不能对病害做出确切诊断，必须进一步做病原鉴定，才能得出可靠结果。

进行病原鉴定时，从病部表现或组织中发现的病原，无论是真菌、细菌或线虫都不能立即确定这就是该病的病原，因为在病部还常有一些二次寄生菌、腐生菌及腐生线虫。做病组织镜检时，应排除杂菌干扰，分清哪一种是该病的真正病原。

对常见病一般通过症状鉴别、镜检病原、查阅有关文献资料进行核对即可确定，对少见的或新的病害，不能对病部发现的可疑病原仓促做出结论。通常应进行分离培养、接种和再分离，即进行致病性的测定后才能做出结论，这种诊断步骤称为柯赫氏法则（Koch's postulate)。其具体步骤如下：①某种植物病害的病组织或病株上常同时伴随有某种微生物。②对病组织进行分离培养，可获得该微生物，且可得到纯培养。③将分离所得的微生物接种至相同植物的健康植株上，并给予适宜发病的环境条件，促使发病，可引起与原来病株相同的症状。④从接种发病后的植物上，能再分离到与原来用于接种的相同的微生物。通过这一系列实验得到证实的微生物就是该植物病害的真正病原。

柯赫氏法则也同样适用于线虫和病毒病害，只是在进行人工接种时，直接从病株组织取线虫或采用带病毒的汁液、枝条、昆虫等进行接种。但要注意的是，病毒的接种需要明确传播途径，当接种株发病后，再从该病株上取线虫或汁液、枝条、昆虫等，用同样方法再进行接种，得到同样结果后才可证实该病的病原为这种线虫或病毒。

通过柯赫氏法则证实病原后还需对病原做进一步鉴定。不同传染性病害的病原具不同特性，因此在病原鉴定时各有一些特殊的方法，具体如下。

1. 真菌病害的病原鉴定 真菌病原的鉴定，通常是用解剖针直接从病组织上挑取粉状物、霉状物或粒状物等制片，在显微镜下观察其形态特征，并根据病原繁殖结构的形态，孢子的形态、大小、颜色及着生情况等进行鉴定。一般可根据这些形态特征确定属名，对常见病在进行症状鉴别及镜检病原后即可确定病原真菌种及病名；对少见的或新发现病害的病原真菌必须进行致病性测定，明确其他形态特征，并结合ITS区及一些高度保守的基因核苷酸序列，必要时要查阅有关文献资料，查证核对后才能确定病原的种。有些病原真菌尚需测定其寄主范围才能确定种或变种。对寄生性高度专化的真菌，在确定其生理小种时，还要测定它对不同品种或鉴别寄主的致病性反应。

2. 原核生物病害的病原鉴定

（1）细菌 有些病害通过症状鉴别尚不能确定为细菌病害时，需要用显微镜检查病部是否存在大量病原细菌，园艺植物的细菌病害大多数在病组织中都有大量细菌。用显微镜检查病组织中有无细菌是诊断细菌病害简单而又可靠的方法，但要注意排除杂菌的干扰。检查时，要选择典型、新鲜、早期的病组织，用流水冲洗干净，吸干水分，用灭菌剪刀将病部（略带健康组织）剪下，直径不超过0.5～1.0cm，置于消毒载玻片中央，加入灭菌生理食盐水或灭菌水1滴，然后用灭菌剪刀或解剖针将病组织从中心处撕破，加上盖玻片，静置一会儿进行显微镜检查。镜检时光线不宜太强，放大倍数宜先低倍后高倍，以100～400倍为宜。注意观察病组织四周，如发现有大量细菌似云雾状逸出，即可确定为细菌病害。

一般常见病经过田间观察、症状鉴别及镜检病原为细菌时，即可确定病名及病菌种名。少见的或新的细菌病害，在镜检后确定为病原细菌时，如要确定该病原细菌的属、种，除采用柯赫氏法则证实这种细菌为该病的病原之外，还要观察、记载和测定细菌的形态、染色反应、培养性状、生理特性、生化反应、DNA中G+C含量、血清学反应，以及16S rDNA核苷酸序列等，有的还需进行噬菌体测定。

（2）植原体和螺原体 关于植原体和螺原体的鉴定：①采用电子显微镜对病株组织或带菌媒介昆虫组织的超薄切片进行检查。一般媒介昆虫是取唾液腺组织，在检查时必须用相应的健株组织作对照。若病组织或带菌昆虫中发现植原体或螺原体，而在对照中未发现，即表明该病原为植原体或螺原体。也可利用光学显微镜暗视野法或相差显微镜直接观察病株维管束抽出液或培养物悬液中的螺原体。②治疗实验，对病株施用四环素，植原体和螺原体均对四环素敏感，因此可根据施用后症状是否消失或减轻的情况来判断病原。

3. 病毒病害的病原鉴定 病毒的鉴定，过去主要是根据症状特点、传播方式、寄主范围，鉴别寄主的症状表现，以及病毒的物理性状及交互保护作用等进行。1978年国际病毒分类委员会海牙会议以后，提出以病毒分类八项原则作为鉴定新病毒的依据。不过目前生产中对于一般病毒的鉴定都不必全部按照八项原则，主要还是以其生物学性状、物理性状、电子显微镜观察病毒的粒体形态、血清学方法测定及遗传信息比对的结果等为依据，然后与有关文献报道的病毒进行比较分析，最后确定其种类。

4. 线虫病害的病原鉴定　病原线虫的鉴定，一般是将已初步确定为线虫病害病部产生的虫瘿或瘤切开，挑取线虫制片或用病组织切片镜检，根据线虫的形态可确定其分类地位。但有的线虫病害不形成肿瘤，从病部也较难看见虫体，对这些病原线虫的鉴定需要采用漏斗分离法或叶片染色法等进行检查。鉴定时要排除腐生线虫的干扰，特别是对寄生在植物地下部位的线虫病害，更要排除土壤中腐生线虫的干扰。必要时也应进行人工接种，通过致病性测定后再确诊。

第二节　病害诊断的注意事项

植物病害种类繁多，症状变化大，而且时常与伤害、虫害等混合发生。因此，为了诊断顺利进行，不致造成误诊，需要注意下列事项。

一、症状的复杂性

症状在植物病害诊断上具有重要的作用，无论何时何地，在诊断病害时对病害症状都应做详细的观察和记载。有些病害通过鉴别症状即可确诊，但植物病害的评判不是固定不变的，同一病原在不同的植物上，或在同一植物的不同部位、不同发育时期、不同环境条件下，都可表现不同的症状；不同病原在同一植物上也可能引起相似的症状；此外，寄主植物的抗病性对症状的表现也有影响。症状除了表现出上述的同一或多样型外，在有些病毒病害中，症状还有隐潜及复合现象。因此，在诊断植物病害的过程中，要注意症状的复杂表现，在症状鉴别遇到困难时应进一步采用其他方法。

二、伤害与病害的区分

伤害包括虫伤和雹害、风害、机械等造成的损伤。虫伤通常在植物受害部分可见虫或虫的排泄物，无论是咀嚼式口器昆虫还是刺吸式口器昆虫，为害植物后所形成的伤口都有其特殊的痕迹，如缺刻、孔洞、隧道或刺激后的小点等，这些特点可供诊断时区分伤害和病害。

伤害一般是突然发生的，如雹害等是暴发性的。病害的发生无论是非传染性病害还是传染性病害都有一个从生理上、组织上到形态上的病理变化过程，这是伤害和病害的重要区别。但有些昆虫或螨类为害植物也会产生病理过程，例如，一种桃瘤蚜可使叶缘变红、肿大、向内卷曲；有的壁虱可使梨叶产生隆肿的变色疱斑，或可使葡萄叶片形成毛毡状。

三、病原菌与腐生菌的区分

自然界中存在大量的腐生微生物，当植物受害组织死亡后，腐生微生物就可以腐生在病残体上。此外，在病组织表面常常沾染其他来源的微生物。在做病原鉴定时要严格区分病原菌与腐生菌，特别是某些菌类（如链格孢属、镰孢属、根霉属真菌）在很多组织上都能发现，其中有些是寄生的，有些是腐生的。还有些腐生细菌、线虫也常存在于组织中或病组织表面。因此，镜检病原时应注意排除杂菌干扰，分清哪一种是该病真正的病原，在检查枯死病组织时更应注意。

做显微镜检查时，一般应根据病征出现的规律性严格选择新鲜病组织做检查，可区分病原菌及腐生菌。所谓病征出现的规律性是指同一病例的病征出现具有以下特性：①普遍性，病征不是在某一病部出现、在另一病部不出现，而是在所有病部都有出现；②一致性，不是这一病部出现这种病征、在另一病部出现另一种病征，而是各病部都出现相同的病征；③大量性，病征的出现不是个别的，而是大量发生的。在镜检时如果发现两种以上微生物，可参照病征出现的规律性来判断。但是要注意有些腐生菌也能一致、普遍、大量地存在于病部，例如，梨果黑星病病斑上，在后期会出现大量红粉菌（*Cephalolhecium*），这种情况需要结合病原菌的寄生性加以分析。

四、并发性病害与继发性病害的鉴别

植物和动物一样，也有并发性病害和继发性病害：植物发生一种病害的同时，有另一种病害伴随发生，这种伴随发生的病害称为并发性病害，如柑橘发生根线虫病时常并发缓慢性衰退病；植物患了一种病害以后，可继续发生另一种病害，这种继前一种病而发生的病害称为继发性病害，例如，大白菜感染病毒病后极易发生霜霉病，感染苹果花叶病的果实常易发生炭疽病。无论是并发性病害还是继发性病害，在诊断时都应加以鉴别，否则会影响诊断的正确性并导致防治方法的错误。

第七章 植物病害的防治

植物病害防治的目的在于保证植物的健康生长和发育，从而获得高而稳的产量和优良的品质。而病害防治措施的设计，主要是依据病害发生发展和流行的规律。应当指出，各种病害的发生发展都有其特殊性，病害种类不同，防治也不同。但是，病害之间也有其共性，因而一种防治措施常对多种病害有效。了解病害的个性与共性，了解各种防治措施的设计依据，就可以灵活地运用各种措施预防病害的发生，控制病害的发展，减少病害所致的损失，保证植物的丰产和优质。

我国现行的植物保护方针是“预防为主，综合防治”。“预防为主”就是在病害发生之前采取措施，把病害消灭在未发前或初发阶段。虽然有少数病害（如某些果树和木本观赏植物病害）在受病原侵染后可以治疗恢复，但对大多数病害来说，尤其是一年生蔬菜和花卉的病害，由于植物本身康复能力差，高效、价廉的治疗剂偏少，加之这些植物栽培面积较大、生长期短，从经济效益考虑，一旦发生病害难以采用药剂或手术治疗的方法，所以病害的预防是十分重要的。此外，病害的消长与人的管理又有密切关系，所以有人将植物病害防治称为病害管理（disease management），即人对生产的管理，把病害的危害性控制在最低限度，这就是病害管理的目的和要求。“综合防治”就是从农业生产的全局和农业生态系统的总体观点出发，以预防为主，充分利用自然界抑制病害的因素，创造不利于病害发生及危害的条件，有机地使用各种必要的防治措施，即以农业防治为基础，根据病害发生、发展的规律，因时、因地制宜，合理运用化学防治、生物防治、物理防治等措施，经济、安全、有效地控制病害，既要达到高产、稳产、优质的目的，又要注意经济效果。同时要把可能产生的有害副作用减小到最低限度。所以，综合防治不仅是几项防治措施的综合运用，还要考虑经济方面的成本核算和安全方面的环境污染问题。目前国际上针对植物保护提出“有害生物的综合管理”（integrated pest management，IPM），即农业生产不仅要防病，也要防虫和其他带有危害性的动植物，这样就把管理的目标扩大，对作物进行全面的保护。

第一节 植物检疫

一、植物检疫的意义与任务

植物检疫（plant quarantine）工作是国家保护农业生产的重要措施，它是由国家颁布条例和法令，对植物及其产品，特别是苗木、接穗、插条、种子等繁殖材料进行管理和控制，防止危险性病、虫、杂草传播蔓延。主要任务有以下三方面：①禁止危险性病、虫、杂草随着植物或其产品由国外输入和由国内输出；②将在国内局部地区已发生的危险性病、虫、杂草封锁在一定的范围内，不让它们传播到尚未发生的地区，并且采取各种措施逐步将其消灭；③当危险性病、虫、杂草传入新区时，采取紧急措施，就地彻底肃清。

必须指出的是，许多危险性病害一旦传入新地区，倘若遇到适宜其发生和流行的气候和其他条件，往往造成比原产地更大的危害，这是由于新疫区的植物往往对新传入的病害没有抗性。例如，18世纪葡萄霜霉病、白粉病自美洲传入欧洲后，曾经引起暴发性的流行；栗树干枯病、柑橘溃疡病传入美洲后，造成了毁灭性的灾害；在国内，柑橘黄梢病、柑橘溃疡病、苹果锈果病等的广泛发生，也对生产造成了严重的损失。因此，通过植物检疫防止危险性病、虫、杂草的远距离传播，对于保护农林生产非常重要。植物检疫是必须履行的国际义务，对保障农产品出口和提高对外贸易的信誉，具有重要的政治和经济意义。

二、植物检疫对象的确定

植物检疫分为对内检疫和对外检疫两类。在对内检疫方面，《植物检疫条例》规定："凡局部地区发生的危险性大、能随植物及其产品传播的病、虫、杂草，应定为植物检疫对象"。检疫对象和应检植物及植物产品名单，由农业农村部及国家林业和草原局制定。在对外检疫方面，应实施检疫的包括检疫对象和应检对象两类：检疫对象是指国家规定不准入境的病菌、害虫和杂草；应检对象是指对外签订的有关协定、协议、贸易合同中，规定检疫的和出口单位申请检疫的病菌、害虫和杂草。

我国有对内或对外检疫对象名单，各省、自治区、直辖市也有对内植物检疫对象名单或补充名单。应该指出，并非所有的病、虫、杂草都可列为检疫对象。一个检疫对象的确定，必须具备以下三个基本条件：①必须是局部地区发生的，检疫的目的是防止危险性病、虫、杂草扩大危害范围，已经普遍发生者没有进行检疫的必要；②必须是主要通过人为因素进行远距离传播的病、虫、杂草，才有实行检疫的可能性，才能列为检疫对象；③能给农林生产造成巨大损失的危险性病、虫、杂草，才有实行检疫的必要。

上述三个原则是不可分割的，应当综合起来加以考虑，才能正确合理地确定检疫对象。应当指出，由于国内外贸易发展和种苗调运频繁，以及危险性病、虫、杂草种类的不断变化，检疫对象不能固定不变，必须根据实际情况不断进行修订和补充。还应指出，在病害防治的实践中，对于一些虽未列为检疫对象，但主要靠人为因素进行远距离传播的病害，也应采取必要的检验措施，制止其传播和扩大蔓延。

三、植物检疫的主要措施

植物检疫的主要措施有以下4点。

1）对于已经确定为检疫对象或新发现的应该进行检疫的病害，必须认真组织技术力量，进行详细的普查或专题调查。根据调查的结果，把已发生该病的地区划为"疫区"，没有发病的地区划为"保护区"。在疫区和保护区之间，要严格执行检疫制度，进行有效的控制。

2）对于出口、进口或国内调运的种子、苗木、接穗、插条、果品等，应该进行现场或产地检验，或抽样进行室内检验，确定其不带有检疫对象时，才能发给检疫证书，准许运输。如果发现检疫对象，并且有有效的消毒方法的，应在调运前进行彻底的消毒处理；如果没有有效的消毒方法，则应严格禁运。

3）对于可疑的、当时无法确定是否带有检疫对象的材料，要以负责的态度做进一步检验。例如，在隔离的温室或苗圃进行种植，或在室内进行分离培养等，以便得出肯定的结论，从而决定处理办法。

4）对外检疫工作由检疫机构在港口、机场、车站、邮局等关口进行。对于输入或输出的农林产品、果品或其他繁殖材料，则由检疫机构抽取样品，通过严格的检验，如发现检疫对象，必须禁止其输入或输出。

第二节　选育和利用抗病品种

选育和利用抗病品种是防治植物病害的重要途径之一。不同的植物和品种对病害的抗病性往往不同，加以利用可以达到防治病害的目的。同时，通过各种育种方法培育新的抗病品种，也是防治病害的重要手段。

一、选育和利用抗病品种的途径

（一）引种

引进国外或国内其他地区的优良品种，经过驯化以后推广利用，是一种有效的防治途径。例如，西洋梨系统的品种对梨锈病的抗性很强，很少发病；中国梨和日本梨系统的品种则比较感病，常常遭到梨锈病的严重危害。

（二）种内选种

严重发病的季节里，从田间的大量个体中挑选高度抗病乃至免疫的单株，经过进一步的培育和选择，可以从中筛选出抗病的新品种。

（三）杂交育种

选择具有不同性状的品种进行杂交，从后代中选择抗病、高产、优质的新品种，杂交包括品种间杂交、种间杂交、远缘杂交和无性杂交等。

（四）单倍体育种

单倍体育种又称花粉育种。用杂种第二代的花粉，在适宜的人工培养基上培育成小苗，这种单倍体后代不会分离，可大大缩短育种年限。

（五）人工诱变

利用电离辐射，如γ射线、X射线或放射性同位素、紫外线、红外线、超声波、高频电流等物理因素，或用赤霉素、秋水仙素等各种化学物质处理种苗诱发变异，从中选择抗病的品系。

二、抗病性鉴定的标准和方法

在植物抗病育种工作中，品种抗病性的鉴定是一个重要环节，鉴定分为直接鉴定和间接鉴定两种。

（一）直接鉴定

直接鉴定是在病原侵染条件下的鉴定方法，它又可分为田间鉴定和室内鉴定：①田间鉴定是在田间自然发病或人工接种条件下测定品种抗病的方法，能比较全面、客观地反映出品种的抗病性水平，是评价品种抗病性的最常用的基本方法。此法的缺点是成本高、费时多，而且在人工接种时不能使用本地没有而致病力强的新小种。②室内鉴定一般是在温室或其他控制条件下进行，通常以幼苗、离体叶片或茎秆等作为材料。例如，国外报道用离体苹果叶片测定对黑星病菌生理小种的反应，其过敏性、抗病和感病的症状在离体和非离体叶片上表现一致。无论是田间鉴定还是室内鉴定，测定品种抗病性的标准主要有以下几项。

1. 产量比较 供试品种的一部分用化学药剂进行保护，避免病害引起损失，将其作为对照，测定各品种的产量损失，损失小的品种就是比较抗病的。产量损失的比较是品种抗病性鉴定的根本标准。但是测定产量损失的试验设计和其所要求的条件比较复杂，一般难以做到，所以实际工作中常采用与产量损失相关的其他标准。

2. 病害普遍率和病情指数的比较 在自然发病或人工接种的条件下，计算各品种的发病率（如病株率、病枝率、病叶率和病果率等）和病情指数（公式如下），发病率或病情指数低的品种是比较抗病的品种。这种标准是数量的，只有病情达到相当程度时，其鉴别效果才比较明显。

$$\text{病情指数}=\frac{\sum(\text{各级病株数}\times\text{相应病级值})}{\text{调查总株数}\times\text{最高病级值}}\times 100$$

3. 反应型的比较 某些病害在抗病性不同的品种上造成的病斑，常可区分为抗病和感病程度不同的类型，即抗性不同的品种对病菌的侵染具有不同反应，这种反应型的差别往往表示抗病性质的不同，同一品种的反应型比较一致而稳定，所以在病情较轻的情况下，也可以作为鉴定的依据。

4. 病情扩展和蔓延速度的比较 病害在寄主体内的扩展速度和在田间的蔓延速度，由于抗病性的不同而有差异。寄主内在的抗性会延缓病原的繁殖和蔓延，推迟病害的流行，减轻病害造成的损失，所以这也是品种抗病性测定的一个标准。

（二）间接鉴定

间接鉴定是根据与植物抗病性有关的形态、解剖、生理、生化特性，来测定品种抗病性的方法。这种方法的优点是比较迅速，例如，许多植物的保卫反应取决于氧化酶的活性，因此，有人建议根据过氧化物酶、过氧化物同工酶和多酚氧化酶的活性来鉴定苹果及梨对黑星病等病害的抗性。但由于植物对病害的抗性是由其形态结构、生理生化与遗传特性复合构成的，仅测定一种酶或一类酶，其反应并不能与田间完全契合，所以只能作为一种辅助手段。

第三节 农业防治

农业防治是在植物栽培过程中，有目的地创造利于植物生长发育的环境条件，使植物生长健壮，提高抗病能力；同时，创造不利于病原活动、繁殖和侵染的环境条件，减轻病害的发生程度。农业防治是最经济、最基本的病害防治方法。具体措施可以包括以下几个方面。

一、培育无病繁殖材料

有些病害是随苗木、接穗、插条、根茎和种子等繁殖材料扩大传播的，对于这类病害的防治，必须将培育无病苗作为一项重要的防病措施。例如，柑橘溃疡病及果树根癌病可通过苗木传播；苹果锈果病、苹果花叶病和柑橘黄龙病主要通过嫁接传播；马铃薯病毒病、环腐病主要由块茎传播；西甜瓜绿斑驳花叶病毒病主要通过带毒种苗及人工嫁接传播。因此，使用无病繁殖材料就显得十分重要。尤其在新建果园、苗木场时，要把使用无病苗木放在最重要的位置上，以免造成后患。

近年来园艺植物的病毒病在许多新建果园和苗圃中严重发生，正是不注意无毒株的选留、大量使用带毒接穗所造成的后果。因此，必须严格禁止采用带毒接穗。同时，应该加强园艺植物病毒病鉴定技术研究，为繁殖材料带毒情况的鉴定提供简便易行的方法。目前，通过指示植物鉴定、选择无病母株、利用抗病砧木、采用珠心苗或茎尖繁殖，在多种病毒病的防治中已取得显著效果。

二、田园卫生和合理修剪

田园卫生包括清除病株残体、深耕除草、砍除病菌转主寄主等措施。其目的在于及时消灭和减少初侵染及再侵染的病菌来源。对很多园艺植物来说，既是多年生，又是高复种指数，田园病原的逐年积累对病害的发生和流行起着更重要的作用。因此，做好田园卫生会有很明显的防病效果。例如，梨黑星病的流行与否和树上病梢的数量成正相关；许多蔬菜的病原都是在病残体内越冬或越夏。所以清除田间病残体和早期彻底摘除病梢，可以明显减少病害的发生和流行。

修剪是果树管理工作中的重要措施，也是果树病害防治的措施之一。合理修剪可以调整植株营养分配，促进生长发育，改善通风透光状况，增强抗病能力，起到防治病害的作用。同时，结合修剪还可以去掉病枝、病梢、病蔓、病芽和僵果等，减少病原的数量。但是，修剪所造成的伤口是许多病菌的侵入门户，修剪不合理也会造成树势衰弱，有可能加重某些病害的发生程度。因此，在果树的修剪过程中，要结合防治病害的要求，采用适当的修剪方法，同时对修剪伤口进行适当的保护和处理。

三、耕作与轮作

园艺植物的种类很多，进行合理的组合种植，不仅可以充分利用土壤肥力、改良土壤，而且直接影响土壤中寄生物的活动。土壤连作，一方面由于消耗地力，影响植物的生长发育，会降低其抗病能力；另一方面连续种植同一种植物时，寄生物逐年在土壤中大量繁殖和累积，形成病土。所以连作地往往发病重，且逐年加剧。

耕作是直接改变土壤环境的一种措施，它直接影响土中越冬的病原。耕翻土地可以把遗留在地面上的病残体、越冬病原的休眠结构（如菌核）等翻入土中，加速病残体分解和腐烂，使潜伏在病残体内的越冬病原加速死亡，或把菌核等深埋入土中后到第二年失去传染作用。

选择轮作的作物时，可以从几个方面考虑：①必须能起到调节地力的作用；②必须是病原寄主范围外的作物；③有调节土壤根际微生物种群的作用。例如，蔬菜作物主要是一年多茬的作物，它的生长期短，故其轮作主要表现在一年内的换茬制度上。轮作期限一般根据病原在土壤中的存活期限来决定，原则上只把病原在土壤中的量减少到对作物不致发生严重威胁即可，并不是一定把土壤中的病原全部消灭才种植。

四、作物布局和播种期

合理的作物布局就是指合理安排茬口。每种病原都有一定的寄主范围，如果茬口安排不当，如秋大白菜栽种在甘蓝和早萝卜附近，病毒病往往发生严重。又如在菠菜地上套种番茄，番茄病毒病发生也较严重。

调整播种期可以使作物的发病盛期与病原侵染的致病期错开，达到避病的作用。但需注意应在不减产的前提下适当调整播种期。

五、合理施肥和排灌

加强水肥管理，可以调整植物的营养状况，提高抗病能力，起到壮株防病的作用。例如，苹果秋梢停长期，采用上喷下施的方法补充速效肥料，增加树体营养积累，对于压低苹果树腐烂病的春季高峰有比较明显的效果。

田园的水分状况和排灌制度影响着病害的发生和发展。瓜类枯萎病、疫病及果树根癌病等的病菌可随流水传播，所以灌水时应注意水流方向。

合理施用肥料对园艺植物的生长发育及其抗病性的高低也有较大的作用。偏施氮肥易造成枝条徒长，组织柔嫩，抗病性降低。适当增施磷、钾肥和微量元素，常有提高植株抗病力的效果。适当增施有机肥料，可以改良土壤、促进根系发育、提高植株的抗病性。

六、适期采收和合理贮藏

园艺植物特别是果蔬的收获和贮藏是一项十分重要的工作，也是病害防治工作中必须注意的一个环节。果蔬采收不仅与其产量和品质有关，而且采收的适时与否、采收和贮藏过程中造成伤口的多少，以及贮藏期的温湿度条件等，都直接影响贮藏期病害的发生和危害程度。引起果蔬腐烂的病菌大都是弱寄生菌，多从伤口侵入，在果蔬采收、包装、运输过程中造成的伤口可加重病害发生。适期采收和减少伤口、促进伤口愈合的措施，可以减轻病害的危害。

果蔬贮藏是保证淡季果蔬供应的中心环节。为了保证贮藏的安全，必须从各个方面严加注意。例如，受过病虫危害的果蔬不贮藏，贮藏前进行药剂处理，推广气调贮藏，保持适宜的温湿度等，都能减轻贮藏病害发生和危害的程度。

第四节 物 理 防 治

应用热处理、臭氧处理、射线处理及外科手术等方法来防治植物病害，称为物理防治。物理防治是病害防治的重要措施之一，它无公害、不污染环境、成本低、对某些病害的效果比较好，是应该努力开发的途径。

一、热处理

热处理是防治多种病害的有效方法，其在园艺植物病害的防治中，主要用于带病的种子、苗木、接穗等繁殖材料的热力消毒。例如，用50℃的温水浸桃苗10min，可以消灭桃黄化病毒；柑橘黄梢病病原可以潜存于接穗和苗木中，将带病的柑橘苗木或接穗芽条用50℃左右的湿热蒸汽处理45～60min，能使其成为不带病的植株或繁殖材料；用手提的丙烷灯灼烧核果类果树枝干上的病斑，可治愈细菌性溃疡病，方法是将丙烷灯的火焰对准溃疡病的病斑灼烧5～20s，使病斑龟裂并炭化，1个月后病部脱落，周围长出新的愈合组织。

二、臭氧处理

臭氧是一种强氧化剂，可有效杀灭真菌、细菌、病毒等微生物。它可通过其强氧化作用破坏微生物的膜结构（如膜内脂蛋白和脂多糖），并改变膜透性，使细胞消解死亡；对于病毒，臭氧还可直接作用于其DNA或RNA。每天早晚向温室大棚内施放臭氧2～3h，持续3～5d，可有效杀灭棚内的病原菌。但需注意的是，臭氧对植物的生长也会产生影响，高浓度臭氧会使植物叶片萎蔫，出现白色斑点，导致光合作用减弱，产量下降，甚至导致植株死亡。一般情况下，防治温室病害，臭氧浓度要控制在0.06×10^{-6} V/V以内，且作用时间要短于20min。

三、射线处理

射线处理对病原有抑制或杀灭作用，国内外已有应用各种射线来防治植物病害的实例。例如，用400Gy/min的γ射线处理柑橘果实，当照射总剂量达1250Gy时，可以有效防止柑橘贮藏期的腐烂；应用250Gy/min的γ射线处理桃，当照射总剂量达1250～1370Gy时，能防止桃贮藏期由褐腐病引起的腐烂。

四、外科手术

外科手术是防治树干病害的必要手段。果树和观赏木本植物多为多年生植物，经济价值高，当其患病时一般不轻易砍除，而是施以必要的“外科手术”尽力进行挽救。例如，刮除各种枝干病部的病斑、剪除根腐病的病根、对病树进行桥接等都属于外科手术的范畴。

五、机械阻隔

机械阻隔也是物理防治方法之一，例如，地面铺草、用薄膜覆盖、使用防虫网等，可防治葡萄白腐病、柑橘褐腐病、蔬菜病毒病等。葡萄避雨栽培，可有效减轻霜霉病、灰霉病等葡萄重要病害的发生。合理调节设施蔬菜棚室内的温湿度，尤其是冬春季适时通风降湿，将相对湿度控制在60%以下，是有效控制灰霉病的有效措施。

第五节 化学防治

对病原生物有直接或间接毒杀作用的化学物质统称杀菌剂。使用杀菌剂杀死或抑制病原生物，对未发病植物进行保护或对已发病植物进行治疗，防止或减轻病害造成损失的方法称为化学防治。化学防治作用迅速，效果显著，操作方法也比较简单，是园艺植物病害防治中最常用的方法之一。但是，化学药剂大部分有毒，使用不当往往污染环境，破坏生态平衡，产生对人类不利的副作用。

一、杀菌剂的类型及其作用

杀菌剂的种类很多，根据其作用不同可分以下几种类型。

（一）保护剂

保护剂是指在病原侵入寄主植物前能保护植物的杀菌剂。它在病原侵入寄主前杀死或抑制病原从而保护植物免受其侵染。这类药剂仅在植物体表面起作用，对已侵入植物内部的病原不起作用。

（二）治疗剂

治疗剂是指能渗入或能被植物吸收到体内继而作用于已经侵入植物体内的病原的药剂。这类药剂除在病原侵入植物后能起作用外，施于植物表面也能有保护作用，具有内吸和传导两种性能。

（三）钝化剂

钝化剂是指能影响病原的生物学活性，起到钝化病原的作用。这类药剂主要针对病毒而言。有时也可通过这些药剂对寄主植物细胞生理的影响而达到防治目的。

（四）诱抗剂

诱抗剂是通过诱导或激活植物产生抗性物质来抑制病原的生长。这些药剂对植物病原没有直接杀灭作用，而是通过激活植物体内的分子免疫系统和一系列代谢调控系统来提高植物抗病性。

二、杀菌剂的主要种类和防治对象

杀菌剂种类很多，一般按其主要化学成分分类，也可按其作用原理及对象进行分类。下面介绍一些常用的种类。

（一）有机硫类

有机硫类具有高效、低毒、药害轻、杀菌谱广等特点。在作物上常用的有如下几种。

1. 代森锰锌 为乙撑双二硫代氨基甲酸锰和锌离子的配位化合物。原药为灰白色或淡黄色粉末，不溶于水及大多数有机溶剂，遇酸碱分解。剂型主要为多种浓度的可湿性粉剂，还有水分散粒剂和悬浮剂。该剂是杀菌谱较广的保护性杀菌剂，可防治多种叶斑病、疫病、炭疽病、轮纹病、锈病、黑星病、穿孔病和瘿螨等。

2. 代森铵 化学名称为1,2-亚乙基双二硫代氨基甲酸铵。工业品为橙黄色或淡黄色水溶液，呈弱酸性，有氨和硫化氢臭味。具保护和治疗作用，还有肥效功能。可用于浸种、喷雾和涂抹，主要用于防治多种作物黑星病、霜霉病、炭疽病、溃疡病、褐腐病、白粉病和苗期病害。

3. 福美双 化学名称为二硫化四甲基秋兰姆。工业品为灰黄色粉末，有鱼腥味，易溶于多种有机溶剂，遇酸易分解，不能与铜、汞药剂混用。对人、畜毒性小，对皮肤和黏膜有刺激作用。剂型有水分散粒剂、可湿性粉剂和悬浮剂。该剂是保护性杀菌剂，土壤处理可防治蔬菜苗期病害，对葡萄白腐病、炭疽病和梨黑星病也有较好效果。

4. 乙蒜素 化学名称为乙烷硫代磺酸乙酯。工业品为微黄色油状液体，具有大蒜和醋酸臭味，易挥发。剂型有乳油和可湿性粉剂。乙蒜素是广谱杀菌剂，对多种病害有效。用以处理种子，可防治苗期病害；药液涂抹果树枝干病斑，可防治梨轮纹病、柑橘树脂病等。

（二）有机磷和有机砷类

有机磷和有机砷类杀菌剂由于大多具有高毒或剧毒，且砷会在土壤中和人体内积累，因此多被限制使用和禁止使用。现登记的常用药剂如下。

1. 有机磷类

（1）甲基立枯磷 工业品为棕黄色结晶，对光、热和湿度都较稳定，对鸟和鱼类低毒。具明显的保护和治疗作用。可用以处理种子，防治棉花、水稻的苗期立枯病。

（2）三唑磷 工业品为黄色液体，易溶于丙酮、乙酸乙酯和甲苯等有机溶剂，对光稳定，在酸、碱介质中水解。该药剂为广谱性的有机磷类杀虫杀螨剂，也可用来作为防治园艺植物的杀线虫剂。

2. 有机砷类 有机砷类杀菌剂有福美胂、福美甲胂、甲胂铁铵、甲基胂酸锌等，这些药剂目前在生产上都已禁用。

（三）有机杂环类

1. 多菌灵 纯品白色结晶，不溶于水及有机溶剂，可溶于酸而形成相应的盐。化学性质稳定。工业品为浅棕色粉末，剂型有可湿性粉剂、水分散粒剂、悬浮剂。多菌灵是一种高效、低毒、广谱性内吸杀菌剂，对各种作物的枯萎病、炭疽病、轮纹病、黑星病、早疫病、苹果早期落叶病、葡萄黑痘病、柑橘疮痂病、贮藏期病害等都有较好的防治效果。

2. 苯菌灵 纯品为白色结晶，不溶于水，微溶于乙醇，可溶于丙酮等各种有机溶剂。干燥状态稳定，在水和植物体内易分解为多菌灵。与亚硝酸盐同时注于动物体内，有可能致癌，但单独注射则不引起癌肿。苯菌灵为高效、低毒、广谱性内吸杀菌剂，对子囊菌有高效，对担子菌也有不同程度的防效，而对锈菌则无效。常用来防治菌核病、黑粉病、黑星病、白腐病、炭疽病、轮纹病等。在果实采收前3周应停止应用。

3. 三唑酮 纯品为无色结晶，稍溶于水，易溶于多种有机溶剂。原粉为白色至浅黄色固体。对人畜毒性低，对蜜蜂安全。剂型有悬浮剂、乳油、可湿性粉剂、水乳剂、烟雾剂等。三唑酮是内吸性很强的杀菌剂，具有保护、治疗和铲除作用，对白粉病、锈病、黑穗病和葡萄白腐病等有良好的防治效果。

4. 异菌脲 属低毒广谱性接触杀菌剂。剂型为水分散粒剂、可湿性粉剂、悬浮剂等，对各种作物的灰霉病、早疫病、菌核病等有很好效果。

5. 腐霉利 原粉为白色或浅棕色结晶，除碱性物质外，可与大多数农药混用。对各种作物的灰霉病、菌核病、褐腐病等有特效。

6. 溴菌腈 为一种广谱、低毒的防腐、防霉、可杀灭真菌和细菌的药剂。对各种作物的炭疽病有特效，还可用于防治枯萎病、轮纹病、褐腐病、灰霉病、细菌性角斑病等。

7. 咪鲜胺 为广谱性的麦角甾醇生物合成抑制剂。对大田、果树、蔬菜及观赏作物的炭疽病、轮纹病、灰霉病等多种病害有效。

8. 烯唑醇 为一种高效、广谱性杀菌剂，并且具有明显的增产作用。用于防治梨黑星病及各种作物的黑粉病、立枯病等。

9. 戊唑醇 为一种高效、广谱的内吸性杀菌剂。用于防治黑粉病、白粉病、锈病、灰霉病、网斑病等。

10. 丙硫菌唑 为一种新型的三唑硫酮类杀菌剂，不仅具有很好的内吸活性，优异的保护、治疗和铲除活性，且持效期长，增产作用明显，比传统三唑类杀菌剂有更广谱的杀菌活性。主要用于防治白粉病、纹枯病、枯萎病、锈病、菌核病、灰霉病、黑胫病、黑斑病等。在我国，其单剂与复配剂于2019年1月获得登记。

（四）取代苯类

1. 甲基硫菌灵 纯品为无色结晶。原粉为微黄色结晶，难溶于水，可溶于某些有机溶剂，对人畜较安全。剂型有水分散粒剂、可湿性粉剂、悬浮剂等。对多种真菌性病害具有预防和治疗效果，如防治黑星病、白粉病、疮痂病、炭疽病、褐腐病、白腐病和柑橘贮藏期病害等。

2. 百菌清 工业品为浅黄色粉末，稍有刺激性臭味，不溶于水，溶于有机溶剂。在常温下稳定，对紫外光稳定，耐雨水冲刷，不耐强碱。对人畜毒性低，但对皮肤和黏膜有刺激性，对蚕安全，但对鱼毒性大。剂型为可湿性粉剂、水分散粒剂、悬浮剂、烟剂。本剂为广谱性保护剂，对多种真菌病害有效。可防治黑星病、白粉病、早期落叶病、霜霉病、黑痘病、炭疽病等。百菌清对鱼有毒，勿使药液流入水田、河塘。对柿和梨易发生药害，不宜使用。在苹果、葡萄上应在果实采收前25d停止使用。

3. 甲霜灵 纯品为白色结晶。稍溶于水，易溶于多种有机溶剂。毒性低，内吸性能好，可上下传导。剂型主要为悬浮种衣剂，拌种可用于防治马铃薯晚疫病等。

（五）甲氧丙烯酸酯类

1. 嘧菌酯 具有广谱的杀菌活性，对几乎所有真菌病害，如白粉病、锈病、网斑病、黑星病、霜霉病有很好的活性。具有保护、治疗、铲除作用和良好的渗透、内吸活性，可用于茎叶喷雾、种子处理和土壤处理，如防治番茄晚疫病、早疫病、叶霉病，花菜霜霉病，黄瓜白粉病、霜霉病，辣椒炭疽病、疫病，葡萄霜霉病、白粉病，西瓜炭疽病等。

2. 丁香菌酯 广谱杀菌剂，可防治多种作物病害，如黄瓜霜霉病、白粉病、疫病，苹果树腐烂病、斑点病等。

3. 烯肟菌酯 对卵菌、子囊菌、担子菌及半知菌引起的病害均有很好的防治效果。可有效控制黄瓜霜霉病、葡萄霜霉病、番茄晚疫病、苹果斑点落叶病等。

4. 肟菌酯 不仅杀菌谱广，而且具有保护、治疗、渗透、铲除和杰出的横向传输特性，无内吸活性。具有耐雨水冲刷和表面蒸发再分配的性能，是广谱的叶面杀菌剂，其高效性及良好的作物选择性使其可有效防治温带、亚热带作物上的病害，不会对非靶标组织造成不良影响，并在土壤和地下水中分解很快。防治白粉病和叶斑病有特效，也能有效防治锈病、霜霉病、立枯病。适用作物为葡萄、苹果、小麦、花生、香蕉、蔬菜和水稻等。

5. 吡唑醚菌酯 具有广谱高效的杀菌活性，应用作物广泛。通过抑制孢子萌发和菌丝生长而发挥药效，具有保护、治疗、铲除、渗透、强内吸及耐雨水冲刷作用。它可以被作物快速吸收，并主要由叶部蜡质层滞留，它还可以通过叶部渗透作用传输到叶片的背部，从而对叶片正反两面的病害都有防治作用。可用于防治白菜炭疽病，黄瓜白粉病、霜霉病、疫病，西瓜炭疽病，香蕉黑星病、叶斑病，果树炭疽病，苹果轮纹病，葡萄霜霉病等。吡唑醚菌酯还是一种植物保健品，其有利于作物生长，增强作物对环境影响的耐受力，提高作物产量。

（六）琥珀酸脱氢酶抑制剂类

1. 啶酰菌胺　广谱、内吸性杀菌剂，可以抑制孢子萌发、芽管伸长、附着器形成，对真菌生长的所有其他阶段也有效，呈现卓越的耐雨水冲刷和持效性。主要用于果树、蔬菜、谷物、葡萄、马铃薯、花生、咖啡、观赏植物和草坪等，防治白粉病及由链格孢菌、灰霉菌、菌核菌等引起的病害。

2. 呋吡菌胺　对担子菌纲的大多数病菌都具有优良的活性，特别是对丝核菌属和伏革菌属引起的病害具有优异的防治效果。具有内吸活性，传导性能优良，预防治疗效果显著。

3. 氟醚菌酰胺　该药剂广谱，用于防治葡萄、梨、核果、蔬菜等多种作物上的灰霉病、白粉病、菌核病，以及念珠菌属病害。

4. 氟吡菌酰胺　为广谱、内吸性杀菌剂，具有保护和治疗作用，可用于防治包括葡萄、梨、核果、蔬菜和大田作物等在内的70多种作物上的灰霉病、白粉病、菌核病和褐腐病等，也可以防治香蕉叶斑病。氟吡菌酰胺还可以提高收获产品的可储存性，延长货架寿命，可单独使用或与其他杀菌剂复配。

5. 氟唑菌酰胺　高效、广谱、持效、选择性强，具有优异的内吸传导性，拥有预防和治疗作用。它能抑制孢子发芽、芽孢管伸长、菌丝体生长和孢子形成，可有效防治谷物、大豆、玉米、油菜和特种作物等的主要病害。其通过叶面和种子处理来防治一系列真菌病害，例如，果树和蔬菜上由壳针孢菌、灰霉菌、白粉菌、尾孢菌、柄锈菌、丝核菌、核腔菌等引起的病害。在所有试验剂量下，对所有作物均非常安全。氟唑菌酰胺适配性强，可与吡唑醚菌酯、三唑类杀菌剂和其他产品复配使用。

（七）抗生素类

1. 多抗霉素　由金色链霉菌产生的肽嘧啶核苷类抗生素。具有较好的内吸传导作用，杀菌谱广。剂型为可湿性粉剂和水剂。对灰霉病、早疫病、斑点落叶病等有效。

2. 井冈霉素　由吸水链霉菌井冈变种产生的水溶性葡萄糖苷类抗生素。水剂外观为棕色透明液体，无臭味；粉剂外观为褐色疏松粉末。其内吸性强，剂型有水剂和可溶性粉剂。对纹枯病、立枯病有特效。

3. 春雷霉素　春日链霉菌产生的氨基糖苷类抗生素，具有较强的内吸性，稳定性好。其作用机理是干扰病原菌的氨基酸代谢的酯酶系统，破坏蛋白质的生物合成，抑制菌丝的生长和造成细胞颗粒化，使病原菌失去繁殖和侵染能力，从而达到杀死病原菌、防治病害的目的。剂型有水剂和可溶性粉剂。对枯萎病、黑腐病、细菌性角斑病等有效。

4. 中生菌素　由淡紫灰链霉菌海南变种产生的N-糖苷类碱性水溶性物质。具有触杀、渗透作用，是一种广谱性的保护性杀菌剂，对农作物细菌性病害及部分真菌病害具很高活性，且有一定增产作用。

（八）其他类

1. 硫黄悬浮剂　为50%硫黄粉与湿润剂、分散剂、增黏剂等混合研磨而成。外观为白色或灰白色黏稠流动性浓悬浊液。对人畜毒性极小。能防治多种果树的白粉病、叶螨、锈螨、瘿螨等。

2. 氢氧化铜 纯品为蓝色粉或絮凝状物。为铜制剂杀菌剂，可稳定释放具有杀菌活性的铜离子。对人畜安全，对作物产品无残留。剂型为可湿性粉剂、水分散粒剂、悬浮剂等。可防治多种作物真菌和细菌病害，如炭疽病、白粉病、叶斑病、灰霉病、黑星病、锈病、褐斑病和细菌性溃疡病、穿孔病、角斑病等。

3. 波尔多液 由硫酸铜、石灰和水配制而成。呈天蓝色，略带黏性，胶态沉淀稳定，悬浮性能良好。喷在植物上黏着力甚强，不易被雨水冲刷，残效期可达15～20d，是一种很好的保护剂。波尔多液的主要有效成分是碱式硫酸铜。喷在植物上，受到植物分泌物、空气中的二氧化碳及病菌孢子萌发时分泌的有机酸等的作用，逐渐游离出铜离子，铜离子进入病菌体内，使细胞中原生质凝固变性，病菌死亡，起到防病作用。核果类、仁果类、柿、白菜等对铜离子较敏感，其中以桃、李和柿最敏感。桃树生长期不能使用波尔多液；柿树上要用石灰多量式的稀波尔多液。对石灰较为敏感的葡萄、茄科、葫芦科等，一般要用半量式波尔多液。波尔多液防病范围广，可防治霜霉病、黑痘病、疫病、疮痂病、炭疽病、黑星病、细菌性斑点病等。用作伤口保护剂时，常配成波尔多浆，配制比例：硫酸铜∶石灰∶水∶动物油＝1∶3∶15∶0.4。

根据硫酸铜和石灰的比例，波尔多液可分为等量式（1∶1）、半量式（1∶0.5）、倍量式（1∶2）、多量式［1∶（3～5）］和少量式［1∶（0.25～0.4）］等类别。波尔多液的倍数表示硫酸铜与水的比例，例如，200倍的波尔多液表示在200份水中有1份硫酸铜。在生产实践中，常用上述两者的结合来表示波尔多液的配合比例。例如，160倍等量式波尔多液，配合比例为硫酸铜∶石灰∶水＝1∶1∶160；240倍半量式波尔多液的配合比例为1∶0.5∶240等。

波尔多液的配制方法有两种：一种为两液法，即将硫酸铜和石灰分别溶于相等体积的水中，然后将两液同时缓慢地倒入第三个容器中，边倒边搅即成，这是目前常用的配制方法，其缺点是需要三个容器，操作比较烦琐；另一种方法为稀铜浓石灰法，即将硫酸铜溶于多量水中，配成稀硫酸铜液，把石灰溶于少量水中，配成浓石灰乳，然后将稀硫酸铜液缓慢倒入浓石灰乳中，边倒边搅即成，此法配制的波尔多液比较稳定。新配成的波尔多液静置一段时间后会发生沉淀。24～28h后，波尔多液即形成结晶而变质。因此，只能随用随配，不宜久放，更不应过夜。为了保证其质量，必须注意以下几点：①配制时不能使用金属容器，尤其是铁器；②要用优质的生石灰，尽量不用消石灰，若用消石灰，也必须用新鲜的，而且用量要增加30%左右；③硫酸铜最好是纯蓝色的，不应夹带绿或黄绿色杂质；④水温不宜过高，一般以不超过气温为宜。

4. 石硫合剂 石硫合剂是生石灰、硫黄加水熬制而成。三者最佳配比：生石灰∶硫黄粉∶水＝1∶（1.4～1.5）∶13。熬制石硫合剂必须用瓦锅或生铁锅，不能用铜锅或铝锅。熬制方法：称取白色、优质的生石灰放入锅内，先洒少量水使生石灰消解，加水调成糊状。再称好硫黄粉，逐渐加入石灰浆中，搅拌均匀。接着加足水量，用木棒记下水位标志。然后加火熬煮，沸腾时开始计时，保持沸腾30～40min。熬煮中损失的水量要用热水补充，在停火前10min加足。当锅中溶液呈深红棕色、渣子呈蓝绿色时即可停火。冷却后过滤或沉淀，清液即为石硫合剂母液。石硫合剂母液是透明的酱油色溶液，有较浓的臭蛋味，碱性、遇酸易分解，其主要成分是多硫化钙（$CaS \cdot S_x$）。石硫合剂的质量与石灰质量、硫黄粉细度、火力大小、熬制时间等都有密切关系：石灰一定要用块状、质轻、洁白、易消解的生石灰；硫黄粉越细越好，最低要通过40号筛目；在熬制前20min火要猛，后10min保持沸腾即可；搅拌不可过于剧烈。

石硫合剂喷洒到植物表面以后，受氧、二氧化碳和水等的作用，发生一系列化学变化，形成细微的硫黄沉淀并放出少量的硫化氢，发挥其杀菌及杀虫作用。有人认为其杀菌的主要原理是破坏病菌的氧化还原过程。石硫合剂是果树、园林绿化中比较常用的药剂，既可杀菌，又可杀虫。对白粉病、锈病、苹果花腐病、桃褐腐病、桃缩叶病等均有防治效果。

（九）杀线虫剂

1. 噻唑膦　有机磷杀线虫剂，可抑制根结线虫中乙酰胆碱酯酶的合成，有向上传导性，是具有触杀和内吸收作用的广谱非熏蒸型杀线虫剂，能有效防治线虫和蚜虫。

2. 棉隆　属低毒杀线虫、杀菌剂，剂型为98%微粒剂。棉隆为土壤熏蒸剂，可用于果蔬的基质或土壤处理，能有效防治多种线虫、病菌和地下害虫。

3. 阿维菌素　生物源抗生素类杀根结线虫剂，具有触杀、胃毒作用。该药作用于线虫的神经系统，能迅速有效地阻断根结线虫的神经物质传导，有效防治黄瓜、豆类、茄科等植物的根结线虫。

三、化学防治方法

植物病害的化学防治方法主要有种苗处理、土壤处理和喷药等。

（一）种苗处理

许多植物的病害是通过种子传播的，因此种苗的消毒对防治病害有重要的实践意义。种苗处理，就是用杀菌剂处理种子、块茎、鳞茎、块根、插条、苗木等，其中以种子处理最为重要。种子处理在于消灭种子表面和内部的病原，保护种苗不受土壤中病原的侵染和通过种苗吸收药剂并输导到地上部分，使其不受病原的侵染。因此，用于杀死种子外部和内部病原，以及防止土壤中病原侵染的杀菌剂，最好具有挥发性和内吸性。种子处理施药方便、省药、省工。处理过的种子不能供食用及家畜饲料用，以免中毒。较常用的种子处理可分为浸种、拌种、闷种和包衣。

1. 浸种　浸种是指把种子浸到一定浓度的药液里，经过一定时间后取出晾干，再行播种。浸种用的药剂必须是溶液或乳浊液，不能使用悬浮液。药液浓度和浸种时间都要严格掌握，否则易影响药效或产生药害。药剂的种类是决定浓度和时间的主要因素，但其他因素也有很大影响，如种子的种类、病原所在部位、气温等。药液用量以浸过种子5～10cm为宜，一般为种子量的2倍以上。浸过种的药剂可以继续使用多次，但要补充其所减少的药液。多种剂型药剂均可用于浸种。

2. 拌种　用药粉拌种时，使用的药粉和种子必须是干燥的，否则会影响药粉均匀度和引起种子的药害。拌种通常是在拌种器内进行，用药量一般为种子量的0.2%～0.5%。所用剂型称为拌种剂。

3. 闷种　闷种就是用比较浓的药液喷洒到种子上，然后加覆盖物，熏闷一定时间后将覆盖物揭除，并翻动处理过的种子，使多余的药剂挥发。多种剂型药剂均可用于闷种。

4. 包衣　包衣是指采用机械或人工的方法，按一定比例将含有杀菌剂、缓释剂、成膜剂和微量元素等多种成分的种衣剂均匀包覆在种子表面，形成一层光滑、牢固的药膜，使药剂的有效成分在植物种子萌发至生长过程中逐渐释放或被植物吸收，从而对种子带菌、土壤带菌或幼苗早期病害起防治作用。所用剂型称为种衣剂。

种衣剂与拌种剂的区别在于其成分不同。种衣剂主要由活性物质、成膜剂、助剂、填料、辅助成分（如微量元素、植物生长调节剂、保水剂等）和染料组成，而拌种剂主要由活性成分、溶剂和辅料（染料等）组成。

（二）土壤处理

土壤处理就是将药剂施到土壤中，主要用于防治土壤习居菌所致的各种作物根部和维管束病害。此外，还有不少病害的病原是在土壤中越冬的，播种前处理土壤可以减少病原的初次侵染来源。用杀线虫剂处理土壤，可以防治危害作物根部、传染病毒和造成伤口从而加剧其他病害的线虫。所以，病土的消毒在一定程度上起重要作用。药剂处理土壤的方法，目前常用的有以下几种。

1．翻混法 农药施到地面后随即翻耕，使药剂分散到土壤耕作层内，这是一种最常用而较为简易的方法。

2．浇灌法 一般是用水溶液药剂，将需要的量浇灌入土中。

3．注射法 采用一种特制注射器，每隔一定距离在土壤中注入一定量的药剂。通常是每平方米25个孔，每孔注入约10mL药液。药液的浓度则依药剂种类、土壤含水量和病原物种类而异。施药深度为15～20cm。这种方法目前仅用在小面积或苗圃上防治线虫等病害。

必须指出，使用福尔马林、杀线虫剂等熏蒸剂处理土壤后不能立即播种或定植，必须经过一定时间让药剂充分挥发后方可使用，否则会发生药害。

（三）喷药

1．喷药方法

（1）喷雾　喷雾就是利用喷雾器把液体农药形成细小雾点喷洒在作物上，是病害防治中最常用的一种方法。喷雾器的喷头与作物距离不能过近，应距离0.5m以上。要求喷洒均匀，覆盖完全。如果喷洒的农药是没有内吸性的保护剂，还应把药液喷到叶片背面，才能收到较好的效果。喷雾应选择晴天、无风或风力在1～2级的条件下进行。大雨后，对一些黏附力较差的或没有内吸性的药剂要看具体情况进行补喷。

喷雾用的液体农药有三类：①能够直接溶于水中的药剂，如硫酸铜、代森铵等；②不能直接溶于水但能溶于有机溶剂的，在其中加入乳化剂，使用时加水成为乳液状；③有的可以加入湿润剂制成可湿性粉剂、水分散粒剂、悬浮剂等，加水稀释后可成为悬浮液，如戊唑醇、肟菌脂、噻呋酰胺、吡唑醚菌酯等。

（2）喷粉　喷粉器把粉剂农药喷撒到作物上。用于喷粉的药剂都是固体粉剂。粉剂都是用一定量的药剂与填充剂混合而成。一般是在生长期间喷撒在寄主植物上以防止病原菌侵染。也有少数喷撒在地面上，以杀死越冬病原菌。喷粉时应选择无风晴天的早晨、露水还未干之前进行。

2．喷药注意事项 喷雾和喷粉主要用于防治气流和雨水传播的病害。为了使喷雾和喷粉发挥防治效能，必须注意以下几点。

（1）药剂选择　药剂对各种病原的药效不一样。药剂不同，防治对象也可能不同。例如，波尔多液对许多真菌病害，尤其是卵菌所致的病害防治效果较好，但对瓜类白粉病几乎无效。所以进行喷雾或喷粉时，要首先确定防治对象才能发挥药剂的效果。

（2）药械选择　植保药械种类繁多，只有正确选择药械才能达到最经济有效的防治效果。一般情况下，要根据防治对象特点、施药要求、田间条件、作物栽培与生长情况，以及经营规模及经济条件来进行选择。目前，无人机植保技术不断成熟，小型无人机因其作业高度低、飘移少、旋翼产生的向下气流有助于增加雾流对作物的穿透性，具有防治效果高、作业安全性好等特点，被广泛应用于园艺植物病害的防治。

（3）喷药时间　喷药时间必须在病原菌还没有到达寄主植物上之前进行，才能收到最大效果。由于各种药剂在作物上都有一定的残效期，各种病害发生规律不同，病原菌侵染的传播时间也不同。所以，如果喷药过早，可能在病原菌侵染时药剂的残效期已过，就失去保护剂的作用；如果喷药过晚，病原菌已经侵入，喷药也起不到保护作用。因此，必须掌握病害发生的时间，在病害发生之前喷药才能收到效果。

（4）药剂浓度　一般来说，药剂的浓度越高，杀死病原菌的作用越大。但是，药剂的浓度不仅对病原菌有直接作用，对寄主植物也会产生影响。如果药剂浓度过高，会使作物发生药害。因此，使用药剂的浓度必须对寄主植物安全。对农药比较敏感的作物，使用时浓度要低些；反之，浓度可适当提高，但也要考虑经济核算，以有效防治病害。

（5）喷药次数　喷药次数过多会造成浪费和环境污染，喷药次数过少则不能达到防治效果。喷药次数主要根据病原菌在侵染循环中的再侵染次数、气候条件和药剂在作物上残效期的长短等决定。如果发病的环境条件适宜，病原菌能进行多次侵染，而且病害的潜育期和药剂的残效期都短，那么喷药的次数要多些；反之，次数可以减少。

（6）喷药质量　喷药质量是能否取得防病效果的一个关键问题。必须把药剂均匀地喷到受病部位，才能起到保护作用。例如，番茄疫霉根腐病菌（*Phytophthora parasitica*）在地面上借雨水反溅，把病原菌的孢子溅到距地面近的果实上。喷药防治该病害时，就必须着重于下层果实；如果整株喷药而忽视了下层果实，防治效果将会不明显或者没有效果。此外，影响喷药质量的因素还包括药剂的黏着力、使用机械的性能和喷药技术等。

（四）其他

除上述方法外，杀菌剂还有其他一些使用方法。例如，用烟雾剂熏闷、用药液浸洗果实，用浸过药的纸张包装果实、用浸过药的物品作为果实运输过程中的填充物等，以防止果品在运输和贮藏过程中腐烂；用药剂保护伤口，涂刷枝干防治某些枝干病害；果树涂白，防止冻害等。此外，用注射法和包扎法施药，是防治系统侵染病害的重要施药方法。

四、杀菌剂的药害、毒性和环境污染

（一）杀菌剂的药害

在植物病害的化学防治中，由于药剂直接或间接地作用于植物的各个部位，对植物本身会有一定的影响，有时会发生药害。药害可以表现为种子发芽率下降，根或其他器官发育不正常，叶、花、果、芽等出现各种斑点或焦枯，生长发育迟缓，提早或延迟成熟期，果实风味、色泽恶化，引起落叶、落花、落果、整株死亡等。发生药害的原因有以下几个方面。

1. 药剂　不同药剂的药害大小不同，一般说来，无机杀菌剂最易产生药害；有机合成杀菌剂和抗生素产生药害的可能性较小；植物源杀菌剂和微生物源杀菌剂一般不产生药害。在同一类药剂中，药剂的水溶性与药害的大小成正相关，水溶性大，发生药害的可能性也大。例如，硫酸铜是溶于水的，而波尔多液中的碱式硫酸铜是逐渐解离的，所以硫酸铜的药害要比波尔多液大。

药剂的悬浮性好坏和药害也有关系。可湿性粉剂的可湿性差，它在水中的悬浮性也差。药剂的粉粒粗大，在水中较易沉降，如果搅拌不匀，可能喷出高浓度的药液而造成药害。此外，药剂中的杂质，如合成过程中的杂质、填充剂中的杂质等，常常成为某些药剂发生药害的原因。

2. 植物 不同种或品种的植物对药剂的敏感程度不同。在果树中，苹果、梨、核桃、枣、栗、柑橘等抗药性一般较强；葡萄、李、桃、杏、梅、柿等抗药力一般较弱。但是，在同一科中的不同属，同一属中的不同种，同一种中的不同品种之间，对药剂敏感性有较大差异。例如，不同品种的苹果对波尔多液的敏感性有较大的差异，薄皮品种‘金冠’和‘倭锦’等最易受害；‘红玉’次之；‘大国光’和‘红星’较轻。而厚皮品种如‘小国光’和‘印度’等最不易受害。

植物的形态结构与药剂敏感性也有较大关系，例如，气孔的大小、多少、开张程度；叶面蜡质层的厚薄；茸毛的多少；表皮细胞的细胞壁厚薄等都与药剂敏感性有密切关系。

植物的发育阶段及生育状况与药剂敏感性也有关。一般说来，幼苗期、花期比其他时期对药剂更敏感，幼嫩组织比老化组织对药剂更敏感，生长期比休眠期对药剂更敏感等。

3. 使用方法及环境条件 用药浓度和喷药质量与药害的发生有直接关系。浓度越高越易产生药害；用药量越大越易产生药害；喷药不匀、药剂混用或连用不当，也易产生药害。

环境条件与药害的关系很大，在高温条件下，药剂的化学活性强，植物的代谢旺盛，发生药害的可能性较大。湿度过高，有利于药剂的溶解和渗入，易发生药害。灾害发生后，植物的生活力受到影响，对药剂敏感性增加；或植物表面产生大量伤口，有利于药剂进入，容易发生药害。

为了防止药害的产生，需要根据药剂的种类和性质、植物的敏感程度、用药的时期等，选用适宜的用药浓度和配制的方法。例如，使用波尔多液时，在柑橘上可用等量式；在苹果和梨上可用倍量式或等量式；在葡萄上要用半量式；在柿树上要用多量式，并提高稀释倍数。另外，提高喷药质量、使药剂分布均匀，对防止药害的产生也有重要作用。

（二）杀菌剂的毒性及对环境的污染

杀菌剂对人、畜或其他动物的直接毒性及其对环境的污染，是杀菌剂使用过程中的主要副作用，是对人类健康和农业生态系平衡的重大威胁之一。

1. 杀菌剂的毒性 杀菌剂对人、畜及其他动物的毒性有两大类：一类为急性毒性，这较易注意和防止；另一类为慢性毒性，一般较少为人所注意。据研究，杀菌剂的慢性毒性主要有致突变、致畸、致癌作用，慢性神经毒性及对甲状腺机能的慢性损害等。

杀菌剂主要通过它在农畜产品中的残留毒物进入人、畜体内而造成危害。对人类及家畜最危险的是能够在体内累积的毒物，如汞、砷等。它们进入人、畜体内以后不分解，也不易排泄。若经常食用带有这类毒物的食品，毒物会逐渐累积，达到一定量后就引起中毒症状。此外，某些毒物可以在一些生物体内逐渐积累至很高的含量，人类食用这些生物后也会出现中毒现象。

2. 杀菌剂对环境的污染 经常使用某些杀菌剂会造成环境污染，杀死多种有益微生物，如对病原菌有拮抗作用的微生物和在土壤中进行物质转化的微生物等，从而破坏农业生态系的平衡，带来不良后果。有些杀菌剂能通过各种途径进入江、河、湖、海等水域，对鱼类、贝类或其他水生植物产生毒性，破坏自然资源，造成重大损失。

为了防止杀菌剂对人、畜造成毒害和对环境造成污染，首先，应努力寻找高效、低毒、低残留的杀菌剂，淘汰高毒、高残留的杀菌剂（表7-1）；其次，应该注意农药的合理及安全使用；再次，应该研究去污处理的方法及避毒措施；最后，应大力研究和推广病害的生物防治和农业防治方法等，逐渐减少杀菌剂的使用。此外，加强植物检疫、防止危险性病害传入等措施，也可压低农药用量，减少农药的毒害和污染。

表7-1　我国禁限用农药名录（2020年）

禁用作物种类		名录
禁用农药	所有作物	六六六、滴滴涕、毒杀芬、二溴氯丙烷、杀虫脒、二溴乙烷、除草醚、艾氏剂、狄氏剂、汞制剂、砷类、铅类、敌枯双、氟乙酰胺、甘氟、毒鼠强、氟乙酸钠、毒鼠硅、甲胺磷、对硫磷、甲基对硫磷、久效磷、磷胺、苯线磷、地虫硫磷、甲基硫环磷、磷化钙、磷化镁、磷化锌、硫线磷、蝇毒磷、治螟磷、特丁硫磷、氯磺隆、胺苯磺隆、甲磺隆、福美胂、福美甲胂、三氯杀螨醇、林丹、硫丹、溴甲烷、氟虫胺、杀扑磷、百草枯、2,4-滴丁酯
限用农药	禁止在蔬菜、瓜果、茶叶、菌类、中草药材上使用，禁止用于防治卫生害虫和水生植物病虫害	甲拌磷、甲基异柳磷、克百威、水胺硫磷、氧乐果、灭多威、涕灭威、灭线磷
	禁止在甘蔗作物上使用	甲拌磷、甲基异柳磷、克百威
	禁止在蔬菜、瓜果、茶叶、中草药材上使用	内吸磷、硫环磷、氯唑磷
	禁止在蔬菜、瓜果、茶叶、菌类、中草药材上使用	乙酰甲胺磷、丁硫克百威、乐果
	禁止在蔬菜上使用	毒死蜱、三唑磷
	禁止在花生上使用	丁酰肼
	禁止在茶叶上使用	氰戊菊酯
	禁止在所有农作物上使用（玉米等部分旱田作物的种子包衣除外）	氟虫腈
	禁止在水稻上使用	氟苯虫酰胺

注：其他限制使用的农药品种如下。菊酯类农药禁止在水稻田使用；仲丁威禁止作为卫生杀虫剂使用；甲拌磷、克百威只能拌种不能喷雾；林丹只能用于防治小麦吸浆虫、荒滩蝗虫、竹蝗；特丁硫磷仅限用于河南、河北、山东等花生主产区；由于某种作物对某种农药比较敏感，在农药登记时明确了的作物不能使用

五、病原的抗药性

病原的抗药性问题目前在国内渐受重视。随着杀菌剂用量的增加和不合理使用，病原的抗药性也将越来越突出。例如，苹果园连续使用硫菌灵、苯来特等内吸杀菌剂，会使黑星病菌产生抗药性。由于病原产生了抗药性，喷药次数必然增加，使用浓度不断提高，不仅提高了生产成本，而且加重了农药对环境的污染。

病原产生抗药性的原因较多，但主要的原因有两个方面：一是连续使用一种农药，诱导病原产生变异，出现了抗药的新类型；二是药剂杀灭了病原中的敏感类型，保留了抗药类型，改变了病原生物的群落组成，即药剂对病原的自然突变起了筛选作用。

植物病原的抗药性存在“交叉抗性”现象，即病原对某些药剂有抗性以后，对作用机制相同或毒性基团结构相似的其他药剂也有抗药性。例如，环烃类化合物都作用于病原的纺锤丝，所以这类药剂之间易产生交叉抗性。再如，抗苯来特的病原也抗硫菌灵，抗氯硝铵的也

抗五氯硝基苯，抗多菌灵的也抗甲基硫菌灵等。不过，也有相反的现象，即负交互抗性。因此，在使用药剂防治病害时不能连续使用同种或同类药剂，提倡不同药剂的交替或混合使用，这是防止病原产生抗药性的主要方法。同时，积极研究病原抗药性的机制，寻找克服抗性的添加剂等，也有可能避免抗药性的产生。另外，多使用作用于寄主的药剂，也有避免病原产生抗药性的作用。

在目前常用的杀菌剂中，保护剂杀菌谱广，而且多数是多作用点的抑制剂，不易产生抗性菌；内吸治疗剂及抗生素由于其专化性强，而且多数具有专化的作用点，易通过单基因突变而获得抗药性，较易产生抗性菌。可以说，病原抗药性是内吸治疗剂所带来的新问题。

六、杀菌剂的合理使用

合理使用杀菌剂是病害防治的关键技术之一。有效、经济、安全是病害防治的基本要求，也是合理使用杀菌剂的准则。

（一）注意化学防治与其他防治措施的配合

在病害的防治中，化学防治是重要的，但不是唯一的；它是有效的，但不是万能的。只有把化学防治纳入综合防治的体系中，注意化学防治与其他措施的密切配合，才能更好地发挥化学防治的作用。例如，过去防治苹果早期落叶病时，只强调连续喷施药剂，忽视了其他措施，防治效果很不理想。现在，果园认真清扫落叶，减少初侵染来源；做好土、肥、水的管理，促进树势健壮；合理修剪，改善树枝间的通风透光条件，降低了小气候湿度。在上述一系列措施的基础上科学用药，抓住关键时期喷施有效药剂，虽然用药次数减少，但防治效果却大大提高了，防治成本也相应降低。

（二）提高使用杀菌剂的技术水平

化学防治的技术直接影响防治效果。在用药技术上，必须注意：①要根据防治对象选择对其最有效的药剂；②要根据药剂的性能和病害发生发展的规律，掌握适宜的用药时期和次数；③要依据植物和病原对药剂的反应，选用适宜的用药浓度；④要把好提高用药质量这一技术关。

（三）注意药剂的混用和连用问题

在病害防治中往往需要使用多种化学制剂，如杀菌剂、杀虫剂、除草剂、激素、化学肥料等。在这些化学制剂之间，有些有互相协同的作用，有些有互相干扰的作用，要根据施药目的、药剂性能、植物及病虫对药剂的反应等，考虑药剂的混用及连用问题。其根本标准是不降低药效，不发生药害，不增加农药残留风险，减少喷药次数，降低成本。

第六节　生 物 防 治

运用有益生物防治植物病害的方法称为生物防治。生物防治有不污染环境、不破坏生态平衡的优点，因此有广阔的发展前景。在生物防治中可能加以利用的有拮抗作用及交叉保护作用等。

一、拮抗作用及其利用

一种生物的存在和发展，限制了另一些生物的存在和发展的现象，称为拮抗作用。这种现象在高等动植物与微生物中广泛存在。拮抗作用的机制比较复杂，主要有抗生作用、寄生作用和竞争作用等：①一种生物的代谢产物能够杀死或抑制其他生物的现象称为抗生作用。具有抗生作用的微生物通称为抗生菌，具有抗生作用的微生物主要来源于放线菌，真菌、细菌中也有一些抗生菌。②对植物病原具有寄生作用的微生物很多，例如，噬菌体对细菌的寄生，病毒、细菌对真菌的寄生，真菌对线虫的寄生，真菌间的重寄生，真菌、细菌等对寄生性种子植物的寄生等。寄生作用在生物防治中的应用日益广泛。③在枝、干、根、叶、花、果的表面及周围的微生物区系中，除直接作用于病原并具有抗生作用或寄生作用的微生物外，还有一些同病原进行阵地竞争或营养竞争的微生物，这些微生物的大量增殖往往可以防止或减轻病害的发生，称为竞争作用。利用拮抗微生物来防治病害是生物防治最重要的途径之一。利用这些微生物的方法很多，主要有以下两类。

（一）直接使用

把人工培养的拮抗微生物直接施入土壤或喷洒在植物表面，可以改变其根围、叶围或其他部位的微生物群落组成，建立拮抗微生物的优势，从而控制病原，达到防治病害的目的。例如，曾在全国广泛使用的“5406”抗生菌，就是将其做成抗菌肥料施入土壤，以发挥其防病增产作用；在土壤中形成哈茨木霉的优势，可以有效防治白绢病；把对冰核细菌有竞争作用的细菌培养物喷到植物表面，可以防治梨、柑橘、扁桃等植物的冻害；用木霉的孢子悬浮液在接种前48h处理苹果树的新鲜伤口，可以预防银叶病。目前，有大量的微生物菌肥和以真菌、细菌、卵菌为主要成分的杀菌剂在生产上进行登记并应用，如枯草芽孢杆菌、多黏类芽孢杆菌、蜡质芽孢杆菌、解淀粉芽孢杆菌、坚强芽孢杆菌、海洋芽孢杆菌、荧光假单胞菌、哈茨木霉菌、寡雄腐霉菌等。

（二）促进增殖

在植物的各个部位几乎都有拮抗微生物的存在，创造一些对其有利的环境条件，可以促使其大量增殖，形成优势种群，从而达到防治病害的目的。例如，在土壤中多施有机肥料，能促进鳄梨根腐病的多种抗生菌的增殖，从而大大减轻该病的危害。在土壤中施入化学物质如二硫化碳、叠氮化钠、甲基溴化物等，可以刺激木霉的增殖，杀死或抑制根朽病菌，这是防治果树根朽病的有效措施之一。此外，把拮抗微生物与其适宜的基物一起施入土壤中，可以帮助拮抗微生物建立优势，起到防治病害的作用等。

应当指出，利用拮抗微生物防治植物病害还存在很多困难，主要是微生物群落的自然平衡很难被打破，人工造成的拮抗微生物优势往往不能持久。要解决这个问题，必须加强植物体表微生物生态学和生态病理学的研究，为拮抗微生物的定植和发展创造更有利的条件。

二、交叉保护作用及其利用

利用低致病力的病原菌，或无致病力的病原菌相近种，或无致病力的腐生菌，预先接种或混合接种在寄主植物上，可以诱发寄主对病原菌的抗病性。用病毒的弱毒株系接种于寄主植物，可以诱发寄主对强毒株系的抗病性。在寄主植物上接种低致病力病原或无致病力微生物后，诱导寄主增强其抗性，甚至可保护寄主不受侵染，这种现象称为交叉保护。利用这种特性来防治病害是生物防治的另一重要途径。例如，在番茄花叶病的防治中，于番茄播种20～30d后，或在番茄有3或4片真叶时，接种无致病力的弱毒株系，可有良好的防治效果。

现有研究表明，交叉保护的作用机制，主要是低致病力病原或非病原接种后会调节寄主体内一些与抗性信号通路相关的基因的表达，从而提高其防御酶活性、增加植保素的产生和一些抗病物质（如酚类化合物等）的积累。

生物防治是病害防治中的一个新领域。随着人们生活水平、对农产品质量安全和生态环境保护要求的提高，生物防治越来越成为人们关注的焦点，未来将有广阔的发展前景。除上述生防途径外，研究人员还发现，某些生防因子与某些化学药剂混合使用可发生协同作用，如把生物防治与化学防治相结合，对病害进行综合防治，可大大提高防治效果，同时可以降低化学农药的使用量。2015年农业部发布的《到2020年农药使用量零增长行动方案》中明确提出，至2020年主要农作物病虫害生物防治、物理防治覆盖率要达到30%以上，要大力推广应用生物农药及其施用技术。

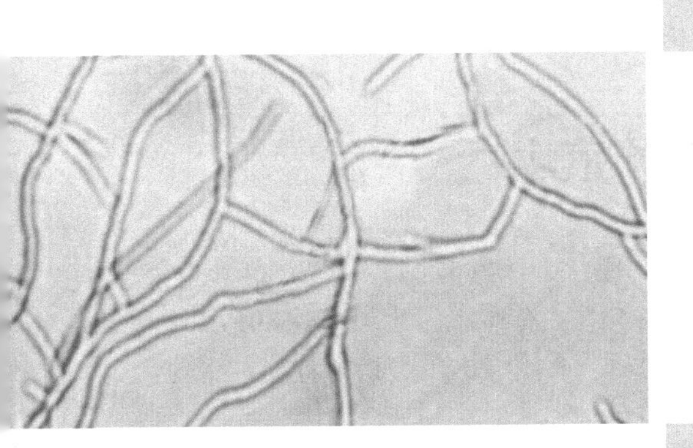

各　论

第八章 苹果病害

我国苹果病害种类很多，目前已知有100余种。其中发生普遍而严重的病害有炭疽病、轮纹病、干腐病、褐斑病、圆斑病和白粉病等，局部地区发生较重的病害有腐烂病、银叶病、根部病害和锈果病等，贮运期间的生理病害和霉烂也能造成严重损失，各地常见的其他次要病害有花叶病、锈病、黑星病、黑腐病、煤污病、缩果病等，均应注意防治。

第一节 苹果炭疽病

苹果炭疽病又称苦腐病，是苹果果实上的重要病害之一。在我国各苹果产区普遍发生，尤以黄河故道苹果产区危害严重，一般病果率20%～40%，有些果园病果率达80%以上。炭疽病菌除为害苹果外，还能侵害山楂、樱桃、梨、葡萄、核桃、木瓜、枇杷等多种果树。

一、症状

果实发病初期，果面上出现淡褐色小圆斑，病斑迅速扩大，呈褐色或深褐色。果肉呈圆锥状软腐。当直径扩大到1～2cm时，果面稍下陷，病斑中心生出突起的小粒点，初为褐色，随即变为黑色，成同心轮纹状排列，这是病菌的分生孢子盘。黑色粒点很快突破表皮，当湿度大时溢出粉红色黏液（分生孢子团）。一个病斑扩大后可使全果的1/3～1/2腐烂。病果的病斑数目不等，有时能发生上百个小病斑，其中仅有少数病斑能进一步扩大蔓延，而多数则为直径1～2mm的褐色至暗褐色稍凹陷的干斑。晚秋染病时，因受低温限制，病斑为深红色小斑，中心有一暗褐色小点，病果腐烂失水而干缩为黑色僵果。病果多数脱落，少数悬挂枝头，经冬不落。果台受侵染后，从顶部开始发病，呈暗褐色，并逐渐向下蔓延。严重时果台不能抽出副梢，最后干枯死亡。

二、病原

有性态为*Glomerella cingulata*（Stonem）Schr. et Spauld，子囊菌门，小丛壳属。在自然条件下很少发现。子囊壳埋生于黑色的子座内，子囊壳内有若干平行排列的子囊。子囊长棍棒形，大小为（55～70）μm×（9～16）μm。无性态为*Colletotrichum gloeosporioides*（Penz.）Penz. et Sacc.，无性型真菌，炭疽菌属。分生孢子盘埋生于表皮下，后渐突破表皮，涌出分生孢子。分生孢子梗单胞，无色，栅状排列，大小为（15～20）μm×（1.5～2.0）μm。分生孢子集结成团时呈绯红色，单个的分生孢子无色，单胞，长圆柱形或长椭圆形，两端各含1个油球，大小为（10～35）μm×（3.5～7.0）μm。分生孢子萌发最适温度为28～32℃，最高为40℃，最低为12℃，相对湿度95%以上。孢子萌发还需要补充一定的营养：在20%的苹果煎汁里萌发率最高，在蒸馏水中不萌发。分生孢子形成以温度25～30℃、湿度80%以上为宜。

三、病害循环

炭疽病菌主要以菌丝体在树上病僵果、果台及干枯枝、病虫危害枝等部位越冬。翌春越冬病菌形成的分生孢子为初侵染来源。病菌孢子主要通过雨水飞溅传播侵染幼果。此外，蝇类等昆虫也能传病。病菌孢子落到果面上，经皮孔、伤口或直接侵入，在适宜条件下5～10h即可完成侵染。病害的潜育期一般为3～13d，有时可长达40～50d或更长。该病在整个生长期中有多次再侵染。炭疽病菌具有潜伏侵染特性。幼果至采收前的成熟果均受侵染，幼果潜育期长，成熟果潜育期短。炭疽病菌可以侵染刺槐，因此在以刺槐作为防风林的果园，炭疽病发生早且重。

四、发病条件

（一）气候

炭疽病菌在高温、高湿、多雨情况下繁殖快、传染迅速。孢子产生、传播及萌发侵入需在高湿度且有降雨的条件下才能进行。因此，田间的发病程度与降水量有密切关系，每次雨后会出现一批病果；反之，病害则轻。

苹果炭疽病在不同地区发病早晚不同。长江流域在苹果生长期内雨水一般较多，往往发病较重。黄河故道及山东苹果产区病害发生较早，6月初就开始发病。每年7～8月高温、高湿季节为盛发期，病果大量出现。晚秋气温降低时发病减少。果实染病后，在贮藏期间遇到适宜条件时仍能陆续出现病斑，造成贮藏期腐烂。

（二）栽培

果园株行距小、树冠大而密闭、偏施氮肥、枝叶茂盛等都利于发病；果园中耕除草不及时，利用行间种植高秆作物，果园土壤黏重，地势低洼，雨后积水也利于发病。

以刺槐作防风林的苹果园，炭疽病不仅发病重，而且发病早。离苹果园20～50m的刺槐、核桃对苹果炭疽病的发生均有影响，以20m范围内的刺槐影响更为明显。

（三）品种

苹果品种间的抗病性有显著差别，‘红姣’‘红玉’‘国光’‘大国光’‘倭锦’‘祥玉’‘印度’‘旭’‘鸡冠’‘甘露’‘秦冠’‘早生旭’等品种都易感病；‘金冠’‘元帅’‘红星’‘青香蕉’‘红魁’‘黄魁’‘生娘’等品种发病较轻；而‘祝光’‘伏花皮’‘柳玉’等品种则很少发病。品种的抗病性在不同地区表现不够稳定。

五、防治

炭疽病的防治要将加强栽培管理和药剂防治结合进行，具体措施如下。

（一）做好清园工作

冬季应清除树上和树下的病僵果。对发病重的果园或植株，结合修剪去除枯枝、病虫枝，并刮除病树皮，以减少侵染来源。苹果树萌芽之前，对树体喷洒一次铲除剂，可进一步清除越冬菌源。

（二）加强栽培管理

改善果园通风透光条件，降低果园湿度。合理密植和整形修剪；及时中耕除草；按比例施用氮、磷、钾肥；健全排灌设施，使雨季不积水等。苹果园周围不要栽植刺槐树作防风林。初期发现病果应及时摘除，以防止扩散蔓延。对果实进行套袋，也可有效防止苹果炭疽病的发生。

（三）喷药保护

防治果实炭疽病要从幼果期开始喷药保护。对中心病株及重病区要优先防治。根据所用药剂残效期长短，约15d喷洒1次，连续3或4次。药剂有38%咪铜·多菌灵悬浮剂950～1200倍液，或40%唑醚·咪鲜胺水乳剂2000～3000倍液，或30%苯甲·抑霉唑水乳剂3000～3600倍液。除此之外，在果实生长初期喷布高脂膜200倍液，连续喷5或6次，每次间隔15d左右，也有一定防病效果。

（四）贮运期的防治

苹果在贮藏及运输中应尽量减少损伤，注意保持低温、通风，贮藏库温度控制在0～1℃，相对湿度90%～95%，可以减轻病害。成熟期不同的品种应分开贮藏，避免相互传染。

第二节　苹果、梨轮纹病

轮纹病又称粗皮病、瘤皮病、轮纹褐腐病，是苹果、梨的主要病害之一。全国各产区都有分布，以江苏、上海、浙江、安徽等地发病最重。此病侵染果实，常造成重大损失，有时田间病果率可达70%～80%；枝干染病严重时，树势大大衰弱，严重影响产量和果树寿命。轮纹病菌的寄主范围很广，除苹果、梨外，还能为害桃、李、杏、栗、枣、榅桲、海棠等多种果树。

一、症状

轮纹病主要为害枝干和果实。枝干受害，以皮孔为中心，形成扁圆形或椭圆形、直径3～20mm的红褐色病斑。病斑质地坚硬，中心凸起，如一个瘤状物，边缘龟裂，往往与健部组织形成一道环沟。第二年病斑中间生黑色小粒点即分生孢子器或子囊座。病斑与健部裂缝逐渐加深，病组织翘起如马鞍状，许多病斑常连在一起，使表皮显得十分粗糙，故有粗皮病之称。病斑多数限于树皮表层，但也有部分病斑可达形成层，少数还可深至木质部。

果实多数在近成熟期或贮藏期发病。病果起初以皮孔为中心发生水渍状、褐色、近圆形的斑点，后逐渐扩大，呈暗红褐色并有明显的同心轮纹。后期自病斑中心起逐渐产生表面光滑的黑色小粒点。通常一个果实上有2或3个病斑，多的可达数十个。病果容易腐烂，并流出茶褐色的黏液，最后干缩成僵果。

叶片发病产生近圆形具有同心轮纹的褐色病斑或不规则形的褐色病斑，直径为0.5～1.5cm。病斑逐渐变为灰白色，并长出黑色小粒点。叶上病斑很多时，往往引起干枯早落。

二、病原

有性态为*Botryosphaeria dothidea*（Moug. ex Fr.）Ces. et de Not. 和*B. berengeriana* de Not.，子囊菌门，葡萄座腔菌属；无性态为*Dothiorella ribis* Gross et Duggar，无性型真菌，小穴壳属。分生孢子器与子囊腔混生于同一子座内，大小为（182～319）μm×（127～225）μm。分生孢子无色，单胞，长椭圆形，大小为（16.8～29.0）μm×（4.5～7.5）μm。子囊阶段常在秋冬季产生。子座生于皮层下，形状不规则，内有1至数个子囊腔。子囊腔扁圆形或洋梨形，黑褐色，具乳头状孔口，内生许多子囊及拟侧丝，大小为（227～254）μm×（209～247）μm。子囊长棍棒状，无色，大小为（50～80）μm×（10～14）μm。子囊孢子无色，单胞，椭圆形，双列，大小为（16.8～26.4）μm×（7.0～10.0）μm。拟侧丝无色，不分隔，混生于子囊间。

三、病害循环

病菌以菌丝体、分生孢子器及子囊壳在被害枝干上越冬。菌丝在枝干病组织中可存活4～5年，长江下游一带在2月底开始形成少量的分生孢子，3月中旬以后形成分生孢子的数量逐渐增加，分生孢子器内的分生孢子在下雨时散出，引起初次侵染，6～7月孢子散发最多。雨水是传病的主要媒介。病菌孢子传播的范围一般不超过10m，但在刮大风时能传播到20m远的地方。孢子萌发后经皮孔侵入枝干，约经15d的潜育期才出现新病斑。在新病斑上当年很少形成分生孢子器，要至第2～3年才大量产生分生孢子器及分生孢子，第4年产生分生孢子器的能力又减弱。5～9年生的病枝干形成孢子极少，13年生以上的病枝干不形成孢子。梨树枝干上的老病斑一般在3月中旬开始扩展，也有少数病斑在3月上旬就开始扩展，以4月上旬到5月上旬扩展速度较快；5月中旬至7月上旬病斑继续扩展，但速度较前期缓慢；7月下旬至8月下旬病斑扩展基本上处于停止状态；9～10月病斑又继续扩展，直至11月上中旬停止扩展。

幼果受侵染不立即发病，而处于潜伏状态。当果实近成熟期，其内部的生理生化发生改变后，潜伏菌丝迅速蔓延扩展，果实才发病。在江苏省，病菌在苹果幼果期开始侵入，7～8月中旬为侵染盛期。菊水梨的果实在5月上旬至8月上旬都能感染轮纹病，以6月中旬至7月中旬染病率最高。因此，果实采收期为田间发病高峰期，果实贮藏期也是该病的主要发生期。早期侵染的病菌，潜育期长达80～150d；晚期侵染的仅18d左右。病菌在幼果中不扩展的原因与果实内酚、糖的含量有关：果实含酚量在0.04%以上、含糖量在6%以下时病菌被抑制；反之，有利于潜伏病菌扩展危害。病害发生高峰出现在酚含量降为最低、糖含量升为最高之后。关于再侵染问题，经各地实地观察，果实在田间发病晚，病果上子实体产生很慢，一般在树上很少产生子实体。在病落果上有子实体的占11.4%。又因病菌侵染枝干所形成的新病斑，在第2年才产生子实体。所以在生长期中，果实和枝干上陆续造成的侵染，其侵染源来自病枝干，均属初侵染。

四、发病条件

（一）气候

果实生长前期，降水次数多，病菌孢子散发多，侵染也多，发病高峰就早；若成熟期再遇上高温干旱，轮纹病便发生严重。反之则病菌侵染少，发病也轻。当气温在20℃以上，相对湿度在75%以上或降水量达10mm，或连续下雨3～4d时，孢子大量散布，病害传播最快。在长江流域和黄河故道地区，病菌分生孢子器大致在4月下旬开始产生，6月以后逐渐增多，7～9月发生最多。苹果树枝上的皮孔一般在4月下旬开放，此时即可开始感染轮纹病。因此，在果园孢子大量散布期间，喷药保护树干和果实十分重要。

（二）施肥管理

轮纹病菌是一种寄生性较弱的病菌，衰弱植株、枝干及老病园内补植的小树均易染病。果园管理粗放，挂果过多及施肥不当，尤其是偏施氮肥时，发病均较多。

（三）品种

苹果品种间抗病性也有差异。‘红富士’‘红星’‘元帅’‘金冠’‘青香蕉’‘印度’等品种感病较重；‘国光’和‘祝光’等品种发病较轻。日本梨系统的品种，一般发病都比较重，其中以‘20世纪’‘江岛’‘太白’‘菊水’发病最重，‘黄蜜’‘晚三吉’‘博多青’次之，‘今春秋’较抗病。而中国梨的秋白梨、鸭梨、早酥梨等发病重；严州雪梨、莱阳梨、三花梨等发病比较轻。西洋梨与中国梨的杂交种‘康德’抗病力很强。品种间抗病力的差异主要与品种皮孔的大小、多少及组织结构有关。

五、防治

（一）建立无病苗圃，实施苗木检验

因轮纹病常通过苗木传播，故新建果园时应进行苗木检验，防止病害传入。苗圃位置应与果园有较远的距离，在苗木生长期间经常喷药保护，防止发病。苗木出圃时必须进行严格的检验，防止病害传到新区。

（二）加强栽培管理

轮纹病菌在寄主生活力比较弱、高温、多雨的情况下才能引起严重发病。因此在果园丰产后应加施肥料，促使树势生长健壮。合理整形修剪，改善通风透光条件，提高树体抗病力。冬季应做好清园工作，将病死枝条收集烧毁。及时做好树干害虫，特别是吉丁虫的防治工作，以减少树干伤口，防止发病。预防果实发病，可在幼果期进行套袋。

（三）病部治疗

在枝干发病初期，应及时刮除病部。刮除后用402抗菌剂100倍液消毒伤口，再外涂波尔多液保护。如病斑面积不大，则伤口容易愈合，也可不涂伤口保护剂。刮除病部最好在早春进行，也可以在生长期随时进行。病斑必须刮得彻底，否则老病疤易重新发病。同时，刮治要早，若待病斑长得很多，病部扩展又很深广时进行，不但对树身损伤大，费时多，而且大病斑不容易刮得彻底，防病效果较差。此外，也可不刮除病部，仅刮除枝干外部的粗皮，然后在病部涂刷较浓的杀菌剂，每隔10～15d涂刷1或2次。涂刷药剂可用乙蒜素50倍液，或70%甲基硫菌灵50倍液。

（四）喷药保护

果树发芽前喷施50%异菌脲可湿性粉剂1500倍液。生长期中，一般从5月下旬开始喷第一次药，之后结合防治其他病害，共喷3～5次。保护果实的药剂，以耐雨水冲刷力强的波尔多液为好。50%多菌灵可湿性粉剂1000倍液、50%异菌脲可湿性粉剂1000～1500倍液、30%噁酮·氟硅唑乳油3000～4000倍液、50%二氰蒽醌可湿性粉剂500～1000倍液等均有防治效果，但最好加入黏着剂，以提高药液的黏着性。若幼果期温度低、湿度大，使用波尔多液易发生果锈，尤其'金冠'品种更明显，此时可改用其他杀菌剂。在实际防治中，最好有两种以上的药剂交替使用，以提高药效。

（五）贮藏期防治

田间果实开始发病后，注意摘除病果深埋。准备贮藏运输的果实，要严格剔除病果及其他有损伤的果实，然后放置于低温下贮藏，一般以1～2℃为宜，可减轻贮藏期腐烂。还可用高锰酸钾1000倍液泡果处理，防效很好。

第三节 苹果树腐烂病

苹果树腐烂病俗称烂皮病。东北、华北、西北等地区及山东、江苏、安徽、湖北、四川等省均有分布，总趋势是北方重于南方。它是我国北方果区危害最严重的病害，发病严重的果园树干上病疤累累，枝干残缺不全，甚至整株枯死。有的果园病株率在40%以上，发病重的3～4级病树占20%以上，少数地块几乎毁园。苹果树腐烂病菌除为害苹果外，还可为害沙果、林檎、海棠、山荆子等苹果属植物。

一、症状

苹果树腐烂病主要为害果树的枝干。病害一般仅使皮层组织腐烂坏死，有时可侵染靠近皮层的木质部，使其变色。其症状可分为以下两种类型。

（一）溃疡型

苹果树腐烂病的症状多以此类型为主。在冬春季树皮发病初期，病部呈红褐色，水渍状，略隆起，组织松软，用手指按之即下陷。病部常流出黄褐色汁液，病皮极易剥离。腐烂皮层鲜红褐色，湿腐状，有酒糟味。有时病斑呈深浅相间的轮状，边缘不清晰。发病后期，病部失水干缩，变为黑褐色并下陷，其上产生黑色小粒点，即分生孢子器。天气潮湿时，分生孢子器吸水，从孔口涌出橘黄色、卷须状的分生孢子角。

在夏秋季发病时，表面溃疡斑多发生在主干上部、主枝基部当年形成的落皮层上或锯口四周皱皮等部位。发病初期，外表颜色无明显变化，病部逐渐呈红褐色，微湿润，质地糟烂，干燥后紧贴树皮。病部范围较大，沿树皮表层扩展，长可达几十厘米，深度仅2～3mm，底部为栓层所限。病健交界处有微隆起线纹。腐烂皮与栓层之间常有深灰色、橄榄色菌丝层。当环境条件适合时，表面红褐色的溃疡病斑可向栓层之间伸展。或进一步扩展融合，导致大块树皮腐烂。病疤扩展至环割树干时，病部以上的大枝或全株枯死。

（二）枝枯型

枝枯型症状多发生在2～5年的小枝条或树势极弱的树上，乃至果台、干桩等部位。病部扩展迅速，形状不规则，病部不隆起，也不呈水渍状，而是全株迅速失水干枯并逐渐枯死。后期病部也出现黑色小粒点，即病菌分生孢子器。秋季在两型病斑上，分生孢子器下面或附近可产生小凸起状的子囊壳。

枝干发病初期内部组织已有病变，而外表不易识别，若掀开枝干的表皮，可见暗褐色至红褐色湿润的小斑或黄褐色的干斑，这就是早期的组织病变。在适宜的条件下，内部组织病变逐渐扩大，外部才呈现症状。这种病变在扩展过程中如遇到不利的环境条件，病斑又会停止扩展，这就构成腐烂病症状隐藏的特点。

果实上病斑暗红褐色，圆形或不规则形，有轮纹，边缘明晰。病组织腐烂软化，略带酒糟味。病果表皮易剥离。病斑在扩展过程中常于中部较快地形成黑色小粒点，有时略呈轮状排列。小粒点周围有时带有灰白色的菌丝层，在潮湿的环境条件下，涌出卷须状橘黄色的孢子角。

二、病原

有性态为*Valsa mali* Miyabe et Yamada，子囊菌门，黑腐皮壳属；无性态为*Cytospora sacculus*（Schwein.）Gvrtischvili，属无性型真菌，壳囊孢属。在皮层中菌丝体集结成灰白色菌丝层，后散生青色的颗粒体，渐渐长大成圆锥形，穿破表皮成为黑色的小瘤状物，即外子座。子座内含1个分生孢子器，直径480～1600μm，高400～960μm，成熟时形成几个腔室，各室相通，有一个共同的孔口，内壁密生分生孢子梗。分生孢子梗无色透明，分枝或不分枝，长短不一，大小为10.5～20.5μm，上面不断产生分生孢子。分生孢子单胞，无色，香蕉形或腊肠形，两端圆，微弯曲。内含油滴，大小为（4.0～10.0）μm×（0.8～1.7）μm。孢子生成时，与胶体物质混合在一起，遇到雨水或相对湿度达60%以上时，胶体物质吸水膨胀，连同孢子自孔口挤出，形成橘黄色卷须状的孢子角。

秋季在外子座的下面或旁边生成内子座。内子座与寄主组织之间有明显的黑色分界线，其中也混生有寄主细胞。在内子座中连生3～14个子囊壳，通常为4～9个。子囊壳球形或烧瓶形，直径320～540μm，具长颈，颈长540～860μm，颈端有孔口。子囊壳内壁上产生子囊层。子囊长椭圆形或纺锤形，一端较宽，颈部钝圆或较平，大小为（28～35）μm×（7.0～10.5）μm。子囊壁无色，顶部稍厚，内含8个子囊孢子，排列成两行或不规则。子囊孢子无色，单胞，腊肠形或香蕉形，大小为（7.5～10.0）μm×（1.5～1.8）μm。

腐烂病菌菌丝生长温度范围为5～38℃，最适为28～29℃。菌丝在以麦芽糖为碳源，硝酸钙、硝酸钠或硝酸钾为氮源，并加硫胺素的营养条件下生长最好。分生孢子在苹果树皮浸汁或煎汁中发芽良好。孢子在麦芽糖液中萌发率最高，葡萄糖、蔗糖次之，在清水中不易萌发。分生孢子萌发的适宜温度为25℃左右，但在10℃左右也能萌发。子囊孢子最适萌发温度为19℃左右，在1%杏干煎汁、2%麦芽糖或蔗糖中萌发率较高，在水中萌发率低。

苹果树腐烂病菌除为害苹果及苹果属植物外，还可侵染梨、桃、樱桃、梅，以及柳、杨等多种落叶与阔叶树种。

三、病害循环

腐烂病菌以菌丝体、分生孢子器及子囊壳在病树皮上越冬。翌年春产生分生孢子角。3～10月在病树皮上不断有橘黄色孢子角出现，以5～7月最多，每次都在降水后出现。病菌主要靠雨水飞溅传播，苹果透翅蛾、梨潜皮蛾等昆虫也可传播。子囊孢子虽然也能侵染，但发病率低，潜育期长，病部扩展速度慢。

腐烂病菌是一种弱寄生菌，只能从冻伤、修剪伤、昆虫伤及其他伤口侵入。孢子萌发侵入时，先在树皮表面坏死组织、叶痕、皮孔、果台和果柄痕等部位呈潜伏状态。外观无症状的苹果树皮，往往带有腐烂病菌。苹果枝条带菌现象在各地普遍存在，即使在腐烂病罕见的地区，枝条也可能带有病菌。1～5年生枝条，带菌率随枝条增长而提高。当树体或其局部组织衰弱，寄主抗病力降低或暂时降低时，潜伏病菌便会转为致病状态。病菌产生有毒物质，杀死周围的活细胞，接着菌丝向外扩展，如此不断向纵深发展，使皮层组织呈腐烂状。当条件不利时，病菌便停止扩展，暂时潜伏下来。

近年来通过深入观察并结合对皮层内部组织的解剖结果表明，冬、春季树体从休眠转为生长或由生长转为休眠的交替阶段，是发病最多、危害最盛的时期。树体皮层被害烂透以后，病菌有时也可侵入木质部，这样在刮治病疤后，木质部内的菌丝仍能侵害伤疤四周的健皮，导致病疤复发。

症状隐藏是苹果树腐烂病的特点之一。外观症状出现的高峰期是在早春2～3月，此时病斑扩展快，危害最烈。5月发病盛期结束。在生长期内遗留下来的病斑不再活动，只有老弱枝干上的病斑可缓慢地扩展。晚秋腐烂病斑发生又出现一个小高峰。

四、发病条件

腐烂病的发生、流行与苹果树树势的强弱及其抗病菌扩展能力的大小有直接的相关性。

（一）伤害

苹果树腐烂病的发生与冻害和日灼有密切关系。据考证，周期性大冻害约每10年发生一次，凡大冻害之年，就是腐烂病大发生或开始大发生之年。山区和沙地果园，向阳面枝干容易发生日灼，随之发生腐烂病；因腐烂病而锯除枝干的树体，更容易发生日灼，加重腐烂病危害。冻害和日灼削弱树势，增加树皮坏死组织，为病菌侵入和扩展创造了良好条件。

果树整形修剪是促使果树高产、稳产的重要措施；但修剪不当或修剪过重，尤其是修剪原则和技术的不断变化，致使树体伤口过多，树势衰弱，腐烂病常常伴随发生和发展。

总之，生长健壮的树，抗逆性强，不易发生腐烂病，甚至在病区也能够多年不受腐烂病危害。凡导致树势衰弱的因素，都会有利腐烂病发生。

（二）树体愈伤能力

树体对于自身存在的各种损伤有一定的愈伤能力，其强弱主要取决于树势和营养条件。腐烂病菌是树体的习居菌，只有在树势衰弱、抗病力差时才加害树体。在苹果产量逐年提高的情况下，若追施肥料不足，特别是磷、钾肥不足易导致腐烂病发生。施肥时期和施肥技术不当，也影响树体抗病能力。树体愈伤能力除受营养因素影响外，树体含水量也是重要因素。当枝条含水量正常时，病斑扩展缓慢；而枝条失水至含水量67%以下时，病斑扩展迅速。枝条含水量正常时，愈伤组织形成较快；枝条失水时，愈伤组织形成较慢。总之，当枝条失水时利于腐烂病扩展与危害。

（三）树体负载量

在正常管理情况下，树体负载量是影响发病的一个关键因素。通常，苹果树进入结果期后腐烂病斑开始出现，随着树龄的增加和产量的不断提高，腐烂病会逐年增多。由于栽培管理和环境条件等各种因素的影响，苹果结果常有大小年现象，凡大小年现象严重的果园或植株，腐烂病也严重。据调查，大年的园或单株当年秋、冬季和翌春的腐烂病发生较常年多，发病期长，危害大；果树小年时腐烂病轻。

（四）品种

目前没有免疫或高抗的常见苹果品种，不同品种的感病性差异较小。比较感病的有‘红玉’‘倭锦’‘国光’‘红魁’‘祝光’等，其次为‘元帅’‘红星’‘甘露’‘金冠’‘青香蕉’等。比较抗病的有‘赤龙’‘生娘’‘印度’和‘早黄’等。

五、防治

（一）加强栽培管理

果园栽培管理主要是保护树体，争取连年稳产、高产。幼龄果园为争取早结果，首先要培育好树体和树形，修剪要适当。结果树，要根据树龄、树势及土肥条件，合理负担，严格控制大年挂果量，争取“小年不小”；按照果树生长发育的要求合理施用氮、磷、钾肥，不宜偏施氮肥。此外还应防止早春干旱和雨季积水，以增强树体抗病和抗冻能力。修剪过重或过轻都不利于防病。树体秋季涂白防寒，亦有防病作用，这对幼龄苹果树更为重要。

（二）刮治病斑和涂药预防

彻底刮除病斑，对病变深达木质部的病疤则要连同木质表层全部刮净，刮口应做到光滑平整以利愈合，并应刮掉病斑边缘宽0.5cm的健皮。或用利刀划道，深达木质部表层，每道之间相距约0.5cm，然后用毛刷将配好的药液涂于病部，每周1次，共涂2或3次，如0.15%吡唑醚菌酯膏剂200～300g/m^2、2%喹啉铜膏剂250～300g/m^2、1.9%辛菌胺醋酸盐水剂50～100倍液等。涂药预防是在夏季新形成的落皮层发病前及晚秋、初冬分别进行。

病疤复发是生产上的严重问题，有些地区病疤复发率达40%左右，病疤复发的主要菌源来自病斑下面的木质部。为防止病疤复发，可在病斑刮治后，涂抹渗透性强的化学药剂，杀死木质部内的病菌；也可在病疤刮治后，涂抹无伤害而有刺激作用的伤口保护剂，加速伤口愈合，防止病菌侵染。

（三）重刮皮

为铲除树体内的潜藏病斑，防止新病斑出现，可用重刮皮法防治，即在树体主干、基层主枝和中心干下部等主要发病部位进行全面刮皮，树皮外层刮去约1mm，直至露出新鲜组织。刮面呈黄绿相嵌状。刮后，皮层内若有坏死斑点，应一律清除；若有较大块腐烂病斑，则按病斑治疗办法处理。重刮皮后，树体的破伤细胞失水坏死，约1mm厚。由于重刮皮，树体受刺激而进行愈伤，在坏死层内形成新的木栓层。最后坏死层和新木栓层分离，并逐渐剥落。果树生长期，尤其是5～7月，愈伤组织形成最快，此时重刮皮最为有利；早春及晚秋重刮皮要慎重，高寒地区不宜在此时进行。重刮皮部位不需要涂药保护，更不能喷涂高浓度药剂，但可进行树体防治病虫的正常喷药。重刮皮对新梢生长量、挂果量、果实品质及树势等均无不良影响，也不会使树体冻害加剧。

重刮皮的防病作用原理，主要是把树皮内多年累积的各种类型的病变组织和侵染点，在其未扩大危害前彻底铲除；其次是刺激树体愈伤，促进树体本身的抗病性；同时，对衰老的树皮外层起更新作用。重刮皮部位，树皮成为新生、幼嫩的组织，生活力强，无坏死组织，而且几年内都不产生自然落皮层。这样树体上大大减少了病菌侵染和发病的基地。

（四）清洁果园

果园冬季和夏季修剪过程中，应注意清除枯死枝干、病枝、残桩、断枝等，集中烧毁或搬离果园，不能丢弃于田间或堆在果园附近，以减少菌源。

（五）防治其他病虫害

加强透翅蛾、吉丁虫等树干害虫的防治，同时注意防治叶斑病、红蜘蛛等易于造成落叶的病虫，这也是减轻腐烂病发生的重要措施。

此外，有些病树可以在病部进行桥接，帮助恢复树势，以增强树体抗病力。

第四节 苹果银叶病

苹果银叶病是20世纪50年代后期，苹果树上出现的一种毁灭性病害。黑龙江省首次报道后，黄河故道、西北等地都有此病发生，有的果园发病相当严重。苹果树染病后，树势衰弱，果实变小，产量降低。病重时全株枯死。此病除为害苹果外，还可侵害桃、梨、杏、樱桃、李、枣、杨及柳树等。

一、症状

银叶病菌侵染苹果树枝干后，菌丝在枝干内生长蔓延。向下扩展到根部，向上可蔓延到一年生或二年生枝条。多年生枝干、根的木质部变为褐色，较干燥，有腥味。在枝条木质部生长的病菌产生一种毒素。它随导管系统输送到叶片，使叶片表皮与叶肉分离，气孔也失去了控制机能，空隙中充满了空气。由于光线反射关系，致使叶片呈现灰色，略带银白光泽，因此，称为银叶病。病树往往先在一根枝条上出现症状，以后逐渐增多，直至全株叶片均呈银灰色。剖开病枝条，木质部往往变为褐色，且银叶症状越严重，木质部变色越重。在有病菌生长的木质部，未见到明显的组织腐烂现象。病树干上的树皮像纸皮一样翘起，极易剥落。一般病树出现此症状后即接近死亡。病树长叶后，病叶颜色较正常略淡，逐渐变为银灰色。秋季，银叶症状较显著。银灰色病叶上有褐色、不规则的锈斑发生。重病树生长前期也出现锈斑。病叶用手搓时，表皮易碎裂、卷曲。根蘖苗仍可出现银叶症状。重病树树势衰弱、发芽迟缓、叶片较小，病树根部多腐朽。病树经2～3年即全株死亡。病死树上可产生子实体。

二、病原

病原菌为*Chondrostereum purpureum*（Pers. ex. Fr.）Pouzar，担子菌门，软韧革菌属。菌丝无色有隔，菌丝体初白色，后渐变为乳黄色。朽木上保湿培养的菌丝层呈白色，厚绒毡状。菌丝生长最适温度为24～26℃。子实体单生或成群发生在枝干阴面，呈覆瓦状。子实体紫色，后变灰色，边沿色泽较浅，暴露时间过长逐渐褪色。室内培养的子实体白色至淡黄色，不呈紫色。子实体有浓腥味，稍圆形或呈支架状。平伏子实体直径为1～115mm，支架状子实体直径为2～17mm，厚度为0.5～0.6mm。平伏生长的子实体有时伸展成片，边缘反卷，上面有灰白色或灰褐色绒毛，纵向生长有明显或不明显轮纹，底面平滑，紫色的表面为子实层；而支架状子实体紫色平滑的底面为子实层。担孢子单胞，无色，近椭圆形，一端尖，一端扁平，大小为（4.8～8.4）μm×（2.3～3.7）μm。

三、病害循环

银叶病菌以菌丝体在染病枝干的木质部或以子实体在病树外表越冬。病菌的担孢子随气流、雨水传播。绝大部分从剪口、锯口和其他机械伤口侵入木质部的输导系统，然后向上下蔓延发展，甚至到达根部（但不直接侵入根部）。菌丝遍布于有银叶症状的病枝木质部内。一般当年被侵染的树要到第二年才表现出症状。子实体在多雨年份的5～6月及9～10月产生两次，阴雨连绵时出现较多。凡有子实体的部分，其木质部均已腐朽。子实体长成后，其上产生一层霜状的担孢子，担孢子陆续成熟并飞散传染。树体中富含可溶性碳水化合物的春季为病菌侵染的最适时期，7～8月此类物质最少，而树体抗侵染力最强，9月以后，此类物质又逐渐增加。

四、发病条件

（一）树体伤口

树体伤口与发病的关系相当密切。银叶病一旦发病后，病情发展较快。据河南一果园的调查资料，1962年有病树24株，1966年达1161株，1971年达2037株。病情急剧增长的原因之一，是果树留枝留果过多，尤其在大年时夏天吊枝不及时，造成大量劈枝、断枝，这种大伤口为病菌提供了合适的侵入途径。

（二）环境因素

阴雨多湿天气有利于子实体的产生。果园土壤黏性重、地势低洼、排水不良、树势衰弱发病重；岗土、坡地发病轻。大树易感染银叶病，幼树发病较少，但是新定植的小树或苗圃中的苗木也有发病的。

（三）品种

苹果不同的品种发病程度有所差异。‘红魁’和‘黄魁’发病严重，‘大国光’‘小国光’‘祝光’‘红玉’次之；而‘元帅’‘青香蕉’‘督锦’‘金冠’发病较轻。现有栽植的品种中，尚未发现有不感染银叶病的品种。

五、防治

（一）果园卫生

果园内应铲除重病树和病死树，刨净病树根，除掉根蘖苗，锯去初发病的枝干，清除病菌的子实体。病树刮除子实体后伤口要涂抹石硫合剂或硫酸-八羟基喹啉溶液消毒。清除果园周围的杨柳等病残株。所有病组织集中烧毁或搬离果园做其他处理，以减少病菌来源。

（二）保护树体防止受伤

一般果园应提倡轻修剪，避免重剪。锯除大枝时，最好在病菌休眠的冬季或树体抗侵染力最强的夏季进行。伤口要及时消毒保护。消毒时，先削平伤口，然后用较浓的杀菌剂进行表面消毒，并外涂波尔多液等保护剂。

（三）加强果园管理

地势低洼果园加强排水设施，防止园内积水。增施有机肥料，改良土壤。防治其他枝干病虫，以增强树势，减少伤口，减轻银叶病的发生与危害。

（四）药剂治疗

选用春雷霉素或40%异稻瘟净乳油10倍液等在4月下旬至5月上旬对病树进行挂水法治疗可收到较好疗效。此外，在5月份选晴天将病树主干树皮剥光，治愈效果也相当好。

第五节　苹果褐斑病

苹果褐斑病通常与灰斑病、圆斑病、轮纹斑病和斑点病等合称为苹果早期落叶病，其中以褐斑病最重，在全国各苹果产区都有分布。褐斑病菌除为害苹果外，还能侵害沙果、海棠、山定子等。

一、症状

褐斑病主要为害苹果叶片，有时果实也能受害。病斑褐色，边缘绿色不整齐，故又有绿缘褐斑病之称。病斑发展后常有以下3种类型。

（一）同心轮纹型

发病初期在叶片正面出现黄褐色小点，渐扩大为圆形，斑较大，有时直径可达2.5cm，但较少，中心暗褐色，四周黄色，病斑周围有绿色晕圈，在病斑中出现黑色小点，呈同心轮纹状。叶背为暗褐色，四周浅褐色。

（二）针芒型

病斑上生小黑线点，似针芒状向外扩展，无一定边缘。病斑小，但数量较多，常遍布叶片。后期叶片渐黄，病斑周围及背部保持绿褐色。

（三）混合型

病斑很大，近圆形或不规则形，其上也有小黑粒点，但不呈明显的同心轮纹状，或兼有上述两种症状，病斑暗褐色，后期中心为灰白色，但边缘有的仍呈绿色。特征是病叶易变黄脱落，叶黄化后褐色病斑周围的组织仍保持绿色。

二、病原

有性态为*Diplocarpon mali* Harada et Sawamura，子囊菌门，双壳属；无性态为*Marssonina coronaria*（Eli. Et Davis）Davis，无性型真菌，盘二孢属。分生孢子盘初埋生在表皮下，成熟后突破表皮外露。分生孢子梗栅状排列，无色，单胞，棍棒状。分生孢子无色，偶尔微带绿色，双胞，上胞较大而圆，下胞较狭而尖，形似葫芦，大小为（13.2～18）μm×（7.2～8.4）μm，内含2～4个油球，偶有单胞的分生孢子产生。有性阶段的子囊盘肉质，钵状，大小为（105～200）μm×（80～1251）μm。子囊阔棍棒状，有囊盖，大小为（40～49）μm×（12～14）μm。子囊内含8个子囊孢子。子囊孢子香蕉形，一端稍弯曲，通常有一隔膜，大小为（24～30）μm×（5～6）μm。

三、病害循环

褐斑病以菌丝体和分生孢子盘或子囊盘在落叶上越冬。第二年春季4～5月多雨时形成孢子，借雨水冲溅和随风传播侵害叶片引起初侵染，此时是病害防治的第一个关键期。6～7月，初侵染病斑处产生大量分生孢子，菌量得到积累后可不断再侵染，生长期中有多次再侵染，从而造成病害流行。7～8月，病害盛发，造成大量落叶。10月以后，随着气温下降，病叶不再易于脱落，病菌在病叶内生长蔓延，为越冬做准备。

四、发病条件

（一）环境因素

雨水及多雾是病害流行的主要条件。降雨早而多的年份，发病早而重；春旱年份发病晚而轻。故该病在各地的发生消长情况不一。一般在5月下旬或6月上旬始发，7～8月多雨高温季节为发病盛期，9月中旬以后逐渐停止。通常受害后有3个落叶主峰：6月中旬、7月中上旬、8月上中旬。流行年份若不及时防治，9月上旬落叶即可达一半以上，至10月叶片可能落尽，引起果树二次开花。有些地区降雨少，但雾露重，发病也重。褐斑病潜育期最短3d，最长31d，5月接种的潜育期长，6月开始缩短，7、8月最短。此外，地下水位高病重；土层厚病轻，土层薄病重。

（二）树势

树势强弱对病情影响很大，强树、幼树病轻；弱树、结果树病重。树冠内膛比外围病重，树冠下部比顶部病重；遭受其他病虫危害及药害等发病亦较重。

（三）品种

苹果品种间的感病性也有差异。‘红玉’‘金冠’‘红星’‘伏花皮’等易感病，‘祝光’‘国光’‘元帅’‘青香蕉’等发病较轻，但品种的抗病力并不稳定。

五、防治

（一）做好清园工作

秋、冬季清扫果园内落叶，结合修剪清除树上残留病枝、病叶，集中制作沤肥或烧毁。

（二）加强栽培管理

增施肥料，合理修剪，谨防过度修剪造成树势减弱，同时要加强对其他病虫害的防治，并做好果园的排水工作。

（三）喷药保护

各地应根据病害种类及气候具体情况来决定喷药次数及时间等。黄河故道地区一般在5月上中旬、6月上中旬喷两次药；雨水较多的年份，6月下旬喷第三次药以保护春梢，7月中旬至8月上旬喷两次以保护秋梢。常用的药剂有75%百菌清可湿性粉剂600倍液，或50%甲基硫菌灵可湿性粉剂800～1000倍液，或50%多菌灵可湿性粉剂1000倍液，或43%戊唑醇悬浮剂3000倍液，或40%氟硅唑乳油8000倍液等。但需注意的是，戊唑醇等唑类杀菌剂在果树开花与坐果期慎用，以防产生药害，尽量在套袋后使用，且一年内最多使用两次，否则易引起果实着色不良。

第六节　苹果白粉病

苹果白粉病在我国各苹果产区均有分布，感病品种‘倭锦’和‘红玉’等的新梢发病率有时达80%以上。江苏徐淮苹果产区20世纪70年代以来经常流行，对苹果树前期生长影响很大。除苹果外，该病还能为害山荆子、沙果、槟子、海棠、梨等。

一、症状

白粉病主要为害叶片和新梢，也可为害花器、幼果和休眠芽。苗木染病后，顶端叶片和幼苗嫩芽发生灰白色斑块，如覆盖白粉。发病严重时，病斑扩展至全叶，病叶萎缩，渐变褐色而枯死。新梢顶端被害后，展叶迟缓，抽出的叶片细长，呈紫红色，顶梢微曲，发育停滞。后期在病斑上，特别是在嫩茎及叶腋间，还可能生出很多密集的黑色小粒点。大树染病时，病芽表面茸毛较少，灰褐至暗褐色，瘦长，顶端尖细，鳞片松散，有时上部不能合拢，张开呈刷状。在春季萌发较晚，抽出的新梢和嫩叶整个如覆盖白粉状。病梢节间缩短，叶片狭长，叶缘向上，质硬而脆，渐变褐色。病梢发育不良，常不能抽生二次枝。嫩叶染病后，叶背发生白粉状病斑，病叶皱缩扭曲。花器受害，花萼、花梗畸形，花瓣细长，严重的不能结果。病果多在萼洼或梗洼产生白色粉斑，稍后形成网状锈斑，病组织硬化，后期形成裂口或裂纹呈“锈皮”症状。

二、病原

有性态为*Podosphaera leucotricha*（Eli. et Ev.）Salm，子囊菌门，叉丝单囊壳属；无性态为粉孢属*Oidium* sp.。该菌是一种外寄生菌，菌丝无色透明，多分枝，纤细并具有隔膜。分生孢子梗棍棒形，顶端串生分生孢子。分生孢子无色，单胞，椭圆形，大小为（16.4～26.4）μm×（14.4～19.2）μm。子囊果球形，无孔口，为闭囊壳，暗褐色至黑褐色，上有两种形状的附属丝：一种在闭囊壳顶端，有3～10支，长而坚硬，上部有二叉状分枝，但也有无分叉的；另一种是在闭囊壳基部，短而粗，有些屈曲。闭囊壳中只有1个子囊，椭圆形或球形，大小为（50.4～55）μm×（45.5～51.5）μm，内含8个子囊孢子。子囊孢子无色，单胞，椭圆形，大小为（16.8～22.8）μm×（12～13.2）μm。

菌丝生长的最适温度为20℃。分生孢子在33℃以上的高温下即失去生活力。分生孢子萌发的最适温度为13～21℃，相对湿度以78%最适宜。

三、病害循环

苹果白粉病菌以菌丝体潜伏在冬芽的鳞片间或鳞片内越冬。顶芽带菌率显著高于侧芽，第一侧芽又高于第二侧芽，第四侧芽以下则基本不受害。春季冬芽开放时，越冬菌丝即开始活动，很快产生分生孢子进行侵染。菌丝蔓延在嫩叶、花器、幼果及新梢的外表，以吸器伸入寄主内部吸收营养；在严重发病时，菌丝也可进入叶肉组织。菌丝发展到一定阶段时，产生大量的分生孢子梗及分生孢子。分生孢子经气流传播。当气温在21～25℃、相对湿度达到70%以上时，45～48h即可完成侵入过程。病害的潜育期为3～6d，其间所需的日均温总和为97.5℃。子囊孢子在越冬中作用不太明确，一般认为它在侵染循环中不起作用。

四、发病条件

（一）气候

病害的发生发展与温湿度关系较大。春季温暖干旱的年份有利于病害前期的流行，夏季多雨凉爽、秋季晴朗，则有利于后期发病。此病的危害期虽然较长，但在黄河故道地区一般以5～6月春梢幼嫩期受害最重，有时8～9月秋梢受害也多，9月以后又逐渐衰退。越冬菌源能在低温条件下存活并完成侵染，说明越冬菌源有较强的抗低温能力。

（二）栽培

地势低洼、果园栽植过密、土壤黏重、偏施氮肥，或钾肥不足、造成树冠郁闭、枝条细弱时发病重。果园管理粗放，修剪不当，不适当地推行轻剪长放，使带菌芽的数量增加也会加重白粉病的发生。

（三）品种

苹果品种间的发病程度有明显差异。一般‘倭锦’‘红玉’‘红星’‘国光’‘大国光’‘印度’等品种易感病；‘金冠’和‘元帅’等发病较轻。有的品种在不同地区反应不一致，可能与寄主的分化或生长势有关。

五、防治

（一）清除病源

结合冬季修剪，剪除病枝、病芽。重病树可连续几年重剪，以控制菌源。早春果树发芽时，及时摘除病芽、病梢。夏季在开花后1～2个月内剪除病枝以减少病菌越冬机会。

（二）栽培管理

增施肥料，尤其是磷、钾肥会使果树生长健壮，提高抗病力。在白粉病常年流行地区，应栽植抗病品种。

（三）药剂防治

苗圃内白粉病较易防治，在发病初期连用2或3次29%石硫合剂50～70倍液，或50%甲基硫菌灵悬浮剂1000倍液，或25%粉锈宁可湿性粉剂2500倍液即可控制病情。生长期药剂保护的重点要放在春季，一般于花前及花后各喷1次杀菌剂，有些地区在5月份还要喷1次药。有效药剂有70%甲基硫菌灵1000倍液，或10%醚菌酯悬浮剂600～1000倍液，或5%己唑醇微乳剂1000～1500倍液等。

第七节 苹果锈果病

苹果锈果病又称花脸病，辽宁、吉林、河北、北京、河南、山东、山西、陕西、甘肃、安徽、江苏等地均有发生，江苏部分果园病株率高达100%。在栽植沙果、海棠、槟子的老苹果产区，锈果病发病率常达50%左右。此病是全株性病害，苹果染病后，大多不能食用，即使有商品价值，也会使产量降低，品质变劣。

一、症状

苹果锈果病的症状主要表现在果实上，可分为以下3种类型。

（一）锈果型

锈果型是最主要的类型。病树落花后约1个月，果实顶部先发生深绿色的水渍斑，逐渐沿果面纵向扩展，并发展成为与心室顶部相对的5条相当规则的斑纹。斑纹渐渐木栓化为铁锈色病斑。木栓化仅限于果皮。在果实发育过程中，由于木栓化的果皮停止生长，锈斑龟裂，果面粗糙，甚至果皮开裂。常形成凹凸不平的畸形果。病轻时，锈斑仅限于果顶部。有时果面锈斑不明显，但有很多深入果肉的纵横裂纹，裂纹处稍凹陷，病果易萎缩脱落，果肉僵硬，失去食用价值。

（二）花脸型

槟子、沙果、白海棠等常表现为此种类型，‘红魁’‘金花’‘祝光’‘茄南果’等也表现此症状。病果在着色前无明显变化，着色后果面上散生很多近圆形的黄绿色斑块，因红与绿相间所以称为花脸症状。‘祝光’和‘黄龙’等品种，病果成熟时颜色深浅不同，着色部分为正常弧面，不着色部分为平面，致使果面略呈凹凸不平状。

（三）锈果花脸型

病果上表现有锈果和花脸的复合症状，如中、晚熟品种‘红玉’‘元帅’‘倭锦’等。病果在着色前，多于果顶部发生明显的锈斑，或于果面散生斑块。着色后，在未发生锈斑部分或锈斑周围发生不着色的斑块，呈花脸状。

上述症状类型，有时在不同品种和不同条件下单独表现为锈果、花脸或锈果花脸复合型。有时在同一品种同一病株上同时呈现。但总体来看，各品种的症状表现多具一定的稳定性。

二、病原

苹果锈果病由苹果锈果类病毒（apple scar skin viroid，ASSVd）引起。ASSVd属于马铃薯纺锤块茎类病毒科（Pospiviroidae）苹果锈果类病毒属（*Apscaviroid*）。ASSVd没有蛋白质外壳，是一条单链共价闭合环状的低分子量RNA，由330个核苷酸组成，其基因组不具备编码多肽或者蛋白质的能力，且不能进行自我切割。

三、传染及发病

与病株嫁接和用病株的根蘖苗作砧木均能传染此病，潜育期为3～27个月。病株的汁液、花粉和种子不能传播，但有通过剪、锯、刀等工具传播的可能。结果树发病后，通常先是个别枝条显现症状，经过2～3年才扩展到全树。此外，梨树是苹果锈果病的带毒寄主，外表不表现症状，但可以传播。因此，靠近梨园或与梨树混栽的苹果发病较重。

目前苹果没有发现免疫品种，高度耐病的品种有‘黄龙’‘黄魁’‘黑龙’等，耐病品种有‘金冠’‘祝光’‘鹤卵’‘翠玉’‘英金’等，轻度感病品种有‘早红玉’‘红玉’‘柳玉’‘玉霰’‘醇露’等，中感品种有‘红绞’‘倭锦’‘印度’‘红魁’‘金光’‘大国光’等，高感品种有‘国光’‘元帅’‘红星’‘青香蕉’‘赤阳’‘甘露’‘红海棠’等。

四、防治

（一）选用无病接穗及砧木

用种子繁殖砧木，基本上可以解决砧木带病的问题。必须选用无病接穗，避免病害扩大传染。在较孤立的果园里，选用多年未发生锈果病的苹果树作为母树剪取接穗。此外，苗圃中注意检验拔除病株。为了避免传染，苗圃尽可能设在隔离的地区。新苹果园建立时，应避免与梨树混栽，并应远离梨园，以免病害从梨树传至苹果树。

（二）严格检疫制度

加强出入境口岸检疫，严防其他国家的不同株系ASSVd通过种质资源交换传入我国。

第八节 苹果其他病害

1．苹果灰斑病

【症状特点】主要侵害叶片，也可为害枝条、叶柄及果实。叶片上病斑因叶片发育程度不同而有所差异。嫩叶上，病斑初期为黄褐色小点，渐扩大为褐色斑，后期转变为银灰色。病斑圆形或不规则形，边缘清晰，表面有光泽，散生稀疏的黑色小粒点。果实染病，病斑近圆形或不规则形，黄褐色，微下陷。有时病斑四周有深红色晕圈，病斑中部散生微细小粒点。

【病原】*Phyllosticta pirina*，属无性型真菌，叶点霉属。以菌丝体或分生孢子器在落叶或枝梢上越冬，经风雨传播。

【防治要点】同苹果褐斑病。

2．苹果圆斑病

【症状特点】圆斑病为害苹果的枝、叶及果实。叶片上病斑圆形，褐色，边缘清晰。病健部交界处为紫褐色，病斑中有一道紫褐色、圆圈状环纹，病斑中心一般只有1个小黑粒点。叶柄受害，产生卵圆形、暗褐色、凹陷的病斑。果实染病时，果面先出现暗褐色、突起的圆形小斑，扩大后可达6mm以上，边缘不规则。病部散生黑色小斑点。

【病原】*Phyllosticta sollitaria*，属无性型真菌，叶点霉属。病菌以菌丝体或分生孢子器在病枝内越冬，经风雨传播。

【防治要点】同苹果褐斑病。

3．苹果轮斑病

【症状特点】又称大斑病、大星病。轮斑病病斑较大，圆形或半圆形，边缘清晰整齐，暗褐色，有明显的轮纹。天气潮湿时，病斑背面产生黑色霉状物。轮斑病有时也为害果实。果实上病斑在成熟后发生，暗褐色，最后果实中心软化腐烂。

【病原】*Alternaria mali*，属无性型真菌，链格孢属。病菌主要以菌丝体在落叶或枝、果等部位越冬，经风雨传播。

【防治要点】同苹果褐斑病。

4．苹果斑点落叶病

【症状特点】主要为害叶片，也能为害嫩枝及果实。叶片染病后病斑初为褐色小点，直径渐渐扩大为5～6mm，红褐色，边缘紫褐色。病斑中心往往有一深色小点或呈同心轮纹状。天气潮湿时病部正反面均可见墨绿色至黑色霉状物，即病菌的分生孢子梗和分生孢子。有的病斑破裂或穿孔。高温多雨季节病斑扩展迅速，成为不规则形大斑，最后焦枯脱落。

徒长枝或内膛一年生枝容易染病。染病的皮孔突起，芽周变黑、凹陷、坏死，边缘开裂。秋梢的嫩叶染病最重，叶片上可发生数十个或上百个大小不等的病斑，多数病斑连缀在一起。果实染病时，以皮孔为中心，产生近圆形褐色斑点，直径2～5mm，周围有红色晕圈。病斑下果肉数层细胞变褐，呈木栓化干腐状。幼果多表现为黑点型、疮痂型，近成熟期果实表现为黑点褐变型。病果易受二次寄生菌侵染而促使果实腐烂。

【病原】*Alternaria mali*，属无性型真菌，链格孢属，是轮斑病菌的强毒菌株。

【防治要点】①加强栽培管理，增强树势，冬季做好果园清洁工作。②第一遍药应在5月中旬喷施，7d后喷第二遍，然后6、7、8月中旬再各喷一次药。常用药剂有20%吡唑醚菌酯可湿性粉剂1500～2000倍液，或430g/L戊唑醇可湿性粉剂5000～7000倍液，或40%嘧菌环胺悬浮剂3000～4000倍液，或75%百菌清可湿性粉剂500倍液，或50%异菌脲悬浮剂333.3～500mg/kg等。

5. 苹果黑星病

【症状特点】叶、果、花及嫩枝都可受害。病斑初为淡黄绿色的圆形或放射状，后渐变褐色至黑色，直径3～6mm。严重时病斑布满整个叶片，叶片焦枯，易早期脱落。果实上病斑同叶片，但凹陷、硬化、龟裂，表生绒状霉层，即病菌的分生孢子梗和分生孢子。

【病原】有性态为*Venturia inaequalis*，属子囊菌门，黑星菌属；无性态为*Spilocaea pomi*，属无性型真菌，环梗孢属，也有人报道其无性态为*Fusicladium dendriticum*，属无性型真菌，黑星孢属。其形态类似梨黑星病菌。以菌丝体在枝溃疡、芽鳞内或在落叶上产生子囊腔越冬。经风雨、蚜虫传播。

【防治要点】①加强检疫工作，防止带病苗木运输到非疫区；②及时清扫果园，烧毁或填埋残枝落叶；③合理栽培，增强树势；④休眠期用石硫合剂地面喷布，生长期用配合比例为1∶（1～2）∶（160～200）的波尔多液或50%醚菌酯水分散粒剂5000～7000倍液喷施，开花前后每隔10d用10%苯醚甲环唑水分散粒剂14.3～16.7mg/kg喷雾，连续3或4次。详见第九章梨黑星病防治方法。

6. 苹果赤衣病

【症状特点】主要为害主干、主枝、侧枝及小枝。发病初期在枝干背光面树皮上可见很细的白色薄网，边缘白色羽毛状。后期，病枝干受害处覆盖一层薄的粉红色霉层，为病菌的担子层。霉层可龟裂成小块，易被雨水冲掉。病部树皮也龟裂并剥落，露出木质部。当病斑环绕枝干时，上部逐渐衰弱、枯死。

【病原】*Corticium salmonicolor*，属担子菌门，伏革菌属。多在热带、亚热带地区发生。以菌丝及白色菌丛在病组织中越冬。孢子随雨水传播，从伤口侵入。

【防治要点】①冬季清除病枝；②苹果萌动时用8%石灰水涂刷树干；③4月初于树干上喷70%代森锰锌可湿性粉剂500～800倍液，每月1次，连喷3或4次，刮治病疤后用波尔多液或10%硫酸亚铁溶液涂抹伤口。

7. 苹果干枯病

【症状特点】主要为害定植不久的幼树，病斑多发生在根茎部以上10～30cm处，或主干和分枝的丫枝部。病部初期呈紫褐色，逐渐变为黑褐色。病斑多为椭圆形，表面较粗糙，干腐坏死。当树势健壮时，病部凹陷，病健交界处形成黑色小粒点，即病菌分生孢子器，遇潮湿时可溢出黄褐色丝状孢子团。病斑环绕树干一周后，病部以上枝干枯死。

【病原】有性态为*Diaporthe eres*，子囊菌门，间座壳属；无性态为*Phomopsis mali*，无性型真菌，拟茎点霉属。

【防治要点】①培育无病壮苗，定植后加强管理，冬季树干涂白防寒，果园不间作晚秋作物；②刮治病部，春季注意检查病树，发现后刮治或涂药治疗，发病较重的树剪除枝干，带出果园处理。

8. 苹果疱性溃疡病

【症状特点】主要为害枝和主干。初期病部呈红褐色，皮层起疱变软，水渍状。皮层内呈现不规则的斑驳症。之后病斑逐渐扩大变干，表皮爆裂反卷成许多三角形或星形小裂口，此为初期子座。初期子座较小而分散，后扩大呈椭圆形或圆形，四周表皮翘起，中央扁平，灰褐色。最后子座四周翘起的表皮陆续脱落，边缘较厚，略隆起，中心扁平如盘，炭质，黑色，旧钉头状。中、后期子座个体较大，密堆连片时似蜂巢状。子座易被完整取下而留下一圈黑褐色的斑痕。病斑不规则形，病部后期可扩展为10～100cm。病枝叶片迅速变黄，不久枯死。

【病原】 *Nummularia discreta*，属子囊菌门，光盘菌属。

【防治要点】 ①加强栽培管理，增加树体抗病力；②选用抗病品种，在病区新定植果树时，尽量不用高感品种如‘麻皮’和‘金冠’等；③喷药保护树体，减少伤口和断枝残桩。

9. 苹果枝溃疡病

【症状特点】 为害枝条，以1～3年生枝为主，病部初为红褐色圆形小斑，渐扩呈梭形，中部凹陷，边缘隆起，斑四周及中心部发生裂缝，并有成堆的白色霉状物产生。坏死树皮常脱落露出木质部。被害枝易于折断。

【病原】 有性态为 *Neetria galligena*，子囊菌门，丛赤壳属；无性态为 *Cylindrosporium mali*，无性型真菌，柱盘孢属。以菌丝在病组织中越冬。病菌借昆虫、雨水及气流传播，通过伤口侵入。

【防治要点】 ①及时剪除病枝和刮除病斑，具体方法参照苹果树腐烂病；②加强对其他病虫的防治，注意防冻。

10. 苹果花叶病

【症状特点】 花叶症状主要表现在叶片上，有以下5种类型。①斑驳型：病斑呈不规则形、大小不一的鲜黄色斑点，边缘清晰，可互相融合成大块，其发生一般均从小叶脉上开始。这是一年中出现最早且最普遍的类型。②花叶型：病叶上呈不规则形、较大的、深绿与浅绿相间的色变，边缘不清晰，发生略迟。③条斑型：病叶沿叶脉失绿黄化，有时仅主脉及支脉发生黄化，变色部较宽，有时主脉及小脉均呈现较窄的黄化、网纹状。其发生较少、较迟。④环斑型：病叶上产生鲜黄色环状或近环状斑纹，其形状可呈正圆形、椭圆形等。其发生最晚，数量也很少。⑤镶边型：病叶的边缘自近锯齿处起，连同锯齿发生黄化，从而在叶缘构成1条很窄的变色的镶边，病叶的其他部分则完全正常。这种类型发生很少，只有在‘白龙’和‘金冠’等高感品种上偶尔见到。在自然条件下，各种不同类型的症状可在同一病株、同一病枝甚至同一叶片上混合发生。此外，各类型之间还有许多变型和中间型。

【病原】 花叶病主要由李属坏死环斑病毒（prunus necrotic ringspot virus，PNRSV）的苹果株系和苹果坏死花叶病毒（apple necrotic mosaic virus，ApNMV）侵染所致。病毒主要靠芽接和切接等嫁接传染。

【防治要点】 ①严格选用无病接穗和砧木繁殖苗木。在苗圃中发现病苗应及时拔除烧毁。果园内发现不结果的幼树病株，最好也及早汰除，改种健株。②利用弱毒性病毒防治。③对感染的病苗或接穗等少量繁殖材料，可试用37℃、27d及70℃、5～10min的干热处理来钝化病毒。④对已结果的病株，可施用0.2%氨基寡聚糖水剂或20%病毒克A水剂500倍液，同时加强肥水管理，以减轻危害。

11. 苹果扁枝病

【症状特点】 最初枝条外部的症状为轻微的直条凹陷斑，或枝梢及枝条稍微变为扁平。凹陷斑发展成为深沟，或其枝条变得非常扁平，而且常扭曲。病枝常坏死和变脆。症状多发生在较老的枝条上，但有时也发生在当年生枝上。偶尔在苗圃里也能看到扁枝的症状。

【病原】 由苹果扁枝病毒（apple flat limb virus，AFLV）引起，通过嫁接传播，潜育期约8个月，甚至长达几年。

【防治要点】①培育无病接穗和砧木，繁殖无病苗木；②苗圃里严格清除染病苗木。

12. 苹果软枝病

【症状特点】在受侵染的树上，枝梢和三年生枝条很柔软，易于用手使其弯曲。结果的病树有垂枝的习性。一年生或二年生树有时枝条可弯到地面。病树第一年生长旺盛，以后则活力衰退。从主干的下部长出强壮的枝梢是病树的共同特征。有时在木质部新鲜的切面上可以看到褐色部分。

【病原】目前认为是一种类病毒，通过嫁接传播。

【防治要点】①选用无病接穗和砧木进行繁殖；②病树接穗在37℃下处理3周，可清除接芽中的类病毒；③在果树引种和繁殖中发现病苗或病株，应拔除烧毁。

13. 苹果霉心病

【症状特点】又称苹果心腐病。主要危害果实，使果实心腐，先从心室开始，逐渐向外扩展霉烂。果心变褐，充满灰绿色霉状物，也有呈粉红色霉状物的。在贮藏期中发生较重，在树上病果症状不明显。

【病原】由数种无性型真菌引起，常见的有粉红单端孢菌（*Trichothecium roseum*）、链格孢菌（*Alternaria* sp.）、镰孢菌（*Fusarium* sp.）、拟茎点霉菌（*Phomopsis* sp.）和青霉菌（*Penicillium* sp.）等。病菌在树体、土壤等处的病僵果或坏死组织上越冬。在苹果开花期通过柱头侵入危害。

【防治要点】①冬季剪去树上各种僵果、枯枝等病残体；②发芽前喷石硫合剂，或70%代森锰锌可湿性粉剂500～800倍液，开花前及开花末期喷70%甲基硫菌灵1000倍液，或10%苯醚甲环唑水分散粒剂14.3～16.7mg/kg，或75%百菌清可湿性粉剂600～700倍液以保护果实；③发病较重果园的果实，单存单贮。

14. 苹果虎皮病

【症状特点】发病初期果皮呈淡黄褐色，表面平或略有起伏，或呈不规则块状。之后颜色变深，呈褐色至暗褐色，稍凹陷。病部果皮可成片撕下，皮下数层细胞变褐色。病果肉绵，略带酒味。病部多发生于果实的阴面未着色部分，严重时才扩及阳面着色部。

【病原】非传染性病害，发病原因还不清楚。有人认为是一种“自毒作用”，即发病是由于果实吸收了它本身散发的一种挥发性酯而中毒。也有人认为是由于果实采收过早，果实成熟度不足及贮藏后期窖温过高引起。现在研究表明，α-法尼烯的氧化产物共轭三烯可能是导致苹果虎皮病的主要原因。

【防治要点】①易感病的品种，如‘国光’‘印度’‘青香蕉’等应避免过早采摘；②果窖或果箱内果实勿过度密集，防止贮藏后期温度升高，果品出窖时要逐渐增温，避免由贮藏库运到市场过程中因温度骤升而引起发病。

15. 红玉苹果斑点病

【症状特点】苹果‘红玉’品种在果面上发生很多圆形斑点，边缘清晰，直径1～9mm，褐色至黑色。病斑微凹陷，但不深入果肉，仅表皮几层细胞变色。

【病原】非传染性病害。致病因素与果实近成熟时的代谢作用有关，但具体原因还不清楚。树体早期落叶、缺肥和采收过早的果实发病多，果实充分成熟后采收发病少。

【防治要点】①待果实充分成熟后采收，采收后的果实要放在冷凉处预藏，然后入窖贮藏；②加强果园管理，增施磷肥及钙素，可以减轻发病。

16. 苹果苦痘病

【症状特点】病果皮下果肉组织首先变褐，干缩呈海绵状，从外表却不易辨认。病部以皮孔为中心的果皮色泽变深，圆形，暗红色或黄绿色。病斑直径2～4mm，从病部切开病果可见果皮下5～10mm的坏死组织，食之有苦味。

【病原】非传染性病害，与果实缺钙和果树的水分、盐分失调有关。

【防治要点】①合理修剪，注意土壤水分供应；②果实发育中后期喷施0.8%硝酸钙或0.5%氯化钙4～7次，前后间隔20d。

17. 苹果蜜果病

【症状特点】又称苹果水心病。病果外表大小与正常果无异，只在果皮上出现水渍状斑点或斑块，或在果心呈水渍状病变，外表不易辨认。剥开果实，病变组织分布不尽相同。病变发生于果肉内任何部分。病果细胞间隙充水，密度较大，含酸量较低，有醇积累。后期病组织败坏变褐色。

【病原】非传染性病害。正常情况下，苹果叶中合成的碳水化合物运至果内转化为果糖，而不正常果以山梨醇和蔗糖存在于果实的维管组织及附近细胞间隙中，造成山梨醇的积累。病果含钙量低，高氮低钙导致钙氮不平衡，打乱了果实正常代谢，使病害加重。

【防治要点】①增施磷肥，避免单施氮肥，最好施用复合肥；②加强果园排水和防止果树过度修剪；③加强叶斑病和害虫防治，防止提早落叶。

18. 苹果褐腐病

详见本书第十章第一节桃褐腐病。

19. 苹果青霉病

【症状特点】此病为害成熟或接近成熟的果实。病斑黄白色，近圆形，果肉腐烂呈圆锥状湿腐，当条件适宜时，十余天便致全果腐烂。在空气潮湿时，病斑表面产生小瘤状霉丛，初为白色，后变青绿色。腐烂的果肉具有强烈的霉味。

【病原】*Penicillium* sp.，无性型真菌，青霉属。分生孢子梗直立，分隔，无色，顶端分枝1或2次，呈帚状，小梗细长，瓶状。分生孢子无色，单胞，扁圆形或圆形，念珠状串生。分生孢子集结时呈青绿色。

【防治要点】①病菌从伤口侵入，在采收、分级包装、贮运过程中，尽量减少果实损伤；②果品入窖前果窖要消毒，旧果筐等用具也要灭菌处理，受伤害果实不入窖，或单存单放，果窖保持清洁，及时清除烂果。

20. 苹果蝇粪病及煤污病

【症状特点】①蝇粪病的斑点为集中在一起的许多小黑点，黑点光亮而稍为隆起。小斑点之间有无色的菌丝相互沟通，形似蝇粪便，用手难擦去，也不易自行脱落，其常与煤污病混合发生。②煤污病为深褐色的污斑，边缘不明显，像煤斑。病斑有4种类型：分枝型、裂缝型、小点型及煤污型。菌丝层极薄，一擦即去。

【病原】①蝇粪病：*Leptothyrium pomi*，属无性型真菌，细盾霉属。在外表蔓延的菌丝棕色至深褐色。②煤污病：*Gloeodes pomigena*，属无性型真菌，黏壳孢属。它在苹果表皮上形成一个菌丝层。菌丝错综分枝，有许多厚壁的褐色细胞。有时菌丝团结成小粒体，以后可能发展为分生孢子器，但很少产生分生孢子。

【防治要点】①每年侵染的关键时期：蝇粪病为6月上旬到8月中旬，煤污病为6月中旬到9月。此时期应喷药保护，药剂以波尔多液效果较好。②在低洼积水和通风不良的果园易发病，故要做好果园的开沟排水及合理修剪工作，以降低果园湿度，不利病害发生。

21. 苹果小果病

【症状特点】主要表现在果实上，果实在收获期仍为绿色，果形小，直径仅有3.5～5cm。

有时果实大小近乎正常，但失去了品种的鲜红颜色，而成为暗红褐色。病果上有时形成直径约为0.5cm的暗绿色圆斑。严重时，枝叶也表现异常，受害果树趋向直立，病树缩短，树冠仅为健株的1/3～1/2，受害枝干新梢节间缩短，叶片狭小。

【病原】由苹果小果病毒（apple chat fruit virus，ACFV）引起。通过嫁接传播。病毒在许多品种上是潜伏的，外表不显现症状。

【防治要点】①严格禁止在病树上采取接穗；②发现病树及时清除。

22. 苹果绿缩病

【症状特点】果树开花后3～4周，在幼果上初出现凹陷的病斑，后果实逐渐成为畸形。有时畸形果发生显著的开裂，或呈瘤状的隆起。通常在隆起或凹陷部位下方的维管组织扭曲和变成绿色。一株病树上有畸形果，也有外表正常的果实，或部分枝条上的果实发病，甚至一个果丛中也兼有病、健果。

【病原】苹果绿皱果病毒（apple green crinkle virus，AGrCV）。通过嫁接传播，潜育期可以持续几年之久，绿缩病在苹果树的营养生长部分不产生症状，仅在果实上有症状表现。

【防治要点】①不能从有病植株采取接穗，应认真选择健康母树，从健康母树上采取接穗繁殖苗木；②发病严重的苹果树，应刨除烧毁。

23. 苹果环斑病

【症状特点】症状只表现在果实上。当果实生长接近停止时，在果实的各个部位出现小型淡褐色不规则的斑块，果实越成熟，病斑越清楚，病斑边缘常出现深褐色环。病痕只影响果实的表皮。在表皮下与果实着色最深的相应部分，有一些淡红色的斑块。病果风味不变。

【病原】由苹果环斑病毒（apple ring spot virus，ARSV）引起。通过嫁接传播。病芽接种时，潜育期达4～5年。

【防治要点】①选择无病的接穗和砧木，培育无病苗木；②对于局部病区，要严格控制，最好砍除病株，以防蔓延。

24. 苹果衰退病

【症状特点】病树初发时一部分须根表面出现坏死斑，随着坏死斑的扩大，须根逐渐死亡。支根、侧根、全部根系相继死亡。解剖病根观察，木质部表面有凹陷斑。根部开始死亡后，植株新梢生长长度减少，叶片小而硬，色黄，秋季落叶早，病树花芽数量多。病树一般在3～4年后全株死亡。

【病原】初步研究证明，衰退病主要病原为苹果茎痘病毒（apple stem pitting virus，ASPV）、苹果褪绿叶斑病毒（apple chorotic leaf spot virus，ACLSV）和苹果茎沟病毒（apple stem grooving virus，ASGV）。东北、华北、中原和西北地区栽培的'红星''金冠''国光'等品种均带病毒，黄河故道区更为严重，褪绿叶斑病毒和茎痘病毒毒株率达90%～100%，茎沟病毒毒株率也有40%～100%。3种病毒多为复合侵染。早期从国外引进的M型矮化砧，经测试都带褪绿叶斑病毒、茎痘病毒和茎沟病毒。

【防治要点】①建立严格检疫制度，对输出和输入的苗木、接穗进行鉴定。对带病毒者实行限制措施。②建立无病毒母本树制度，用无病毒的接穗和砧木繁殖苗木，或用无病毒接穗高接换种，就能避免衰退病的危害。③采用抗病砧木，避免用感病的海棠类作基砧，并应避免在这种感病的基砧上高接换种。④对轻病树，可试行根部培土，加强肥水管理，促进接穗部位生根，或在病根周围栽植抗病砧木（如山荆子等）进行根接，以复壮树势。

第九章 梨 病 害

我国已知的梨树病害有80余种，长江中下游地区发生普遍和危害严重的有黑星病、锈病、轮纹病、黑斑病、炭疽病、腐烂病等。无论北方还是南方的梨产区，梨黑星病均发生普遍，是影响梨生产的一种重要病害，长江流域梨黑星病几乎连年流行。梨锈病在南方各省附近栽有桧柏的梨区发病严重。梨轮纹病在河北、河南、湖北、湖南等省的梨产区均有发生，危害严重，造成梨树枝干枯死及果实腐烂，并在果实贮藏期造成严重的损失。梨腐烂病主要为害西洋梨，梨树受冻后发病更为严重，成为西洋梨栽培的主要障碍。梨黑斑病在日本梨上发病严重，造成大量裂果和早期落果，对产量影响极大。

第一节 梨黑星病

梨黑星病又称疮痂病，是梨树的一种主要病害。我国南北梨产区均有发生，特别是在温暖多雨的江淮流域，以及辽宁、河北、山东、河南、山西、陕西种植鸭梨、白梨等高度感病品种的梨区连年流行，造成巨大损失。有的果园病果率高达90%。此病发生后，引起梨树早期大量落叶，后期梨树二次出叶、开花，树势衰弱，甚至导致梨树死亡。幼果被害呈畸形，不能正常膨大，同时病树第二年结果减少，对产量影响很大。

一、症状

黑星病能为害梨树所有绿色幼嫩组织。果实发病初生淡黄色圆形斑点，病部逐渐扩大、稍凹陷，上长黑霉（为病原菌的分子孢子梗和分生孢子），后期病斑木栓化，坚硬、凹陷并龟裂。幼果因病部生长受阻碍，变成畸形；果实成长期受害，则在果面生大小不等的圆形或不规则形黑色病疤，病斑硬化，表面粗糙，果实不畸形。果梗受害，出现黑色椭圆形的凹斑，上生黑霉。叶片受害，初在正面产生多角形或圆形褪黄色斑点，不久叶背沿叶脉长出黑色的霉层，从正面看仍为黄色，没有霉层。危害严重时，许多病斑互相愈合，整个叶片的背面布满黑色霉层。叶脉受害，常在中脉上形成长条状的黑色霉斑。叶柄上症状与果梗相似。由于叶柄受害影响水分及养料运输，往往引起早期落叶。新梢受害，初生黑色或黑褐色椭圆形病斑，后逐渐凹陷，表面长出黑霉，最后病斑呈疮疤状，周缘开裂。

二、病原

有性态为*Venturia nashicola* Tanaka et Yamamoto，子囊菌门，黑星菌属；无性态为*Fusicladium virescens*，无性型真菌，黑星孢属。分生孢子梗暗褐色，散生或丛生，直立或稍弯曲。分生孢子着生于孢子梗的顶端或中部，脱落后留有瘤状的痕迹。分生孢子梗大小为（8～32）μm×（3.2～6.4）μm。分生孢子淡褐色或橄榄色，纺锤形、椭圆形或卵圆形，单胞，但少数孢子在萌发前可产生一个隔膜。分生孢子大小为（8～24）μm×（5～8）μm。子囊座一般在过冬后的落叶上产生，埋藏在叶肉组织中，成熟后有喙部突出叶表，状如小黑点。子囊座在落叶的正反两面均可形成，但以反面居多，并有成堆聚生的习性。子囊座圆球形或扁圆球形，颈部较肥短，黑褐色，大小为118.6μm×87.1μm，壁由2～4层细胞壁加厚的细胞组成。子囊棍棒状，聚生于子囊座的底部，无色透明，大小为（37.1～61.8）μm×（6.2～6.9）μm，每个子囊内含8个子囊孢子。子囊孢子淡黄绿色或淡黄褐色，状如鞋底，双胞，上大下小，大小为（11.1～13.6）μm×（3.7～5.2）μm。

在日本梨上寄生的黑星病菌与西洋梨上寄生的黑星病菌是两个不同的种，分别为*Venturia nashicola*和*V. pirina*，两种病菌形态上有差异，并且前者只能侵害日本梨，不能侵害西洋梨；后者则相反。我国梨黑星病菌为前者。

三、病害循环

病菌主要以分生孢子或菌丝体在枝梢病部和腋芽的鳞片内越冬，或以分生孢子、菌丝体及未成熟的子囊腔在落叶上越冬。第二年春季一般在新梢基部最先发病，病梢是重要的传播中心。病梢上产生的分生孢子通过风雨传播到附近的叶、果上，当环境条件适宜时即可侵染。病菌侵入的最低日均温为8～10℃，最适流行的温度则为11～20℃。孢子从萌发到侵入梨组织只需5～48h。一般潜育期为12～29d。后期病叶和病果上又能产生新的分生孢子，陆续造成再次侵染。如阴雨连绵，气温较低，则蔓延迅速；反之，蔓延则较慢。西北地区晚秋病叶落于地面，这时菌丝体已遍布全叶，在严寒到达以前，子囊座就开始于病组织内形成并发育，但一直停留于未成熟状态，到第二年春天环境条件好转后才继续发育产生子囊孢子。子囊座多形成于老病斑的边缘，而且只有在潮湿的环境下才能形成。冬季干旱则不易形成。江苏省苏北地区则以菌丝在病梢上越冬。因此，分生孢子和子囊孢子均可作为病菌的初侵染源，但以子囊孢子的侵染力较强。因而在不同年份、不同地区，甚至同一地区的不同具体小环境中，均可有不同的越冬方式。

四、发病条件

（一）气候

在果树生长季节，环境温度均可满足病菌侵染和病害发生的要求。因此，降雨早晚、降水量大小和持续天数是影响病害发展的重要条件。雨季早而持续期长，尤其是5～7月雨量多，日照不足，空气湿度大，容易引起病害的流行。长江流域一般在4月上中旬始发，4月下旬至6月上旬降雨多，极易造成流行。夏季温度较高，病情有所抑制；入秋后气温下降，若降雨增加，病情再度流行，感染成熟梨果；夏季降雨频繁、气温较低的年份，病情继续发展，秋季病情常较严重。

（二）品种

一般以中国梨最感病，日本梨次之，西洋梨较抗病。在中国梨中又以白梨系列最感病，其次为秋子梨系列，而沙梨、褐梨和夏梨系列则较抗病。发病重的品种有鸭梨、秋白梨、京白梨、黄梨、平梨、一生梨、光皮梨、花盖梨、麻梨等；其次为杨山白酥梨、莱阳梨、红梨、安梨、严州雪梨、康德梨，‘长十郎’‘二宫白’‘黄蜜’‘八云’等；而玻梨、蜜梨、香水梨、巴梨等有较强的抗病性。

此外，地势低洼、树冠茂密、通风不良、湿度较大的梨园，以及树势衰弱的梨树都易发病。果园清园工作的好坏和彻底与否，直接影响来年菌源的多寡，对发病轻重也有密切关系。

五、防治

防治梨黑星病的中心环节是喷药保护，同时针对各地不同的越冬场所清除越冬菌源。

（一）消灭病菌

秋末冬初清扫落叶和落果，早春梨树发芽前结合修剪清除病梢、叶片及果实，加以烧毁。黄河故道地区从4月上中旬起要经常查看果园，发现病花丛和病梢及早摘除，对减轻发病有很大的作用。同时可作为第一次喷药时间的参考。

（二）果园管理

梨树生长衰弱易被病菌侵染。因此，增施肥料，特别是有机肥利于防治病情。

（三）喷药保护

黄河故道以南地区，由于黑星病发生较早，应在梨树开花前和落花70%左右时各喷1次药，以保护花序、嫩梢和新叶。以后根据降雨情况，每隔15～20d喷药1次，先后共喷4或5次。药剂一般第一次用1：2：（200～240）波尔多液，以后选用50%克菌丹可湿性粉剂500倍液，或430g/L戊唑醇悬浮剂3000～4000倍液，或40%腈菌唑悬浮剂8000～10 000倍液，或12.5%烯唑醇可湿性粉剂3000～4000倍液，或10%氟硅唑水乳剂2000～2500倍液等。

第二节 梨黑斑病

梨黑斑病在我国分布很普遍，长江中下游和黄河故道梨产区都有发生，以日本梨发病较重，特别是‘二十世纪’品种危害最重，发病后引起大量裂果和早期落果，造成很大损失。其他品种也能被为害，但一般发病较轻。

一、症状

梨黑斑病主要为害果实、叶片及新梢。幼嫩的叶片最早发病，开始时产生针头大、圆形、黑色的斑点，后渐扩成近圆形或不规则形，中心灰白色，边缘黑褐色，有时微现轮纹。潮湿时病斑表面遍生黑霉，即病菌的分生孢子梗和分生孢子。叶片上病斑多时，往往相互愈合成不规则形的大病斑，叶片成为畸形，引起早期落叶。幼果受害，初在果面上产生一个至数个黑色圆形针头大斑点，渐扩成近圆形或椭圆形。病斑稍凹陷，表面遍生黑霉。由于病健部发育不均，果实长大时果面发生龟裂，裂口可深达果心，在裂缝内也会产生很多黑霉，病果往往早落。长大的果实感病时，前期症状与幼果上相似，但病斑较大，黑褐色，后期果实软化，腐败脱落。在重病果上常数个病斑合并成大斑，甚至使全果变成漆黑色，表面密生黑绿色至黑色的霉层。新梢上的病斑早期黑色，椭圆形，稍凹陷，后扩大为长椭圆形，凹陷更明显，淡褐色，病部与健部分界处常产生裂缝。

二、病原

菊池链格孢*Alternaria kikuchiana* Tanaka，属无性型真菌，链格孢属。分生孢子梗褐色或黄褐色，数根至十余根丛生。一般不分枝，基部较粗，顶端略细，有隔膜3～10个，大小为（40～70）μm×（4.2～5.6）μm，其上端有几个孢痕。分生孢子常2或3个链状长出，形状不一，棍棒状，基部膨大，顶端细小，喙短至稍长，有横隔膜4～11个，纵隔膜0～9个，大小为（10～70）μm×（6～22）μm，隔膜处略缢缩。老熟的分生孢子壁较厚，暗褐色；幼嫩的分生孢子则壁薄而呈黄褐色或暗黄色。

菌丝生长最适温度为28℃，最低为10～20℃，最高为36℃。孢子形成最适温度为28～32℃，萌发适温为28℃，在50℃下经5～10min孢子即丧失发芽能力。在枝条上越冬病斑于9～28℃均能形成分生孢子，以24℃为最适。

三、病害循环

病菌以分生孢子及菌丝体在被害枝梢、病芽、病果梗、树皮及落于地面的病叶、病果上越冬。第二年春季病组织上新产生的分生孢子通过风雨传播。孢子萌发后经气孔、皮孔侵入或直接穿透寄主表皮侵入，引起初次侵染。枝条上的病斑形成的孢子被风雨传开后，隔2～3d于病部会再次形成孢子，如此可以重复10次以上。这样，新旧病斑上陆续产生分生孢子，不断引起重复侵染。嫩叶易被感染，接种后1d即出现病斑。老叶上潜育期较长，展叶1个月以上的叶片不受感染。

四、发病条件

（一）气候

在果树生长季节，温度高低、降水量大小与病害的发生发展关系极为密切。分生孢子的形成、扩散、萌发与侵入除需要一定的温度条件外，还需要有雨水。因此，一般气温在24～28℃、连续阴雨时，有利于黑斑病的发生与蔓延。气温达到30℃以上并连续晴天，则病害停止蔓延。所以，黄河故道以南地区一般在4月下旬、平均气温达13～15℃时，叶片开始出现病斑，5月中旬随气温增高病斑逐渐增加，6月梅雨期至7月初病斑急剧增加，进入发病盛期。果实于5月上旬开始出现少量黑色的病斑，6月上旬病斑增大，6月中下旬果实龟裂，6月下旬病果开始脱落，7月下旬至8月上旬病果脱落最多。

（二）树势

树势强弱、树龄大小与发病关系也很密切。例如，梨品种‘二十世纪’，树龄在10年以内，树势健壮的发病都较轻；而树龄在10年以上，树势衰弱的发病常严重。此外，果园肥料不足或偏施氮肥、地势低洼、植株过密，均有利于此病的发生。

（三）品种

品种间发病程度有显著差异。一般日本梨系统的品种易感病，西洋梨次之，中国梨较抗病。日本梨系统的品种以‘二十世纪’发病最重，‘博多青’‘长十郎’‘明月’‘太白’次之，再次为‘八云’‘菊水’‘黄蜜’等，‘晚三吉’‘今村秋’‘赤穗’抗病性最强。

五、防治

梨黑斑病的防治应以加强栽培管理，提高树体抗病力为基础，结合做好清园工作，消灭越冬菌源，生长期及时喷药保护。

（一）做好清园工作

在果树萌芽前应做好清园工作，剪除有病枝梢，清除果园的落叶、落果，并集中烧毁。

（二）加强栽培管理

一般管理较好、施用有机肥料较多、树势健壮的梨园发病都较轻；反之，则发病较重。因此，各地应根据具体情况，在果园内间作绿肥或增施有机肥，促使梨树生长健壮，增强植株抵抗力。对于地势低洼、排水不良的果园，应做好开沟排水工作。在历年黑斑病发生严重的梨园，冬季修剪宜重，这样一方面可以增进树冠间的通风透光，另一方面可以大量剪除病枝梢，减少病菌来源。发病后及时摘除病果，减少侵染的菌源，在防治上也有一定的作用。

（三）喷药保护

于发芽前喷1次45%结晶石硫合剂300倍液，以杀灭枝干上的越冬病菌。在果树生长期，喷药次数要多一些，江浙一带一般在落花后至梅雨期结束前，即在4月下旬至7月上旬都要喷药保护。前后喷药间隔期为10d左右，共喷药7或8次。常用药剂有35%氟菌·戊唑醇悬浮剂2000～3000倍液，或3%多抗霉素可湿性粉剂150～600倍液，或50%多抗·喹啉铜可湿性粉剂800～1000倍液。喷药最好在雨前进行，雨后喷药效果较差。

此外，有条件地区可对果实进行套袋和选栽抗病品种。

第三节 梨、苹果锈病

梨、苹果锈病又名赤星病，以桧柏等植物为其转主寄主。两者分别由同属不同种的锈菌引起，彼此不能相互传染，但其危害特征、侵染循环及防治技术都基本相同。梨锈病在我国梨产区都有分布，而苹果锈病仅在东北、西北、华北等苹果产区有分布。以苹果、梨园附近有桧柏类树木栽培的风景区及城市郊区受害突出。梨锈菌还可为害棠梨、木瓜和山楂等植物，苹果锈菌仅为害苹果属植物。它们的转主寄主除桧柏外，还有欧洲刺柏、龙柏、圆柏、球桧、翠柏等树种。

一、症状

此病主要为害叶片、叶柄、新梢及幼果等幼嫩绿色组织。叶片受害，开始在叶正面发生橙黄色、有光泽的小斑点，数目不等。后渐扩大为近圆形的病斑，中部橙黄色，边缘淡黄色，最外面有一层黄绿色的晕，直径为4～5mm，大的可达7～8mm，表面密生橙黄色、针头大的小粒点，即病菌的性孢子器。天气潮湿时，其上溢出淡黄色黏液，即性孢子。黏液干燥后小粒点变为黑色。病斑组织逐渐变肥厚，叶片正面微凹陷，背面隆起。在隆起部位长出灰黄色的毛状物，即病菌的锈孢子器。一个病斑上可产生十多条毛状物。锈孢子器成熟后，先端破裂，散出黄褐色粉末，即锈孢子。叶片上病斑较多时往往早期枯焦或脱落。幼果受害，初期病斑大体与叶片上的相似。病部稍凹陷，病斑上密生初橙黄色后变黑色的小粒点。后期在同一病斑表面产生灰黄色毛状的锈孢子器。病果生长停滞，往往畸形早落。新梢、果实与叶柄被害时，症状与果实上的大体相同。

在转主寄主桧柏上，梨锈菌主要为害绿枝和鳞叶，而苹果锈菌则以小枝为主。起初病部出现淡黄色斑点，后稍隆起。在被害后的翌年3月，渐次突破表皮露出红褐色或咖啡色的圆锥形角状物，单生或数个聚生，此为病菌的冬孢子角。在小枝上发生冬孢子角的部位膨肿较显著。甚至在数年生的老枝上有时也出现冬孢子角，该部位膨肿更为显著。春雨后，冬孢子角吸水膨胀，成为橙黄色舌状胶质块，常称“胶化”，干燥时缩成表面有皱纹的污胶物。

二、病原

梨锈病和苹果锈病的病原分别为*Gymnosporangium asiaticum* Miyabe ex Yamada和*G. yamadai* Miyahe，均属担子菌门，胶锈菌属。病菌必须在两类不同寄主上完成其生活史。在梨、苹果、山楂、木瓜等寄主上产生性孢子器及锈孢子器；在桧柏、龙柏等转主寄主上产生冬孢子角。性孢子器扁烧瓶形或葫芦形，埋生于梨或苹果叶正面病组织表皮下，孔口外露，大小为（120～170）μm×（90～120）μm，内生有许多无色单胞纺锤形或椭圆形的性孢子，大小为（8～12）μm×（3～3.5）μm。锈孢子器丛生于梨或苹果叶病斑的背面或嫩梢、幼果和果梗的肿大病斑上，细圆筒形，长5～8mm，直径0.2～0.5mm。组成锈孢子器壁的护膜细胞长圆形或梭形，大小为（32～87）μm×（20～42）μm。外壁有长刺状突起，锈孢子器内生有很多的锈孢子。锈孢子球形或近球形，大小为（18～26）μm×（16～24）μm，橙黄色，表面有瘤状细点；冬孢子角红褐色或咖啡色，圆锥形，初短小，后渐伸长，一般长2～5mm，顶部宽0.5～2mm，基部宽1～3mm。冬孢子通常需要25d才能发育成熟。冬孢子纺锤形或长椭圆形，双胞，黄褐色，大小为（33～62）μm×（14～28）μm，在每胞的分隔处各有2个发芽孔，柄细长，其外表被有胶质，遇水胶化。冬孢子萌发时长出担子，4胞，每胞生一小梗，每小梗顶端生一担孢子。担孢子卵形，淡黄褐色，单胞，大小为（10～16）μm×（8～9）μm。

冬孢子萌发的温度范围为5～30℃，适温为17～20℃。担孢子萌发适宜温度为15～23℃。锈孢子萌发的最适温度为27℃。

三、病害循环

两种锈病的病害循环基本相同，它们均具有冬孢子、担孢子、性孢子及锈孢子4种类型的孢子，属于不完全型转主寄生锈菌。由于无夏孢子阶段，故不能发生再侵染。病菌以菌丝体在多年生桧柏病组织中越冬。一般在3月开始显露冬孢子角。春雨时，冬孢子角吸水膨胀，成为舌状胶质块。冬孢子萌发后产生担子，并在其上形成担孢子。担孢子随风飞散，传播距离为2.5～5km。自梨、苹果发芽展叶至花瓣凋落、幼果形成，担孢子散落在嫩叶、新梢、幼果上，在适宜条件下萌发产生侵染丝，直接从表皮细胞侵入，也可从气孔侵入。侵入过程约需数小时。在温度为15℃左右、有水的情况下，担孢子1h即可完成侵入。自展叶开始直至展叶后20d容易感染，展叶25d以上，叶片一般不再受感染。该病的潜育期为6～10d，其长短除受温度影响外，与叶龄也有密切关系。

病菌侵入、经潜育期后，在叶面呈现橙黄色的病斑，接着在病斑上长出性孢子器，产生性孢子。性孢子由孔口随蜜汁溢出，经昆虫传带至异性的性孢子器受精丝上，性孢子与受精丝互相结合，其雄核进入受精丝内完成受精作用，形成双核菌丝体。双核菌丝体向叶的背面发展，形成锈孢子器，产生锈孢子。锈孢子不能再为害梨或苹果树，转而侵害转主寄主桧柏的鳞叶或小绿枝，并在桧柏上越夏和越冬，至翌春形成冬孢子角。冬孢子角上的冬孢子萌发产生担孢子，它不能为害桧柏，只能为害梨或苹果树。

四、发病条件

（一）转主寄主

病害的轻重与桧柏的多少及距离远近有关，尤其与离梨、苹果栽培区1.5～3.5km范围内的桧柏关系最大。在有桧柏存在的条件下，病害的流行与否主要受气候因素的影响。

（二）气候

当梨、苹果芽萌发，幼叶初展时，如遇多雨天气，同时温度对冬孢子萌发适宜，就会有大量的担孢子飞散，阴雨连绵或时晴时雨，发病必重。在冬孢子萌发后，风力的强弱和风向都可影响孢子与梨、苹果树的接触，对发病也有重大影响。冬孢子发芽最盛期一般在4月上中旬，它常与梨、苹果盛花期一致。一般3月上中旬气温高，冬孢子成熟早。冬孢子膨胀发芽必须要有雨水，冬孢子堆成熟后，如当时梨、苹果发芽展叶后雨水多，冬孢子大量萌发，则梨、苹果锈病发生严重。一般来说，在梨、苹果展叶后，每逢一次雨量在15mm以上且持续2d相对湿度大于90%的天气，就发生一批侵染，每年的侵染多为2或3批。

（三）品种

一般中国梨最感病，日本梨次之，西洋梨最抗病。例如，慈梨、严州雪梨、杨山酥梨、‘二宫白’发病较重，鸭梨、三花梨、‘今村秋’‘明月’等次之，康德梨、开华梨、‘晚三吉’‘博多青’较抗病。

五、防治

（一）清除转主寄主

砍除梨、苹果园周围5km内的桧柏和龙柏等转主寄主是防治锈病最彻底有效的措施。因此，在发展新梨园时，应考虑附近有无桧柏存在，如桧柏很多，则不宜作梨、苹果园；如有零星的桧柏，应移除或彻底砍除。

（二）喷药保护

如梨、苹果园近风景区或绿化区，桧柏不宜砍除时，可喷药保护，或在桧柏上喷药，杀灭冬孢子。桧柏上喷药应在3月上中旬进行，以抑制冬孢子萌发产生担孢子。药剂可用石硫合剂。梨、苹果树上喷药，应在梨、苹果萌芽期至展叶后25d内喷药保护，即在担孢子传播侵染的盛期进行。长江流域一般在3月下旬，梨萌芽期开始第一次喷药，以后每隔10d左右喷1次，连喷2或3次；雨水多的年份应适当增加喷药次数。药剂可用1：2：（160～200）波尔多液，或30%唑醚·戊唑醇悬浮剂2000～3000倍液，或1.8%辛菌胺醋酸盐水剂160～320倍液。梨、苹果树在盛花期应避免喷施波尔多液，以防止发生药害。喷药以在雨前进行效果较好，为了防止药液被雨水淋失，可以在药液中加入黏着剂或展着剂。

第四节　梨其他病害

1. 梨树腐烂病

【**症状特点**】梨树腐烂病俗称臭皮病。西洋梨的一些品种，如巴梨、三季梨等高度感病，往往造成整株或整片果树的死亡。主要为害主枝和侧枝，病害发展情况和苹果树腐烂病相似。病疤上的黑色瘤状物一般较苹果腐烂病的小，直径约0.5mm。同时病部凹陷，与健部分界明显。病斑颜色也较苹果树上的深。

【**病原**】有性态为*Valsa ceratosperma*（异名*V. mali*），子囊菌门，黑腐皮壳属；无性态为*Cytospora ambiens*，无性型真菌，壳囊孢属。病原的形态与苹果树腐烂病菌相似。最新研究结果表明，*V. mali*是引起我国梨腐烂病和苹果腐烂病的主要病原菌，*V. mali*又分为两个变种：梨腐烂病菌为*V. mali* var. *pyri*；而引起苹果腐烂病的有*V. mali* var. *pyri*和*V. mali* var. *mali*，甚至有部分*V. malicola*。病菌以菌丝体、孢子器及子囊壳在枝干病部越冬。

【**防治要点**】与苹果树腐烂病相同。

2. 梨褐斑病

【**症状特点**】又称斑枯病、白星病，仅为害叶片。最初在叶片上形成圆形或近圆形褐色病斑，以后逐渐扩大。发病严重的叶片往往病斑有数十个之多，后相互愈合呈不规则形褐色斑块。病斑初期为褐色，后期中间褪成灰白色，密生黑色小点，周围褐色，最外层则为黑色。

【**病原**】有性态为*Mycosphaerella sentina*，子囊菌门，球腔菌属；无性态为*Septoria piricola*，无性型真菌，壳针孢属。病菌以分生孢子器及子囊果在落叶的病斑上越冬。翌春通过风雨传播。

【**防治要点**】①冬季扫除落叶，集中烧毁，或深埋于土中，以杜绝病源。②在梨树丰产后，应增施肥料，促使树势生长健壮，提高抗病力。雨后注意园内排水，降低果园湿度，控制病害发展。③早春在梨树萌芽期，约3月中下旬，结合梨锈病防治，喷施1：2：（160～200）波尔多液；落花后，当病害初发时，约于4月中下旬喷第二次药，药剂及浓度同上；在多雨、有利于病害盛发的年份，可于5月上旬再喷一次波尔多液。其中，喷药重点为落花后的一次。

3. 梨白粉病

【**症状特点**】一般为害老叶，7、8月于叶片的背面发生圆形或不规则形的霉斑，逐渐扩大，直至叶背布满白色粉状物。9、10月，当气温逐渐下降时，在白色粉状物上长出很多黄褐色小点，后期变为黑色的闭囊壳。发病严重时，造成早期落叶。

【**病原**】*Phyllactinia pyri*，属子囊菌门，球针壳属。病菌以闭囊壳在落叶上或黏附在枝梢上越冬，通过风雨传播。

【防治要点】①冬季清扫落叶，集中烧毁或深埋土中；②梨树发芽前喷施一次石硫合剂；③发病严重的果园可喷70%甲基硫菌灵1000～1500倍液，或25%三唑酮1500倍液。

4. 梨叶炭疽病

【症状特点】为害叶片，初在叶面发生褐色圆形的病斑，渐变成灰白色，常有同心轮纹。发病严重时，多数病斑相互愈合成不规则的褐色斑块。天气潮湿时在病斑上形成许多淡红色的小点，后变为黑色点。

【病原】*Colletorichum piri*，属无性型真菌，炭疽菌属。病菌以菌丝体在落叶上过冬，第二年产生分生孢子，通过风雨传播。

【防治要点】①冬季清扫落叶，集中烧毁或深埋土中；②增施肥料，促使树势生长健壮，提高抗病力；③结合锈病或黑星病防治，喷1∶2∶200波尔多液或70%甲基硫菌灵1000～1500倍液。

5. 梨和洋梨干枯病

【症状特点】梨干枯病：苗木受害，初于枝干部表面生圆形、暗色水渍状斑点，后逐渐扩大成椭圆形、梭形赤褐色病斑。病部逐渐下陷，病健部交界处发生裂缝，后在病斑表面长出很多黑色小粒点，即病菌的分生孢子器。当病斑继续扩展，凹陷部超过整个枝干直径1/2时，病部以上枝干即逐渐枯死。遇到大风时，枝干易在病部折断。成年梨树主干及枝干部都能受害，症状与苗木上相似。严重时病部下陷，树皮开裂、翘起，露出木质部，往往引起整个分枝枯死，在病死树皮上散生很多黑色的细小粒点。

洋梨干枯病：当年生的结果枝被害，初在果枝基部产生红褐色的病斑，后病斑向上下、四周扩展。向上扩展时，短果枝上的花枯死而变黑，故有黑病之称。如向四周扩展时，则使果枝基部环缢而上部枯死。在发育枝上有时形成溃疡斑。幼树发病，一般在接近地面3～6cm处的树皮发黑，逐渐环缢树干，造成幼树死亡。在老树上，只有在二年及三年生的枝条上可以见到病斑及溃疡，四年以上的枝干病斑已不再发展。树皮因木栓化而表面开裂，有些老病斑常随着树皮的开裂而脱落。

【病原】梨干枯病菌：*Phomopsis fukushii*，属无性型真菌，拟茎点霉属。病菌以多年生菌丝体及分生孢子器在被害枝干上越冬。

洋梨干枯病菌：有性态为*Diaporthe ambigua*，子囊菌门，间座壳属；无性态为*Phomopsis* sp.，无性型真菌，拟茎点霉属。洋梨干枯病菌以菌丝体在有病枝条溃疡部及芽部越冬，也可以分生孢子器及子囊壳在病部越冬。

上述两种病菌均通过雨水传播，由新芽和伤口侵入。

【防治要点】①凡运入其他果区的苗木，必须经过严格检验，有病的苗木禁止外运。②已发病的苗木，可于发病初期刮除病部，用100倍乙蒜素溶液消毒伤口，外涂波尔多液保护。也可不刮除病斑，而用刀纵向划几条，然后涂刷50倍乙蒜素溶液。在苗木生长期，可喷施1∶2∶200波尔多液。成年树枝干上发病的情况与梨轮纹病相似，可参照梨轮纹病的防治。③对生长衰弱的梨树，应增施肥料。注意果园卫生，结合冬季修剪，剪除病枝或枯枝，加以烧毁，并喷1次石硫合剂。

6. 梨褐色膏药病

【症状特点】在枝干上着生圆形或不规则形的菌膜，如膏药状，栗褐色或褐色，表面为天鹅绒状。菌膜边缘绕有一圈较狭的灰白色薄膜，以后色泽变紫褐色或暗褐色。

【病原】*Helicobasidium tanakae*，属担子菌门，卷担菌属。病菌以菌膜在被害枝干上越冬，通过风雨和昆虫传播。生长期病菌以介壳虫的分泌物为养料，故介壳虫发生严重的果园，病害发生较多。

【防治要点】①及时防治介壳虫；②刮除菌膜，用小刀刮除枝干上菌膜，再涂抹石硫合剂。

7. 梨灰色膏药病

【症状特点】在枝干上着生圆形或不规则形的菌膜，如膏药状，灰白色或暗灰色，表面比较光滑。后期色泽由灰白色变为紫褐色或黑色。

【病原】*Septobasidium pedicsllatum*，属担子菌门，隔担菌属。病菌以菌膜在被害枝干上越冬，通过风雨和昆虫传播。

【防治要点】同梨褐色膏药病。

8. 梨火疫病

【症状特点】此病国内未见有报道，但在美国、加拿大、日本及欧洲等地都有发生。花器被害呈萎蔫状，深褐色，并可向下蔓延至花柄，使花柄呈水渍状。叶片发病，先叶缘开始变黑色，后沿叶脉发展，终至全叶变黑萎凋。病果初生水渍状斑，后变暗褐色，并有黄色黏液溢出，最后病果变黑而干缩。枝干被害，初呈水渍状，有明显的边缘，后病部凹陷呈溃疡状，色泽褐色至黑色。

【病原】*Erwinia awylovora*，欧文氏菌属细菌。病菌在枝干病部越冬，通过昆虫和雨水传播。

【防治要点】①加强检疫；②冬季剪除病梢及刮除枝干上的病疤，加以烧毁、深埋，并喷施高浓度铜制剂，以降低果园病原菌群体密度和初侵染源；③花期发现病花，立即剪除；④在发病前喷施1∶2∶（160～200）波尔多液，14%络氨铜水剂350倍液，隔10～15d喷1次；⑤及时防治传病昆虫。

9. 梨顶腐病

【症状特点】又称蒂腐病，一般发生于洋梨品种上，如巴梨、三季梨等。幼果期即开始发病，初在果实萼洼周围出现淡褐色稍湿润的晕环，逐渐扩大，颜色加深。严重时病斑可及果顶的大半部，病部黑色质地坚硬，中央灰褐色。有时因感染其他杂菌而腐烂，以致病果大量脱落。

【病原】该病是一种生理性病害。用杜梨作砧木，嫁接洋梨，两者亲和力不足，在梨树进入结果期后树势衰弱，顶腐病发生较多。

【防治要点】①用鹿梨作砧木嫁接洋梨，树势较强，顶腐病发生少；②加强果园肥水管理，促使树势生长健壮，提高梨树抗病力。

10. 梨黑心病

【症状特点】鸭梨在贮藏期发生较多。当鸭梨置于0℃冷风库贮藏30～50d后就会发病。病变初期可在果心外皮上发现褐色斑块，待褐变逐步扩展到整个果心严重时，果肉部分也会出现界线不明的褐变，风味变劣，严重影响鸭梨贮藏保鲜的时间和品质。这种果心的逐步褐变，在果实外观上往往没有明显的反应。

【病原】因发病时期和贮藏条件的不同，可分为早期黑心病和晚期黑心病两种。前者在入冷库30～50d后发病，初步认为是由低温伤害引起；后者一般发生在土窖贮藏条件下，大多出现在翌年春节前后，初步认为可能与果实自然衰老有关。根据对果实中酶的测定，鸭梨果心褐变主要由多酚氧化酶引起，酶促使氧化褐变反应。

【防治要点】①冷库贮藏时，采取逐步降温的方法，可减轻由于低温伤害所引起的早期黑心病；②适时采收，及时入库贮藏和改善贮藏条件，以推迟果实衰老的时期。

第十章　桃李杏病害

桃树在我国栽培较多，为害桃树的病害有50多种，其中以褐腐病和穿孔病发生最普遍，危害较严重。炭疽病在早熟桃品种上严重发生，造成很大的损失。近年来桃树流胶病和枝枯病有加重的趋势。缩叶病在桃树萌芽期遇低温多雨的年份常发生严重，对树势和产量影响较大。腐烂病在局部地区的果园发生较重，可造成桃树大量枯死。细菌性根癌病一般为害果树苗木，引起一定程度的损失。李、杏、梅、樱桃等与桃同为李属（*Prumus* sp.），通称核果类，其发生的病害多与桃树病害相同，仅极少数病害的病原菌属于同属不同种。

第一节　桃 褐 腐 病

桃褐腐病是桃树的重要病害之一。我国桃树栽培区均有分布，尤以长江流域和沿海地区的桃区发生最重。病害发生状况与虫害关系密切。果实生长后期，若果园虫害严重，又遇上多雨潮湿年份，褐腐病常流行成灾，引起大量落果、烂果。受害果实不仅在果园中相互传染危害，还可在贮运期中继续传染发病，造成很大损失。桃褐腐病菌除为害桃外，还能侵害李、杏、樱桃等核果类果树。

一、症状

桃褐腐病能为害桃树的花、叶、枝梢及果实，其中以果实受害最重。在低温高湿时，花极易被害。花部受害常自雄蕊及花瓣尖端开始，先发生褐色水渍状斑点，后逐渐蔓延到全花，随即变褐而枯萎，似霜害状，表面丛生灰霉。嫩叶受害，自叶缘开始，病部变褐萎垂，一般不生霉层。侵害花与叶的菌丝，可通过花梗与叶柄逐步蔓延到果梗和新梢上，形成溃疡斑。病斑长圆形，中央稍凹陷，灰褐色，边缘紫褐色，常发生流胶。当溃疡斑扩展环割一周时，上部枝条即枯死。气候潮湿时，溃疡斑上可生灰色霉丛。幼果至成熟期均可受害，但以果实越近成熟受害越重。果实被害最初生褐色圆形病斑，如环境适宜，病斑在数日内便可扩及全果，果肉随之变褐软腐。后在病斑表面生灰褐色绒状霉丛，常呈同心轮纹状排列，病果腐烂后易脱落，失水后变成僵果，悬挂枝上经久不落。僵果为一个大的假菌核，是病菌越冬的重要场所。

二、病原

有性态为*Monilinia fructicola*（Wint.）Honey和*W. laxa*（Aderh et Ruhl）Honey，子囊菌门，核盘菌属，两者都能引起褐腐病。病部长出的霉丛为病菌的无性态*Monilia laxa*（Ehrenb.）Sacc. et Vogl，无性型真菌，丛梗孢属。分生孢子无色，单胞，柠檬形或卵圆形，大小为（10～27）μm×（7～17）μm，在梗端连续成串生长。分生孢子梗较短，分枝或不分枝。

病菌有性态形成子囊盘，*M. fructicola*一般情况下不常见，主要侵害桃果实引起果腐；

*W. laxa*在国内未见有报道。子囊盘由地面越冬的僵果上产生，漏斗状，盘径1～1.5μm，紫褐色，具暗褐色柄，柄长20～30mm。僵果萌发可产生1～20个子囊盘，盘内表生一层子囊。子囊圆筒形，大小为（102～215）μm×（6～13）μm，内生8个子囊孢子。子囊间长有侧丝，丝状，无色，有隔膜，分枝或不分枝。子囊孢子无色，单胞，椭圆形或卵形，大小为（6～15）μm×（4～8）μm。病菌发育最适温度为25℃左右，10℃以下或30℃以上，菌丝发育不良。分生孢子在15～27℃下形成良好，在10℃或30℃都能萌发，20～25℃适宜。

三、病害循环

病菌主要以菌丝体在僵果或枝梢的溃疡部越冬。日本报道桃缩叶病病叶也是重要的传染源。悬挂在树上或落于地面的僵果，翌年都能产生大量的分生孢子，借风、雨、昆虫等传播，引起初侵染。分生孢子萌发产生芽管，经虫伤、机械伤和皮孔侵入果实，也可直接从柱头、蜜腺侵入花器造成花腐，再蔓延到新梢。在适宜的条件下，病部长出大量分生孢子引起再侵染。在贮藏期病果与健果相接触，也可引起健果发病。

四、发病条件

（一）环境因素

桃树开花期及幼果期如遇低温多雨，果实成熟期又遇温暖、多云雾、高湿度的环境条件，常发病严重。一般温度高于25℃时，病害潜育期仅2d左右，病势发展迅速。前期低温潮湿容易引起花腐；后期温暖多雨多雾则易引起果腐。桃蟒象和桃食心虫等危害的伤口常给病菌造成侵入的机会。树势衰弱、管理不善、地势低洼或枝叶过于茂密、通风透光较差的果园发病较重。果实贮运中如遇高温高湿，则有利病害发展，所致损失更重。

（二）品种

一般成熟后质地柔嫩、汁多、味甜、皮薄的品种比较感病，表皮角质层厚、果实成熟后组织保持坚硬状态者抗病力较强。

五、防治

（一）消灭越冬菌源

结合修剪做好清园工作，彻底清除僵果、病枝，集中烧毁。同时进行深翻将地面病残体深埋地下。

（二）及时防治害虫

如桃蟒象、桃食心虫、桃蛀螟等，应及时喷药防治。有条件的果园可在5月上中旬进行套袋以保护果实。

（三）喷药保护

桃树对化学药剂的反应较敏感。在发芽前喷石硫合剂。一般开花前及落花后10d左右各喷1次24%腈苯唑2500～3200倍液，或38%唑醚·啶酰菌胺水分散粒剂，或10%小檗碱盐酸盐可湿性粉剂800～1000倍液。花腐发生多的地区，在开花约20%时需加喷1次。不套袋的果实，在第二次喷药后，间隔10～15d再喷1或2次，直至果实成熟前1个月左右再喷1次药。

第二节 桃炭疽病

桃炭疽病是桃树果实上的重要病害之一。我国核果栽培区都有分布，尤以长江流域及沿海、沿湖高湿温暖地区发病重。流行年份造成严重落果，特别是幼果期多雨潮湿的年份，损失更为突出。

一、症状

炭疽病主要为害果实，也能侵害叶片和新梢。幼果硬核前染病，初期果面呈淡褐色水渍状斑，后随果实膨大病斑也扩大，圆形或椭圆形，红褐色并显著凹陷。气候潮湿时在病斑上长出橘红色小粒点。被害果除少数干缩残留枝梢外，绝大多数都在5月间脱落，重者落果占全树总果数80%以上，个别果园甚至全部落光。果实近成熟期发病，果面症状除与前述相同外，其特点是果面病斑显著凹陷，呈明显同心轮纹状皱缩，最后果实软腐，多数脱落。新梢被害后，出现暗褐色略凹陷长椭圆形的病斑，亦生橘红色小粒点。病梢多向一侧弯曲，叶片萎蔫下垂纵卷成筒状。严重的病枝常枯死。病重的果园可在开花前后出现大批果枝陆续枯死的现象。

二、病原

胶孢炭疽菌 *Colletotrichum gloeosporioides*(Penz.)Sacc.，属无性型真菌，炭疽菌属。病部橘红色小粒点为分生孢子盘。分生孢子梗无色，无隔，线状，集生于分生孢子盘内，大小为（17～20）μm×（4～5）μm。分生孢子长椭圆形，单胞，内含两个油球，大小为（16～23）μm×（6～9）μm。病菌发育最适温度为24～26℃，最低4℃，最高33℃。分生孢子萌发最适温度为26℃，最低9℃，最高34℃。

三、病害循环

病菌主要以菌丝体在病梢组织内越冬，也可在树上僵果中越冬。第二年早春产生分生孢子随风雨、昆虫传播，侵害新梢和幼果，引起初侵染。该病危害时间较长，在桃的整个生长期都可引起再侵染。江苏一般在5月上旬开始发病，6～7月发生最盛。浙江多在4月下旬幼果期开始发病，5月为发病盛期，受害最烈，常造成大量落果，6月病情基本停止发展。但果实接近成熟期遇高温多雨气候时发病也严重。北方一般于5、6月间开始发病，若果实成熟期多雨，发病常严重。

四、发病条件

（一）气候

桃树开花及幼果期低温多雨，有利于发病；至果实成熟期，则以温暖、多云雾、高湿的环境发病较重。通常5月以后气温适宜，影响发病的因子主要是雨日数。一般年份清明节以后雨水较多，使易感病的幼果受害；6月上旬入梅以后的天气，更适于迅速膨大及将近成熟的果实受害。故连续降雨或有重露浓雾时，几天后此病就会暴发。

（二）品种

桃品种间的抗病性有很大差异，一般早熟种和中熟种发病较重，晚熟种发病较轻。‘早生水蜜’‘小林’‘太仓’‘锡蜜’、六林甜桃，以及黄肉罐桃5号、14号等均为易感病品种；‘白凤’和‘橘早生’次之；‘岗山早生’‘玉露’‘白花’等抗病力较强。

（三）管理水平

管理粗放、留枝过密、土壤黏重、排水不良及树势衰弱的果园发病都较重。

五、防治

防治必须抓早和及时，在芽萌动到开花期要及时剪去陆续出现的枯枝，同时抓紧在果实最感病的4月下旬至5月进行喷药保护，这是防治该病的关键性措施。

（一）加强果园管理

结合冬季修剪，彻底清除树上的枯枝、僵果和地面落果，集中烧毁，以减少越冬菌源。芽萌动至开花前后要反复地剪除陆续出现的病枯枝，并及时剪除以后出现的卷叶病梢及病果，防止病部产生孢子进行再侵染。合理修剪既能复壮树势，又能通风透光。避免果园积水，加强管理，做好疏果、套袋等措施。

（二）药剂防治

重点是保护幼果和消灭越冬菌源。用药时间应抓紧在雨季前和发病初期进行。芽萌动期喷洒1：1：100波尔多液或石硫合剂。落花后至5月下旬，每隔10d左右喷药1次，共喷3或4次。其中以4月下旬至5月上旬的两次最重要。药剂可用70%甲基硫菌灵可湿性粉剂1000倍液，或50%多菌灵可湿性粉剂1000倍液。

（三）选栽抗病品种

发病严重的地区可选栽‘岗山早生’和‘白花’等抗病性较强的品种。

第三节 桃穿孔病

桃穿孔病是桃树上常见的叶部病害，包括细菌性穿孔病和真菌性的霉斑穿孔病与褐斑穿孔病。全国各桃产区都有发生，在沿海滨湖地区和排水不良的果园及多雨年份，细菌性穿孔病常严重发生，如防治不及时，易造成大量落叶，削弱树势和产量并影响第二年的结果。霉斑穿孔病和褐斑穿孔病分布也较广，苏北地区有时危害也较重，引起桃叶脱落和枝梢枯死。3种穿孔病除为害桃树外，还能侵害李、杏、梅、油桃和樱桃等核果类果树。

一、症状

（一）细菌性穿孔病

主要为害叶片，也能侵害果实和枝梢。叶片发病，初为水渍状小点，扩大后呈圆形或不规则形病斑，紫褐色至黑褐色，大小2～5mm。病斑周围呈水渍状并有黄绿色晕环，之后病斑干枯，病健交界处发生一圈裂纹，脱落后形成穿孔，或一部分与叶片相连。枝条受害后，产生两种不同的溃疡病斑。春季溃疡发生在上一年夏秋病菌就已感染的枝条上，病斑油渍状，稍带褐色，略隆起，因病斑很小，当时不明显。翌春在第一批新叶出现时，枝条上形成暗褐色小疱疹，直径约2mm，后扩展至1～10cm，宽多不超过枝条直径的一半，有时可造成梢枯现象。开花前后，病斑表皮破裂，病菌溢出，成为初侵染的主要来源。夏季溃疡多于夏末发生在当年抽生的嫩枝上，以皮孔为中心形成水渍状暗紫色斑点，后病斑变为褐色至紫黑色，圆形或椭圆形，稍凹陷，边缘呈水渍状，不易扩展。果实发病，产生暗紫色、中央稍凹陷、边缘水渍状的圆斑。天气潮湿时，病斑上出现黄白色菌脓；干燥时常发生裂纹。

（二）霉斑穿孔病

侵染叶片、枝梢、花芽和果实。叶上病斑初淡黄绿色后变为褐色，圆形或不规则形，直径5～10mm。病斑最后穿孔。幼叶被害时大多焦枯，不形成穿孔。潮湿时病斑背面产生白色霉状物。侵染枝梢时以芽为中心形成椭圆形病斑，边缘褐紫色，并发生裂纹和流胶。果实上病斑初为紫色，渐变为褐色，边缘红色，中央渐凹陷。

（三）褐斑穿孔病

侵害叶片、新梢和果实。在叶片两面产生圆形或近圆形病斑，直径5mm以上，边缘清晰略带环纹，外围有时呈紫色或红褐色。后期在病斑上产生灰褐色霉状物，中部干枯脱落形成穿孔。病斑穿孔的边缘整齐，穿孔多时即行落叶。新梢和果实上病斑与叶面相似，均可产生灰色霉状物。

二、病原

（一）细菌性穿孔病

树生黄单胞菌李致病变种*Xanthomonas arboricola* pv. *pruni*（Smith）Dye，黄单胞菌属细菌。菌体短杆状，大小为（1.6～1.8）μm×（0.2～0.8）μm。两端圆，单极生1～6根鞭毛，有荚膜，无芽孢。革兰氏染色反应阴性。

（二）霉斑穿孔病

嗜果刀孢菌*Clasterosporium carpophilum*（Lev）Aderh，无性型真菌，刀孢属。分生孢子梗有隔，暗色。分生孢子菱形、椭圆形或纺锤形，有1～6个分隔，稍弯曲，淡褐色，大小为（23～62）μm×（12～18）μm。

（三）褐斑穿孔病

核果假尾孢菌*Cercospora circumscissa*（Sacc.）Liu et Guo，无性型真菌，尾孢属。分生孢子梗着生于子座上，10～16根成束生长，橄榄色，不分枝，直立或弯曲，0或1个分隔，大小为（14～42）μm×（3～4.5）μm。分生孢子细长，倒棍棒状或圆柱形，棕褐色，直立或微弯，3～12个分隔，大小为（24～120）μm×（3～4.5）μm。

三、病害循环及发病条件

细菌性穿孔病的病原细菌主要是在枝条的春季溃疡病斑内越冬。翌春随气温上升潜伏在病组织内的细菌开始活动，桃树开花前后病菌从病组织中溢出，借风雨或昆虫传播，从叶片的气孔、枝条及果实的皮孔侵入。叶片一般于5月间发病，夏季干旱时病势进展缓慢，至秋雨季节又发生后期侵染。病菌潜育期因气温高低和树势强弱而不同：当温度在25～26℃时4～5d，20℃时为9d，19℃时为16d；树势强时潜育期可达40d。温暖、雨水频繁或多雾季节适于病害发生，树势衰弱或排水、通风不良及偏施氮肥的果园发病都较重。品种以晚熟种‘玉露’‘太仓’和肥城桃、早生水蜜桃等发病重；早熟种如‘小林’等发病较轻。

霉斑穿孔病以菌丝和分生孢子在被害枝梢或芽内越冬。第二年春季病菌借风雨传播，先侵染幼叶，产生新的孢子后再侵染果实和枝梢。病菌潜育期在日平均温度达19℃时为5d。低温多雨适于此病发生。

褐斑穿孔病主要以菌丝体在病叶上越冬，也可在枝梢病组织内越冬。翌春随气温回升和降雨形成分生孢子，借风雨传播，侵染叶片、新枝和果实。春暖潮湿、秋雨多的年份发病重。

四、防治

（一）加强果园管理

冬季结合修剪，彻底清除枯枝、落叶、落果等集中烧毁。注意果园排水，合理修剪，使果园通风透光良好。增施有机肥料，避免偏施氮肥。

（二）避免与核果类果树混栽

核果类果树如混栽在同一园内，在管理和防病上困难较多。尤其是杏树和李树对细菌性穿孔病的感病性很强，往往成为果园内的发病中心，继而传染给周围的桃树。

（三）喷药保护

在果树发芽前，喷洒石硫合剂或1∶1∶100波尔多液，在5、6月可喷洒20%春雷霉素水分散粒剂2000～3000倍液，或40%戊唑噻唑锌悬浮剂800～1200倍液，或60%唑醚代森联水分散剂1000～2000倍液等，对3种穿孔病均有效。此外，20%噻菌铜悬浮剂300～700倍液可用来防治桃细菌性穿孔病，325g/L苯甲嘧菌酯悬浮剂1500～2000倍液可用来防治桃真菌性穿孔病。

第四节 桃其他病害

1. 桃枝枯病

【**症状特点**】主要为害桃树枝条，在新梢基部位置出现棕褐色至黑褐色病斑，病部略凹陷。当病斑环绕枝条一周后，枝条病部以上叶片枯萎，枝条枯死，有的枝条发病部位伴有小团流胶产生。后期枝条病斑变灰黑色，病部可见许多微小突起的小黑点，为病菌的子座或分生孢子器。雨后或潮湿天气时，枝条背阴面的小黑点上能分泌乳黄色黏液，即病菌分生孢子，风干后形成淡黄色至黄色的分生孢子角。该病于4～5月发病，6～7月为发病高峰，温暖（20～25℃）潮湿（相对湿度＞95%）的天气有利于病害的发生。

【**病原**】*Phomopsis amygdali* Tuset & Portilla，属无性型真菌，拟茎点霉属。气生菌丝絮状，后期能聚集形成黑褐色子座，子座内生黑色球形或不规则形的分生孢子器。分生孢子器有孔口，孔口内可分泌乳黄色孢子液。分生孢子有两种：甲型分生孢子梭形，两端略尖，单胞，无色，多含两个油球，大小为（5.5～8.9）μm×（0.9～3.2）μm；乙型分生孢子线形，单胞，无色，大小为（21.7～32.6）μm×（0.2～0.3）μm。分生孢子梗有隔，一次合轴分枝。病菌最适生长温度为20～25℃，最适pH为6.0～7.0。

【**防治要点**】①冬季结合修剪，彻底清除枯枝，保证留枝不过密。枯枝、落叶等要带出田外销毁。适时清沟理墒，降低果园湿度。②病害发生初期，用10%苯醚甲环唑水分散粒剂1000～1500倍液，430g/L戊唑醇3000～4000倍液，40%咪鲜胺水乳剂1000～1500倍液喷施3或4次，每次间隔10～15d。

2. 桃缩叶病

【**症状特点**】以为害桃树幼嫩叶片为主，也可为害嫩梢。春季嫩梢刚出就显现卷曲状，变红色。随叶渐开展，卷曲皱缩加剧，叶增厚变脆，呈红褐色，严重时枝梢枯死。春末夏初叶表面生一层灰白色粉状物。最后叶发黑枯焦脱落。

【**病原**】*Taphrina deformanas*，属子囊菌门，外囊菌属。叶面白色粉状物为病菌的子囊层。病菌在芽鳞和枝干皮层上越冬，借气流传播，一般没有再侵染。

【**防治要点**】①在萌芽前以45%晶体石硫合剂100倍液、1：1：100波尔多液，或70%代森锰锌可湿性粉剂500倍液喷雾；②在病叶初见而未形成白粉状物前及时摘除集中深埋；③对皱缩不严重的植株喷施70%代森锰锌可湿性粉剂500倍液，并加入叶面肥磷酸二氢钾，每隔7～10d喷一次，连喷2或3次；④在病害流行地区，选栽较抗病品种。

3. 桃褐锈病

【**症状特点**】桃叶被害后，在叶背面长出小圆形褐色疱疹状斑（夏孢子堆），稍微隆起，破裂后散出黄褐色粉末。后期在背面产生褐色小点（冬孢子堆）。病害严重时叶片枯黄脱落。

【**病原**】*Tranzschelia pruni-spinosae*，属担子菌门，瘤双胞锈菌属。病菌为一种全孢型转主寄生锈菌。中间寄主为毛茛科白头翁和唐松草属植物。以冬孢子在落叶中越冬。在温暖地区也能以夏孢子越冬。

【**防治要点**】①冬季结合清园彻底清除落叶，集中烧毁；②生长季节可结合桃树其他病害进行喷药保护。

4. 桃白锈病

【**症状特点**】桃叶被害，叶正面产生暗紫褐色边缘不明显的近圆形或不规则形病斑，中部褪绿成淡黄色。在病斑相应的叶背面，散生淡褐色微隆起的小疤疹，即病菌的夏孢子堆，破裂后散出淡褐色粉末。发病后期在叶背病部长出白色的小疤疹，即病菌的冬孢子堆。

【病原】 *Leucotelium prunipersicae*，属担子菌门，不休双胞锈属。病菌为转主寄生的锈菌。转主寄主为天葵。锈菌在天葵上产生性孢子和锈孢子，在桃叶上产生夏孢子和冬孢子，以菌丝体在天葵病叶上越冬。

【防治要点】 ①清除桃园及附近杂草，铲除中间寄主天葵；②4～5月结合桃树其他病害防治，喷70%代森锰锌可湿性粉剂500倍液2或3次。

5. 桃白霉病

【症状特点】 叶背生白色霉斑，严重时叶背密布方块状白色霉层，如被浓霜；病斑正面叶色褪绿，具轮廓不甚明显的淡黄褐色斑纹。

【病原】 *Cercosporella persicae*，属无性型真菌，小尾孢属。以菌丝体在落叶上越冬。

【防治要点】 ①冬季结合清园收集落叶烧毁；②发芽前喷洒石硫合剂，生长期结合防治其他叶部病害进行喷药保护。

6. 桃白粉病

【症状特点】 叶片及幼果上初呈圆形小霉斑，扩大后病斑合并，上生白色粉状物。秋后病叶的正反面出现黑色小颗粒为闭囊壳。

【病原】 一种为*Podosphaera tridactyla* Wallr de Bary，属子囊菌门，单囊壳属；另一种为*Sphaerotheca pannosa*（wal.）Leveille var. *persicae* Worornichi，属子囊菌门，单丝壳属。前者除可侵染桃外，还可侵染杏、李、樱、梅和樱花等；后者只能侵染桃和扁杏。

【防治要点】 同苹果白粉病。

7. 桃花叶病

【症状特点】 在春季，桃树抽出的叶片表现为花叶症状。症状有时表现在局部，有时则全株皆发病。被害植株展叶延迟，叶片狭而小，具淡黄及浓绿相间的斑驳。枝条节间缩短，呈簇状，严重病株大枝出现溃疡。果实畸形或不结实。感病品种的叶、花及果实明显畸形，而抗病品种只表现不甚明显的斑驳症状。

【病原】 由桃潜隐花叶类病毒（peach latent mosaic viroid，PLMVd）引起。病害寄主范围很广，除桃外，还可为害杏、李、梅及其他李属植物，但不侵害樱桃。病毒可通过各种组织结合而传播，如嫁接传播，蚜虫、瘿螨等也可传播。

【防治要点】 ①在局部地区发现病株及时挖除销毁，防止扩散；②必须从无病母树选取接穗；③增施有机肥，合理修剪，增加树势，提高桃树抗病能力；④加强对果园害虫的防治，在蚜虫发生期可用10%吡虫啉可湿性粉剂2000～3000倍液、20%氟啶虫酰胺悬浮剂3000～5000倍液和50%氟啶虫胺腈水分散粒剂15 000～20 000倍液喷雾。

8. 桃黄化病

【症状特点】 幼树上潜芽常开展，长出细小的黄色叶片。大树叶片表现深绿及浅绿色相间的斑驳。接近嫩梢处的叶片，早期表现为明脉状。老叶有卷曲下垂的倾向，略带黄褐色。病势加重后，出现许多鸡爪状叶。叶芽常提前开展，长出纤细的枝梢，其顶芽也不休眠而抽出狭条状的黄色叶片。全株出现许多扫帚状的丛生枝。病树果实早熟，色泽较深，皮上有时带有红色或紫色斑点。

【病原】 由桃黄化病植原体侵染引起。除为害桃外，还侵染杏、青梅、油桃、李。病菌可以通过嫁接传播，最有效的接种方法是芽接法，但芽接的潜育期可长达1～3年之久。在自然情况下，黄化病由桃一点叶蝉传播。

【防治要点】①采用无病健芽进行嫁接。②接穗消毒：将接穗放在50℃温水中浸5min，可消灭病菌。已嫁接的苗木，可在冬季休眠时在50℃温水中浸10min，也可治愈。③于叶蝉发生期用1.5%除虫菊素水乳剂600～1000倍液喷雾，可有效阻止昆虫传播。

9. 桃疮痂病

【症状特点】又称黑星病。病菌主要为害果实，果实发病多在果肩部，先产生暗褐色圆形小点，后呈黑痣状斑点，直径为2～3mm，严重时病斑聚合成片，常发生龟裂。果梗受害，果实常早期脱落。新梢受害，呈长圆形、浅褐色到暗褐色病斑，常发生流胶。

【病原】无性态为*Cladosporium carpophilum*，无性型真菌，枝孢属；有性态为*Venturia carpophilum*，子囊菌门，黑星菌属。病菌以菌丝体在枝梢病部越冬，经风雨传播。

【防治要点】可结合桃褐腐病进行防治。

10. 桃菌核病

【症状特点】主要发生在幼果期，也发生在近成熟期的果实上。病斑初呈水渍状，条件适宜时病斑很快扩大，全果腐烂后，表面布满白色、后呈黑色如鼠粪状的菌核。病果多成僵果，挂在树上或落于地面。

【病原】*Sclerotinia sclerotiorum*，子囊菌门，核盘菌属。病菌以菌核在树上或脱落于地面的僵果表面越冬，也可以菌核在地面越冬，翌年在桃树开花期菌核萌发抽生子囊盘，释放子囊孢子，成为初侵染来源。

【防治要点】同桃褐腐病。

11. 桃灰霉病

【症状特点】多发生在幼果上，果面变褐，后在病部表面密生灰色霉层。最后病果干缩脱落，并在表面形成黑色小菌核。

【病原】*Botrytis cinerea*，无性型真菌，葡萄孢属。病菌以菌核及分生孢子在病果上越冬。

【防治要点】①及时清除树上和地面的病果，集中深埋或烧毁；②落花后及时喷布20%吡噻菌胺悬浮剂1500～3000倍液、500g/L异菌脲悬浮剂750～800倍液或43%腐霉利悬浮剂700～1300倍液。

12. 桃实腐病（腐败病）

【症状特点】初发病时，于果实表面出现褐色水渍状斑点，后病斑继续扩大，变成污白色，边缘褐色，果肉腐烂。后期病部失水干缩，其上密生污白色至黑色小粒点，此为病菌的分生孢子器。

【病原】*Phomopsis amygdalina*，属无性型真菌，拟茎点霉属。病菌以分生孢子器在树上的僵果或在地上的病果中越冬。

【防治要点】同桃褐腐病。

13. 桃软腐病

【症状特点】病果呈淡褐色软腐，表面长有浓密的白色菌丝层及黑色小点状的孢子囊。

【病原】*Rhizopus stolonifer*，属接合菌门，根霉属。病菌通过伤口入侵成熟果实。病菌的孢囊孢子经气流传播，病健果接触后也可传病。

【防治要点】①果实成熟期及时采收；②贮藏、运输过程中，特别注意防止机械损伤。

14. 桃树腐烂病

【症状特点】又称干枯病，主要为害主干和主枝。桃树被害后，初期症状较隐蔽，一般表现为病部稍凹陷，外部可见米粒大的流胶，胶点下的病皮组织腐烂，黄褐色，具酒精气味，病斑纵向扩展比横向快，不久即深达木质部。后期病部干缩凹陷，表面生有灰褐色钉头状突起的子座，如撕开表皮可见许多眼球状的小突起，中央黑色，周围有一圈白色的菌丝环。最后子座顶端突破表皮，空气潮湿时便从中涌出黄褐色或紫褐色丝状孢子角。当病斑扩展包围主干一周时，病树就很快死亡。

【病原】有性态为*Valsa leucostoma*，子囊菌门，黑腐皮壳属；无性态为*Cytospora leucostoma*，无性型真菌，壳囊孢属。病菌以菌丝体、分生孢子器及子囊壳在树干病组织中越冬。病菌借风雨、昆虫传播，从伤口侵入。

【防治要点】①加强栽培管理，培养树势。②注意防冻，及时防治为害枝干和树皮的害虫。③狠抓检查及时治疗，控制病害蔓延扩展。具体措施可参考苹果树腐烂病的防治方法。但应注意的是桃树与苹果树不同，生长季节造成的伤口不仅很难愈合，而且极易引起流胶，所以对病部进行刮治后必须外涂伤口保护剂。

15. 桃树流胶病

【症状特点】主要为害桃树主干和主枝。发病初期病部膨胀，随后陆续分泌透明、柔嫩的树胶。树胶与空气接触后，逐渐变褐成晶莹柔软的胶块，最后变成茶褐色硬质胶块。随着流胶数量的增加，树龄的加大，由流胶诱致腐生菌侵染，树势日趋衰弱，叶片变黄，严重时甚至枯死。

【病原】该病是一种非传染性病害，病虫侵害、霜害、雹害，水分过多或不足，施肥不当，修剪过度，栽植过深，土壤黏重或土壤过酸等，都能引起桃树流胶。其中树体伤口是导致流胶最主要的原因。

【防治要点】①加强果园排水工作，增施有机肥料改善土壤理化性状，酸性土壤适当增施石灰或过磷酸钙；②及时、彻底防治枝干害虫，尽量在栽培管理中少造成创伤，注意果园防冻和日灼伤。

16. 桃干腐病

【症状特点】又称桃真菌性流胶病。多发生在树龄较大的桃树主干和主枝上，初期病部微肿，暗褐色，表面湿润。病部皮层下有黄色黏稠的胶液。病斑长形或不规则形，一般限于皮层，在衰老的树上则可深入到木质部。以后病部逐渐干枯凹陷，呈黑褐色，并出现较大的裂缝。后期病部表面长出大量的梭形或近圆形的小黑点，有时数个密集在一起，从树皮裂缝中露出，即病菌的子座。多年受害的老树造成树势极度衰弱，严重的引起整个侧枝或全树枯死。

【病原】有性态为*Botryosphaeria dothidea*，子囊菌门，葡萄座腔菌属；无性态有*Macrophoma*型和*Dothiorella*型两种类型分生孢子，都属无性型真菌。病菌以菌丝体、子座在枝干病组织内越冬，借风雨传播，经伤口或皮孔侵入。

【防治要点】①桃树丰产后，应增施肥料。冬季做好清园工作，收集病枝干烧毁。及时进行枝干害虫的防治。②开春后应加强检查，及时刮除病部。刮除后用乙蒜素50倍液消毒伤口，再外涂波尔多液保护。③重病园，桃树发芽前全面喷洒50%多菌灵可湿性粉剂1000倍液，或75%百菌清可湿性粉剂500倍液。生长期可结合果实病害进行防治。

17. 桃树木腐病

【症状特点】又称桃树心腐病。主要为害枝干心材，逐渐向外扩展，使心材腐朽。其随年轮而发展，因而形成轮状纹。被害树木质部腐朽，白色疏松，质软而脆，触之易碎。外部主要特征是在被害树上生出病菌子实体，大部分由锯口生出，少数由虫口或其他伤口长出。被害树树势衰弱，叶色发黄，早期落叶，产量降低，严重者不结果。同时因桃树心材腐朽易被暴风所折断。

【病原】*Fomes fulvus*，属担子菌门，层孔菌属。病菌在受害枝干上形成子实体和产生担孢子，借风雨传播，经伤口侵入。

【防治要点】①保护树体尽量减少伤口，锯口可用1%硫酸铜消毒，再涂波尔多液或煤焦油等保护；②已病死或将死的老树和子实体应及早铲除、烧毁，病树发现子实体后，应立即消除并涂药剂消毒和保护伤口。

第五节　李、杏病害

1. 李红点病

【症状特点】仅为害叶片和果实。叶片染病初期，叶面产生橙黄色、稍隆起、边缘清晰的近圆形斑点。渐扩后颜色逐渐加深，病部叶肉也随之加厚，其上产生许多深红色小粒点，即分生孢子器。到秋末病叶转变为红黑色，正面凹陷，背面凸起，使叶片卷曲，并出现黑色小粒点，即病菌埋在子座中的子囊壳。发病严重时，叶片密布病斑，叶色变黄，造成早期落叶。果实受害，产生橙红色圆形病斑，稍隆起，边缘不清楚，最后呈红黑色，其上散生很多深红色小粒点。果实常畸形，不能食用，易脱落。

【病原】有性态为*Polystigma rubrum*，子囊菌门，疔座霉属；无性态为*Polystigmina rubra*，属无性型真菌，多点霉属。病菌以子囊壳在病叶上越冬。

【防治要点】①彻底清除病叶、病果，集中烧毁或深埋；②开花末期及叶芽开放时喷1∶2∶200波尔多液。

2. 李袋果病

【症状特点】又称李囊果病，主要为害果实。病果畸形（呈袋状或囊状）中空，皱缩，暗绿色，早落。枝叶被害后变肥厚畸形，后期病部表面生出白色粉霜状物。

【病原】*Taphrina pruni*，属子囊菌门，外囊菌属。病菌以菌丝体在枝梢上越冬。

【防治要点】同桃缩叶病。

3. 杏疔病

【症状特点】又称杏红肿病、叶枯病。主要为害新梢、叶片，也为害花和果实。新梢染病后，病梢生长较慢，节间短而粗，故其上叶片呈簇生状，表皮暗红色至黄绿色，其上生有黄褐色突起的小粒点，即性孢子器。病叶先从叶柄开始变黄，沿叶脉向叶缘扩展，最后全叶变黄并增厚，质硬呈革质，较脆，病叶正反面布满褐色小粒点。病叶到后期逐渐干枯，变成黑褐色，质脆易碎，畸形，叶背面散生的小黑点为子囊壳。病叶挂在枝上越冬，不易脱落。

【病原】*Polystigma deformans*，属子囊菌门，疔座霉属。病菌以子囊壳在病叶内越冬，借气流传播。

【防治要点】①秋冬结合修剪，剪除病枝叶，清除地面上的枯枝落叶并立即烧毁；②翌春症状出现时应进行第二次清除病枝叶工作；③杏树展叶时喷布1或2次1∶1.5∶200波尔多液。

4. 杏膨叶病

【症状特点】又称杏肿叶病。被害枝梢短肥，叶片簇生，畸形，新叶肥厚呈红褐色或黄褐色，后期病叶着生一层银白色霜状物，即病菌的子囊层。

【病原】*Taphrina mume*，属子囊菌门，外囊菌属。病菌以子囊孢子及芽孢子在树枝或芽鳞上越冬。翌年通过风雨传播。

【防治要点】同桃缩叶病。

第十一章　葡萄病害

葡萄是一种味道鲜美且营养丰富的水果，是世界上重要的经济类果树之一。葡萄适应性很强，在我国广大地区均可种植，目前，我国葡萄的栽培面积和总产量均居世界首位。全世界已报道的葡萄病害有百余种，国内已知的有80多种，其中危害较重的有黑痘病、炭疽病、霜霉病、白腐病、褐斑病、白粉病等。黑痘病是长江流域及沿海葡萄产区的一种严重病害，春、夏时阴雨连绵适合该病发生，常造成巨大损失；炭疽病是果实上的重要病害，发生在葡萄成熟期，造成严重减产；白腐病是黄河故道及华北、西北和东北等地的严重病害，流行年份可减产40%以上；霜霉病和褐斑病为害叶片，分布广，危害重，是引起早期落叶的严重病害。近年来，我国葡萄病毒病有加重的趋势，再加上从国外引进了大量用于生食和酿酒的葡萄品种，以及国内地区间苗木的频繁调运，病害的传播越来越广泛。因此，积极有效地防控葡萄病害，对于提高葡萄的品质和产量，稳定以葡萄为原料的食品工业具有重要意义。

第一节　葡萄黑痘病

葡萄黑痘病又名疮痂病、鸟眼病，是我国分布最广、危害最严重的病害之一。在春夏两季多雨潮湿的长江流域、黄河故道及华北沿海等地发病严重。黑痘病在葡萄花期及幼果期发病，造成葡萄新梢和叶片枯死，果实品质及产量下降，往往可减产一半以上，损失极大，严重时甚至绝产无收。

一、症状

黑痘病主要为害葡萄的绿色幼嫩部分。叶片感病后，初现针头大小的红褐色至黑褐色斑点，周围有黄色晕圈；后病斑扩大呈圆形或不规则形，中央呈灰白色且稍凹陷，边缘暗褐色或紫色，直径1～4mm。后期干燥时病斑自中央破裂穿孔，但周缘仍保持紫褐色晕圈。病斑常沿叶脉发展，叶脉上病斑呈梭形，凹陷开裂形成星芒状空洞，灰色或灰褐色，边缘暗褐色。因叶脉受害时组织干枯，常使叶片扭曲皱缩。幼果被害时，初期出现圆形深褐色小斑点，扩大后直径达2～5mm，中央凹陷，呈灰白色，外部仍为深褐色，而周缘紫褐色似鸟眼状，多个病斑常连成大斑，后期病斑硬化或龟裂。病果小而酸，失去食用价值。染病较晚的果实仍能长大，病斑限于果皮，不深入果肉，病斑凹陷不明显，但果味较酸。新梢、叶柄及卷须发病时，初现圆形或不规则形褐色小斑点，后呈灰黑色，边缘深褐色或紫色，中部凹陷开裂。新梢未木质化前最易感病，发病严重时病梢生长停滞、萎缩，甚至枯死。叶柄染病症状与新梢相似。上述发病部位生有灰白色小点，即病菌的分生孢子盘。只有在湿度大时才出现乳白色的黏质物即分生孢子团。

二、病原

有性态为葡萄痂囊腔菌*Elsinoë ampelina*（de Bary）Shear，子囊菌门，痂囊腔菌属，我国尚未发现；无性态为葡萄痂圆孢*Sphaceloma ampelinum* de Bary，无性型真菌，痂圆孢属。分生孢子盘半埋生于寄主组织内，分生孢子梗短小，无色单胞，大小为（6.6～13.2）μm×（1.3～2）μm。分生孢子椭圆形或卵形，无色，单胞，稍弯曲，中部缢缩，具胶黏的细胞壁，两端各有1个油球，大小为（4.8～11.6）μm×（2.2～3.7）μm。子囊果初埋生于病组织内，后突破表皮外露，全体为一个块状不规则的由拟薄壁组织构成的子座，外面有一层皮壳，其内有多个排列不整齐的腔穴，每个腔穴内着生1个子囊。子囊无色，近球形，其内藏有4～8个子囊孢子。子囊孢子无色，香蕉形，具有3个隔膜，大小为（15～16）μm×（4～4.5）μm。分生孢子的形成要求25℃左右的温度和较高的湿度。菌丝生长温度范围10～40℃，最适为30℃。该病菌仅为害葡萄。

三、病害循环

病菌主要以菌丝体或分生孢子盘潜伏于病蔓、病梢等组织中越冬，也能在病果、病叶和病叶痕等部位越冬。病菌生活力很强，在病组织中可存活3～5年。第二年4～5月产生新的分生孢子，借风雨传播。孢子发芽后，芽管直接侵入寄主，引起初侵染。侵入后菌丝主要在表皮下蔓延，以后在病部形成分生孢子盘，突破表皮。在湿度大的情况下不断产生分生孢子，进行多次再侵染。潜育期一般为6～12d，在24～30℃下，潜育期最短；超过30℃，发病受抑制。新梢和幼叶最易感染，其潜育期也较短。病菌近距离传播主要靠雨水，远距离传播则依靠带病的枝蔓和苗木。

四、发病条件

（一）气候

黑痘病的流行与降雨、空气湿度及植株幼嫩情况有密切关系，尤以春季及初夏降水量的关系最大。多雨高湿有利于分生孢子的形成、传播和萌发侵入；同时，多雨高湿又使寄主组织迅速生长，因此病害发生严重。天旱年份或少雨地区发病显著减轻。黑痘病的发生时期因地区而异。江苏每年发病高峰一般在4～5月或6～8月；浙江在5月上旬始病，6月上中旬为发病盛期，此时温度已上升到25℃左右，正值梅雨季节，不仅雨水多，湿度大，而且葡萄叶、果、蔓等都处在幼嫩阶段，极有利于病菌的侵染；如果夏季葡萄各部位组织已基本越过幼嫩阶段，表皮组织抗侵入能力增强，病害发生就较轻。

（二）管理

地势低洼、排水不良的果园往往发病重。栽培管理不善、树势衰弱、肥料不足或配合不当等都会诱致病害发生。特别是对冬季果园卫生工作不重视，园内遗留大量病残体，这为病菌越冬和第二年的传播创造了条件。

（三）品种

在品种感病性方面，东方品种及地方品种易感病，个别西欧品种也易感病，但绝大多数西欧品种及黑海品种抗病，欧美杂交种很少感病。'巨峰''黑奥林''羊奶''龙眼''无核白'和'保尔加尔'等严重感病。'葡萄园皇后''玫瑰香''新玫瑰''意大利'和'小红玫瑰'等为中度感病。'莎巴珍珠''上等玫瑰香''法兰西兰''佳里酿'和'吉母沙'等为轻微感病。而'北醇''白香蕉''巴柯''尼加拉''钻石''吉香''红富士''康拜尔早生'和'黑虎香'等为抗病品种。

五、防治

（一）选育抗病品种

在黑痘病常年流行地区可选育园艺性状良好而又抗病的品种栽培。

（二）苗木消毒

新建果园应对运进的苗木和插条进行严格检验，病重的应予淘汰或烧毁。疑似带菌的苗木必须进行消毒处理，即葡萄苗木萌芽前用10%硫酸亚铁溶液加1%粗硫酸或300倍五氯酚钠与石硫合剂混合液进行全株喷洒。

（三）冬季清园

秋季葡萄落叶后清扫果园，将地面落叶、病穗扫净烧毁。冬季修剪时，仔细剪除病梢，摘除僵果，刮除主蔓上的枯皮，并收集烧毁，然后在植株上全面喷洒1次铲除剂。葡萄发芽前喷洒铲除剂，可用200倍五氯酚钠混合石硫合剂或10%硫酸亚铁加1%粗硫酸。

（四）喷药保护

葡萄展叶后至果实着色前，每隔10～15d喷药1次。其中以开花前及落花70%～80%时喷药最重要。药剂可用75%百菌清可湿性粉剂600～700倍液，或5%亚胺唑可湿性粉剂600～800倍液，或70%代森锰锌可湿性粉剂500～700倍液，或28%井冈·嘧菌酯悬浮剂1000～1500倍液，或10%苯醚甲环唑水分散粒剂800～1200倍液，或43%氟菌·肟菌酯悬浮剂2000～4000倍液，或12.5%烯唑醇悬浮剂2000～3000倍液等。

第二节 葡萄霜霉病

葡萄霜霉病在我国葡萄产区都有分布，以长江流域和山东、河北等地区发病较重。发病时期以春秋雨季发生为多。该病害严重流行时，病叶焦枯早落，病梢扭曲，发育不良，对树势和产量均有较大影响。此病除为害葡萄外，还能侵害山葡萄、野葡萄和蛇葡萄等。

一、症状

霜霉病主要为害叶片，也能侵害新梢、卷须、花序及幼果等幼嫩组织。叶片发病后，初期叶片正面呈现半透明、边缘不清晰的油渍状小斑点，后扩展为黄色至红褐色多角形斑点，并能相互愈合成大斑。潮湿条件下，病斑背面产生白色霜状霉层（游动孢子囊梗和游动孢子囊）。病斑最后变褐干枯，叶片早落。新梢、卷须、穗轴和叶柄发病，开始为半透明油渍状斑点，后发展为微凹陷、黄色至褐色病斑，潮湿时病斑上也产生白色霜状霉层，但比叶片上稀疏。病梢生长停滞、扭曲，甚至枯死。幼果染病后，病部褪色，变硬下陷，并生白色霜霉，随即皱缩脱落。果粒半大时受害，呈褐色软腐状，不久干缩早落，一般不产生霜霉。果实着色以后就不再受侵染。病果含糖量降低，品质变劣。

二、病原

病原为葡萄生单轴霜霉*Plasmopara viticola*（Berk. & Curt.）Berl. & de Toni，卵菌门，单轴霉属。菌丝体在寄主细胞间蔓延，以瘤状吸器伸入寄主细胞内吸取养料。孢囊梗自气孔伸出，4～6枝成束状，无色，单轴分枝3～6次，一般2或3次，分枝处近直角，分枝末端有2或3个短的小梗，其上着生孢子囊。孢子囊无色，单胞，卵形或椭圆形，顶端有乳头状突起，大小为（13～25）μm×（11～17）μm。孢子囊萌发产生游动孢子。游动孢子肾形，大小为（7～9）μm×（6～7）μm，在扁平的一侧生有2根鞭毛，能在水中游动。游动孢子萌发经由叶面气孔侵入寄主。后期在叶片海绵组织内形成卵孢子。卵孢子褐色，球形，壁厚，直径30～35μm。卵孢子萌发时产生芽管，在芽管先端形成芽孢囊，其作用和无性时期产生的孢子囊相同，萌发后也产生游动孢子。

该病菌的发育温度均较黑痘病、炭疽病低。气温在30℃以上时，寄主体内的菌丝生长受抑制。游动孢子囊形成的温度范围为13～28℃，最适温度为15℃，形成的时间主要在夜间；游动孢子囊萌发的温度范围为5～21℃，最适温度为10～15℃。卵孢子在13℃以上即可萌发，最适温度为25℃。游动孢子囊的形成和萌发均要求较高的湿度和雨露。

三、病害循环

病菌主要以卵孢子在病残体和土壤中越冬，寿命可维持1～2年；也可以菌丝在幼芽中越冬。第二年在适宜的条件下孢子萌发产生芽孢囊，再由其产生游动孢子或从菌丝上产生游动孢子囊，借风雨传播到叶片上，经气孔侵入。病菌侵入寄主后，经过一定的潜育期，即产生游动孢子囊，再萌发产生游动孢子，进行再侵染。潜育期长短与品种抗病性及温度有关，在感病品种上潜育期一般7～12d，抗病品种上则为20d。秋末病菌在叶内或其他组织内经过藏卵器与雄器的配合，形成卵孢子越冬。

四、发病条件

（一）气候

葡萄霜霉病的发生与温度、湿度及降雨有密切关系。孢囊梗和孢子囊的产生，孢子囊和游动孢子的萌发、侵入均需雨露。因此，春秋季低温多雨、昼暖夜凉温差大时易引起病害流行。我国各地区的气候条件不同，发病早晚及危害程度也不一致。例如，江苏多在5～6月开始发生，8～9月为发病盛期；浙江大多在9月上旬开始发病，10月上旬为发病盛期，但有些品种在6月中旬就始病，至9月发病已较严重。

（二）品种

植株含钙量多的葡萄品种抗病力较强，因为其细胞液中的钙钾比是决定抗病与否的重要因素之一：老叶的钙钾比大于1时表现抗病；嫩叶的比例小于1时则易感病。一般美洲系统葡萄较抗病，欧洲系统的葡萄较感病。利用抗病的砧木可提高接穗的抗病性。此外，果园地势低洼、栽植过密、棚架过低、荫蔽、通风透光不良、偏施氮肥及树势衰弱等均有利于发病。

五、防治

（一）加强果园管理

晚秋收集病叶、病果，剪除病梢，烧毁或深埋。在植株生长期应适时灌水，注意园内排水，合理修剪，尽量剪除近地面不必要的蔓叶，以降低地面湿度。适当增施磷钾肥。

（二）喷药保护

根据测报，抓住病菌初侵染前的关键时期喷施第一次药，以后每隔半月左右喷1次，连喷2或3次。药剂可用86%波尔多液400～450倍液，或80%三乙膦酸铝水分散粒剂500～800倍液，或70%代森锰锌可湿性粉剂500～700倍液，或25%烯酰吗啉悬浮剂1000～1500倍液，或25%吡唑醚菌酯悬浮剂1000～1500倍液，或25%嘧菌酯悬浮剂1000～2000倍液，或20%霜脲氰悬浮剂2000～2500倍液，或23.4%双炔酰菌胺悬浮剂1500～2000倍液。

第三节　葡萄炭疽病

葡萄炭疽病又名晚腐病、苦腐病，是葡萄近成熟期的重要病害之一。该病在葡萄各产区都有分布，以长江流域以南、黄河故道地区发病普遍，造成果实大量腐烂，对产量影响很大。此病除为害葡萄外，还能侵害苹果、梨等多种果树。

一、症状

一般只发生在着色或近成熟的果实上，也能侵染幼果、蔓、叶和卷须等。着色后的果实发病，初在果面产生针头大小、褐色圆形的小斑点，后斑点逐渐扩大成深褐色凹陷的圆形病斑，其表面逐渐长出轮纹状排列的小黑点。当天气潮湿时，病斑上生出粉红色黏质物即病菌的分生孢子团。发病严重时，病斑可以扩展到半个或整个果面，果粒软腐，易脱落，或逐渐干缩成僵果。有些品种幼果表面不产生明显症状，病菌只是潜伏着，至穗粒将要成熟时才呈现网状褐色的不规则病斑，无明显边缘，感病果粒也因干枯而失去食用价值。果梗及穗轴发病，产生暗褐色长圆形凹陷的病斑，影响果穗生长，严重时能使病部以上果穗干枯脱落。叶上病斑圆形或不规则形，叶斑数量少但较大，具明显的同心轮纹，也轮生小黑点。

二、病原

病原有性态为围小丛壳*Glomerella cingulata*（Stonem.）Spauld. & Schrenk，子囊菌门，小

丛壳属，我国尚未发现；无性态为胶孢炭疽菌*Colletotrichum gloeosporioides*（Penz.）Penz. & Sacc.［异名：*Gloeosporium fructigenum* Berk.，*G. rufomaculans*（Berk.）Thüm.，*Vermicularia gloeosporioides* Penz.等］，无性型真菌，炭疽菌属，为该病原常见形态。分生孢子盘黑色，盘上聚生无色分生孢子梗，单胞，圆筒形或棍棒形，大小为（12～26）μm×（3.5～4）μm。分生孢子无色，单胞，圆筒形或椭圆形，大小为（10～15）μm×（3.3～4.7）μm。

病菌发育最适温度为20～30℃，最高36～37℃，最低8～9℃。孢子萌发的温度范围为9～45℃，最适为28～32℃。

三、病害循环

病菌主要以菌丝体在一年生枝蔓表层组织及病果上越冬，或在叶痕、穗梗及节部等处越冬，其中副梢带菌率最高，其次为干枯果穗和结果母枝。翌春条件适宜时产生大量分生孢子，通过风雨、昆虫传到果穗上，孢子发芽直接侵入果皮引起初侵染。侵染幼果潜育期为20d，近成熟期果为4d。潜育期的长短除受温度影响外，与果实内酸糖的含量有关，酸含量高病菌不能发育，也不能形成病斑；硬核期以前的果实及近成熟期含酸量减少的果实上，病菌能活动并形成病斑，熟果含酸量少，含糖量增加，病菌发育好，潜育期短。所以，一般年份病害从6月中下旬开始发生，条件适宜时可产生多次再侵染，7～8月果实成熟时病害进入盛发期。一年生枝蔓上潜伏带菌的病部，越冬后于第二年环境条件适宜时产生分生孢子。它在完成初侵染后，随着蔓的加粗与病皮一起脱落，而新的越冬部位又在当年生蔓上形成，这就是该病菌在葡萄上每年出现的新旧越冬场所的交替现象。二年生蔓的皮脱落后即不带菌，老蔓也不带菌。

四、发病条件

（一）降雨

病害的发生与降雨关系密切，病菌产生孢子需要一定的温度和雨量。孢子产生最适温度为28～30℃，该温度下经24h即出现孢子堆；15℃以下也可产生孢子，但所需时间较长。至于产生孢子时的雨量，以沾湿病组织为度。黄河故道地区于5～6月开始，每逢一场雨，几天后就会发生一批炭疽病。天气干旱则发展很慢。葡萄成熟期高温多雨常导致病害的流行。

（二）品种

发病程度与品种也有关系。一般果皮薄的品种发病较重，早熟品种可避病，而晚熟品种往往发病较严重。感病较重的品种有‘吉姆沙’‘季米亚特’‘无核白’‘牛奶’‘亚历山大’‘鸡心’‘保尔加尔’‘葡萄园皇后’‘沙巴珍珠’‘黑罕’‘玫瑰香’和‘龙眼’等；感病较轻的品种有‘黑虎香’‘意大利’‘加里酿’‘烟台紫’‘密紫’‘巴柯’‘小红玫瑰’‘巴米特’‘水晶’等；抗病的品种有‘尼加拉’‘白香蕉’‘巨峰’和‘刺葡萄’等。此外，果园排水不良、架式过低、蔓叶过密、通风透光不良等环境条件都有利于发病。

五、防治

（一）做好清园工作

结合修剪清除留在植株上的副梢、穗梗、僵果和卷须等，并把落于地面的果穗、残蔓和枯叶等彻底清除，集中烧毁。

（二）加强栽培管理

生长期要及时摘心、绑蔓，同时及时摘除副梢，防止树冠过于郁闭。注意合理施肥，氮、磷、钾三要素应适当配合，但要增施钾肥，以提高植株的抗病力。雨后要做好果园的排水工作，防止园内积水。

（三）果实套袋

对一些高度感病品种或严重发病的地区，在幼果期可采用套袋方法防病。

（四）喷药保护

在葡萄萌动前喷布1次石硫合剂，铲除枝蔓上越冬的病菌。葡萄生长期喷药，以在园中初次出现孢子时，即3～5d内开始喷第一次药，以后每隔15d左右喷1次，连续喷3～5次。常用药剂有20%抑霉唑水乳剂800～1200倍液，或30%咪鲜胺微囊悬浮剂1250～2000倍液，或40%苯醚甲环唑悬浮剂4000～5000倍液，或16%多抗霉素可溶性粒剂2500～3000倍液，或12.5%烯唑醇可湿性粉剂2000～3000倍液，或40%腈菌唑可湿性粉剂4000～6000倍液等。

第四节　葡萄白腐病

葡萄白腐病又称腐烂病、水烂病、穗烂病，全球分布，是葡萄的重要病害之一。在我国主要分布于黄河故道以北产区，一般年份果实损失率在15%～20%，病害流行年份果实损失率可达60%以上。

一、症状

白腐病主要为害葡萄果粒、穗轴，也为害新梢、叶片等部位。果穗发病，一般先在接近地面的果穗尖端开始，首先在小果梗或穗轴上发生浅褐色、水渍状不规则病斑，逐渐蔓延至整个果粒。果粒发病，先在基部出现淡褐色软腐，迅速使整果变褐腐烂，果面密布灰白色小粒点。严重发病时常全穗腐烂，果梗穗轴干枯缢缩，受震动时病果甚至病穗极易脱落。有时病果不落，常失水干缩成有棱角的僵果，悬挂树上长久不落。新梢发病，往往出现在受损伤的部位，如摘心部位或绑蔓等机械伤口处。从植株基部发出的徒长枝，因组织幼嫩，易形成伤口，发病率也高。病斑初呈水渍状，淡褐色，不规则，并具有深褐色边缘的腐烂斑。病斑纵横扩展，以纵向扩展较快，逐渐发展成暗褐色、凹陷、不规则形的大斑。病斑表面密生灰白色小粒点。病斑环绕枝蔓一周时，其上部枝叶由黄变褐，逐渐枯死。病斑发展后期，病皮呈丝状纵裂与木质部分离如麻丝状。叶片发病，多从叶尖或外缘开始，初呈水渍状淡褐色近圆形或不规则斑，逐渐扩大成具有环纹的大斑，常干枯破裂。病部一般很少产生灰白小粒点，若有则以叶背或叶脉两边为多。

二、病原

病原为白腐垫壳孢 *Coniella diplodiella*（Speg.）Petrak & Sydow，无性型真菌，垫壳孢属，

异名为白腐盾壳霉*Coniothyriurm diplodiella*（Speg.）Sacc.。分生孢子器产生在寄主表皮下，后突出，球形或扁球形，具孔口，顶壁较厚，灰褐色到暗褐色，大小为（118～164）μm×（91～146）μm。分生孢子器底部壳壁凸起呈丘形，其上着生不分枝、无分隔的分生孢子梗，长12～22μm。分生孢子单胞、卵圆形至梨形，一端稍尖，大小为（9～13）μm×（5～6）μm。分生孢子初无色，随成熟度的增长而逐渐变为暗褐色，内含1或2个油球。分生孢子萌发的温度范围为13～40℃，最适为28～30℃。孢子萌发要求95%以上的相对湿度，92%以下时则不能萌发。分生孢子只有在葡萄汁液中或在放有穗梗的蒸馏水中才有很高的萌发率。

三、病害循环

病菌主要以分生孢子器、分生孢子或菌丝体随病残体遗留于地面和土壤中越冬，也能以分生孢子器在树上病果和病梢上越冬。在僵果上的分生孢子器的基部有一些密集的菌丝体形成的子座，它对不良环境有很强的抵抗力，在室内干燥条件下可存活7年之久。自然情况下，土壤病组织中的病菌能存活2年以上。病菌在土壤中的分布，以土表5cm深的范围内最多，随深度增加病菌数量逐渐减少，但30cm处仍有病菌存在。越冬的病组织于第二年春季条件适宜时产生分生孢子器和分生孢子。分生孢子靠雨水溅散而传播，通过伤口侵入，引起初侵染。病害的潜育期一般只有5～6d，感病品种为3～4d。发病后于病斑处产生分生孢子器及分生孢子，散发后引起再侵染。因此，该病流行性很强。

四、发病条件

（一）气候

高温、高湿的气候条件是病害发生和流行的主要因素。多雨年份发病重，高湿、通风和透光不良的果园发病重，特别在发病季节遇暴风雨或雹害，果梗、果穗受伤，常能导致病害的流行。发病的时期因各地气候条件不同而有早晚：华东地区一般于6月上中旬开始发病；华北在6月中下旬。发病盛期一般都在采收前的7～8月。

（二）着果高度

果穗离地面的高度与发病也有很大关系，一般接触和近地面的果穗先发病。据查，有80%的病穗发生在离地面40cm以内的部分，其中又有60%集中在20cm以下的部位。

（三）架式

立架式比棚架式病重，双立架比单立架病重，东西架向比南北架向病重。

（四）品种

‘黑虎香’‘白香蕉’‘玫瑰露’等较抗病；‘紫玫瑰香’和‘保尔加尔’等轻度感病；‘季米’亚特等发病稍重；‘红玫瑰香’‘黄玫瑰香‘龙眼’‘吉姆沙’和‘佳里酿’等易感病。

五、防治

（一）彻底清除菌源

生长季节及时摘除病果、病叶，剪除病蔓；秋季采收后做好清园工作，并刮除病枝，清除的所有病组织应带出园外集中烧毁。萌发前喷铲除剂（同黑痘病）。

（二）加强栽培管理

适当提高结果部位；及时摘心、剪副梢；做好园内排水工作；果穗套袋。

（三）药剂防治

1. 地面撒药 重病园可于病害始发期前在地面撒药灭菌。常用药剂为福美双1份、硫黄粉1份与碳酸钙2份，三者混合均匀后，每公顷15～30kg，撒施园内地面。

2. 喷药保护 应掌握始发期开始喷第一次药，以后每隔15d喷1次，共喷3～5次。防治此病的有效药剂有80%代森锰锌可湿性粉剂600～800倍液，或20%戊菌唑水乳剂5000～10 000倍液，或25%嘧菌酯悬浮剂830～1250倍液，或10%氟硅唑水分散粒剂2000～2500倍液，或30%苯醚甲环唑悬浮剂4000～6000倍液等。喷药时，如逢雨季，上述药剂中可加入2000倍的皮胶或其他展着剂。

第五节 葡萄其他病害

1. 葡萄褐斑病

【症状特点】又称斑点病，仅危害叶片。褐斑病有两种：大褐斑病和小褐斑病。病斑定形后，大褐斑病病斑直径3～10mm，在美洲葡萄叶上病斑不规则或近圆形，边缘红褐色，中部黑褐色，病斑外围黄绿色，病斑背面暗褐色，并长有黑褐色霉层。一叶上可长数个至数十个病斑，严重时病叶干枯破裂，易早落。在龙眼等品种上，呈现近圆形或多角形病斑，边缘褐色，中部有黑色圆形环纹，边缘最外层暗色湿润状。小褐斑病病斑直径2～3mm，深褐色，中部颜色稍浅。后期病斑背面长出一层较明显的灰色霉状物。

【病原】大褐斑病菌无性态为*Pseudocercospora vitis*（Lev.）Speg.，无性型真菌，拟尾孢属；小褐斑病菌无性态为*Cercospora roesleri*（Catt.）Sacc.，无性型真菌，尾孢属。主要以菌丝体和分生孢子在落叶中越冬，靠气流和雨水传播，经气孔侵入。

【防治要点】①秋后彻底清除果园落叶，集中烧毁或深埋，生长期须注意果园排水，并适当增施肥料；②在发病初期结合防治黑痘病、炭疽病和白腐病，喷施1∶0.7∶200波尔多液、75%百菌清可湿性粉剂500～800倍液、30%复方多菌灵胶悬剂500倍液、36%甲基硫菌灵可湿性粉剂800～1000倍液，每隔10～15d喷1次，连喷2或3次。

2. 葡萄轮纹病

【症状特点】主要发生在美洲系统的葡萄上。只为害叶片，叶片初现红褐色不规则斑点，后扩大为圆形。叶片正面有深浅色相间的同心轮纹，叶片背面布满浅褐色霉层，无轮纹。

【病原】有性态为*Acrospermum viticola* Ikata & Hitomi，子囊菌门，扁棒壳属。子囊壳生

于寄主表面，黑色，圆筒形。子囊长圆筒形，无色，无侧丝。子囊孢子无色，线状，8个并列于子囊内。病菌主要以子囊壳在落叶上越冬，第二年7月散出子囊孢子，引起初次侵染。无性态的分生孢子梗顶端微膨大，其上轮生分生孢子，后在膨大细胞的基部又能延伸膨大，再轮生第二次及多次分生孢子。分生孢子圆筒形或椭圆形，有1～4个隔膜，灰黄色。

【防治要点】防治方法参照褐斑病。

3. 葡萄白粉病

【症状特点】为害叶、果、蔓等幼嫩组织。叶发病，叶色褪绿或呈灰白色斑块，上覆盖白粉，叶面不平，病斑轮廓不整齐，大小不等，严重时白粉布满叶片，逐渐使病叶卷缩、枯萎而脱落。幼果发病，褪绿斑块上出现黑色星芒状花纹，上覆盖一层白粉，病果不易增大，果形小而味酸。果粒长大后感病，果面表现网状线纹，病果易开裂。

【病原】葡萄钩丝壳 *Uncinula necator*（Schw.）Burr.，子囊菌门，钩丝壳属。病菌以菌丝体在被害组织内或芽鳞间越冬，借气流传播。

【防治要点】①要注意及时摘心绑蔓，剪副梢，使蔓均匀分布于架面上；②冬季剪除病梢，清扫病叶、病果，集中烧毁；③一般在葡萄发芽前喷1次石硫合剂，发芽后喷75%百菌清可湿性粉剂600～700倍液，或36%甲基硫菌灵可湿性粉剂800～1000倍液，或1%蛇床子素水乳剂1000～2000倍液，或30%氟环唑悬浮剂1600～2300倍液，或0.8%大黄素甲醚水分散粒剂800～1000倍液，或25%戊菌唑水乳剂8000～10 000倍液，或50%肟菌酯水分散粒剂1500～2000倍液，或10%己唑醇悬浮剂3000～4000倍液等，开花前至幼果期可用上述药剂喷2或3次。

4. 葡萄锈病

【症状特点】叶面出现小斑点，在对应的叶背出现锈黄色粉状物，后期在病斑上出现多角形黑褐色小斑点。前者为夏孢子堆，后者为冬孢子堆。

【病原】葡萄层锈菌 *Phakopsora ampelopsidis* Dietel & P. Syd.，担子菌门，层锈菌属。夏孢子与丝状体混生。丝状体黄色，棒状。夏孢子单胞，橙黄色，卵形或椭圆形，外表有细刺。冬孢子长方形或卵形，单胞，褐色。病菌主要以冬孢子在落叶上越冬；温暖地区也能以夏孢子越冬，通过气流传播。

【防治要点】①晚秋收集落叶烧毁；②发病初期喷施1∶0.7∶200波尔多液或25%三唑酮1000倍液。

5. 葡萄蔓枯病

【症状特点】主要为害蔓和新梢，蔓基部近地面处最易发病。发病初期，病斑红褐色稍凹陷，后渐扩成黑褐色大斑，上密生小黑点。病组织腐烂，到秋季病蔓表皮纵裂成丝状。主蔓上染病，病部以上的枝蔓生长衰弱，叶色变黄，并逐渐萎蔫，或突然萎蔫而死亡。

【病原】有性态为葡萄生小隐孢壳菌 *Cryptosporella viticola* Shear，子囊菌门，小隐孢壳属；无性态为葡萄拟茎点霉 *Phomopsis viticola*（Sacc.）Sacc.，无性型真菌，拟茎点霉属。分生孢子器黑褐色，烧瓶状，几个联合埋生在子座中，分生孢子有大、小两种：一种为圆柱形或长纺锤形稍弯曲，无色，单胞；另一种是丝状，常为钩形。子囊壳不常见。病菌主要以分生孢子器及菌丝体在病蔓上越冬，通过雨水传播。

【防治要点】①刮除病部老蔓上病斑，并及时涂药，刮下的病组织要烧毁或深埋；②加强栽培管理，发现病蔓及时剪除，烧毁，注意果园排水，防止蔓干受伤，并增施有机肥料；③5～6月喷施1∶0.7∶200波尔多液，以保护枝蔓及蔓基部，防止病菌侵入。

6. 葡萄房枯病

【症状特点】又称粒枯病，主要为害果粒和穗轴。发病初期，小果梗基部呈深红黄色，边缘具褐色到暗褐色晕圈，病斑逐渐扩大，色泽变为褐色，当病斑绕梗一周时，小果梗即干枯缢缩。果粒发病，最初从果蒂部分失水萎蔫，出现不规则的褐色斑后，至全果变紫黑，干缩成僵果，并在果粒表面长出稀疏的小黑点。穗轴发病初现褐色病斑，渐扩大变黑而干缩，其上也长有小黑点。穗轴僵化后，以下的果粒全部变为黑色僵果，挂在蔓上不易脱落。

【病原】有性态为葡萄囊孢壳菌*Physalospora baccae* Cavara，子囊菌门，囊孢壳属；无性态为葡萄房枯大茎点霉*Macrophoma faocida*（Via. & Rav.）Cav.，无性型真菌，大茎点霉属。病菌以菌丝体、分生孢子器和子囊壳在病果或病叶上越冬。

【防治要点】①秋季要收集病株残体烧毁或深埋；②葡萄落花后开始喷1∶0.7∶200波尔多液，每半月喷1次，共喷3～5次；③选栽'黑虎香'等比较抗病的品种。

7. 葡萄黑腐病

【症状特点】主要为害果实，果粒发病一般呈现紫褐色小斑，逐渐扩大后病斑边缘褐色，中部灰白色，且微凹陷。最后果实软腐、干缩变成黑色僵果，其上着生许多黑色小粒点，即分生孢子器或子囊壳。病果不易脱落。

【病原】有性态为葡萄球座菌*Guignardia bidwellii*（Ellis）Viala & Ravaz，子囊菌门，球座菌属；无性态为葡萄黑腐茎点霉*Phoma uvicola* Berk. & Ravaz，无性型真菌，茎点霉属。病菌主要以子囊壳在僵果上越冬，也能以分生孢子器在病部越冬。

【防治要点】①冬季剪除病穗，清扫落地的病果、病叶等，集中烧毁；②深耕土壤，增施有机肥，控制结果量，及时摘除副梢；③在花前、花后和果实生长期喷施1∶0.7∶200波尔多液，保护果实，并兼防叶片及新梢发病。

8. 葡萄灰霉病

【症状特点】主要为害果实。病果初现凹陷的病斑，很快扩展至全果而腐败，其上长出鼠灰色的霉层。叶上产生淡褐色不规则的病斑，并有不规则的轮纹。果梗发病后变黑色，后期其上常长出黑色块状菌核。

【病原】有性态为富克葡萄孢盘菌*Botryotinia fuckeliana*（de Bary）Whetzel，子囊菌门，盘菌属；无性态为灰葡萄孢*Botrytis cinerea* Pers，无性型真菌，葡萄孢属。分生孢子梗灰褐色，树枝状分枝，在分枝末端集生圆形、无色、单胞的分生孢子。病菌以菌丝体、分生孢子及菌核在被害部或土壤中越冬，通过气流传播。

【防治要点】①加强栽培管理，做好果园排水及摘心绑蔓等工作；②发病初期可喷施50%腐霉利悬浮剂1500～2000倍液，或40%双胍三辛烷基苯磺酸盐可湿性粉剂800～1000倍液，或20%吡噻菌胺悬浮剂1500～3000倍液，或50%啶酰菌胺水分散粒剂500～1000倍液，或50%异菌脲悬浮剂750～850倍液，或20%咯菌腈悬浮剂1500～2500倍液，或50%嘧菌环胺水分散粒剂700～1000倍液，或0.3%苦参碱600～800倍液，或40%嘧霉胺悬浮剂1000～1500倍液，或2亿孢子/g木霉菌可湿性粉剂200～300g/亩[①]；③果实采收应在晴天进行，在贮运过程中注意降温和通气。

① 1亩≈666.67m^2

第十二章　柑橘病害及其他果树病害

柑橘病害种类很多，国内已发现近百种，其中危害性较大的有十余种，如溃疡病、黄梢病、疮痂病、树脂病及贮藏期的青绿霉病等，严重影响柑橘的生产和贮藏。溃疡病是国内外的植物检疫对象，甜橙高度感病，严重影响其出口外销；黄梢病在广东、广西、福建等地发生相当严重，致使很多柑橘园被毁；疮痂病在柑橘产区分布十分普遍，橘类受害较重，对产量和品质影响甚大；江苏等省在冬季气温较低的年份，树脂病为害枝干，造成橘树断枝和枯死；贮藏期危害性最大的是青霉病和绿霉病，常造成果实的大量腐烂。

第一节　柑橘溃疡病

柑橘溃疡病是柑橘重要病害之一，为国内外检疫对象。江苏、安徽、上海等地零星发生，在华南等地普遍发生。此病为害叶片、枝梢与果实，以苗木、幼树受害特别严重，造成落叶、枯梢，削弱树势；果实受害，轻则带有病疤，重则引起落果，影响果实品质。

一、症状

叶片受害，最初叶背出现暗黄绿色针头大小的油渍状斑点，逐渐扩大，同时叶片正、背面均渐隆起，成为近圆形、米黄色的病斑。不久病部表面破裂，呈海绵状，隆起更显著，木栓化，表面粗糙。后病部中心凹陷，并现微细轮纹，周围有黄色晕环，在紧靠晕环处常有褐色的釉光边缘。一般直径在3～5mm，有时几个病斑互相愈合，形成不规则形的大斑。后期斑中央凹陷成火山口状开裂。受害严重时，叶片早落，但叶片保持正常形状。

枝梢受害以夏梢最严重，病斑特征与叶上相似，但比叶片上的病斑更为隆起，无黄色晕环，严重时引起叶片脱落，枝梢枯死。果实上病斑也与叶上相似，但病斑较大，一般直径为4～5mm，最大的可达12mm，木栓化程度比叶部更为坚实。火山口状的开裂也更为显著。病斑限于果皮，发生严重时引起早期落果，轻病果实果皮厚，味酸，品质低劣。

二、病原

病原为柑橘黄单胞菌*Xanthomonas citri* subsp. *citri*（ex Hasse，1915）Gabriel et al. 1989，异名为*X. campestris* pv. *citri*（Hasse）Dye.，*X. axonopodis* pv. *citri*（Hasse）Vauterin等，黄单胞菌属，菌落浅黄色至柠檬色。菌体短杆状，两端圆，大小为（1.5～2.0）μm×（0.5～0.7）μm，极生单鞭毛，有荚膜，无芽孢。革兰氏染色阴性反应。病菌生长适温为20～30℃，最低5～10℃，最高35～38℃，致死温度49～52℃，故此病在亚热带地区发生较重。病菌耐干燥，在室内能存活120～130d，但在日光下暴晒2h即死亡；冰冻24h生活力不受影响。适于病菌发育的pH为6.1～8.8，最适pH为6.6。

三、病害循环

病菌潜伏在病组织内越冬，尤其是秋梢上的病斑为其主要越冬场所。翌春在适宜条件下，病部溢出菌脓，借风雨、昆虫和枝叶接触传播至嫩梢、嫩叶和幼果上，从气孔、皮孔或伤口侵入。侵入后，于温度较高时在寄主体内迅速繁殖并充满细胞间隙，刺激细胞增生，使组织肿胀。潜育期的长短取决于柑橘品种、组织老熟度和温度，一般为3～10d。病菌还有潜伏侵染现象，从外观健康的温州蜜柑枝条上可分离到病菌；有的秋梢受侵染，冬季不显症，而至翌春才显症。病害远距离传播主要通过带菌苗木、接穗和果实等繁殖材料。

四、发病条件

（一）气候

气温在25～30℃下，雨量与病害的发生成正相关。高温多雨季节有利于病菌的繁殖和传播，发病常严重。感病的幼嫩组织只有在高温多雨的气候条件下易受侵染，雨水是病菌传播的主要媒介。病菌侵入需要组织表面存在20min以上的水膜，故雨量多的年份或季节，每次新梢都有一个发病高峰，尤以夏梢最为严重。秋雨多的年份，秋梢发病也重。沿海地区每年经台风和暴雨后，常有一个发病高峰期。

（二）栽培管理

一般在夏至前后施用大量速效性氮肥容易促进夏梢抽生，发病就加重。而增施钾肥，可以减轻发病。摘除夏梢，控制秋梢生长可减少发病。潜叶蛾、凤蝶等幼虫危害严重的果园发病严重。品种混种的果园，由于抽梢期不一致，有利于病菌的传播，发病常较重。

（三）寄主生育期

溃疡病菌一般只侵染一定发育期阶段的幼嫩组织，对刚抽出来的嫩梢、嫩叶、谢花后的幼果及老熟的组织不侵染或很少侵染。

（四）寄主抗病性

柑橘不同种类和品种对溃疡病抗性差异很大，一般是甜橙类最感病，柑类次之，橘类较抗病，金橘最抗病。

五、防治

（一）加强检疫

无病区应对外来苗木和接穗等繁殖材料，严格执行检疫制度。查出带病的苗木和接穗，应一律退回或烧毁。如苗木来自病区，外表检查不出病斑，应先隔离试种。经过1～2年试种，证实无病后方可定植；如发现病株，应就地烧毁。种子消毒先将种子装入纱布袋或铁丝笼内，放在50～52℃热水中预热5min，后转入55～56℃恒温热水中浸50min，或在5%高锰酸钾液内浸15min，或1%福尔马林浸10min。药液浸后的种子均需用清水洗净，晾干后播种。未抽梢的苗木或接穗可用49℃湿热处理接穗50min，苗木60min。热处理到规定时间后立即用冷水降温。

（二）建立无病圃、培育无病苗木

苗圃应设在无病区或远离柑橘园2～3km以上。砧木的种子应采自无病果实，接穗采自无病区或无病果园。出圃的苗木要经全面检查，确证无病后才允许出圃。

（三）加强栽培管理

冬季做好清园工作，收集落叶、落果和枯枝，加以烧毁。早春结合修剪，剪除病虫枝、徒长枝和弱枝等。对夏梢发生多的柑橘树，适当进行摘梢或疏去一部分夏梢。对壮年树要设法培育春梢及秋梢，防止夏梢抽生过多。合理施肥，控制新梢的抽生。

（四）喷药保护

苗木及幼树以保梢为主，每次新梢萌芽后20～30d，叶片刚转绿时喷药1次；成年树以保果为主，保梢为辅。保果在谢花后10d、30d和50d各喷药1次。台风过境后还应及时喷药保护幼果及嫩梢。防病可喷布30%王铜悬浮剂600～800倍液，或77%硫酸铜钙水分散粒剂400～600倍液，或30%噻唑锌悬浮剂500～750倍液，或33.5%喹啉铜悬浮剂1000～1250倍液，或30%噻森铜悬浮剂750～1000倍液，或86.2%氧化亚铜可湿性粉剂800～1000倍液，或15%络氨铜水剂200～300倍液，或30%琥珀肥酸铜悬浮剂400～500倍液，或20%噻菌铜悬浮剂300～700倍液等。

（五）生物防治

日本从黄色晕环特别大的溃疡病斑上分离出一种具有2～6根鞭毛、短杆状、荧光性白色细菌（一种假单胞菌，*Pseudomonas* sp.）。这种细菌可在柑橘溃疡病斑内寄生和繁殖，虽不吞噬也不溶解溃疡病菌，但可抑制溃疡病菌的增殖，减轻病害的发生。这种拮抗菌与等量的柑橘溃疡病菌混合后，接种在柑橘枝梢上，可大大抑制发病。将这种菌液（10^8cfu/mL）喷洒在夏橙上，能抑制溃疡病的发生。生产上可用的生防药剂有80亿芽孢/g甲基营养型芽孢杆菌LW-6 800～1200倍液，或100亿芽孢/g枯草芽孢杆菌300～700倍液。

第二节　柑橘疮痂病

柑橘疮痂病又名癞头疤、疥疮疤，是柑橘重要病害之一。在我国普遍分布，以华东、华中温带地区发生较重，华南、西南亚热带地区发生较轻。柑橘苗木、成年树的叶片和枝梢受害后引起嫩梢生长不良，扭曲畸形，甚至枯焦。果实受害后，表面粗糙，果小味酸，品质低劣。

一、症状

柑橘疮痂病为害柑橘叶片、新梢和果实的幼嫩组织，花器也能受害。受害叶初期产生油渍状、黄褐色渐转蜡黄色、圆形小斑点，直径1mm左右。后病斑木栓化并隆起，多向叶背突出而叶面凹陷，成瘤状或圆锥状的疮痂，似牛角或漏斗状。早期被害严重的新梢和叶片常枯焦脱落。天气潮湿时病斑顶部有一层粉红色霉状物，即分生孢子盘和分生孢子。有时很多病斑集合在一起，使叶片畸形扭曲。新梢受害症状与叶片基本相同，但突起不如叶片明显，枝梢变为短小、扭曲。幼果在谢花不久即可发病，初生褐色小斑，后扩为黄褐色圆锥形、木栓化的瘤状突起，引起早期落果；受害较迟的果实多数发育不良，表面粗糙、果小、皮厚、味酸或成为畸形果。

二、病原

病原有性态为柑橘痂囊腔菌*Elsinoë fawcettii* Bitancourt & Jenkins，子囊菌门，痂囊腔菌属，仅国外有发现；无性态为柑橘痂圆孢*Sphaceloma fawcetti* Jenkikns，无性型真菌，痂圆孢属。该病菌子囊果为子囊座，圆形至椭圆形，暗褐色，腔内含有一个球形或卵形的子囊。子囊孢子长椭圆形，无色，有1～3个横隔膜，分隔处稍有缢缩。分生孢子盘初散生或多数聚生于寄主表皮层下，近圆形，后突破表皮外露。分生孢子梗密集排列，圆柱状，顶端尖或钝圆，无色或淡灰色，一般单胞，偶生1或2个隔膜，大小为（12～22）μm×（3～4）μm。分生孢子单胞，无色，长椭圆形或卵圆形，两端各有1个油球，大小为（5～10）μm×（2～5）μm。

病菌菌丝生长温度为13～32℃，最适为21℃。在培养基上分生孢子形成温度为24～26℃，在越冬病斑上于10～28℃下均能形成孢子，而以20～24℃为最适。分生孢子在13～32℃下均能萌发，以24～28℃为适宜。孢子在柑橘叶片浸出液中经5h发芽率可达100%。

三、病害循环

病菌以菌丝体在病组织内越冬。翌春阴雨多湿、气温在15℃以上时，旧病斑上的菌丝体开始活动，产生分生孢子，通过风雨传播，直接或伤口侵入当年生的新梢和嫩叶。病菌侵入寄主约经10d，病部即可产生分生孢子，进行再次侵染。花瓣脱落后，病菌侵害幼果。夏、秋抽梢期又为害新梢。最后又以菌丝体在病部越冬。病害通过带病的苗木和接穗进行远距离传播。

四、发病条件

（一）气候

疮痂病要求的温度比溃疡病低，发病适温为20～24℃，在气温达28℃以上就很少发生，故此病在温带地区发生严重。春雨连绵的年份或地区发生严重；反之，春旱的年份或地区发生就轻。江苏、浙江在清明谷雨间春梢初生期多雨低温，夏梢萌发时又遇梅雨期，故此病发生较重。

（二）组织老嫩程度

病菌只侵染幼嫩组织，以刚抽出尚未展开的嫩叶、嫩梢及刚谢花后的幼果最易感病。随着组织不断老熟，抗病力逐渐增强。

（三）树龄及栽培管理

苗木及幼树因抽梢多，抽梢时期长，发病较重，壮年树次之，15年生以上柑橘发病很轻。合理修剪，使树冠通风透光良好，施肥适当，使新梢抽出整齐，同时雨季注意排水的果园，发病较轻；反之，发病较重。

（四）品种

一般来说，橘类最感病，柠檬和柚类中度感病，甜橙类和金柑最抗病。高感品种有早橘、‘本地早’、温州蜜柑、南非蜜橘、乳橘、‘朱红’、福橘和漳州红橘等；感病品种有椪柑、蕉柑、葡萄柚和香柠檬等；高抗品种有脐橙和金柑等。

五、防治

（一）加强栽培管理

结合春季发芽前的修剪，剪去病梢和病叶，并清除园内落叶加以烧毁。同时应剪去过密的枝条。此外，要加强肥水管理，促使新梢抽生整齐，成熟快，以缩短疮痂病的危害期。

（二）喷药保护

目的是保护新梢和幼果不受病菌危害。喷药共两次：第一次喷药掌握在春芽萌动时（芽长1～2mm），以保护春梢；第二次喷药在落花2/3时，以保护幼果。药剂有75%百菌清可湿性粉剂800～1000倍液，或70%甲基硫菌灵可湿性粉剂1000～1500倍液，或5%亚胺唑可湿性粉剂600～800倍液，或77%硫酸铜钙可湿性粉剂400～800倍液，或40%苯醚甲环唑悬浮剂3000～3500倍液，或25%嘧菌酯悬浮剂800～1000倍液，或25%溴菌酯微乳剂1500～2500倍液，或40%腈菌唑水分散粒剂4000～4500倍液，或12.5%烯唑醇可湿性粉剂1500～2000倍液，或15%络氨铜水剂200～300倍液等。

（三）苗木检验

外来苗木要经过严格检验，对有病苗木应防止引入。来自病区的接穗，可用75%百菌清833倍液或70%甲基硫菌灵1000倍液浸30min，消毒效果很好。

第三节　柑橘树脂病

柑橘树脂病是柑橘上的重要病害之一。因发病部位不同而有多种名称，如发生在树干上的称树脂病或流胶病；发生在成熟果实上的称蒂腐病；发生在叶片和幼果上的称砂皮病。此病在国内分布很广，以温带橘区发生最严重。因橘树易遭冻害，轻则部分枝干受害枯死，重则全树死亡。在亚热带橘区主要为害果实，引起果实大量腐烂，对出口外销影响很大。

一、症状

（一）流胶和干枯

枝干受害表现为流胶和干枯两种类型。流胶型在甜橙、温州蜜柑等品种上较为普遍。病害发生部位多在主干分叉处和其下的主干上，以及经常暴露在阳光下的西南向枝干和易遭冻害的迎风部位。病部皮层组织松软，呈灰褐色，渗出褐色的胶液。在高温干燥条件下，病势发展缓慢，病部逐渐干枯下陷，病势停止发展，病斑周缘产生愈伤组织；已死亡的皮层开裂剥落，木质部外露，现出四周隆起的疤痕。干枯型症状多发生在早橘、本地橘、南丰蜜橘、‘朱红’等品种上，病部皮层红褐色，干枯略下陷，微有裂缝，但不立即剥落。在病健交界处，有一条明显隆起的界线。在适温、高湿条件下，干枯型可转化成流胶型。发病树皮表面可见黑色小粒点，即分生孢子器，在潮湿情况下有淡黄色胶质孢子团或卷须状孢子角涌出。后期在同一病部可见黑色毛发状物即子囊壳。

无论染病枝干呈现何种类型的症状，病菌都能透过皮层侵害木质部，受害木质部变为浅灰褐色，在病健交界处有一条黄褐色或黑褐色的疤带，从病组织切片中，可见导管内有褐色的胶体和菌丝。由于导管堵塞，输导系统被破坏，病树最终死亡。

（二）砂皮或黑点

病菌侵害新叶、嫩梢和幼果时，在病部表面产生黄褐色或黑褐色硬胶质小粒点，散生或密集成片，称为砂皮或黑点。病菌危害限于表皮及其下的数层细胞，一般不超过5或6层。因此，发病迟的影响不大；发病早的，生长停滞、发育不良。

（三）枝枯

生长衰弱的果枝或上一年冬季受冻害的枝条，受病菌侵染后，因抵抗力弱，并不形成砂皮或黑点。病菌深入内部组织，呈现明显的褐色病斑，病健交界处常有小滴树脂渗出，严重时可使整枝枯死，其表面散生小黑点，是下年发病的重要来源。

（四）蒂腐

主要发生在成熟果上。果实采摘后，特别在贮运过程中发生较多。主要特征为环绕蒂部出现水渍状、淡褐色病斑，逐渐成为深褐色，病部渐向脐部扩展，边缘呈波纹状，最后可使全果腐烂，逐渐干缩，表面形成灰褐色至黑色的分生孢子器。患病果皮较坚韧，手指按压有革质柔韧感。病果内部腐烂较果皮腐烂快，因此当果皮变色扩大至果面的1/3～2/3时，果心已全部腐烂，故有“穿心烂”之称。

二、病原

病原有性态为柑橘间座壳*Diaporthe citri*（H. S. Fawc）F. A. Wolf，子囊菌门，间座壳属；无性态为柑橘拟茎点霉*Phomopsis citri*（Sacc.）Traverso & Spessa，无性型真菌，拟茎点霉属。子囊壳球形，单生或群生，埋藏于树皮下黑色子座中，直径为420～700μm，喙部细长，偶有分枝，基部稍粗，先端渐细，长达200～800μm，突出于子座外，呈毛发状，肉眼可见。子囊无色，无柄，长棍棒状，大小为（42.3～58.5）μm×（6.5～12.4）μm，顶壁特厚，中有狭沟通向顶端，内含子囊孢子8个。子囊孢子无色，双胞，隔膜处缢缩，长椭圆形或纺锤形，内含油球4个，大小为（9.8～16.3）μm×（3.3～5.9）μm。分生孢子器于表皮下形成，球形、椭圆形或不规则形，具瘤状孔口，直径为210～714μm。分生孢子有两种类型：一种卵形，无色，单胞，含有1～4个油球，一般2个，大小为（6.5～13）μm×（3.3～3.9）μm，易发芽；另一种丝状或钩状，无色，单胞，大小为（18.9～39）μm×（1.0～2.3）μm，不能发芽。病菌菌丝生长最适温度为20℃左右，在10℃及35℃下生长缓慢。卵形分生孢子发芽的温度范围为5～35℃，适温15～25℃；在有叶组织的水中，在35℃下2h即能萌发，经24h后发芽率可达93%；在7℃下也能发芽，经72h后发芽率可达56%。

三、病害循环

病菌以菌丝体和分生孢子器在病枯枝及病树干的组织内越冬。在枯枝上越冬的分生孢子器为翌年初侵染的主要来源，而菌丝越冬后可在病部继续扩展危害。病枝干上偶然也能发现子囊壳，子囊孢子也可引起初侵染，但重要性不大。分生孢子器终年可产生分生孢子，在多雨潮湿时产生最多。每当雨后，分生孢子自孔口大量涌出，经雨水冲刷随水滴顺着枝干流下，或借雨水溅射、昆虫与鸟类等媒介传播，特别是降雨时或雨后的暴风所引起的传播更大。散落在叶、果、枝、干等部位的分生孢子，得到适当的水分就能萌发、从伤口侵入。在春秋雨季适温的情况下，接种后经10～15d即可表现明显症状。病菌的寄生性不很强，必须在寄主生长衰弱或受伤的情况下才能侵入危害，这是柑橘遭受冻害后此病易严重危害的主要原因。发病后病菌可借分生孢子在果园内反复传播，进行再侵染。

四、发病条件

（一）气候

严寒冰冻是诱发柑橘树脂病的主导因素。此病曾在浙江、湖南和太湖橘区严重发生，都与冬季强烈寒潮或低温造成的冻害密切相关。例如，浙江、湖南等地一般在3～4月初见，5～6月平均气温23℃左右、雨水多时，出现发病高峰；7～8月气温较高时病势发展缓慢，9～10月病势又回升，出现第二次发病高峰。

（二）栽培管理

因管理不当所产生的灼伤、冻伤、虫伤、机械伤等是病菌侵入的主要途径。树势旺盛发病较轻。壮龄树较老树发病轻。肥料不足或施肥不及时，偏施氮肥，土壤保水、排水力差和病虫危害严重，以及冬季进行重修的柑橘园，树势衰弱容易遭受冻害，发病加重。

五、防治

（一）加强栽培管理

冬季气温下降前，一至三年生幼树进行培土或裹塑料袋防寒，对大树也要进行培土。霜冻前1～2周，橘园应充分灌水1次，或于地面铺草，或在橘树上覆草进行防冻。秋季及采收前后要及时增施肥料。早春前结合修剪，剪除病枝梢，锯除枯死枝，加以烧毁。在盛暑前树干可用生石灰5kg、食盐250g、水20～25L刷白。

（二）刮治和涂药

对已发病的橘树，可在春季彻底刮除病组织，并用1%硫酸铜或1%抗菌剂402或50%多菌灵可湿性粉剂100倍液，或4%～10%冰醋酸液消毒伤口，不易愈合的大伤口，再外涂沥青等伤口保护剂。但使用过沥青的树干至夏季高温前，应以白涂剂刷白，用草绳或薄膜包封，2～3个月后解除，效果较好。

（三）喷药保护

可结合对疮痂病的防治，于春芽萌发时喷1次80%代森锰锌可湿性粉剂400～600倍液，或20%氟硅唑可湿性粉剂2000～3000倍液，或25%吡唑醚菌酯可湿性粉剂1000～2000倍液，或25%咪鲜胺乳油1000～1500倍液。花落2/3及幼果期各喷1次80%代森锰锌可湿性粉剂400～600倍液，或80%克菌丹水分散粒剂600～750倍液，或20%氟硅唑可湿性粉剂2000～3000倍液，或50%氟啶胺悬浮剂1000～2000倍液，或25%吡唑醚菌酯水分散粒剂1000～2000倍液，或25%咪鲜胺乳油1000～1500倍液，以保护叶片和枝干。

第四节　柑橘黄梢病

柑橘黄梢病又称黄龙病。主要分布在广东、福建、广西等地，云南、四川、江西、浙江和湖南等地的局部地区也有发生。因此，本病被列为国内检疫对象。本病对柑橘生产的危害性极大，幼龄树发病后一般在1～2年内死亡，老年树发病后在3～5年内枯死或丧失结果能力。

一、症状

病树初期典型症状是在浓绿的树冠中发生1或2条或多条黄梢。由于病梢叶片黄化程度不同，又分为均匀黄化型和斑驳黄化型两类。但因发病时期不同，感病叶片的症状也有差异。

（一）春梢

病树当年新长的春梢正常转绿，5月以后部分或大部分春梢叶片褪绿转黄。叶脉肿凸，黄白色或淡绿色，叶质硬化，叶肉多呈黄绿相间的斑驳或均匀的黄白色或绿色。

（二）夏梢和秋梢

当年病树抽生的枝条，其新梢上的嫩叶初呈白色，中脉更明显，后变为均匀的黄绿或黄白或呈黄绿相间的斑驳，叶质多硬化，无光泽，叶脉轻微或显著肿胀，浅绿或黄白色。发病的黄梢至秋末时，病黄叶便陆续脱落，到次年春芽萌发前全部落完。病梢萌发较早，新梢短而弱，叶片细小狭长，主侧脉绿色，其余部分淡黄色或黄色，与缺锌的症状相似。

病树开花早且多，花瓣较短小、肥厚、淡黄色、无光泽，有的柱头常弯曲外露，小枝上花朵往往多个聚集成团，最后几乎全部脱落。病果小，果脐常偏歪在一边，果皮光滑；着色时有的黄绿不匀，有些品种的果蒂附近变为橙红色，而其余部分仍为青绿色，如福橘等。

二、病原

病原为亚洲韧皮部杆菌*Liberibacter asiaticum* Jagoueix，韧皮部杆菌属细菌。病菌多数呈圆形或椭圆形，少数呈不规则形，其外围由3层膜构成，厚17～33nm，外层膜厚薄不匀。内部含有类核糖蛋白体质粒及类DNA的线体构造。在寄主筛管及薄壁细胞内稀疏或稠密分布。寄主范围只限于柑橘属、金柑属和枳属植物。

三、病害循环

在病区，初侵染源主要是田间病树和带菌柑橘木虱；在新区则主要是带病苗木和接穗。病菌通过嫁接传染，但不能通过汁液摩擦和土壤传染。病树或病苗可借媒介昆虫柑橘木虱（*Diaphorina citri*）以持久性方式传播。病原在木虱体内的循回期约1个月，果园在发病后3～4年内发病率可以高达70%～100%。

四、发病条件

（一）田间病株和媒介昆虫的数量

在传病媒介昆虫发生普遍的地区，田间病株率及苗木带病率是黄梢病发生流行的重要因素。一般苗木发病率在10%以上的新果园，或田间病株率达20%以上的果园，如媒介昆虫发生数量较大，则病害将严重发生流行，并会在2～3年内将整片橘园毁灭。反之，如柑园里的病树很少，能及时挖除，并加强管理、注意防虫，则黄梢病的发生就会得到控制。

（二）树龄

老龄树抗病力比幼龄树强，病害的传染和发展也较慢。所以在发病较严重的老果园附近种植幼树，或在这些果园中补种幼树，则新种的幼树往往比老树更快病死。其原因是新树抽生新梢的次数较老树多，媒介昆虫在幼树上传染活动机会多。另外老树冠大，病原在树体内运转较慢，引至全株发病所需的时间也比幼树长。

（三）品种

已知的柑橘品种都不同程度地感染本病，其中最感病的为蕉柑、福橘、茶枝柑和年橘等；抗、耐病性较强的为温州蜜柑、柚和柠檬等；枳的抗病性很强，在田间不显症状。

砧木对接穗抗病性的影响一般不明显。根据实验结果，嫁接在酸橘、枳、柠檬和福橘等常用砧木上的植株，以及嫁接在甜橙、粗柠檬、香橙等砧木上的植株都易感病，发病的严重度无明显差异。

（四）栽培管理

大丰收后的柑园，若栽培管理跟不上，导致柑树生活力大大减弱，抗病力下降，次年就易发生黄梢病致使柑树迅速衰退死亡。水肥管理不好、防虫不及时的果园，黄梢发病发展较快。

（五）生态条件

良好的生态条件有利于阻碍病害蔓延。在林木茂盛、日照短、湿度大、温差变化稳定的山谷果园，或四周种有良好护林带的果园，由于阻碍了媒介昆虫的迁移、繁殖和传播病害，黄梢病扩展较慢。某些高海拔地区没有柑橘木虱生存，所以即使种植带病苗木，病害最终也能随病株的死亡而自行消灭。

五、防治

（一）实行检疫

禁止病区苗木向新区和无病区调运。在病区内，带病或可能带病的苗木应有控制地、相对集中地种植，防止进一步扩散。新辟的果园一律用无病苗种植。

（二）建立无病苗圃、培育无病苗木

无病苗圃的地点可选在没有柑橘木虱发生的非病区；如在病区建圃，要与其他果园相距2km以上。砧木种子用50～52℃热水预浸5min，再用55～56℃温汤处理50min后播种育苗。病接穗用1000μg/mL盐酸土霉素或青霉素浸泡2h后嫁接，其苗木全部或大多数不显病状。无病接穗的采集及处理：①从品种优良的健康老树采种，经55～56℃热水处理后隔离种植，培育无病的实生树作为母树采穗。②在非病区、病区中隔离的无病老果园或轻病成年树果园中，严格选择无病树作为母树采穗。接穗用1000单位盐酸土霉素浸泡2h，再用清水冲洗后嫁接。育成的苗木，用49℃湿热空气处理50min后作为母本苗。

（三）挖除病株

每年春、夏、秋三个梢期，尤其是秋梢期认真逐株检查，发现病株或可疑病株立即挖除，集中烧毁。发病10%以下的新柑园和发病20%以下的老柑园，挖除病株后可用无病苗补植。

（四）加强管理

加强以防治柑橘木虱为主的栽培管理措施，通过控肥控梢使梢期整齐一致，缩短抽梢期，减少媒介昆虫繁殖和传播病害。新梢抽发1～2cm时，全面喷施1或2次杀虫药剂防治木虱。

（五）种植防护林

果园四周栽种女贞、杉木等防护林，以减少日照和保持果园有较高湿度。防护林对媒介昆虫的迁飞也起了阻碍作用。

第五节　柑橘其他病害

1. 柑橘衰退病

【症状特点】又称速衰病，其症状随砧木和接穗的不同而异。以酸橙作砧木的甜橙，发病初期病枝抽发新梢数减少，老叶失去光泽，呈古铜色或类似缺铁性黄化并脱落；落叶病枝抽发新梢细弱、叶小、色淡或黄化，并从顶部渐向下枯死。发病2～3年后逐渐不结果，病树生长缓慢衰退。也有在发病几个月即导致植株死亡的。在葡萄柚的茎上出现针孔斑，矮化丛生。酸柠檬上产生枯梢。在墨西哥来檬上用病芽嫁接后1个月左右，新叶呈现明脉症状，并在茎干的木质部出现凹陷点或条沟，植株矮化，叶黄化，并呈匙状或叶缘反卷。

【病原】由柑橘衰退病毒（citrus tristeza virus，CTV）侵害引起。此病毒具有致病力强弱不同的株系。远距离通过带毒苗木和嫁接材料传播。田间主要通过蚜虫传播。

【防治要点】①选用枳、枳橙、酸柑、红橘等作砧木和无病毒的繁殖材料，将病株或疑似株放在32～44℃的温室中培养40d，然后取其新发嫩梢再繁殖；②生长期及时防治蚜虫。

2. 柑橘裂皮病

【症状特点】主干树皮龟裂脱落，全树生长不良，叶片叶脉附近绿色而叶肉发黄，类似缺锌症。严重者叶落枝枯，甚至全树枯死。

【病原】本病由柑橘裂皮类病毒（citrus exocortis viroid，CEVd）引起，除通过苗木和接穗传播外，也可通过受病原污染的工具和人手与健株韧皮部组织接触传播。

【防治要点】①严格实行检疫；②利用茎尖嫁接脱毒培养无病苗木；③用10%～20%漂白粉溶液消毒工具等。

3. 柑橘脚腐病

【症状特点】为害根颈及根部。病部呈不规则的水渍状黄褐色至黑褐色，树皮腐烂，具酒精气味，潮湿时病部常渗出胶液，干燥时凝结成块。病部可扩展至木质部。最后病皮干燥翘裂并剥落，向下扩展引起主、侧根及须根腐烂，直至全株枯死。

【病原】引起该病的病原有烟草疫霉*Phytophthora nicotianae* Breda de Haan、柑橘褐腐疫霉*Phytophthora citrophthora*（R. E. Sm. & E. H. Sm.）Leonian和棕榈疫霉*Phytophthora palmivora*（E. J. Butler）E. J. Butler，均属卵菌门疫霉属。病菌以菌丝体或卵孢子在病部越冬，主要由流水或土壤传播。

【防治要点】①利用枳壳、红橘、枸头橙和酸柑等抗病砧木，或桥接；②发现病树后扒开土壤，刮除腐烂部分后涂1∶1∶10波尔多液，或浇灌30%恶霉灵水剂1000倍液再填新土；③用50%甲霜灵可湿性粉剂400倍液灌根或涂抹1或2次。

4. 柑橘根结线虫病

【症状特点】主要为害根部，在细根上形成大小不等的根瘤状肿大，最后使病根坏死。一般地上部病状不明显。受害加重后，叶色发黄变小、枝短梢弱、长势衰退等。

【病原】可以由多种根结线虫（*Meloidogyne* sp.）引起，已报道的有柑橘根结线虫、闽南根结线虫、花生根结线虫、草果根结线虫、短小根结线虫和番禺根结线虫等，均属根结线虫属。

【防治要点】①加强苗木检验和培育无病苗木，苗圃土壤在播种前半月，用0.5%阿维菌素颗粒剂6～18kg/亩，开沟施药，沟深15cm，沟距24～33cm，覆土踏实；成年病树直接用药进行灌根。②病苗用48℃热水浸根15min。

5. 柑橘根线虫病

【症状特点】被害小根较粗短，畸形，易碎裂，受害组织呈黑色。地上部叶发黄或呈青铜色，严重时叶片脱落，小枝枯萎。

【病原】*Tylenchulus semipenetrans*，属半穿刺线虫属。

【防治要点】参照柑橘根结线虫病。

6. 柑橘脂点黄斑病

【症状特点】叶片受害表现如下3种类型。

1）脂点黄斑型：叶背生褪绿小点，半透明，扩大后呈大小不一的黄斑，其上生许多疱疹状小粒点，并渐变成黑褐色脂斑，与脂斑对应的叶片正面形成不规则形黄色斑块，病叶易脱落。

2）褐色小圆星型：初期叶面现赤褐色芝麻大小的近圆形斑点，后稍扩大为0.1～0.3cm圆形灰褐色斑，其上生黑色小粒点。

3）混合型：上述两型兼有。

【病原】有性态为柑橘球腔菌*Mycosphaerella citri* Whiteside，子囊菌门，球腔菌属；无性态为柑橘灰色尾孢菌*Cercospora citri-grisea*（Fish）Sivanesan，无性型真菌，尾孢属。病菌在病组织中越冬，经风雨传播。

【防治要点】①多施有机肥，及时排灌，注意清除落叶。②第一次和第二次可结合疮痂病防治进行，以后每隔15d防治1次，直至6月下旬。药剂防治的重要时期是梅雨前后的两次。使用药剂参照苹果褐斑病。

7. 柑橘煤污病

【症状特点】又称柑橘煤烟病。在叶片、果实表面发生黑色片状可以抹掉的菌丝层，好似叶片上黏附着一层烟煤。真菌以昆虫的分泌物为营养，不侵入寄主组织，发生严重时影响光合作用和果实着色，导致树势生长衰弱。

【病原】柑橘煤炱菌*Capnodium citri* Berk. & Desm.，子囊菌门，煤炱属。病菌以菌丝体、闭囊壳或分生孢子器在病部越冬，第二年通过风雨传播，孢子散落在蚧类、蚜虫等昆虫的分泌物上，再度引起发病。

【防治要点】①适当整枝，使果园的通风透光良好，减轻发病；②化学防治时先治虫后防病，如喷洒杀虫剂防治介壳虫、蚜虫及粉虱等害虫，在彻底灭虫的基础上使用50%多菌灵可湿性粉剂600倍液，或0.5∶1∶100波尔多液；③煤烟严重覆盖树体时，可于雨后对叶面撒施石灰粉以清洁煤烟。

8. 柑橘炭疽病

【症状特点】此病为害叶片、枝梢、花和果实等。叶斑圆形或呈“V”字形，凹陷，灰白色。多在秋梢上引起灰白色枯死。花柱头褐色腐烂，易落花。幼果初为暗绿色油渍状不规则斑，后扩至全果，腐烂并干缩成僵果不落。成熟果有3种类型：①干疤型，果腰部产生圆形凹陷黄褐色斑，果皮硬化；②泪痕型，果顶部现红褐色似泪痕状斑，不侵入内层；③腐烂型，果蒂及其附近发生褐色腐烂，边缘整齐，后期全部腐烂，多在贮藏期发生。病部通常生肉红色或黑色小粒点。

【病原】有性态为围小丛壳菌*Glomerella cingulata*（Stonem.）Spauld. & H. Schrenk，子囊菌门，小丛壳属；无性态为胶孢炭疽菌*Colletotrichum gloeosporioides*（Penz.）Penz. & Sacc.，无性型真菌，炭疽菌属。同苹果炭疽病菌。

【防治要点】①冬季做好清园工作，再喷石硫合剂；②在春、夏、秋梢嫩梢期各喷药1次，幼果期喷1或2次药。使用药剂参照苹果炭疽病。

9. 柑橘霉斑病

【症状特点】叶面初散生圆形褐色小点，周围具明显的黄色晕环。一张叶片上一般有3～5个病斑，多的有十余个。随着病斑的扩大。边缘稍隆起，深褐色，中部黄褐色至灰褐色，微下陷。病斑圆形或不规整圆形，少数可愈合成为不规则的大斑。天气潮湿多雨时，病斑上密生黄褐色霉丛；此时，病叶变黑褐色霉烂。气候干燥时病叶多卷曲，并大量焦枯脱落。

【病原】柑橘生棒孢菌*Corynespora citricola* M. B. Ellis，无性型真菌，棒孢属。病菌以分生孢子在病叶和落叶上过冬，通过气流传播。

【防治要点】①冬季清扫果园地面的落叶，并集中烧毁；②发病初期喷施化学药剂，药剂种类参照果树叶斑病。

10. 柑橘白粉病

【症状特点】主要为害柑橘新梢、嫩叶及幼果，被害部覆盖一层白粉，可引起落叶、落果及新梢枯死。高接换种树新抽的嫩梢被害严重时造成光干秃枝，严重影响树势。

【病原】病原菌为*Oidium tingitaninum* Carter，无性型真菌，粉孢属。

【防治要点】①加强栽培管理，增施磷钾肥和有机肥料，提高植株抗病能力；②发病初期，及时剪摘病梢、病叶及病果；③冬季清园，喷石硫合剂，春梢抽发期喷施29%石硫合剂水剂35倍液1或2次，或于发病初期喷施化学药剂，药剂种类参照苹果白粉病。

11. 柑橘膏药病

【症状特点】膏药病主要发生在柑橘树的老枝干上。在被害枝干上长出的子实体，如贴着膏药一样，有两种类型：①灰色膏药病，患部表面较平滑，初呈茶褐色，后变为鼠灰色，最后则变为紫褐色至黑色；②褐色膏药病，患部表面呈丝绒状，通常呈栗褐色，周缘有狭窄的灰白色带。

【病原】灰色膏药病菌属于担子菌门的隔担耳属（*Septobasidium*）；褐色膏药病菌属于担子菌门的卷担子菌属（*Helicobasidium*）。两种病菌均以菌丝体在病枝干上越冬，通过气流和介壳虫传播。

【防治要点】①及时防治介壳虫；②用竹片或小刀刮除菌膜，刮后再涂抹石硫合剂，若其中加0.5%五氯酚钠，则效果更好。

12. 柑橘藻斑病

【症状特点】果实表面形成砖红色、凸起、绒毛状的藻斑，外形似“炸面窝”状。枝条的初期症状为树皮增厚，接着隆起部分的树皮开裂，形成不规则状的斑块或条纹，枝条的顶端生长受限制，严重时可引起枝条枯死。叶片发病，上长有绒毛状藻斑，叶色褪绿，易脱落。

【病原】寄生性锈藻*Cephaleuros virescens* Kunze，属藻类头孢藻属，以病原藻营养体在病组织上越冬。高温潮湿有利发生。

【防治要点】①冬季清园时对树干上的藻斑进行人工洗刷；②生长期结合防治其他病害喷施铜素杀菌剂。

13. 柑橘地衣病

【症状特点】被害树干、枝条及叶片上，紧贴着一层灰绿色壳状、片状或不规则形的表皮寄生物。受害枝干表面出现粗糙难看的壳状物，病树生长衰弱。

【病原】地衣是真菌（子囊菌）和藻类共生形成的一种复合有机体，常见的有叶状、壳状和枝状。地衣以自身分裂成碎片进行繁殖，通过风雨传播。

【防治要点】①用竹片或小刀刮除树干及枝条上的地衣，刮后再涂石硫合剂；②结合介壳虫的防治，喷施松碱合剂。

14. 柑橘青霉病

【症状特点】果实染病，初期为水渍状淡褐色圆形病斑，果皮变软腐烂，边缘整齐，有发霉味，扩展迅速，用手指按压病部果皮易破裂。病部先长出白色菌丝，很快就转变为青色霉层。全果腐烂约需14d。病果与包装纸不易粘连。

【病原】意大利青霉*Penicillium italicum* Wehmer，无性型真菌，青霉属，可以在各种有机物质上营腐生生活。分生孢子靠气流传播，由伤口侵入。

【防治要点】①防止果实受伤；②适当提早采果，并用塑料袋单果包装；③果实采收前7～10d用50%硫菌灵可湿性粉剂2000倍液对树冠喷药；④果实采收后，用36%甲基硫菌灵可湿性粉剂800倍液，或50%咪鲜胺锰盐可湿性粉剂1000～2000倍液，或50%抑霉唑乳油1000～1400倍液，或75%抑霉唑硫酸盐可溶粒剂1500～2500倍，或50%噻菌灵悬浮剂420～500倍液，或45%咪鲜胺乳油900～1800倍液，或1000亿芽孢/g枯草芽孢杆菌可湿性粉剂3000～5000倍液浸果，同时还可兼治其他贮藏期病害。

15. 柑橘绿霉病

【**症状特点**】受害果实初为淡褐色水渍状圆形病斑，果皮软烂，易碎裂，软腐边缘不明显，不整齐，有芳香味，常与包装纸粘连。病部白色菌丝后转为绿色，全果腐烂只需6～7d。

【**病原**】指状青霉*Penicillium digitatum*（Pers.）Sacc.，无性型真菌，青霉属。病菌在各种有机物上营腐生生活，靠气流传播，由伤口侵入。

【**防治要点**】同柑橘青霉病。

16. 柑橘黑腐病

【**症状特点**】在果实上有两种症状类型：一是果皮先发病，现水渍状淡褐色病斑，扩大后果皮稍下陷，长出灰白色菌丝，后变成黑绿色霉层，果皮、果肉腐烂，味苦；二是果皮不表现症状，而果心和果肉已发生腐烂。

【**病原**】病原有链格孢*Alternaria alternata*（Fr.）Keissl. 和梨黑斑链格孢*Alternaria gaisen* Nagano ex Bokura两种，均为无性型真菌，链格孢属，以分生孢子附着在病果上，或以菌丝体在枝、叶果组织中越冬。

【**防治要点**】同柑橘青霉病。

17. 柑橘黑斑病

【**症状特点**】主要为害果实，枝梢、叶片也能被害。果被害后有两种类型：①黑星型，果面生红褐色小斑，扩大后呈圆形，直径1～6mm，后期边缘隆起，红褐色至黑色，中央凹陷呈灰色，其上生许多细小黑色粒点，病斑不深入果肉；②黑斑型，初生淡黄色斑，扩大后呈暗褐色、稍凹陷，后为圆形大斑，达1～3cm或扩至全果，其上生许多黑色小点。

【**病原**】有性态为柑橘球座菌*Guignardia citricarpa* Kiely，子囊菌门，球座菌属；无性态为柑橘叶点霉*Phyllosticta citricarpa*（McAlpine）Aa，无性型真菌，叶点霉属。病菌以子囊果和分生孢子器或菌丝体在落叶、病果、病叶和病枝上越冬。靠风雨和昆虫传播。

【**防治要点**】①冬季清园，喷石硫合剂。②注意氮、磷、钾肥的适当配合，果实贮藏期温度最好控制在5～7℃，开花后至落花后1个月内进行喷药，隔15d喷1次，连喷3次。药剂可用35%氟菌·戊唑醇悬浮剂2000～4000倍液。

18. 柑橘油斑病

【**症状特点**】一般发生在采果前，特别是近成熟期果实易发病。果皮上现形状不规则的淡黄色或浅绿色斑，病健交界处明显，斑内油胞显著凸出，油胞间组织凹陷，后变为黄褐色，油胞萎缩。仅为害果皮，不引起腐烂。

【**病原**】此病是由于油胞破裂后橘皮油外渗，侵蚀果皮细胞而引起的一种生理性病害。

【**防治要点**】①适时采收，注意不在雨湿和露水未干时采收，避免人为损伤；②及时防治刺吸式口器害虫；③种植防护林；④套袋保护。

19. 柑橘酸腐病

【**症状特点**】病斑在伤口处开始发生，初圆形，后迅速蔓延至全果。病部变软多汁，呈开水烫过状，橘黄色，轻擦果皮其外表皮很易脱离。后期病部生出白色菌丝，病果发出酸败的气味。

【**病原**】白地霉酸橙变种*Geotrichum candidum* var. *citri-aurantii*（Ferraris）R. Ciferri & F. Cif.，无性型真菌，地霉属。病果腐烂部有大量的分生孢子，病菌通过伤口侵入。

【**防治要点**】①挑选无伤的果实贮藏，并做好贮藏库或贮藏窖的消毒工作；②果实防腐处理参考柑橘青霉病。

20. 柑橘干腐病

【**症状特点**】病斑红褐色至黑褐色，干硬革质，稍凹陷，边缘不规则，干疤型。发病部位多在蒂部或近蒂部。在高温、高湿条件下，可由蒂部侵入果实中心柱，并使种子受害。

【病原】*Fusarium* sp.，无性型真菌，镰孢菌属。初侵染源来自病残体及贮藏库、窖、果箱中的分生孢子。

【防治要点】①挑选无伤的果实贮藏，并做好贮藏库或贮藏窖的消毒工作；②果实防腐处理参考柑橘青霉病。

21. 柑橘果实日灼病

【症状特点】由于夏季的高温和强烈的阳光照射引起果皮灼伤。轻度的日灼使果皮变为黄褐色或出现白色枯死斑点，严重日灼后出现圆形下陷的枯死干疤。日灼发生在果腰部位时，一般多呈黄褐色硬斑，不落果，但果肉品质变差。

【病原】本病是高温烈日暴晒引起的一种非传染性病害。

【防治要点】①根据天气预报，在夏季高温出现前对易发生日灼的果园喷施2%石灰乳可减轻受害；②夏季高温期间，在果园定期灌水或人工降雨以调节果园小气候，可减轻发病。

22. 柑橘裂果病

【症状特点】果实生长后期，果皮纵裂开口，瓤瓣也相应裂开。开裂处失水干枯或次生真菌侵入引起果实腐烂。从品种上看，薄皮品种的果实易发生裂果。

【病原】由于水分供应不均引起的一种非传染性病害，特别是在干旱一段时间后，骤下大雨易发生裂果病。

【防治要点】果实生长期均匀地供应水分和养分，后期避免灌水过多。

第六节　柿、山楂、枇杷病害

1. 柿角斑病

【症状特点】叶片受害，初期正面现黄绿色不规则形，病斑2～8mm，边缘较模糊，斑内叶脉变黑色。随病斑的扩展，颜色逐渐加深，呈浅黑色，后中部颜色褪为浅褐色，呈多角形，其上密生黑色绒状粒点，有明显的黑色边缘。背面开始时呈淡黄色，后颜色逐渐加深，终成褐色或黑褐色，也有黑色边缘，但不及正面明显，黑色小粒点也较正面稀少。柿蒂染病，病斑发生在蒂的四周，呈淡褐色至深褐色，边缘黑色或不明显，形状不定，由蒂的尖端向内扩展。病斑两面都可产生黑色绒状小粒点，但以背面较多。发生严重时，采收前1个月即可大量落叶。

【病原】柿尾孢菌 *Cercospora kaki* Ellis & Everh，无性型真菌，尾孢属。以菌丝体在病蒂和病叶中越冬。通过风雨传播。

【防治要点】①彻底清除挂在树上的病蒂；②喷药预防的关键时间是在柿树落花后20～30d，过早、过晚效果都不好，药剂可用1∶（3～5）∶（300～600）波尔多液喷1或2次，或70%代森锰锌可湿性粉剂500～600倍液；③避免柿树与君迁子混栽。

2. 柿圆斑病

【症状特点】主要为害叶片，也能为害柿蒂。叶片受害，初期产生圆形小斑点，正面浅褐色，无明显边缘，稍后病斑转为深褐色，中心色浅，外围有黑色边缘。在病叶变红的过程中，病斑周围出现黄绿色晕环，直径一般2～3mm。后期在病斑背面出现黑色小粒点。发病严重时，病叶在5～7d内即可变红脱落。柿蒂上病斑圆形，褐色，出现时间晚于叶片，病斑一般也较小。

【病原】柿叶球腔菌*Mycosphaerella nawae* Hiura & Ikata，子囊菌门，球腔菌属。病菌以未成熟的子囊果在病叶上越冬，借风力传播，由气孔侵入，无再侵染。

【防治要点】①秋末冬初至第二年6月，彻底清除落叶，集中沤肥或烧毁。②在柿树落花后，即子囊孢子大量飞散前，喷1∶5∶（400～600）波尔多液保护叶片，集中喷药1次即可。在重病区，用70%代森锰锌可湿性粉剂500倍液，在半月后再喷1或2次。常用药剂还有苯醚甲环唑、硫菌灵、福美双等。

3. 柿炭疽病

【症状特点】主要为害果实及新梢，叶部较少发生。果实发病，初期出现针头大小深褐色或黑色小斑点，逐渐扩大成为圆形病斑。直径达5mm以上时病斑凹陷，中部密生略呈轮纹状排列的灰色至黑色小粒点，遇雨或高湿时分生孢子盘溢出粉红色黏质的孢子团。果肉形成黑色的硬块，病果早落。新梢染病，初期产生黑色小圆斑，扩大后呈长椭圆形，达10～20mm，中部凹陷，褐色纵裂，并产生黑色小粒点。斑下木质部腐朽，病梢极易折断。

【病原】胶孢炭疽菌*Colletotrichum gloeosporioides*（Penz.）Penz. & Sacc.，无性型真菌，炭疽菌属。病菌主要以菌丝体在枝梢病斑中越冬，也可在病果、叶痕和冬芽中越冬，借风雨和昆虫传播，从伤口或直接侵入。

【防治要点】①结合冬季修剪，剪除带病枝梢；生长期中应连续剪除病枝、病果并收拾地下落果，加以烧毁或深埋。②柿树发芽前喷石硫合剂。生长期可结合圆斑病或角斑病进行防治。③引进苗木时，应先汰除病苗，并用1∶3∶80波尔多液或20%石灰乳浸苗10min，然后定植。

4. 柿黑星病

【症状特点】为害叶、枝梢和果实。嫩叶易受害，初出现近圆形、黑色的斑点。扩大后中央褐色至赤褐色，边缘黑色，外围有黄色晕。背面有不明显的黑色霉状物。果实上病斑圆形，黑色。果蒂上病斑椭圆形或不规则形，褐色。枝梢上病斑梭形，黑色。

【病原】柿黑斑黑星孢*Fusicladium levieri* Magnus，无性型真菌，黑星孢属。主要以菌丝体在枝梢病斑中越冬。有时带病柿蒂也可成为初侵染来源。

【防治要点】①冬季剪除病枝；②发芽前喷石硫合剂，发芽后再喷石硫合剂1或2次。

5. 柿白粉病

【症状特点】为害叶片，造成早期落叶。夏季病斑黑色，秋季老叶上出现典型的白色粉状斑，主要在叶背面。后期白粉中产生初黄色后变为黑色的小粒点。

【病原】柿生球针壳*Phyllactinia kakicola* Sawada，子囊菌门，球针壳属。病菌以闭囊壳在落叶上越冬。

【防治要点】①清除落叶，集中烧毁；②生长期喷石硫合剂或1∶5∶400波尔多液2或3次，其他用药可参照苹果白粉病。

6. 柿叶枯病

【症状特点】为害叶片，初期病斑不规则形，褐色，后病斑扩大为多角形，中部色浅，边缘深褐色。后期病斑上产生黑色小颗粒状物。

【病原】柿盘多毛孢*Pestalotia diospyri* Syd. & P. Syd.，无性型真菌，盘多毛孢属。病菌以菌丝体及分生孢子在病斑内越冬。

【防治要点】参照柿角斑病。

7. 山楂白粉病

【症状特点】主要为害新梢、幼果和叶片。嫩芽发病初期，出现褪色或粉红色的病斑，嫩芽抽发新梢时，病斑迅速延及幼叶上，病部布满白粉。白粉层较厚、呈绒毯状。发病后期新梢生长瘦弱，节间缩短，叶片纤细，扭曲纵卷，严重时终致枯死。幼果发病，首先在近果柄处发生病斑，被覆白粉状物，果实随即向一侧弯曲，俗称弯脖子、花脸病。病斑逐渐蔓延到果面，发病较早的果实大部分自果柄病痕处脱落；稍大的幼果受害时，病斑硬化并发生龟裂，果实畸形，着色不良。6月中旬后，根蘖部病斑开始转为紫褐色，并产生黑色小点粒，此即病菌的闭囊壳。

【病原】隐蔽叉丝单囊壳*Podosphaera clandestina*（Wallr.）Lév.，子囊菌门，叉丝单囊壳属。病菌主要以闭囊壳在病叶、病果上越冬，靠气流传播。

【防治要点】①秋季落叶后，清扫地面病叶、病果，结合施基肥深埋地下或集中烧毁；生长季节要注意及时刨除自生根蘖，并铲除园内及其周围的野生山楂树。②发芽前喷石硫合剂；坐果期应在落花70%时和幼果期连续喷石硫合剂2次，或参照苹果白粉病用药。

8．山楂花腐病

【症状特点】主要为害叶片、新梢及幼果，造成受害部位的腐烂。叶片发病，新展出的幼叶初发生褐色短线条状或点状小斑，后迅速扩大，6～7d后扩展到病叶的1/3以上。病斑红褐色至棕褐色，病叶枯萎。天气潮湿时，病斑上出现白色至灰白色霉状物。叶片上的病斑还可沿叶柄向基部迅速蔓延，导致病叶焦枯脱落。幼果一般在落花10d后表现症状，初在果面发生1～2mm大小的褐色斑点，2～3d后扩展到整个果实，使幼果出现暗褐色腐烂，表面有黏液溢出，烂果有酒糟味，最后病果脱落。

【病原】约翰逊链核盘菌*Monilinia johnsonii*（Ellis & Everh.）Honey，子囊菌门，链核盘菌属。病菌以菌丝体在落地病僵果上呈假菌核形式越冬。

【防治要点】①在果实采收后，彻底清除树上僵果、干腐的花柄等组织，扫除地上的病果、病叶、腐花，并结合施肥管理，将带菌表土翻耕，深埋地下，以减少菌源。②山地果园或地面深翻有困难的，可于4月底前每公顷地面撒施375～450kg石灰粉。③用25%三唑酮可湿性粉剂2000倍液或25%三唑酮可湿性粉剂3000倍液加50%甲基硫菌灵可湿性粉剂300倍液混用，于50%的叶展开时及叶片完全展开时，连续喷药2次，能有效地控制叶腐；以50%甲基硫菌灵可湿性粉剂500倍液或70%甲基硫菌灵可湿性粉剂1000倍液，于开花盛期均匀细致喷布1次，能有效地控制果腐。

9．山楂枯梢病

【症状特点】二年生果桩首先发病，皮层变褐、整桩腐烂，继而顺桩向下扩展，当病斑延及果枝基部时，当年生果枝迅速失水凋萎、干枯死亡。枯梢不易脱落，残存树上达1年之久。病斑暗褐色，病健组织间有清晰界线，后期干缩，密生灰褐色小粒点，即病菌分生孢子器。初埋生寄主表皮下，后纵向突破寄主表皮开口外露。在潮湿条件下，小粒点顶端溢出乳白色卷丝状分生孢子角。

【病原】葡萄生壳梭孢*Fusicoccum viticolum* Redd.，无性型真菌，壳梭孢属。三年生病桩是造成山楂枯梢的主要发病来源。

【防治要点】①采收后深翻扩穴，每株大树施基肥200～250kg，并在花前2～3周、花后10d和种子硬核前果实着色期，适当追施氮、磷、钾肥，以增加树势，提高树体抗病力；②及时剪除病梢，集中烧毁；③早春于发芽前喷石硫合剂，以铲除越冬病菌，雨季开始时喷50%甲基硫菌灵可湿性粉剂1000倍液，每隔半月喷1次，连续喷3次。

10．枇杷叶斑病

【症状特点】枇杷叶斑病包括以下4种。

1）灰斑病：叶片被害，初生淡褐色圆形病斑，后呈灰白色，表皮干枯，易与下部组织脱离，多数病斑可愈合成不规则形的大斑。病斑边缘明显，为较窄的黑褐色环带，中央灰白色至灰黄色。果实被害，产生圆形紫褐色病斑，后明显凹陷，病部均散生黑色小点。

2）斑点病：病斑初期为赤褐色小点，后逐渐扩大，近圆形，较灰斑病小；沿叶缘发生时则呈半圆形，中央变为灰黄色，外缘仍为赤褐色，紧贴外缘处为灰棕色，多数病斑愈合后成不规则形。后期病斑上长有黑色小点，较灰斑病细而密，有时排列成轮纹状。

3）角斑病：叶上初生褐色小点，后扩大以叶脉为界，呈多角形，常多数病斑愈合成不规则形的大病斑。病斑赤褐色至暗褐色，周围往往有黄色晕环，后期病斑中央稍褪色，其上长出黑色小粒点。

4）胡麻叶枯病：本病在苗木叶片上发生较多。初于叶片表面产生圆形暗紫色的病斑，边缘赤紫色，后病斑逐渐变为灰色或白色，中央散生黑色小粒点。病斑大小1～3mm，初表面平滑，后略粗糙。叶片背面病斑淡黄色。病斑多时相互愈合成不规则形的大病斑。叶脉受害，产生纺锤形的病斑。

【病原】灰斑病菌为枇杷拟盘多毛孢*Pestalotiopsis eriobotrifolia*（Guba）G. G. Chen & R. B. Cao；斑点病菌为枇杷叶点霉*Phyllosticta eriobotryae* Thüm.；角斑病菌为枇杷假尾孢*Pseudocercospora eriobotryae*（Enjoji）Goh & W. H. Hsieh；胡麻叶枯病菌为枇杷虫形孢*Entomosporium eriobotryae* Takimoto。上述4种病菌分别属于无性型真菌拟盘多毛孢属、叶点霉属、假尾孢属和虫形孢属。

【防治要点】①加强栽培管理，增施肥料。梅雨季节要做好果园排水工作，并设法降低地下水位。②冬季清除落叶，剪除病叶，集中烧毁。③苗圃或果园，可于新叶长出后喷1∶1∶200波尔多液，或70%甲基硫菌灵可湿性粉剂800～1000倍液。一般在4月下旬至5月上旬喷第一次药，以后每隔15d，再继续喷1或2次。

11. 枇杷污叶病

【症状特点】叶背面初生暗色圆形或不规则形病斑，后生煤灰色粉状物，严重时煤状物遍布全叶。

【病原】枇杷刀孢霉*Clasterosporium eriobotryae* Hara，无性型真菌，刀孢霉属。

【防治要点】①选择向阳通风处栽植；②清除病残体并烧毁；③药剂防治同苹果炭疽病。

12. 枇杷炭疽病

【症状特点】可为害幼苗、叶片和果实。幼苗受害后，叶片大量干枯脱落，严重时可导致幼苗枯死。叶片上可产生圆形或近圆形的病斑，病斑中央灰白色，边缘暗褐色，直径3～7mm，多个病斑可相互融合。果面初生淡褐色圆形水渍状斑，扩大后凹陷，表面密生淡红色到黑色小点，为病菌分生孢子团，常引起全果变褐腐烂或干缩成僵果。

【病原】胶孢炭疽菌*Colletotrichum gloeosporioides*（Penz.）Penz. & Sacc.，无性型真菌，炭疽菌属。以菌丝体在病部越冬。

【防治要点】①结合修剪，清除病僵果；②及时防治食果类害虫；③果实着色前1个月参照苹果等果树的炭疽病用药防治。

第七节　枣、栗、核桃病害

1. 枣疯病

【症状特点】一般于开花后出现明显症状，主要表现为花梗延长、花变叶和主芽不正常萌发，构成枝叶丛生现象。发病植株的整个花器变成营养器官。花梗延长4～5倍，萼片、花瓣、雄蕊均变为小叶。叶片在花后表现明显病变。先是叶肉变黄，叶脉仍绿，逐渐整个叶片变黄，继而叶缘上卷，硬而脆。有的叶尖边缘焦枯，似缺钾症状。严重时病叶脱落。疯树主根由于不定芽大量萌发往往长出一丛丛的短疯枝，同一条侧根上可出现多丛，出土后枝叶细小，黄绿色，经强日光照射后即全部焦枯呈刷状。后期病根皮层变褐腐烂，直至全株死亡。

【病原】此病是由植原体16SrV-B亚组侵染引起，经嫁接和中华拟菱纹叶蝉（*Hishmonus chinensis*）等传播。

【防治要点】①培育无病苗木，大苗圃中一旦发现病苗应立即挖除；②选用抗病酸枣品种和具有枣仁的抗病大枣品种作为砧木；③注意加强肥水管理，对土质条件差的要进行深翻扩穴，增施有机肥料；④及时清除病株，尽早将疯枝所在的大枝基部砍断或环剥；⑤加强对传病叶蝉的防治；⑥用四环素族抗生素注入病株或浸根、浸泡接穗，可减轻或抑制症状，但停药后易复发。

2. 枣锈病

【症状特点】只发生在叶片上，初在叶背散生淡绿色小点，后逐渐凸起呈暗褐色的夏孢子堆，形状不规则，直径约0.5mm，后表皮破裂，散出黄色粉状物，即夏孢子。在叶片正面与夏孢子堆相对应处发生绿色小点，边缘不规则。叶面呈现花叶状，且逐渐失去光泽，最后干枯、早期脱落。冬孢子堆一般多在落叶后发生，比夏孢子堆小，直径0.2～0.5mm，褐色，稍凸起，但不突破表皮。

【病原】枣层锈菌*Phakopsora ziziphi-vulgaris* Dietel，属担子菌门层锈菌属。只发现有夏孢子和冬孢子两个阶段。病菌的越冬方式还不十分清楚，可能以冬孢子在落叶上越冬，也有人认为夏孢子可越冬。

【防治要点】①栽植不宜过密，适当修剪过密的枝条，以利通风透光；雨季应及时排除积水；冬季清除落叶，集中烧毁。②发病严重的枣园，可于7月上旬开始喷1次1：（2～3）：300波尔多液或石硫合剂，隔1个月左右再喷1次。

3. 枣炭疽病

【症状特点】枝叶和果实均可受害，以果实受害较重。叶片受害后变黄绿色，后呈焦枯状。果实发病后，潮湿条件下病部长出许多黄褐色小突起和粉红色黏性物质，中间产生凹陷斑，扩大后连成片状，果实易脱落。较病果品质较差；重病果晒干后，仅剩枣核和丝状物连接果皮，味苦。

【病原】胶孢炭疽菌*Colletotrichum gloeosporioides*（Penz.）Penz. & Sacc.，属无性型真菌，炭疽菌属。病菌在病残体上越冬。

【防治要点】同枣锈病。

4. 栗干枯病

【症状特点】又称栗腐烂病、栗疫病、胴枯病。主要为害主干及主枝，少数在枝梢上引起枝枯。初发病时，在树皮上出现红褐色病斑，组织松软，稍隆起，有时自病部流出黄褐色汁液，撕破病皮可见内部组织呈红褐色水渍状腐烂，有酒糟味。发病中后期，病部失水，干缩凹陷，并在树皮下产生黑色瘤状小粒点，即为病菌的子座。后子座顶端破皮而出，在雨后或潮湿条件下，子座内涌出橙黄色卷须状的孢子角。最后病皮干缩开裂，并在病斑周围产生愈伤组织。幼树常在树干基部发病，造成上部枯死，下部产生愈伤组织，并逐渐萌发出大量分蘖。

【病原】寄生隐丛赤壳菌*Cryphonectria parasitica*（Murrill）M. E. Barr，属子囊菌门，隐丛壳属。病菌以菌丝体及分生孢子器在病枝中越冬，借风雨传播。

【防治要点】①改良土壤、增施肥料、不过度密植等。②近地面主干发病较多的栗园，可于晚秋进行树基培土。冻害发生较重的地区，应于晚秋进行树干涂白。高接换头时，应在接口处涂含有杀菌剂的药泥，外包塑料薄膜保护。尽量避免在树体上造成伤口，若有伤口应妥善保护。③选取无病苗木及选栽抗病品种。④治疗病斑，及时处理病枝干，清除病死的枝条，具体方法可参照苹果树腐烂病。

5. 栗锈病

【症状特点】只为害叶片。发病初期在叶背面散生淡黄绿色小点，叶正面相对部位呈现褪绿色小点，后成黄色或暗褐色。严重时，当果实快成熟时会有大量落叶。夏孢子堆为黄色或褐色的疱状斑，表皮破裂，散出黄粉；冬孢子堆为褐色蜡质斑，表皮不破裂，均在叶背着生。

【病原】栗膨痂锈菌 *Pucciniastrum castaneae* Dietel，属担子菌门膨痂锈菌属。以夏孢子在落叶上越冬。

【防治要点】①清扫落叶，减少侵染源；②发病前喷1∶1∶160波尔多液。

6. 栗芽枯病

【症状特点】主要为害芽、新梢及叶片。芽展开时发生水渍状斑，后变褐枯死。叶上病斑初水渍状，渐变褐色，周围有黄色晕圈。叶柄、叶脉、叶肉均可受害。叶脉发病时，叶片扭曲状，最后变褐向内卷曲。

【病原】栗假单胞菌 *Pseudomonas castaneae*，属假单胞菌属细菌。病菌在叶片细胞组织间隙繁殖，使细胞解体坏死。病菌在枝梢被害部越冬，借雨水传播。

【防治要点】①剪除病梢、病叶、集中烧毁；②发芽前喷1∶1∶160波尔多液，或于发病初期参照其他果树细菌性病害用药防治。

7. 栗炭疽病

【症状特点】发病初期，在栗叶表面产生不规则带紫色的小斑点，叶背色泽较淡，之后病斑扩大到数毫米，轮廓不明显，数个病斑可连接融合，叶片呈黄褐色，后卷曲焦枯死亡。栗蓬受害主要在蓬刺基部形成褐色病斑，后期病斑表面形成小黑点。种子发病主要在种仁表面出现圆形坏死斑，病斑表面黑色或黑褐色，后期果肉腐烂干缩。外种皮上病斑大多发生在尖端，形成“黑尖”症状。芽、新梢和小枝受害，可引起枯死。

【病原】有性态为围小丛壳菌 *Glomerella cingalata*（Stonem）Spald et Schrenk，子囊菌门，小丛壳属；无性态为胶孢炭疽菌 *Colletotrichum gloeosporioides*（Penz.）Penz. & Sacc.，无性型真菌，炭疽菌属。病菌以菌丝体在枝、芽内越冬。多雨年份和树势衰弱时发病较重。

【防治要点】①剪除病枯枝并烧毁；②加强田园管理，合理整形剪枝，增加树势；③在7月下旬至8月下旬喷40%多硫合剂500倍液，或1∶1∶160倍波尔多液2或3次，待储的板栗在采果前的9月中旬，可结合防治桃蛀螟加喷上述药剂，防病效果较好。

8. 核桃枝枯病

【症状特点】病菌首先侵害顶梢嫩枝，然后向下蔓延直至主干。受害枝条皮色初期呈暗灰褐色，后变为浅红褐色，最后变成深灰色，不久在枯枝上形成许多黑色小粒点，这是病菌的分生孢子盘。受害枝条上的叶片逐渐变黄而脱落。湿度大时，大量孢子从孢子盘涌出，呈黑色短柱状物，逐渐成为黑色馒头状突起的孢子团，直径1～3mm。

【病原】核桃黑盘孢 *Melanconium juglandinum*，属无性型真菌黑盘孢属。病菌主要以菌丝体及分生孢子盘在枝干病部越冬，通过风、雨、昆虫等传播，从冻伤、日灼伤、虫伤及其他机械伤口侵入。

【防治要点】①剪除病枝，并烧毁；适当增施肥料；冬季做好防冻工作；及时防治虫害。

②主干发病，可刮除病斑，并用1%硫酸铜消毒伤口后，外涂伤口保护剂。

9．核桃干腐病

【症状特点】又称核桃黑水病。主要为害枝干的皮层，在幼树主干和侧枝上的病斑初期近梭形，暗灰色，水渍状，微肿起，用手指按压流出带泡沫的液体，病皮变褐色，有酒糟味。病皮失水下陷，病斑上散生许多小黑点。病斑沿树干的纵横方向发展，后期皮层纵向开裂，流出大量黑水。大树主干上病斑初期隐蔽在韧皮部，故俗称"湿串皮"，有时许多病斑呈小岛状互相串联，周围集结大量白色菌丝层。一般从外表看不出明显的症状，当发现由皮层向外溢出黑色浓稠的液滴时，皮下已扩展为纵长达20～30cm的病斑，常呈现枯梢。后期沿树皮裂缝流出黏稠的黑水糊在树干上，干后发亮好像刷了一层黑漆。

【病原】胡桃壳囊孢 *Cytospora juglandicola* Ellis & Barthol，属无性型真菌壳囊孢属。病菌以菌丝体和分生孢子器在枝干病部越冬，借助风雨、昆虫传播，从冻伤、机械伤、剪锯口、嫁接口等处侵入。

【防治要点】①对于土壤结构不良、土层瘠薄、盐碱重的果园，应先改良土壤，促进根系发育良好；增施肥料，合理修剪。②一般在早春生长期发现病斑随时进行刮治，刮后用石硫合剂进行消毒处理；也可于发病初期使用75%肟菌·戊唑醇水分散粒剂1000～1500倍液或50%喹啉铜可湿性粉剂1000～2000倍液对病枝干进行喷雾。③冬季日照较长的地区，冬前先刮净病斑，然后涂刷白涂剂预防树干受冻。

10．核桃黑斑病

【症状特点】又称核桃黑腐病。主要为害幼果和叶片，也可为害嫩枝。幼果受害时，果面发生褐色小斑点，无明显边缘，后渐扩展成片变黑，并深入果肉，使整个果实连同核仁全部变黑腐烂脱落。较成熟的果实受侵后，往往只局限在外果皮或最多延及中果皮变黑腐烂。叶片受侵后，首先在叶脉上出现近圆形及多角形的小褐斑，严重时能互相愈合，病斑外围有水渍状晕圈，病叶皱缩畸形。叶柄、嫩枝上病斑长形，褐色，稍凹陷，严重时因病斑扩展而包围枝条将近一圈时，病斑以上枝条即枯死。

【病原】树生黄单胞菌胡桃致病变种 *Xanthomonas arboricola* pv. *juglandis* Pierce Dye.，属黄单胞菌属细菌。病菌在枝梢的病斑或芽里越冬，借风雨传播，由气孔、皮孔、蜜腺及各种伤口侵入。

【防治要点】①结合修剪，剪除病枝梢及病果，并收拾地面落果，集中烧毁；②在核桃举肢蛾等严重发生的地区，应及时防治害虫，发病严重时分别在展叶时（雌花出现前）、落花后及幼果期各喷1次1∶1∶200波尔多液，或于发病初期参照果树其他细菌性病害进行化学防治。

11．核桃炭疽病

【症状特点】主要为害果，也可为害嫩芽、枝叶。在果实上产生黑褐色、稍凹陷、圆形或不规则形病斑，严重时使全果变黑腐烂，干缩脱落。天气潮湿时，病斑上产生轮纹状排列的粉红色小点。

【病原】胶孢炭疽菌 *Colletotrichum gloeosporioides*（Penz.）Penz. & Sacc.，属无性型真菌炭疽菌属。病菌以菌丝体在病果、病叶上越冬。

【防治要点】①冬季清除病果、病叶，集中烧毁；②用1∶1∶200波尔多液，或参照其他果树炭疽病进行化学防治。

12．核桃褐斑病

【症状特点】又称核桃白星病。为害叶片，正面生褐色近圆形病斑，直径2～5mm，中部灰白色或浅褐色，直径1mm左右，多数病斑常愈合在一起形成大片焦枯斑，病叶易早落。病斑两面散生小黑点。

【病原】胡桃小盘二孢*Marssoniella juglandis*（Lib.）Höhn，属无性型真菌小盘二孢属。病菌以菌丝体在落叶上越冬。

【防治要点】①冬季清除落叶，烧毁；②发病前喷1∶1∶200波尔多液。

13. 核桃霜点病

【症状特点】又称核桃粉霉病。主要为害叶片，苗木也能被害。在叶片正面呈现黄色不规则斑块，叶背产生白色霜粉状物，即病菌的分生孢子梗和分生孢子。病叶边缘开始焦枯脱落，再生出新叶，但叶型较小，同时逐渐产生丛枝现象。

【病原】核桃微座孢菌*Microstroma juglandis* Sacc.，属无性型真菌微座孢属。病菌在落叶上越冬。

【防治要点】①清除落叶，烧毁；②发病前喷1∶1∶200波尔多液。

第八节 猕猴桃、杨梅、无花果、银杏病害

1. 猕猴桃溃疡病

【症状特点】主要为害树干、枝条和叶片。发病多从茎蔓幼芽、皮孔、落叶痕、枝条分叉部开始，初呈水渍状，后病斑扩大，色加深，皮层与木质部分离，用手挤压呈松软状。后期病部皮层纵向线状龟裂，溢出清白色黏液。该黏液不久转为红褐色。病斑可绕茎迅速扩展，用刀剖开病茎，皮层和髓部变褐，髓部充满乳白色菌脓。受害茎蔓上部枝叶萎蔫死亡。叶片发病，病部先形成红色小点，外围有不明显的黄色晕圈，后小点扩大成2～3mm不规则暗绿色病斑，叶色浓绿，黄晕明显，宽2～5mm。在潮湿条件下可迅速扩大为水渍状大斑，由于病斑受叶脉限制而呈多角形。也有病斑外不产生黄晕的。秋季产生的病斑呈暗紫色或暗褐色，晕圈较窄。

【病原】丁香假单胞菌猕猴桃致病变种*Pseudomonas syringae* pv. *actinidiae*，属假单胞菌属细菌。病菌主要在枝蔓上越冬，也可随病残体在土壤中越冬。春季细菌从病部溢出，借风雨、昆虫传播，或春季修剪等农事操作时借修剪刀、农具等传播。由植株的气孔、水孔、皮孔、伤口等侵入。

【防治要点】①苗木检疫。②因地制宜选栽抗病品种。③山区新建果园应选择海拔低、向阳背风、土质肥沃的山地种植猕猴桃；修剪的病枝蔓应集中携出园外进行销毁，冬季树干进行刷白，束草防冻。④早春定期检查枝干，发现病斑进行治疗，方法是将病斑竖向利刀划道（间距0.6～0.8cm）后，涂抹60倍的70%琥铜·乙磷铝溶液，然后再用药泥封于患部并塑膜包扎。初夏后，病斑停止扩展，于晴天彻底刮除病斑，表面涂药防病。⑤生长期药剂防治，萌芽后至谢花期视病情与天气进行喷雾，可用50%春雷·王铜水分散料剂600倍液或20%噻菌铜悬浮剂300～700倍液。

2. 杨梅癌肿病

【症状特点】主要发生在结果树的枝干上，幼树、苗木发病较少。病菌主要侵害二年生或三年生的枝条，有时也可以发生在多年生的主干和当年生的新梢上。初期病部产生小突起，乳白色，表面光滑，后逐渐增大形成肿瘤，表面粗糙或凹凸不平，木栓质，很坚硬，色泽渐变呈褐色至黑褐色。肿瘤近球形或不规则形。大小不一，小的如樱桃，大

的如胡桃，最大的直径可达10cm以上。一个枝条上肿瘤的数目不等，少的1或2个，多的4或5个或更多。

【病原】丁香假单胞菌杨梅致病变种*Pseudomonas syringae* pv. *myricae*，属假单胞菌属细菌。细菌在有病枝干的癌组织内越冬，第二年春在病瘤表面溢出菌脓，通过雨水传播。

【防治要点】①在夏季有台风的地区，做好防风工作。台风过后，应喷药保护树体，防止病菌侵入。对台风造成的断枝要及时处理。伤口要涂伤口保护剂，如波尔多液等。在建新果园时，应在果园周围种植防风林。②在春季萌芽前，尽量剪除长有病瘤的小枝，对大枝干上的病瘤，可将瘤削除后用硫酸铜100倍液消毒伤口，再外涂伤口保护剂。③于抽发春梢前全面喷1次1∶2∶200波尔多液。在台风过境后及果实采收后也要各喷1次波尔多液或使用33.5%喹啉铜悬浮剂500～750倍液喷雾。

3. 无花果疫病

【症状特点】又称白腐病。病菌主要为害果实，果实被害时，初在果皮出现油渍状小斑点，后病斑湿腐状，稍凹陷，表皮生白色霉状物，最后整个果实表面布满白丝。病果腐烂易脱落，未落的果形成僵果并久留于树枝上。

【病原】柑橘褐腐疫霉*Phytophthora citrophthora*（R. E. Sm. & E. H. Sm）Leonian，属卵菌门疫霉属。病菌可在病枝或土壤中越冬。

【防治要点】①清除病果等并深埋；②做好开沟排水工作，疏除过密枝条，降低田间湿度，做到通风透光；③发病初期用1∶1∶200波尔多液或25%甲霜灵可湿性粉剂500倍液喷雾。

4. 无花果炭疽病

【症状特点】果实被害表面生细小淡褐色圆形病斑，以后病斑逐渐扩大，果肉软腐，呈圆锥状深入果肉；后期病斑凹陷，表面呈现颜色深浅交错的轮纹，病健交界明显。病部可产生褐色小颗粒，后呈黑色，呈同心轮纹状排列。湿度大时，病部生粉红色黏液，当病斑扩展到半个或整个果面时，果实软腐脱落或干缩成僵果。

【病原】胶孢炭疽菌*Colletotrichum gloeosporioides*（Penz.）Penz. & Sacc.，属无性型真菌炭疽菌属。

【防治要点】同枇杷炭疽病。

5. 银杏茎腐病

【症状特点】又称苗枯病。一年生苗受害后茎基变褐，叶片失绿并下垂，扩展后导致全株枯死。病苗茎部皮层皱缩，皮内组织腐烂呈海绵状，生许多细小黑色菌核。严重时地下根系全部腐烂。二年生苗在严重发生地区也可受感染。

【病原】菜豆壳球孢*Macrophomina phaseolina*（Tassi）Goid，属无性型真菌壳球孢属。

【防治要点】①培育健壮苗木，增施有机肥以增加树势，尽量减少机械损伤；②遮阴降低地温；③发现病苗时可用1%硫酸亚铁等喷雾。

6. 银杏干枯病

【症状特点】又称胴枯病。主要发生在主干和枝条上，在树皮上产生红褐色病斑，稍隆起，病健交界处常有裂缝，病斑扩大后可包围枝干，造成枝条或整株枯死，病部散生很多小黑点。病原孢子借风雨、昆虫和鸟类传播，并进行再侵染。

【病原】寄生隐丛赤壳菌*Cryphonectria parasitica*（Murrill）M.E. Barr，属子囊菌门隐丛壳属。

【防治要点】①加强栽培管理；②清除病株，刮治病斑，刮除病斑后用1%硫酸亚铁溶液、石灰涂白剂涂刷伤口，也可用波尔多液；③加强苗木检验。

第九节 草 莓 病 害

1. 草莓病毒病

【**症状特点**】草莓感染病毒后，植株发育不良、矮化，匍匐茎少，叶果均小，产量低。通常有4种症状类型。

1）花叶型：叶片黄绿相间或仅叶肉变黄，叶脉仍为绿色，呈镶脉症状。

2）皱叶型：新叶端部皱缩，不能正常展开。

3）黄边型：新叶边缘褪绿变黄或呈深褐色镶边。

4）斑驳型：叶上生暗绿色隐约可见的镶嵌斑块。

【**病原**】引起草莓病毒病的病毒种类有60多种，其中草莓斑驳病毒（strawberry mottle virus，SMoV）、草莓轻黄边病毒（strawberry mild yellow edge virus，SMYEV）、草莓皱缩病毒（strawberry crinkle virus，SCrV）和草莓镶脉病毒（strawberry vein band virus，SVBV）是侵染中国草莓的4种主要病毒。

【**防治要点**】①严格实施引种隔离检验制度；②用脱毒技术繁育无病种苗；③及时防治蚜虫，避免在蔬菜、果园附近育苗、假植，大田在早春蚜虫迁入期及时喷施杀虫剂；④及时清除田间杂草，减少传毒虫媒的中间寄主，同时使用黄板诱蚜和银灰膜避蚜，以减少虫口基数。

2. 草莓蛇眼病

【**症状特点**】主要是叶片发病，叶柄、果梗、嫩茎和种子也可受害。在叶上形成暗紫色小斑点，扩大后变成近圆形至椭圆形、直径1～4mm的病斑，边缘紫红褐色，中央灰白至灰褐色，略有细轮纹，使整个病斑呈蛇眼状，病斑上不形成小黑点。

【**病原**】有性态为草莓球腔菌*Mycosphaerella fragariae*(Tul. & C. Tul.)Lindau，子囊菌门，球腔菌属；无性态为*Ramularia grevilleana*（Oudem.）Jørst，无性型真菌，柱隔孢属。病菌可以以菌丝、分生孢子、小的菌核或子囊壳在病叶、病果和土壤中越冬。

【**防治要点**】①选用抗病品种；②及早摘除并销毁病老叶片；③发病初期喷施广谱性杀菌剂如75%百菌清可湿性粉剂500～700倍液，10d后再喷1次，也可用70%代森锰锌可湿性粉剂500倍液喷雾。

3. 草莓灰霉病

【**症状特点**】主要是果实发病，也能侵染花瓣、萼、果柄、叶、叶柄等。近收获期时最易发病。果实上初期病斑呈淡褐色油浸状小斑点，后急剧扩大到整个果实，使之软化并在表面产生棉絮状菌丝，不久菌丝顶端长出灰色粉状霉，即病菌分生孢子梗和分生孢子。未熟果发病果实常干僵变为干腐。花瓣受害变为黄褐色。果柄或叶柄感染产生褐色病斑，并可使病斑以上的花、果或叶片枯死。在叶上可形成褐色大型病斑，湿度大时均可产生灰色霉层。

【**病原**】灰葡萄孢*Botrytis cinerea* Pers.，属无性型真菌葡萄孢属。该菌寄主范围广。病菌以菌丝或菌核在病残组织中越冬，来年以分生孢子经空气传播侵染。

【**防治要点**】①栽种不要过密，施足基肥，追肥不要过迟，防止茎叶徒长；②避免连作；③及时摘除病果和枯老叶并集中深埋；④温室要常开窗通气，灌水宜少，露地栽培要开好排水沟；⑤用麦秸、帘布等覆盖地面并垫果；⑥果实着色八成时即收获；⑦药剂防治一般在现蕾到开花期进行，可用50%啶酰菌胺水分散粒剂1000～1500倍液，或50%吡唑醚菌酯水分散粒剂15～25g/亩，或40%嘧霉胺悬浮剂45～60g/亩，或1000亿个/g枯草芽孢杆菌可湿性粉剂40～60g/亩，或25%抑霉·咯菌腈悬乳剂1000～1200倍液，或38%唑醚·啶酰菌水分散粒剂60～80g/亩，或42.4%唑醚·氟酰胺悬浮剂20～30mL/亩，或43%氟菌·肟菌酯悬浮剂20～30mL/亩，每7d喷药1次，至少3次。

4. 草莓褐斑病

【**症状特点**】叶上先出现近圆形紫红色小斑点，扩大后中间部分呈烟紫褐色，后病斑可波及半叶乃至全叶，显出轮纹状，周围紫褐色，内部灰色至灰褐色，易破碎。叶缘发病时易形成楔形大斑，先褐变然后枯死的部分长出小黑点。叶柄和匍匐茎上形成长椭圆形、微凹陷的病斑，周围颜色常变红。

【**病原**】暗拟茎点霉菌*Phomopsis obscurans*（Ellis & Everh.）B. Sutton，属无性型真菌拟茎点霉属。病菌以被害叶或土中病组织中的分生孢子器越冬。

【**防治要点**】①在病斑上黑点形成前及时摘除病老叶；②始病期喷施250g/L嘧菌酯悬浮剂800～1000倍液，或30%氟硅唑微乳剂3000～5000倍液，或18%戊唑醇微乳剂1500～2000倍液，或20%腈菌唑微乳剂2000～3000倍液；③栽草莓时先将病叶摘除，后以70%甲基硫菌灵可湿性粉剂500倍液将苗充分浸湿，取出移栽。

5. 草莓枯萎病

【**症状特点**】主要在开花至收获期发生，心叶变为黄绿色或黄色、卷缩，1或2个小叶变小或呈船形，多数变硬。被害株萎缩不良，叶无光泽，下部叶变紫红色、萎蔫，继而全株枯死，有时由下而上急剧萎蔫呈青枯状。被害株的根、叶柄和果柄的维管束变褐或黑褐色，有时根也可变褐腐败。

【**病原**】尖镰孢菌草莓专化型*Fusarium oxysporum* f. sp. *fragariae*，属无性型真菌镰孢菌属。由土壤和种苗传染发生。

【**防治要点**】①不使用病田繁殖材料；②与水稻轮作；③温室发病时，夏季在地面铺塑料布再密闭温室，进行高温闷棚灭菌；④及时拔除病株，彻底清园将病残物集中烧毁；⑤用30%氰烯菌酯·苯醚甲环唑悬浮剂1000～2000倍液，或15%氰烯菌酯悬浮剂400～660倍液，或2亿孢子/g木霉菌可湿性粉剂330～500倍液灌根。

6. 草莓白粉病

【**症状特点**】叶发病初期，在叶面形成菌丝层，随病情发展，叶片逐渐向上卷起呈汤匙状；蕾受害，花瓣呈紫红色，不能开花，或不能完全开花；果受害则抑制果实膨大，使之失去光泽并硬化；病部先长出白色至灰白色粉状菌丝。

【**病原**】羽衣草单囊壳*Podosphaera macularis*（Wallr.）U. Braun & S. Takam.，属子囊菌门单囊壳属。病菌以菌丝和分生孢子越夏越冬。

【**防治要点**】①选用抗病品种。②最好一年一栽，采收结束后老苗全部集中烧毁；生长期及时摘除老叶、病果，集中销毁。③合理肥水管理，要及时通风，灌水宜少。④用20%吡唑醚菌酯水分散粒剂38～50g/亩，或25%戊唑醇水乳剂7～10mL/亩，或25%粉唑醇悬浮剂20～40g/亩，或4%四氟醚唑水乳剂50～80g/亩，或30%苯甲·嘧菌酯悬浮剂1000～1500倍液，或300g/L醚菌·啶酰菌悬浮剂25～50mL/亩，或100亿cfu/g枯草芽孢杆菌可湿性粉剂60～90g/亩等，于发病初期喷雾。

7. 草莓菌核病

【**症状特点**】主要在冬春低温时期侵染发病，病部初呈淡褐色水渍状斑点，逐渐扩大为梭形或不规则形病斑。高湿条件下，叶柄、新芽、果梗、果实等变褐腐败，并在病部长出绒密的棉毛状菌丝体，最后形成不规则鼠状菌核。重病株常腐败致死。

【病原】核盘菌*Sclerotinia sclerotiorum*（Lib.）de Bary，属子囊菌门核盘菌属。主要以菌核在土壤中度过不良环境。

【防治要点】同十字花科蔬菜菌核病。

8. 草莓疫病

【症状特点】多在本田发病。开始在根冠部或根基部变褐，逐渐向根或叶柄基部发展，地上部萎蔫，呈立枯状。切断根，可见从外向里逐渐变褐，有时产生空洞。叶受害，初期病斑黑褐色纺锤形或圆形稍凹陷，高湿时出现暗褐色不规则形病斑。果实受害时可产生不规则水渍状褐色病斑，后迅速扩展至整个果面，使果实腐烂，病部会长出白色霉状物。

【病原】包括恶疫霉（*Phytophthora cactorum*）、草莓疫霉（*P. fragariae*）、辣椒疫霉（*P. capsici*）和烟草疫霉（*P. nicotianae*）等多种疫霉菌，均属卵菌门疫霉属。病菌以菌丝体在病组织内越冬，也可以卵孢子在土壤中越冬。条件适宜时，病菌产生孢子囊梗和孢子囊，在有水滴的条件下，孢子囊产生游动孢子，侵入草莓，后又在病部产生新的孢囊梗和孢子囊，不断进行再侵染。

【防治要点】①不在病田采苗育苗；②高畦作床，排涝防渍、采用地膜覆盖；③发现病株立即拔除销毁；④发病初期用58%甲霜灵·锰锌700倍液喷雾或500倍液灌注，也可参照蔬菜卵菌病害进行化学防治。

9. 草莓青枯病

【症状特点】夏季高温随着雨季的出现开始发病。主要侵害根部，也可从叶柄等地上部侵入。根部受害时，地上部表现为叶柄呈紫红色，基部叶片先开始萎蔫脱落，然后全株枯死，兼具凋萎与青枯两种症状。初期可见被害根断面维管束内有乳浊状细菌溢出，后期维管束变褐腐败。如从叶柄基部侵害，则被害叶呈青枯状。

【病原】茄劳尔氏菌*Ralstonia solanacearum*，属劳尔氏菌属细菌。

【防治要点】①建立无病留种田，选用无病田作采苗床和育苗床，不在茄科蔬菜茬种草莓；②病区大棚夏季进行高温闷棚或与水稻轮作；③可用5亿cfu/g荧光枯草芽孢杆菌颗粒剂300～600倍液，或20亿孢子/g蜡质芽孢杆菌可湿性粉剂100～300倍液灌根。

10. 草莓炭疽病

【症状特点】病斑黑色，纺锤形或椭圆形，溃疡状，稍凹陷。病斑包围匍匐茎或叶柄后造成病斑以上部位枯死。多湿条件下病斑上先产生肉色孢子堆。有时叶和叶柄上产生污斑状病斑。

【病原】草莓炭疽菌*Colletotrichum fragariae* A. N. Brooks，属无性型真菌炭疽菌属。病菌在病组织和土壤中残存越冬。

【防治要点】①在无病地采菌、假植。②药剂防治可采用10%苯醚甲环唑水分散粒剂100～120g/亩，或25%嘧菌酯悬浮剂40～60mL/亩，或450g/L咪鲜胺水乳剂35～55mL/亩，或430g/L戊唑醇悬浮剂10～16mL/亩喷雾。在采苗场，应在匍匐茎开始伸长时喷药保护，共3或4次。

11. 草莓黄萎病

【症状特点】首先是外围叶片叶柄产生长条形病斑，叶片失去生气和光泽，从叶缘和叶脉间开始变黄褐色萎蔫，干燥时枯死；被害株叶柄、果梗和根冠的横切面可见维管束的部分或全部变褐。轻病株根不腐败，地上部不枯死，但低矮，有时植株的一侧枯死而另一侧健在，呈偏瘫状。病株基本不结果，即使结果，果实也不膨大。

【病原】黑白轮枝菌*Verticillium albo-atrum* Reinke & Berthold和大丽轮枝菌*Verticillium dahliae* Kleb.，均属无性型真菌轮枝孢属。病菌以菌丝在寄主病残体内或以厚垣孢子和小菌核随寄主病残体在土壤中存活多年。

【**防治要点**】①在无病区采苗，选无病株作繁殖材料；②与水稻等轮作；③温室可利用夏季高温密闭法消毒，即在温室内地面上再蒙一层塑料薄膜，晴天地温可升到60℃以上；④发现病株，及早拔除烧毁；⑤参照茄科作物黄萎病防治方法，采用相应药液灌根。

12．草莓斑点病

【**症状特点**】主要侵害叶片，在叶上产生暗褐色近圆形病斑，无轮纹，后期病斑内出现黑色小粒点。病叶枯死后在高湿条件下保存可变墨绿色。

【**病原**】草莓生叶点霉*Phyllosticta fragaricola* Roberge ex Desm，属无性型真菌叶点霉属。

【**防治要点**】一般可与灰霉病、褐斑病等病害兼治。

13．草莓叶枯病

【**症状特点**】主要在春秋发病，侵害叶、叶柄、果柄和花萼。在叶上产生暗褐色无光泽小斑点，后扩大形成直径3～4mm不规则形病斑，病斑中央与周缘颜色变化不大，与褐斑病的初期症状较难区分。叶上病斑较多，全叶可变为黄褐色至暗褐色，甚至枯死。最后在枯死叶片表面散生小黑粒，为病菌的分生孢子盘。叶柄或果柄发病后，产生黑褐色稍凹陷的病斑，易折断。

【**病原**】有性态为*Diplocarpon earlianum*（Ellis & Everh.）F. A. Wolf，子囊菌门，双壳属；无性态为凤梨草莓褐斑盘二孢*Marssonina potentillae*，无性型真菌，盘二孢属。病菌以子囊壳或菌丝体在病残体上越冬，春季产生子囊孢子或分生孢子，由空气传播，经叶面侵入。

【**防治要点**】①合理肥水管理，使植株生长健壮；②及早摘除病老叶片；③在秋、春低温期，参照其他作物叶斑病进行防治。

14．草莓软腐病

【**症状特点**】病果表面产生边缘不清楚的水浸状斑，迅速发展，不久表面长出白色菌丝，最后在菌丝顶端出现烟黑色粉霉状物，即病菌孢子囊。主要在采收后碰伤及贮运期间发生，阴雨天湿度越大发病越快，病果常流汁。高湿下过熟的贴地果等也可发病。

【**病原**】匍枝根霉*Rhizopus stolonifer*（Ehrenb.）Vuill.，属接合菌门根霉属。病菌广泛存在于空气、土壤等自然环境中。

【**防治要点**】①适时早收，浆果着色八成时采摘；②轻收轻放，不使破损；③暂存或待运的草莓，应装在吸潮通风的纸质或草编物内，放在阴凉通风处，1～10℃下冷藏，并尽量缩短贮存与转运时间；④有条件时进行速冷处理。

第十三章　果树营养失调病害

矿质元素是维持果树正常生命活动的主要营养物质，这些矿质元素如氮、磷、钾、铁、锌、硼、镁、钙、锰等，有的是组成树体的成分，有的能调节树体的代谢功能，对树体正常发育非常重要。但是果树对各种元素的需要量有一定的范围，适量时生长发育正常，如果某种元素缺乏或过多，会引起植物生理机能的紊乱，外表出现症状，影响产量，树势严重衰弱以致死亡。有些元素虽然是轻微缺乏，植株外表不显现明显症状，但是内部生理机能已经受到抑制，也会影响树势，降低植株抗逆能力。缺素症在各种植物上都会发生，但尤以多年生的果树及树木表现最为突出。发病后影响树体的正常生长发育，降低了果实的产量和品质，给生产造成一定损失，必须引起注意。

第一节　果树缺氮、磷、钾症

一、果树缺氮症

氮是植物体内蛋白质的主要组成物质，也是叶绿素、酶、维生素及卵磷脂的主要组成元素。对果树施用氮肥可以促进枝叶生长，幼树提早形成树冠，老树延迟衰老，减少落花落叶，加速果实生长，增进品质，提高产量，并能促进花芽分化。当氮不足时，植株生长受抑制，叶面积变小，叶色变黄，新梢生长量小，树势衰弱。但氮素过多时，会使果树徒长，造成落花落果，减少产量，延迟休眠，冬季易受冻害。

（一）症状

苹果缺氮时，春季生长的叶片较小，提早停止生长，花芽的形成减少，但这些症状不易被觉察。春、夏间新梢基部的成熟叶片逐渐变黄，并向顶端发展，使新梢、嫩叶也变成黄色，新叶小，带紫色，叶脉及叶柄呈红色，叶柄与枝条成锐角，易脱落。当年生枝梢短小细弱，呈红褐色。所结果实小而早熟、早落，花芽显著减少。

梨在生长期缺氮时，叶呈黄绿色，老叶转为橙红色或紫色，易早落；花芽、花及果实都少，果小但着色很好。

桃缺氮初期新梢基部叶片渐变成黄绿色，枝梢随即停长，后全部变黄，枝条细弱，短而硬，皮部呈棕红色或紫红色。枝条顶端的黄绿色叶片和基部变成红黄色的叶片，发生红棕色斑点或坏死斑。枝条停长，花芽显著减少，抗寒力降低，果小味淡而色暗。

柑橘缺氮新梢短，叶小质薄而呈黄绿色或黄白色，以致全株叶片黄化，并大量脱落，几乎光秃，多数枝枯死。病树开花少，果小，果皮苍白光滑，常早熟。

葡萄缺氮叶小而薄，呈淡绿色，易早落，枝条短而细，皮呈红棕色。

（二）发病条件

土壤瘠薄、管理粗放、缺肥和杂草多的果园，易表现缺氮症。在砂质土上的幼树，生长迅速时遇大雨，几天内即表现出缺氮症，叶片含氮量在2.5%～2.6%即表现缺氮。

（三）防治

一般施用硫铵、尿素等化肥后，症状会很快消失。如在雨季秋梢迅速生长期，可用0.5%～0.8%尿素溶液喷施树冠。一般正常施肥的果园，不易发生缺氮症。

二、果树缺磷症

磷是果树生长发育必需的营养元素，细胞内含有磷脂、核蛋白、核酸等多种有机磷酸化合物，它在能量转换、呼吸及光合作用中都起关键作用。同时，光合作用的产物要先转变成磷酸化的糖，才能向果实或根部输送。当磷供应不足时，果树生长受到抑制，主要原因是糖类不能及时运转，累积在叶片内，转变为花青素，使叶色转深或呈紫红色，花芽小而少，开花延迟，果实一般也变小。

（一）症状

苹果缺磷时，叶色正常，甚至颜色更深些，但新叶比正常叶小而薄；枝条细弱而分枝少；叶柄及叶背的叶脉呈紫红色，叶柄与枝条成锐角。早春或夏季生长较快的枝叶，几乎都呈紫红色，新梢末端的枝叶特别明显，这是缺磷的重要特征。严重缺磷时，老叶上先形成黄绿色和深绿色相间的花叶，很快脱落。枝条细弱，花芽显著减少。此树易受冻害。

桃缺磷，初期全株叶片呈深绿色，常被误认为施氮过多，若此时温度较低，可见叶柄或叶背的叶脉呈紫色或红褐色，随后叶片背面呈红褐色或棕褐色。当叶片呈棕色时，顶端嫩叶直立生长，叶缘及叶尖向下卷曲，新叶较狭窄，基部叶出现黄绿和绿色相间的花斑，此现象向上扩展引起早期落叶，仅剩顶端少量叶片；以后还可再长出新叶，但也表现缺磷症，不易脱落。严重缺磷时，在生长的中后期，枝条顶端形成轮生叶。在磷、钾同时不足时，表现磷、钾复合缺乏症。

葡萄缺磷时，叶片较小呈暗绿色，老叶上生有枯斑，容易早落。

柑橘幼树缺磷时，生长缓慢，较老叶由深绿色变为淡绿至青铜色，无光泽，有的叶上生有不规则形枯斑，病叶早落。落叶枝抽出的新梢上叶片小而窄，稀疏。病树有的枝条枯死，开花很少或花而不实。

（二）发病条件

果园中缺磷，除土壤中含磷少外，在土壤中含钙多或酸度较高时，土壤中磷被固定成磷酸钙或磷酸铁铝，不能被果树吸收。因此，缺少有效磷也是重要原因。在疏松的砂土或有机质多的土壤上常有缺磷现象。叶片含磷量在0.15%以下时，即表现缺磷。

（三）防治

对缺磷果树，于展叶后叶面喷施过磷酸钙或磷酸二氢钾。磷肥施用过多时，可引起缺铜、缺锌现象。

三、果树缺钾症

钾是植物正常生长发育必需的营养元素，主要以可溶性的无机盐存在于分生组织和新陈代谢较活跃的芽、幼叶及根尖部分，它与植物细胞分化、透性和原生质的水合作用都有密切关系。此外，钾是一些酶的活化剂，在果树的代谢作用中起重要作用。果树对钾的需要和氮相似或稍多些，但果园中施钾肥远远比氮肥少。所以，缺钾症相当普遍而严重。在酸性土壤和施用钙、镁较多时，缺钾更为严重。

（一）症状

苹果轻度缺钾与轻度缺氮症状相似。当年生的枝条下部或中部叶片先呈黄色，由于缺钾时硝酸盐不能被有效利用，故钾和氮的缺乏症常同时发生，不易区分。苹果缺钾，枝条伸长几厘米后中部和中下部叶片边缘先产生暗紫色，随即枯焦呈茶褐色。由此再向上下两端扩展，叶上邻近枯焦的组织仍在生长，常使叶片发生皱缩和卷曲。严重缺钾时，往往整叶枯焦，并长期挂在枝上，不易脱落，顶端的新生叶片小而薄；中度缺钾时，叶缘出现枯焦；轻度缺钾时，叶上也有枯焦现象，但仍能形成较多的小花芽，多数能开花结果，但果小，着色较差。

梨缺钾，叶缘呈深棕色或黑色，逐渐枯焦；枝条生长不良；果实常呈不熟的状态。

桃缺钾，初期枝条中部叶片皱缩，继续缺钾时叶片皱缩更明显，扩展也快。此时遇干旱，易发生叶片卷曲，以致全株呈萎蔫状。桃缺钙、受冻、环状剥皮时都出现叶片卷曲，但都不表现皱缩，这是与缺钾症的主要区别。桃缺钾症在整个生长期内可以逐渐加重，尤其叶缘处坏死扩展最快。坏死组织遇风易破裂，那些因缺钾而卷曲的叶片背面常呈紫红色或淡红色。

葡萄缺钾初期，在正发育的枝条中部叶上先表现叶缘和中脉间失绿。严重缺钾时，老叶上产生坏死斑，有时坏死斑脱落成穿孔，叶缘变黄后枯焦。此时幼叶的叶脉间表现失绿，叶尖枯焦，叶片变脆，果实成熟不整齐。

柑橘缺钾初期，叶缘和叶脉间出现失绿现象，从淡黄色变成黄褐色，最后呈褐色枯焦，叶缘向上卷曲，叶尖枯落。新生枝细弱，叶片较小。严重缺钾时，在开花期可发生大量落叶，果实小而皮薄，果汁多，果酸少，易腐烂脱落。

（二）发病条件

在细砂土、酸性土及有机质少的土壤上易表现缺钾症。在砂质土中施石灰过多，可降低钾的可溶性，在轻度缺钾的土壤中施氮肥时刺激果树生长，更易表现缺钾症。果树缺钾，容易遭受冻害或旱害，但施钾肥后，常引起缺镁症。钾肥过多，会引起缺硼。结果过多时，叶片中钾的含量降低。例如，苹果叶片中含钾量在0.75%以下，柑橘叶片中含钾量在0.5%以下，即表现缺钾症。

（三）防治

果园中缺钾，除土壤中含钾量少外，其他元素缺乏或相互作用也能引起缺钾。为避免缺钾，应增施有机肥，如厩肥或草秸。果园缺钾时，于6～7月可追施草木灰、氯化钾或硫酸钾等，树体内钾素含量很快增高，叶片和果实都可能恢复正常。

第二节　果树缺铁、锌、硼症

一、果树缺铁症

铁对叶绿素的形成有催化作用，铁又是构成呼吸酶的成分，在呼吸中起重要作用。缺铁时，叶绿素不能合成，植物表现黄化，故又称黄叶病。铁在树体内含量很少，多以不大活动的高分子化合物存在。它在树体内不易转移，老组织中的铁不能转移到幼嫩组织中再度利用，所以缺铁症首先表现在幼嫩部分。

（一）症状

苹果缺铁多从新梢顶端的幼嫩叶开始，初期叶肉先变黄，叶脉两侧仍为绿色，叶呈绿色网纹状。随病势发展，黄化程度逐渐加重，甚至全叶呈黄白色，叶缘枯焦，最后全部枯死而早落。严重缺铁时，新梢呈枯梢现象。病树所结果实的颜色仍然很好。

梨缺铁症与苹果大致相似，只是新梢顶端叶片较小，在黄化的叶边缘产生褐色枯焦的斑块。

桃缺铁初期，新梢顶端的嫩叶变黄，叶脉两侧仍为绿色，下部老叶也较正常。随新梢生长，病情逐渐加重，全树新梢顶端嫩叶严重失绿，叶脉呈淡绿色，以致全叶变成黄白色，并出现茶褐色坏死斑。严重时，新梢中、上部叶形小，且早落，以致呈光秃现象。数年后，树势衰弱，树冠稀疏，最后全树死亡。

柑橘缺铁，新叶很薄，呈灰白色，叶脉呈明显绿色网纹状。一般顶端落叶较多，枝梢呈光秃状，基部常保留几片正常叶，顶端常有枯死现象。严重缺铁时，柑橘结果很少。

（二）发病条件

土壤中铁的含量很丰富，但在碱性或盐碱重的土壤里，大量可溶性的二价铁被转化为不溶性的三价铁盐而沉淀，不能被植物吸收利用。因此，在盐碱地和含钙质较多的土壤上容易表现黄叶病。干旱时由于地下水蒸发，表土含盐量增加，如逢果树生长旺盛的季节，黄叶病发生严重。进入雨季以后，土壤盐分下降，黄叶病可减轻，甚至消失。地下水位高的低洼地，土壤盐分常随地下水积于地表，易发生黄叶病。土壤黏重、排水较差而又经常灌水的果园病情较重，山坡地和不常灌水的果园发病较少。灌溉水较多时，铁素易流失，造成缺铁。缺铁有时伴随着缺锌、锰和镁，使果树表现多种缺素症。

缺铁症与砧木的耐碱性有关，苹果用东北山定子作砧木，易表现缺铁症，而用海棠作砧木的苹果很少发现此病。以栽培桃作砧木的发病轻，而以毛桃作砧木的发病较重。温州蜜柑用枸头橙作砧木，不易发生缺铁症，用枳壳作砧木则容易发生缺铁症。

（三）防治

1. 土壤改良管理　春季干旱时，注意灌水压碱。低洼地要及时排除盐水。浸润灌溉比漫灌及分区灌效果好，灌水后要松土。增施有机肥，树下间作绿肥，以增加土壤中腐殖质。

2. 适当补充铁素　发病严重的果树，发芽前可喷施硫酸铜、硫酸亚铁、石灰和水的混合液（0.5∶0.5∶1.25∶160，重量比），可控制病害发生。最常用且效果好的是用0.05%～1%的硫酸亚铁溶液或0.05%～0.1%的柠檬酸铁溶液对树干注射。施用螯合铁

（FeEDTA），化学名称为乙二胺四乙酸合铁，是由金属离子加螯合剂而成，可以改善土壤中铁元素的供应状况。在酸性土壤中施用，效果长达29个月。螯合铁除土壤施用外，还可以叶面喷施，0.1%～0.2%螯合铁溶液施用后可使叶色恢复。土施或叶面喷施都要注意不可过量，以免产生药害。

二、果树缺锌症

锌与生长素和叶绿素的形成有关。缺锌时，果树生长受阻，叶绿素含量降低，果树小叶病就是缺锌所致。果树对锌的需要量与光照强度有关，光照越强，果树对锌的需要量越多，所以在同一株树上，可以发现阳面叶片的缺锌症比阴面更为明显。

（一）症状

苹果缺锌，春季发芽较晚，抽叶后生长停滞，叶片狭小，叶缘向上，叶呈淡黄绿色或浓淡不匀。病枝节间缩短，细叶簇生成丛状。由于病梢停长，其下部常能另发新枝，但仍表现节间短，叶细小。病树花芽减少，花朵小而色淡，不易坐果，即使坐果，果小而呈畸形。初发病的幼树，根系发育不良。老病树的根系有腐烂现象，树冠稀疏不能扩展，产量很低。

桃缺锌的症状与苹果相似。

柑橘缺锌，新梢上的叶片沿主侧脉及其附近的组织绿色，其他部分则呈淡绿、黄绿至灰黄色。病情严重时，叶形狭小而直立，从幼叶就表现明显的绿色网状脉。后期树冠外围枝梢有枯死现象，树体矮小，呈直立丛生状态。当外围枝梢枯死时，内膛可能长出一些徒长枝，其上叶片发病较轻，近似正常叶片。因此，在同一株树上可能出现症状差异较大的叶片。重病树所结果实小而皮厚，果肉汁少且木质化，吃时淡而无味。

（二）发病条件

土壤内锌含量少、土壤呈碱性，含磷量高、大量施氮肥使土壤变碱性，有机物和土壤水分过少时，铜、镍和其他元素不平衡，都是发生缺锌症的重要原因。在砂质土壤中含锌盐少，且易流失；在碱性土壤中锌盐常易转化为难溶解状态，不易被植物吸收；在砂地及瘠薄的山地和土壤冲刷较重的果园，或在酸性土壤里都易发生缺锌症。土壤中缺铜和镁，常使根部腐烂，影响对锌的吸收，也会加重缺锌症。在偏酸性和富含有机质的土壤上，缺锌现象很少。叶片含锌量在10～15μg/g即表现缺锌症。

（三）防治

在砂地和瘠薄山地及盐碱地，应注意改良土壤，增施有机肥料，加强水土保持，是防治小叶病的根本办法。

叶面喷布硫酸锌溶液，方便而经济。苹果在芽露红时喷布1%硫酸锌溶液，当年效果明显，但药效只能维持1年；桃喷布0.1%的硫酸锌溶液，柑橘喷布0.5%～0.6%硫酸锌加入等量的生石灰效果良好。葡萄在土壤中施硫酸锌效果不明显，但在剪口处涂抹硫酸锌，可使病树恢复正常，产量也有增加。

结合秋季和春季施基肥，每株大树施用0.5～1.0kg硫酸锌，第二年见效，持效期较长，但在碱性土壤上无效。若因缺镁和铜而诱致缺锌时，单施锌盐效果不大，必须同时施含镁、铜和锌的化合物才能获得效果。

三、果树缺硼症

硼的主要作用在于促进糖在植物体内的运输。硼能加强花粉的形成和花粉管的伸长，所以硼对植物的生殖过程有促进作用。花期缺硼常引起受精不良而大量落花。硼可加强其他阳离子（钾、钙、镁）的吸收，与核酸代谢也有密切关系。缺硼时，核酸代谢受阻，细胞分裂和组织分化都受影响；受精过程受阻碍，子房脱落，果实变小，果面凹凸不平；顶芽和花蕾死亡，形成缩果病和芽枯病。硼素在树体组织中不能贮存，也不能由老组织转入新生组织。当土壤中硼的含量低于10μg/g时，果树多表现缺硼症。

（一）症状

苹果缺硼，果实外部和内部的部分组织木栓化，果凹凸不平，称为缩果病。果实症状表现依品种和发病早晚而不同，主要表现为3种症状类型：①干斑型。初期在幼果背阴面现近圆形褐色斑点，病部皮下果肉初为水渍状半透明，病斑表面泌出黄色黏液。后期果肉坏死变褐至暗褐色，干缩凹陷，果小呈畸形，果肉汁少、质硬而粗糙。重病果常早落，轻病果仍可继续生长。②木栓型。果心木栓型症状，初期在果肉内部发生水渍状病变，随即变为褐色，果肉松软呈海绵状，味淡，并从萼筒基部开始木栓化，沿果心线扩展，在果内呈放射状散布在维管束之间。③锈斑型。多表现在感病品种‘元帅’上，发病后果实呈圆形或长筒形，沿果柄周围果面上产生褐色、细密的横形条斑，此斑常开裂，但果肉无坏死病变，只表现肉质松软。苹果枝、叶上表现3种情况：①比较普遍的是在夏初表现“枯梢”。当年生新梢顶部叶片呈淡黄色，叶柄和叶脉带红色，叶片凸起甚至扭曲，后叶尖或叶缘坏死，新梢自顶端向下渐枯死，形成枯梢，多出现在8～9月。②枝梢上的芽在春天不能发育，或在开展后很快死亡，并从新梢顶端向下枯死，后在枯枝下部长出许多幼枝，形成丛枝，严重影响树势，甚至整枝死亡。③春季或夏季末，枝梢不能生长，节间很短，在节上生出许多小而厚、质脆的叶片，这种簇叶病可能与枯梢病发生在同一枝条上。

梨缺硼时，多在果肉的维管束部分发生褐色凹斑，组织坏死，味苦。

桃缺硼症与苹果相似。

葡萄缺硼常因葡萄种类不同而异。一般开花时花冠常不脱落，呈茶褐色筒状，雄蕊贴附或仅有1或2片裂开，有时也会产生严重落花，结实不良。即使结实，也属圆核小粒，果梗细，果穗弯曲，称“虾形果”。葡萄早期缺硼，幼叶上出现水渍状淡黄色斑点，随叶片生长而逐渐明显。枝条顶端的节间缩短，叶皱缩呈畸形，叶缘及叶脉间失绿，并发生枯焦似日灼状，7月中旬发生落叶，枝梢常从新梢尖端枯死形成枯梢。

柑橘缺硼，嫩叶上先发生水渍状小点，叶片扭曲，叶背主脉基部有水渍状斑。当叶片长成时，小斑点变成黄白色半透明状，叶片易早落。老叶的叶脉大，主侧脉木栓化，严重时破裂。叶肉有暗褐色斑，叶上斑点多时，使叶片呈暗褐色，无光泽且较厚，向后卷曲。叶片现症后，也会发生枯梢与丛生状态。幼果皮棕色、厚而硬，易早落。残留着继续生长的果实小，果面有瘤，萎缩呈畸形，内果皮厚而硬、白色，中果皮及果心充胶，种子发育不良，小而弯曲，果汁少，含糖量低。

（二）发病条件

土壤瘠薄的山地果园、河滩沙地或砂砾地果园，土壤中的硼和盐类易流失。早春遇干旱易发生缺硼症。石灰质较多时，土壤中硼易被钙固定，或钾、氮过多时也能造成缺硼症。

（三）防治

增施有机肥，改良土壤，对瘠薄地进行深翻，加强水土保持，干旱年份注意适时灌水。花期前后大量施肥灌水，可减轻缩果病。苹果在开花前、开花期和落花后，喷3次0.5%硼砂液；柑橘在春季、盛花期喷2次0.1%硼酸液，可收到良好效果。结合施基肥每株大树施硼砂150～200g，用量不可过多，施肥后立即灌水，以防产生药害。

第三节　果树缺镁、钙、锰症

一、果树缺镁症

镁是叶绿素的重要组成成分，也是细胞壁胞间层的组成成分，还是多种酶的成分和活化剂，对呼吸作用、糖的转化都有一定影响，可促进磷的吸收和运输，消除钙过剩的毒害。果树中以葡萄最容易发生缺镁症，果实中含镁量一般多于叶片，特别是油料种子中含镁量更多，所以对核桃应注意施镁肥。

果树缺镁症主要是土壤中缺少可溶态的镁引起的。一般土壤中并不缺镁，镁过多时反而有毒害作用，影响果树生长（如碱土中有时会发生镁过多的中毒现象）。而酸性土壤，或连续施钾肥，或大量施用硝酸钠及石灰的果园，常发生缺镁症。在夏季大雨后，缺镁症特别显著。

（一）症状

苹果缺镁初期，叶色浓绿，少数幼树新梢顶端的叶片稍显褪绿。此后新梢基部成熟叶片外缘和叶脉间出现淡绿色斑块，逐渐变成黄褐色或深褐色，经2～3d后病叶卷缩脱落。

梨缺镁，枝条上部的老叶呈深棕色，叶中部叶脉间产生枯死斑块，而边缘仍保持。严重缺镁时，从枝条基部开始落叶。

桃缺镁，一年生桃苗的枝条或主茎下部叶出现深绿色水渍状区，在几小时内即变成灰白色或灰绿色，最后变成淡黄褐色；遇雨后可能变成褐色，最后脱落，使新梢上的叶片只剩一半。枝条柔软，抗寒力差，花芽形成很少。

葡萄缺镁，老叶的叶脉间失绿，之后叶脉间发生棕色枯斑，易早落。枝条上部叶呈水渍状，后形成较大的坏死斑块；叶皱缩，枝条中部叶脱落，枝条呈光秃状。

柑橘缺镁症在全年都能发生，但以夏末和秋季果实接近成熟时发生最多。先是老叶和果实附近的叶片表现最明显。叶片沿中脉开始发生不规则黄色斑，渐向叶缘扩展，使叶片大部分变黄，仅在靠近中脉的基部和叶尖残留三角形的绿色部分。严重缺镁时，叶片全部黄化，此时若遇喷药或低温，叶片很易脱落。

（二）发病条件

在酸性土壤或砂质土壤中镁容易流失，果树容易发生缺镁症。在碱性土壤中则很少表现缺镁。若在强碱性土壤中镁也会变成不可溶态。当施钾或磷过多时，常会引起缺镁症。若在果园中过多地使用硫黄或其他硫黄合剂，容易使土壤显酸性，引起缺镁症。

果树的砧木不同对镁的吸收能力也不同。例如，苹果矮化砧M_1及M_4嫁接的苹果，比M_6、M_2、M_5更易患缺镁症。

（三）防治

在缺镁果园中，应增施有机肥料，加强土壤管理，注意不可大量偏施速效性钾肥，可根施或叶面喷施硫酸镁，也可根施镁石灰或碳酸镁；中性土壤中可施硫酸镁。根施效果慢，但持效期长。叶面喷施，一般在6～7月份喷2%～3%硫酸镁3或4次，可以使病树恢复。近年来施用氯化镁或硝酸镁，比施硫酸镁效果大，但要注意浓度，避免产生药害。轻度缺镁，采用叶面喷施效果快；严重缺镁则以根施效果较好。

二、果树缺钙症

钙是组成细胞壁间层的重要元素，在较老的组织中含量特别多，它不易转移，不能被再次利用。钙能使原生质的水合度降低，黏性增大，有利于抗旱。钙能将代谢过程中产生的草酸中和为草酸钙而解毒，并能降低过多钾、钠、镁、铁离子的毒害作用。钙也能中和土壤的酸度，对于硝化细菌、固氮菌和其他土壤微生物有很好的影响。钙是土壤中比较容易缺乏的一种元素，在某些含钙量不多的疏松土壤中，过量施用钾肥或氮肥会引起缺钙现象。

（一）症状

苹果轻度缺钙初期，地上部无明显症状，而根部生长已受到影响，并很快产生症状。主要表现幼根尖生长停滞，而皮层仍继续加厚，在近根尖处生出许多新根。严重缺钙时，幼根渐死亡，在死根附近又长出许多新根，形成粗短且多分枝的根群，是缺钙的典型症状。顶端嫩叶上形成褪绿斑，叶尖及叶缘向下卷曲，经1～2d后，褪绿部分变成暗褐色，并形成枯斑。此症可逐渐向下部叶片扩展。果实接近成熟期和贮藏运输期易发生苦痘病和红玉斑点病。

桃缺钙，根部症状与苹果相似，有时其中少数根能较正常生长，但根的总生长受到限制。桃缺钙时地上部表现症状有两种：一种是春季或快速生长期严重缺钙，叶或枝产生坏死。幼叶沿主脉及叶尖形成红棕色或深褐色坏死区，逐渐扩大，造成枝条基部和顶端叶片脱落，并向中部发展，落叶的枝条仅长到10～15cm即死亡。另一种是幼叶或枝条产生坏死斑和枯死。

葡萄缺钙，根部症状与其他果树一样。地上部表现是根颈部的芽死亡，以后只能靠侧芽生长。幼叶全部或一部分死亡，有时小叶基部或全叶呈红棕色。

柑橘缺钙时，叶片主脉间及叶缘附近褪绿，之后于褪绿处产生枯斑，不久即脱落，枝条顶端向下枯死，若侧芽发出枝条也会很快死亡。

（二）发病条件

当土壤酸度较高时能使钙很快流失。土壤中即使含有大量且利于吸收的钙，但若氮、钾、镁较多，也容易发生缺钙症。据试验，每公顷果园施氮肥不超过75kg，可显著减少苦痘病（一种缺钙症）的发生。在果园中适当施用石灰，能提高土壤中置换性钙含量，并能提高土壤肥沃度，减少缺钙症。

（三）防治

于砂质土地上喷施或穴施石膏、硝酸钙或氧化钙，可减轻苦痘病。叶面可喷布硝酸钙或氯化钙。在氮较多的土壤，应喷氯化钙，因硝酸钙会增加氮的含量。喷布硝酸钙易造成药害，其安全浓度为0.5%。对易发病树一般喷4或5次，最后1次以在采收前3周喷为宜。

三、果树缺锰症

锰是某些氧化酶的活化剂，它影响呼吸过程，有微量的锰存在时呼吸过程增强，对细胞内各种转化过程都起很大作用。适当浓度的锰能促进种子的萌发和幼苗生长。树体内锰和铁有相互关系，锰影响铁盐的氧化还原作用，常使低铁氧化成高铁而形成沉淀。缺锰时树内低铁离子浓度增高，能引起铁过量症。锰过多时，低铁离子过少，不能满足正常生长的需要，而发生缺铁症。因此，树体内铁锰比应在一定范围。

（一）症状

李缺锰时，叶片边缘和叶脉间发生轻微失绿，逐渐向主脉发展，失绿严重部分呈黄色。

柑橘缺锰与缺锌症状很相似，这两种元素同时缺乏时，缺锌症表现比较显著，以致不易识别缺锰症。柑橘缺锰，幼叶的叶脉深绿色呈网纹状，与缺铁和缺锌相似，但不很明显，因叶色一般也较深。轻度缺锰，待叶片长成时可以恢复；若继续缺锰，则沿主、侧脉附近产生不规则条纹，叶脉间呈淡绿色，叶脉呈灰色，叶变薄，已成熟叶片则不变。大枝条发生落叶，小枝则枯死。果实几乎不受影响。

柿缺锰，从5月开始在新梢基部的叶缘出现小黑点，叶脉变黑，发病数日到10d后，叶片中脉间满布火花状病斑，后呈黄化；严重时叶缘变黑，逐渐向新梢先端扩展，有时可达顶端叶片，但往往停止在枝条中部。轻微时，在6月中旬叶片变黄，出现症状数日后开始落叶，花很少，造成减产。

其他果树缺锰症：核桃和柿一样，形成早期落叶，造成减产且品质较差。苹果和桃等缺锰时，从叶缘向叶脉间扩展，除主脉和中脉仍为绿色外，叶身大部变黄；若继续发展，仅中脉保持绿色，其余部分为淡黄色。桃和板栗发病后，叶片先呈淡黄色，后变成褐色日灼状。葡萄和柑橘缺锰时，先在叶脉间出现淡黄绿色斑纹，沿叶脉仍为绿色。葡萄的症状继续发展，叶片变褐，从叶尖开始枯死，不严重时，对树势和产量无明显影响。

各种果树对锰的需要量因树种不同而异。苹果和洋梨要求量较高，发病临界值为400μg/g左右；柿、核桃和葡萄，即使锰含量很高，也不致受害，柿和核桃一般在300μg/g以下时，就发生缺锰症；核果类和柑橘在11～14μg/g时即发生缺锰症。

（二）发病条件

土壤中的锰以各种形态存在，在有腐殖质和水时，呈还原型为可溶态。土壤为碱性时，锰为不溶解状态，苹果和柿即表现缺锰。土壤为强酸性时，常由于锰含量过多，而造成果树中毒。气象条件也影响锰的变化，如春季干旱时易发生缺锰症。

（三）防治

苹果叶片生长期，叶面喷施硫酸锰0.3%溶液，不污染叶面，需喷3次可使缺锰症恢复。柿在5月上中旬喷布0.3%～0.5%硫酸锰加1%～2%的石灰混合液，每10d喷1次，效果良好。柑橘在新梢和叶色变绿时，喷1或2次0.5%硫酸锰（加黏着剂），效果也较好。果树叶片对硫酸锰的抵抗力比对硫酸锌和硫酸铜大，故可不加生石灰；对于柿，加石灰比单用效果好。若在波尔多液中加硫酸锰，会降低波尔多液的效果，使用时必须注意这一点。枝干涂抹硫酸锰溶液，可促进新梢和新叶生长。土壤施锰，应在土壤内含锰量极少的情况下进行，一般将硫酸锰混合在其他肥料中施用。

第十四章　十字花科蔬菜病害

十字花科蔬菜包括大白菜、小白菜（青菜）、甘蓝、花椰菜、芥菜、菜薹和萝卜等主要栽培种类。其病害种类较多，国内已知有30余种。分布广、危害重的有病毒病、霜霉病和软腐病，统称为白菜三大病害。菌核病在长江流域及沿海各省危害严重。白斑病、黑斑病、黑腐病、白锈病、炭疽病等各地都有分布，但危害程度轻重不一。根肿病仅在部分省内发现。

第一节　十字花科蔬菜病毒病

十字花科蔬菜病毒病在我国各地发生普遍，是生产上的主要问题之一。常年田间发病率为10%～30%，重病地可达70%～80%。此病还严重为害油菜。

一、症状

由于病原病毒种类或株系不同，被害十字花科蔬菜种或品种及环境条件不同，症状也有较大差异。

（一）白菜

田间大白菜和小白菜幼苗受害，首先心叶出现明脉及沿叶脉失绿，继呈花叶或皱缩。成株期受害，轻者一般仅轻微花叶和皱缩，能正常结球，但结球内部的叶片上常有许多灰色斑点，品质与耐贮性都较差；重者叶片皱缩成团，叶硬脆，并有许多褐色斑点，叶背叶脉上也有褐色坏死条斑，并出现裂痕，病株严重矮化、畸形，大白菜不能结球。重病株的根系多不发达，须根很少，病根切面呈黄褐色。带病的留种株种植后，严重的花梗未抽即死亡；较轻的花梗弯曲、矮化，花早枯，很少结实，即使结实，籽粒也不饱满。

（二）萝卜、油菜、芜菁及榨菜等

症状与白菜基本相同。心叶初现明脉，后呈花叶、皱缩。重病株矮化、畸形；轻病株一般正常，但抽薹后多结实不良。

（三）甘蓝

受害幼苗叶片上产生褪绿圆斑，直径2～3mm，迎光检视较明显。后期叶片呈现淡绿与黄绿色的斑驳或明显的花叶症。老叶背面有黑色的坏死斑。病株较健株发育缓慢，结球迟且疏松。开花期间叶片上斑驳更明显。

二、病原

根据全国各地对十字花科蔬菜病毒病病原的鉴定，该病主要由3种病毒单独或复合侵染所致。

（一）芜菁花叶病毒（turnip mosaic virus，TuMV）

病毒粒体线条状，（700～760）nm×（13～15）nm，病毒外壳蛋白分子量为27 000u，RNA的分子量为3.2×10^6u。电镜下病组织超薄切片中具有风轮状的内含体。病毒的稀释限点为2000～5000倍，钝化温度为55～65℃，体外保毒期为24～96h。其分布普遍，危害性大，是全国各地十字花科蔬菜病毒病的主要病原。除为害十字花科蔬菜外，还能侵染菠菜、茼蒿、荠菜、蔊菜、车前草等多种蔬菜和杂草。

（二）黄瓜花叶病毒（cucumber mosaic virus，CMV）

病毒除为害十字花科蔬菜外，葫芦科、茄科、藜科等多种蔬菜和杂草也能被侵染。CMV常与TuMV等形成复合侵染，将病株汁液接种到健株时，可导致发病。

（三）油菜花叶病毒（oilseed rape mosaic virus，ORMV）

该病毒寄主范围较窄，除十字花科蔬菜外，仅能侵染茄科的番茄和曼陀罗，对茄、辣椒、黄烟、普通烟等均不致病，也不能侵染豇豆等豆科植物和黄瓜等葫芦科植物。

此外，西安还发现有白菜沿脉坏死病毒（CvMV）；东北地区发现有萝卜花叶病毒（RMV）和烟草环斑病毒（TRV）；新疆甘蓝上还发现有花椰菜花叶病毒（CaMV）；浙江榨菜上曾发现车前草花叶病毒（PLMV）等。

三、病害循环

长江流域及华东地区，病毒可以在田间生长的十字花科蔬菜、菠菜及杂草上越冬，引起第二年十字花科蔬菜发病。田间终年生长的蔊菜发病普遍，是华东地区秋菜病毒病的重要毒源。广州地区周年种植小白菜、菜心和西洋菜，是病毒的主要越夏寄主。在华北和东北等地，病毒在窖内贮藏的白菜、甘蓝、萝卜及其采种株上越冬，也可在田边多年生杂草上越冬，春季传到十字花科蔬菜上，再经夏季的甘蓝、白菜等传到秋白菜和秋萝卜上。

TuMV可以由蚜虫传播，CMV由蚜虫和汁液传染。但田间病毒传播主要是通过蚜虫，如菜缢管蚜（*Lipaphis erysimi pseudobrassicae*）、桃蚜（*Myzus persicae*）、甘蓝蚜（*Brevicoryne brassicae*）及棉蚜（*Aphis gossypii*）等，以桃蚜和菜缢管蚜传毒为主。蚜虫传毒是属于非持久性的。有翅蚜比无翅蚜活动能力强、范围广，传毒作用较大。病株种子不传病。病毒侵染幼苗的潜育期为9～14d。潜育期长短视气温和光照而定：一般在25℃左右、光照时间长时，潜育期短；气温低于15℃以下时，潜育期延长，有时甚至呈隐症现象。

四、发病条件

（一）气候

苗期气温高、干旱时，病毒病发生常较严重。因为高温干旱对蚜虫繁殖和活动有利，且不利于蔬菜生长，抗病性减弱。如果苗期气温偏低且多雨，则有利于蔬菜生长而不利于蚜虫繁殖和活动，特别是大雨能把蚜虫全部或大部分冲刷致死，从而推迟或减轻病害发生。除气温外，土壤的温度和湿度与病毒病的发生也有关系。在同样受侵染的情况下，土温高、土壤湿度低时病毒病发生较重。

（二）生育期与栽培模式

病害发生及危害严重程度与十字花科蔬菜受侵染时的生育期关系很大。侵染越早，发病越重，危害也越大。白菜幼苗7叶期以前最感病，受侵染以后多不能结球，危害最重；后期受侵染发病轻。十字花科蔬菜互为邻作时，病毒能相互传染，发病重。秋白菜种在夏甘蓝附近，发病重；种在非十字花科蔬菜附近，发病则轻。

（三）品种与播种期

不同的白菜品种对病毒病的抗病性有显著的差异：青帮品种比白帮品种抗病，杂交一代比一般品种抗病。秋播的十字花科蔬菜：播种期早的发病重；播种晚的发病就轻。这是播种早受高温干旱和蚜虫传播等影响所致。

五、防治

防治十字花科蔬菜病毒病应采用驱避或消灭蚜虫、加强栽培管理、选育和应用抗病品种的综合防治措施。

（一）避蚜防病

蚜虫是传毒的主要媒介。用银灰色或乳白色反光塑料薄膜或铝光纸保护白菜幼苗，能起到避蚜作用。播种前应消灭秋白菜附近的夏甘蓝、黄瓜等毒源植物上的蚜虫，以减少其密度和传毒的机会。在十字花科蔬菜出苗后至7叶期前，每5～7d喷药1次，及时消灭幼苗上的蚜虫。常用的药剂有25%噻虫嗪水分散粒剂6～8g/亩，或22%氟啶虫胺腈悬浮剂7.5～12.5mL/亩，或1%苦参碱可溶液剂50～120mL/亩，或10%溴氰虫酰胺可分散油悬浮剂30～40mL/亩。

（二）选育和应用抗病品种

选育和应用抗病品种是防治病毒病的重要途径，较抗病的大白菜品种有‘北京大青口’‘包头青’‘青麻叶’‘城阳青’‘玉青’‘南京矮杂2号’‘鲁白3号’‘鲁白12号’‘豫白菜1号’‘跃进’‘牡丹江1号’‘中青1号’等；小白菜中以‘矮抗1号’和‘矮抗2号’较抗病；油菜较抗、耐病的品种有‘丰收4号’‘秦油1号’‘秦油2号’‘秦油3号’、兴化油菜等。但是，目前有的地区存在品种抗病性与品质和早熟性的矛盾，还有待于进一步研究解决。利用抗病品种应注意提纯复壮，以保持品种的抗病性。

（三）提高栽培技术

秋白菜适时迟播，使幼苗期避开高温、干旱，减少蚜虫传毒，但播种不能过晚，否则影响产量。播种期要根据当年气候、品种特点和不同地区的具体情况来决定。种植地应尽量与前作或邻作十字花科蔬菜地错开，以便减少毒源。加强苗期管理，早间苗、早定苗和拔除病株。加强肥水管理，降低土温，培育壮苗，增强幼苗抗病力。

（四）选留无病种株

秋季严格挑选，春天在采种田汰除病株，减少毒源。

第二节　十字花科蔬菜软腐病

十字花科蔬菜软腐病是全国各地都有发生的病害，但以大白菜受害最重。在田间、窖内、运输途中或市场上都能发生。在田间，可以造成大白菜成片无收；在窖内，可以引起全窖腐烂，损失极大。本病除为害十字花科蔬菜外，马铃薯、番茄、辣椒、大葱、洋葱、胡萝卜、芹菜、莴苣等许多蔬菜也能被害。

一、症状

软腐病的症状因受病组织和环境条件不同而略有差异。一般柔嫩多汁的组织开始受害时，呈湿润半透明状，后变褐色，随即变为黏滑软腐状。比较坚实少汁的组织受侵染后，也先呈水渍状，后逐渐腐烂，但最后患部水分蒸发，组织干缩。

大白菜、甘蓝在田间发病，多从包心期开始。起初植株外围叶片在烈日下表现萎垂，但早晚仍能恢复。随着病情的发展，这些外叶不再恢复，露出叶球。发病严重的植株结球小，叶柄基部和根茎处心髓组织完全腐烂，充满灰黄色黏稠物，臭气四溢，用脚易踢落。菜株腐烂，有的从根髓或叶柄基部向上发展蔓延，引起全株腐烂，俗称基腐型，青菜发病多为此类型；有的从心叶顶端向下扩展，造成整个菜心腐烂，称为烧心型（也称心腐型）；还有的沿外叶边缘向下扩展，腐烂的病叶在晴暖、干燥的环境中失水干枯成薄纸状，称为烧边型（也称缘腐型）。

萝卜受害多从根尖受虫伤或切伤处开始，初呈水渍状褐色软腐，病健部分界明显，并常有汁液渗出。留种植株往往有老根外观完好，而心髓已完全腐烂，仅存空壳的现象。

二、病原

病原为胡萝卜果胶杆菌胡萝卜亚种*Pectobacterium carotovorum* subsp. *carotovora* Jones，为果胶杆菌属细菌。菌体为短杆状，周生鞭毛2～8根，大小（0.5～1.0）μm×（2.2～3.0）μm，无荚膜，不产生芽孢，革兰氏染色反应阴性。培养基上菌落为灰白色圆形或不规则形，稍带荧光性，边缘明晰。该细菌在4～36℃都能生长发育，最适温度为27～30℃，致死温度为50℃。不耐干燥和日光。在缺氧条件下能生长发育。pH5.3～9.3都能生长，但pH7.2为最好。病菌脱离寄主单独存在于土壤中，只能存活15d左右。

三、病害循环

软腐病菌主要在病株和病残体组织中越冬。田间病株、带病的采种株、土壤、堆肥及菜窖附近的病残体都存有大量病菌，是重要的侵染来源。病菌主要通过昆虫、雨水和灌溉水传播，从伤口侵入寄主。由于病菌的寄主范围广，所以能从春到秋在田间各种蔬菜上传染繁殖，不断扩散，最后传到白菜、甘蓝、萝卜等秋菜上危害。

四、发病条件

（一）寄主不同生育期的愈伤能力

软腐病多发生在白菜包心期以后，其重要原因之一是白菜不同生育期的愈伤能力不同。白菜幼苗期受伤，伤口3h即开始木栓化，经24h木栓化后即可达到病菌不易侵入的程度。而莲座期以后，受伤12h才开始木栓化，需经72h木栓化才能达到细菌不能侵染的程度。

（二）植株的伤口种类

植株生育后期的伤口有自然裂口、虫伤、病伤和机械伤，白菜上引起软腐病发病率最高的是叶柄上的自然裂口，其次为虫伤。自然裂口又以纵裂为主，多发生在久旱降雨以后，病菌从裂口侵入后发展迅速，损失最大。

（三）气候

气候条件中以雨水与发病的关系最大。白菜包心以后多雨往往发病严重。因为多雨易使叶片基部处于浸水和缺氧的状态，伤口不易愈合，又有利于病菌的繁殖和传播蔓延，多雨也常使气温偏低，不利于白菜伤口愈合，同时促使害虫向菜内钻藏，软腐病菌随害虫进入而引起发病。此外，幼苗期的愈伤能力受温度影响较小，在15℃和32℃时，伤口细胞木栓化的速度差异不大。但成株期的愈伤能力却对温度很敏感，26～32℃经6h，伤口即开始木栓化，15～20℃时则需12h，7℃时需24～48h才能达到同等程度。

（四）栽培措施

栽培措施与发病的关系：①高畦种植蔬菜发病轻，平畦地面易积水，土中氧气缺乏，不利于寄主根系或叶柄基部伤愈组织的形成，故发病较重。②十字花科蔬菜与茄科和瓜类等蔬菜连作发病重；与麦类、豆类等轮作或与葱蒜类间作发病轻。有的前作害虫多，容易使白菜等遭受虫害，造成更多的传病机会。③播种期早，包心早，感病期也提早，发病一般都较重。

五、防治

以加强栽培管理、防治害虫、利用抗病品种为主，再结合药剂防治，才能收到较好的效果。

（一）加强栽培管理

采用垄作或高畦栽培，避免将白菜、甘蓝、萝卜等秋菜种在低洼、黏重的地块上；提早耕翻整地，使土壤充分暴晒，改进土壤性状，提高肥力和地温，促进病残体腐解；增施底肥，及时追肥，使苗期生长旺盛，后期植株耐水、耐肥，自然裂口少，防治效果较显著；根据品种特性、气候条件和灌溉水平等适期播种，适当迟播包心期后延，有利于防病，但过迟会影响产量；田间发现病株应及时收获或拔除，特别是大雨或灌水前应先检查处理，拔除后穴内可撒施消石灰进行灭菌。

（二）早期注意防治地下害虫及食叶害虫

根据田间虫情，及时用5%高效氯氟氰菊酯水乳剂15～20mL/亩喷雾，或4%二嗪磷颗粒剂1200～1500g/亩撒施，或0.5%噻虫胺颗粒剂4000～5000g/亩穴施，共1或2次，消灭菜青虫、黄条跳甲及地蛆等。

（三）选用抗病品种

参照十字花科病毒病和霜霉病的防治。

（四）化学防治

在发病前或发病初期可喷药以防病害蔓延。喷药应以轻病株及其周围的植株为重点，注意喷在接近地面的叶柄及茎基部，常用下列药剂喷雾：20%噻森铜悬浮剂120～200mL/亩，或20%噻唑锌悬浮剂100～150mL/亩，或50%氯溴异氰尿酸可溶粉剂50～60g/亩，或2%春雷霉素可湿性粉剂100～150g/亩，或1000亿芽孢/g枯草芽孢杆菌可湿性粉剂77～84g/亩。

第三节 十字花科蔬菜霜霉病

十字花科蔬菜霜霉病发生相当普遍，尤其是长江流域及沿海湿润地区，以大白菜、青菜、油菜等被害较重。北方地区大白菜受害最重，流行年份减产50%～60%。华南地区则多发生于留种的芥菜及油菜上。

一、症状

十字花科蔬菜霜霉病的共同特点是发病叶上多产生黄绿色至褐色小斑点，后呈多角形枯斑；花梗及花器形成肥肿畸形，病部均产生白色霜状霉层。

白菜苗期被害，初在叶背出现白色霜状霉层，叶正面没有明显的病状，严重时苗叶及子茎变黄枯死。成株期被害，叶背现白色霜霉，叶正面现淡绿色的斑块，并渐转变为黄色至黄褐色。病斑扩大常受叶脉限制而成多角形。白菜进入包心期后，若环境条件合适，病情发展很快，使叶连片枯死，从植株外叶向内层发展，层层干枯，最后只剩下一个叶球。在采种株上，症状出现在叶、花梗、花器及种荚上。受害花梗肥肿、弯曲，常称为“龙头拐”。花器被害除肥大畸形外，花瓣变为绿色，久不凋落，种荚被害呈淡黄色，瘦小，不结实或结实不良。

甘蓝幼苗在苗床上就能发病，子茎或子叶受侵后，先出现白色霜霉，后枯死。有时症状不明显，但病菌潜伏于子茎内，并进行系统侵染，仅能达第一对真叶。绿色叶片上病斑则为黑色或紫褐色的不规则斑。生长期中老叶受害后有时病菌也能系统侵染进入茎部，在贮藏期间继续发展达到叶球内，使中脉及叶肉组织上出现黄色不规则形的坏死斑，叶片干枯脱落。

萝卜叶上症状与白菜相似，根茎部症状为灰褐色或灰黄色的病斑。贮藏期中极易引起腐烂。

霜霉病常与白锈病混生，后者症状特点见十字花科蔬菜白锈病。

二、病原

病原为寄生霜霉*Peronospora parasitica*（Pers.）Fries，属卵菌门霜霉属。菌丝体无

隔，无色，蔓延于寄主细胞间，并产生吸器伸入细胞内吸取营养。无性繁殖产生孢子囊。孢囊梗直接从菌丝上产生，由气孔伸出寄主表面，无色，无隔，作重复的二分叉状，顶端小梗尖锐，每端着生1个孢子囊。孢子囊无色，单胞，长圆形至卵圆形，大小为（24～27）μm×（25～30）μm。萌发时直接产生芽管。有性繁殖产生卵孢子，在受病的叶、茎、胚和荚果组织内都可形成。卵孢子黄色至黄褐色，圆形，厚壁，表面光滑或有皱纹，直径30～40μm，萌发时直接产生芽管。病原为活体寄生菌，有明显的生理分化，可分为3个变种。

1）*P. parasitica* var. *brassicae*，为芸薹属变种，对芸薹属蔬菜侵染力强，对萝卜侵染力极弱，不侵染芥菜。芸薹属专化型中的病菌有致病力的差异，至少可分为以下3个类型或生理小种：①甘蓝类型，侵染甘蓝、苤蓝、花椰菜等，对大白菜、油菜、芜菁、芥菜等侵染能力弱；②白菜类型，侵染白菜、油菜、芥菜、芜菁等，侵染甘蓝能力弱；③芥菜类型，侵染芥菜，对甘蓝侵染能力弱，有的菌株能侵染白菜、油菜和芜菁。

2）*P. parasitica* var. *raphani*，为萝卜属变种，对萝卜侵染力强，对芸薹属侵染力极弱，不侵染芥菜。

3）*P. parasitica* var. *capsellae*，为荠菜属变种，只侵染荠菜，不能侵染本科中其他蔬菜。

三、病害循环

霜霉病主要发生在春、秋两季。冬季田间种植十字花科蔬菜的地区，病菌直接在寄主体内越冬，以卵孢子在病残体、土壤和种子表面越夏，之后侵染秋菜。我国南部周年种植多种十字花科蔬菜的地区，病菌整年都可在各种寄主上辗转传播危害，不存在越冬和越夏的问题。北方冬季没有十字花科蔬菜的地区，病菌主要以卵孢子在病残体和土壤中越冬，次年萌发侵染青菜、萝卜和油菜等。发病后，在病斑上产生孢子囊进行再侵染。孢子囊靠气流传播，环境条件适宜时潜育期只有3～4d。病菌也能以菌丝体在采种株上越冬，次春直接从采种株上长出孢子囊进行侵染。此外，病菌还能以卵孢子附着在种子表面或随病残体混杂在种子中越冬，次年又随种子播入田间侵染幼苗。春菜发病中后期，叶片、采种株被害花梗及种荚等组织内，均可形成大量的卵孢子。卵孢子只需经1～2个月的休眠，环境条件适合即可萌发成为当年秋菜等田间发病的侵染来源。

四、发病条件

（一）温、湿度

温、湿度对霜霉病的发生与流行影响很大。病菌孢子的产生与萌发以7～13℃的较低温度为最适宜，侵入寄主的适温为16℃，侵入后菌丝体在寄主体内生长则要求20～24℃的较高温度。因此，病害易于流行的平均气温是16℃。病斑发展最快的温度常在20℃以下，在高温下容易发展为黄褐色的枯斑。高湿和水滴有利于孢子囊的形成、萌发和侵入，多雨条件下往往病重。田间小气候的湿度影响也很大，只要田间处于高湿，虽然无雨病情也会发展。日照不足和阴天有利于发病。一般在白菜莲座期至包心期气候条件对病害的流行关系最大。这期间若气温偏高、雨水多、田间湿度高、日夜温差大、多露多雾，病害很易流行。采种株在开花期遇阴雨也易于发病，特别是倒伏的发病更重。

（二）栽培管理

秋白菜播种早，特别是气温偏高、雨量偏多的年份，一般发病较重。此外，连作、通风不良、底肥不足、间苗过晚、密度过大、包心期缺肥等发病都重。

（三）病毒病与霜霉病发病的关系

田间感染病毒病的植株容易发生霜霉病。

（四）品种

白菜品种间抗病性差异显著，而且对霜霉病和病毒病的抗性是一致的。但品种的抗病性与早熟性及品质间存在一定程度的矛盾。此外，品种的抗病性也易发生变化。

五、防治

应采用以选育抗病品种、加强栽培管理为主，加强测报，配合药剂防治的综合措施。

（一）选育抗病品种

抗病毒病的品种也抗霜霉病。此外，上海青和乌塌菜等也抗霜霉病。近年来如‘青杂’‘曾白’‘丰抗’系列等杂交种抗病性表现较好，已广泛应用。

（二）种子消毒

播种前可用25%甲霜灵或50%福美双或75%百菌清拌种，用药量为种子重的0.4%。

（三）农业防治

与非十字花科作物进行隔年轮作。秋季白菜播种不宜过早，常发病地区或干旱年份应适当晚播。苗床注意通风透光，不用低湿地作苗床。采用高垄栽培，合理灌溉与施肥。收获后清洁田园，进行秋季深翻。

（四）药剂防治

发病初期或出现中心病株时，应立即喷药保护。喷药必须细致周到，特别是老叶也应喷到。喷药后天气干燥且病情缓慢，可不必再喷药；如遇阴天、多雾、多露等天气，应隔5～7d后再继续喷药。常用药剂有58%甲霜灵锰锌600倍液、40%乙磷铝300倍液、75%百菌清600倍液、50%敌菌灵500倍液、50%克菌丹500倍液等。

第四节　十字花科蔬菜菌核病

十字花科蔬菜菌核病也称菌核性软腐病，是十字花科蔬菜上的重要病害之一。其分布很广泛，尤以长江流域和南方沿海各省发生最普遍，危害最严重。主要发生在甘蓝生长中后期、白菜贮藏期和其他十字花科蔬菜的采种株上。一般油菜发病率为10%～30%，严重的在80%以上，减产10%～70%。

一、症状

白菜、油菜、萝卜等采种株发病多在初花期后，为害叶、茎及荚，以茎部受害最重。一般多先从植株近地面的衰老叶片边缘或叶柄开始发病，初呈水渍状浅褐色病斑，在多雨、高湿条件下病斑上可以长出白色棉毛状的菌丝，并从叶柄向茎部蔓延，引起茎部发病。茎部病斑先呈水渍状，后稍凹陷，浅褐色变为白色。高湿条件下患部也能长出白色棉毛状的菌丝，最后茎秆组织腐朽呈纤维状，茎内中空，生有黑色鼠粪状的菌核。种荚受侵，病斑也呈白色，荚内有黑色小粒状菌核，结实不良或不能结实。甘蓝、白菜成株受害，多在近地表的茎、叶柄或叶上出现水渍状淡褐色的病斑，引起叶球或茎基部软腐，病部也可长出白色绵状菌丝和黑色鼠粪状的菌核，但无臭味。幼苗被害，也在近地面的茎基部出现水渍状病斑，很快腐烂或猝倒。

二、病原

病原为核盘菌 *Sclerotinia sclerotiorum*（Lib.）de Bary，属子囊菌门核盘菌属。菌核表面黑色，内部白色，鼠粪状，大小为（1.5～14）mm×（1.5～8）mm。种荚内的菌核都比较小。菌核萌发产生菌丝或子囊盘。子囊盘直径2～8mm，下部有柄，柄的长短因菌核离土面的距离而有差异。每个菌核上可萌发产生1至数个子囊盘，多的可达18个左右。子囊盘初为乳白色小芽状，随后逐渐展开呈盘状，颜色由淡褐色变为暗褐色。子囊盘表面为子实层，由无数子囊和杂生其间的侧丝所组成。子囊棍棒状，无色，大小（91～125）μm×（6～9）μm，内有子囊孢子8个。子囊孢子单胞，无色，椭圆形，大小（9～14）μm×（3～6）μm，在子囊内排成一列。

子囊孢子在0～35℃都能萌发，以5～10℃的低温最有利。对湿度要求不严格，较高的相对湿度下即使无水膜存在，萌发率也能达到100%。菌丝不耐干燥，只有在带病残体的湿土上才能生长。对温度要求不严，0～30℃都能生长，但以20℃为最适。菌核形成后，不需休眠，遇适宜的环境条件即可萌发，萌发的温度范围为5～20℃，以15℃左右最适，但萌发前必须吸收一定的水分。连续降雨对菌核萌发有利。在潮湿的土壤中菌核的存活期只有1年左右，在干燥的土壤中菌核不易萌发，能存活3年以上。土壤长期存水，经1个月菌核即腐烂死亡。菌核萌发不需要光照，但必须有足够的散光才能完成其发育。菌核萌发产生小突起至形成子囊盘，需要5d左右。子囊盘形成后经4～9d才凋萎。菌核在50℃下处理5min即死亡。

除为害十字花科蔬菜外，该菌还能侵染包括莴苣、菜豆等其他蔬菜在内的31科171种植物。

三、病害循环

病菌主要以菌核遗留在土壤或混杂在种子中越冬或越夏。混杂在种子中的菌核，播种时随种子带入田间。当温湿度适宜时，萌发产生子囊盘和子囊孢子。长江流域菌核萌发有两个时期，第一次是在2～4月，第二次为11～12月；北方则为3～5月。子囊盘开放后，子囊孢子成熟后弹射，稍受震动肉眼可见有如烟雾状喷出，随气流飞散传播，进行初侵染。子囊孢子不能侵染健壮的叶和茎，但极易侵染衰老的叶部和已落或未落的花瓣。在侵染这些组织后，病菌才具侵染更为健壮的叶和茎的能力。田间的再侵染主要是通过病健植株或组织接触，由病部长出的白色棉毛状菌丝体传染。发病后期在病部形成菌核越冬。

四、发病条件

（一）气候

温度在20℃左右，相对湿度在85%以上，有利于病菌发育，发病较重；反之，湿度在70%以下则发病较轻。因此，多雨的早春和晚秋常引起菌核病流行。此外，大风有利于子囊孢子的散布，也有利于田间病健植株或组织的接触传染，加重病害的发生和发展。

（二）栽培

连年栽植十字花科、豆科、茄科等的蔬菜地容易加重发病，与水稻和其他禾本科作物轮作能促使菌核死亡。排水不良、偏施氮肥、植株枝叶徒长、田间通风不良等往往发病严重。

（三）田间菌核基数

土壤中菌核存活数量和存活率随着轮作期限的增长而锐减。连作旱地比轮作地发病重，旱地连作比水旱轮作发病重。

五、防治

（一）提高栽培和田间管理技术

从无病株上采种或在播种前用10%的盐水选种，汰除上浮的菌核和杂质。在有条件的地区可与水稻进行水旱轮作。在前茬收获后进行一次深耕，将菌核埋入土下，使其不能抽生子囊盘或子囊盘不能出土。彻底清除植株下部的黄叶，防止病菌以衰老黄叶作为桥梁传染健部，改善田间通风透光程度，降低湿度。避免偏施氮肥，增施磷、钾肥，提高植株抗病力。

（二）喷药保护

发病初期立即喷药，药剂有200g/L氟唑菌酰羟胺悬浮剂50～65mL/亩，或43%腐霉利悬浮剂40～80mL/亩，或45%异菌脲悬浮剂80～120mL/亩，或90%多菌灵水分散粒剂83～111g/亩，或50%啶酰菌胺水分散粒剂30～50g/亩，或15%三唑醇可湿性粉剂60～70g/亩，或25%咪鲜胺乳油40～60mL/亩，或40%菌核净可湿性粉剂100～150g/亩。药液应着重喷洒在植株茎的基部、老叶和地面上。

第五节　十字花科蔬菜其他病害

1. 十字花科蔬菜根肿病

【症状特点】仅为害十字花科蔬菜根部，形成肿瘤，多呈纺锤形、手指形或不规则形，大小不等，表面光滑，后期龟裂、粗糙，易受其他杂菌侵染而腐烂。地上部分表现生长迟缓、矮小，基叶常在中午萎蔫，早晚可恢复。后期基叶变黄、枯萎，有时整株枯死。

【病原】芸薹根肿菌*Plasmodiophora brassicae* Woronin，属原生动物界根肿菌门根肿菌

属。病菌主要以休眠孢子囊随病残体遗留在土壤中越冬或越夏。田间传播主要靠雨水、灌溉水、昆虫和农具传播，远距离传播主要靠病菜根或带菌泥土的转运，种子不带菌。

【防治要点】①实行检疫、封锁发病区；②实行水旱轮作或与非十字花科蔬菜轮作4～5年；③适当撒施石灰，使土壤由酸性变成中性或弱碱性，可减轻发病；④发现病株拔除后用40%氟啶胺悬浮剂375～417mL/亩灌穴，或100亿个孢子/g枯草芽孢杆菌可湿性粉剂500～650倍液蘸根、灌根或拌种，或40%氟胺·氰霜唑悬浮剂180～240mL/亩灌根。

2. 十字花科蔬菜白斑病

【症状特点】主要为害叶片。发病初期，叶面散生灰褐色圆形斑点，后扩大成圆形、近圆形和卵圆形的病斑，直径为6～18mm。病斑中央逐渐由褐色变为灰白色，周缘有苍白色或淡黄色的晕圈。叶背病斑与叶正面相同，但周缘微带浓绿色。多数病斑连片后即成不规则形，引起大片枯死。潮湿时，病斑背面出现淡灰色的霉状物，末期病斑呈白色，半透明，易破裂穿孔，似火烤状。

【病原】有性态为芸薹球腔菌*Mycosphaerella capsellae* A. J. Inman & Sivan.，子囊菌门，球腔菌属；无性态为芸薹假尾孢*Pseudocercosporella capsellae*（Ellis & Everh.）Deighton，无性型真菌，假尾孢属。病菌主要以菌丝体、菌丝块在病残体中越冬或以分生孢子附着在种子上越冬。随风雨传播。

【防治要点】①收获后进行深耕，促进病残体腐解，消灭病菌；与非十字花科蔬菜实行隔年轮作；增施粪肥以提高白菜抗病性。②可用50℃温水浸种20min后立即移入冷水中冷却，晾干后播种。③采用适于当地的抗病品种。④于发病初期喷药，常用药剂为70%乙膦·锰锌130～400g/亩。

3. 十字花科蔬菜黑斑病

【症状特点】植株的叶片、叶柄、花梗及种荚等均可受害。叶片发病多从外叶开始，病斑圆形，灰褐色或褐色，有或无明显的同心轮纹，病斑上生有黑色霉状物，潮湿环境下更为明显。病斑周围有时有黄色晕环。白菜上病斑较小，直径2～6mm；甘蓝和花椰菜上病斑较大，直径5～10mm。叶上病斑发生很多时很易变黄早枯。茎和叶柄上病斑呈纵条形，其上也生黑色霉状物。花梗和种荚上病状与霜霉病引起的病状相似，但长出黑霉可与霜霉病区别。

【病原】芸薹链格孢*Alternaria brassicae*（Berk.）Sacc.，为白菜黑斑病菌；芸薹生链格孢*Alternaria brassicicola*（Schwein.）Wiltshire，为甘蓝和花椰菜黑斑病菌，均属无性型真菌链格孢属。病菌主要以菌丝体及分生孢子在病残体、土壤、采种株上及种子表面越冬，借风雨传播，从寄主气孔或表皮直接侵入。

【防治要点】①与非十字花科蔬菜隔年轮作，深耕，清除病残体，合理施肥。②发病初期用10%苯醚甲环唑水分散粒剂30～50g/亩，或430g/L戊唑醇15～18mL/亩，或4%嘧啶核苷类抗生素水剂400倍液，或68.75%噁酮·锰锌水分散粒剂45～75g/亩，或30%戊唑·噻森铜悬浮剂50～70g/亩，每10d左右喷药1次，连续喷2或3次。

4. 十字花科蔬菜炭疽病

【症状特点】主要为害白菜、芜菁、萝卜和芥菜的叶、叶柄和叶脉，有时也侵害花梗、种荚等。叶上病斑小，圆形，直径1～2mm，最大不超过4mm，初为苍白色水渍状小斑点，后扩大为灰褐色、稍凹陷、边缘褐色并微隆起的圆斑，最后病斑中央为灰白色，极薄，半透明状，易穿孔。在叶脉上病斑多发生于叶背面，病斑褐色，条状，凹陷。叶柄上病斑多为长椭圆形或纺锤形，褐色，凹陷明显。叶片被害严重时，病斑可达百余个，互相汇合，引起叶片早枯。潮湿时，病部能产生淡红色黏状物且容易穿孔。叶上病斑小是与白斑病的重要区别。

【病原】希金斯炭疽菌 *Colletotrichum higginsianum* Sacc.，属无性型真菌炭疽菌属。病菌以菌丝体或分生孢子在病残体和种子上越冬，主要通过气流传播。

【防治要点】参考十字花科蔬菜黑斑病防治方法，常用药剂有250g/L吡唑醚菌酯乳油30～50mL/亩，或28%咪鲜·三环唑可湿性粉剂50～63g/亩，或60%唑醚·代森联水分散粒剂40～60g/亩。

5. 十字花科蔬菜黑腐病

【症状特点】幼苗被害，子叶呈水浸状，逐渐枯死或蔓延至真叶，使真叶的叶脉上出现小黑点或细黑条。成株发病多从叶缘和虫伤处开始，出现“V”形黄褐色病斑，该部叶脉坏死变黑。病菌能沿叶脉、叶柄发展，蔓延至茎部和根部，致使茎部、根部的维管束变黑，植株叶片枯死。萝卜肉根被害，外部症状常不明显，但切开后可见维管束变黑，严重时内部组织干腐变为空心。

【病原】野油菜黄单胞菌野油菜致病变种 *Xanthomonas campestris* pv. *campestris*（Pammel）Dowson，属黄单胞属细菌，革兰氏阴性菌。病菌在种子内和病残体上越冬，借雨水、昆虫、肥料等传播，从叶缘水孔或虫伤处侵入。

【防治要点】①在无病地或无病株上采种；②进行种子消毒，方法与白斑病相同；③与非十字花科蔬菜轮作1～2年，及时防治害虫；④可在发病初期喷洒6%春雷霉素可湿性粉剂25～40g/亩。

6. 十字花科蔬菜白锈病

【症状特点】叶片正面生黄绿色病斑，背面生白色隆起的疱斑。疱斑破裂后散出白色粉状物。茎、花序受害后肥肿畸形，上生白色疱斑。白菜、油菜和萝卜受害较普遍，常与霜霉病并发。

【病原】白菜白锈菌 *Albugo candida*（Pers. ex J.F. Gmel.）Kuntze，属卵菌门白锈属。病菌以卵孢子在土壤、病残体或附着在种子表面越冬。生长期以孢子囊通过风雨传播进行再侵染。

【防治要点】参照十字花科蔬菜霜霉病。

7. 十字花科蔬菜细菌性黑斑病

【症状特点】叶上初生水渍状淡褐色小斑，后变为黑褐色、多角形或不规则形。茎及花梗上形成紫黑色条斑。荚上病斑黑色，凹陷，圆形或不规则形。

【病原】丁香假单胞菌斑点致病变种 *Pseudomonas syringae* pv. *maculicola*，属假单胞属细菌，革兰氏阴性菌。细菌主要在病残体及土壤中越冬，借雨水及灌溉水传播。

【防治要点】加强检疫，不从病区引种。其他防治方法参照十字花科蔬菜黑腐病。

8. 十字花科蔬菜黑胫病

【症状特点】又称根朽病。苗期子叶、幼茎及真叶上呈现淡褐色至灰白色病斑；茎上病斑边缘紫色，微凹陷，其上散生黑色小粒点，为病菌分生孢子器；重病苗迅速枯死。成株茎叶上病斑与苗期相似，发病后期易从病茎处折断。根部受害，病斑长条形，紫黑色，发病严重者根部腐朽，地上部外围叶片变黄，并逐渐萎凋。

【病原】有性态为斑点小球腔菌 *Leptosphaeria maculans*（Desm.）Ces de Not.，子囊菌门，小球腔菌属；无性态为黑胫茎点霉菌 *Phoma lingam*（Tode）Desm.，无性型真菌，茎点霉属。病菌以菌丝潜伏在种皮内或在采种株的病组织中越冬，也可在土壤中、病残体及堆肥中或在野生植物上越冬，借雨水、灌溉水或雨滴飞溅传播。

【防治要点】①种子消毒参照白斑病；②选择无病土育苗，淘汰病苗；③与非十字花科作物实行轮作。

第十五章　茄科蔬菜病害

茄科蔬菜包括番茄、茄、辣椒和马铃薯等。其病害种类繁多，国内已发现有80余种，有些病害为茄科蔬菜所共有，如苗期猝倒病、立枯病、青枯病、白绢病、花叶病等；也有一些病害寄主范围狭窄，仅为害某一种蔬菜，如茄褐纹病。番茄以灰霉病、病毒病、早疫病和晚疫病发生较为普遍而严重；茄绵疫病和黄萎病对茄生产威胁很大；辣椒以炭疽病、白粉病和病毒病发生较普遍，常造成生产上重大损失；马铃薯的重要病害有晚疫病、病毒病和黑痣病等。

第一节　茄科蔬菜苗期病害

茄科蔬菜苗期病害主要是猝倒病、立枯病、灰霉病及由低温引起的生理性沤根。这些病害在全国各地都有分布，以茄科和瓜类蔬菜的幼苗受害较严重。猝倒病菌寄主范围很广，除为害茄科和瓜类蔬菜引起死苗外，还能引起茄果类果实的腐烂。立枯病菌的寄主范围广，达240多种作物。灰霉病菌的寄主范围也很广，腐生性强，在蔬菜作物中引起幼苗猝倒、花腐或烂果等。

一、症状

（一）猝倒病

发病幼苗茎基部呈水渍状病斑，接着病部变黄褐色，缢缩为线状。病情发展迅速，在子叶尚未凋萎之前幼苗即猝倒。有时幼苗尚未出土胚茎和子叶已普遍腐坏。开始时只见个别幼苗发病，几天后即以此为中心向外蔓延扩展，最后引起成片幼苗猝倒。在低温高湿时，病残体表面及其附近的土面上长出一层白色棉絮状的菌丝。

（二）立枯病

刚出土幼苗及大苗均能受害，但一般多发生于育苗的中后期。患病幼苗茎基部产生椭圆形暗褐色病斑，早期病苗白天萎蔫，夜晚恢复，病斑逐渐凹陷，扩大后绕茎一周，最后病部收缩干枯，整株直立枯死。病部常有淡褐色蛛网状菌丝，可与猝倒病区分。

（三）灰霉病

幼苗地上部嫩茎被害部呈水渍状缢缩，后变褐，其上端向下倒折。叶片被害呈水渍状腐败，一般地下根部正常。茎和叶上被害部表面密生一层灰色霉层。

（四）沤根

幼苗根部呈褐色腐烂，不发新根，地上部叶色较淡或萎蔫，生育缓慢，病苗容易拔起。

二、病原

（一）瓜果腐霉［*Pythium aphanidermatum*（Edson）Fitzp.］

为猝倒病的病原，属卵菌门腐霉属。菌丝无色，无隔膜。孢子囊着生于菌丝的先端或中间，不规则圆筒形或手指状分枝，以一隔膜与主枝分隔。孢子囊长24～625μm或更长，宽4.9～14.8μm，在马铃薯蔗糖琼脂培养基（PSA）上很少产生孢子囊，但若将菌丝体置于消毒过的黄瓜或其他适当的寄主上并浸于水中，则几天后就可产生大量的孢子囊。孢子囊外部光滑，无色，内部含有细而分布均匀的粒状体。成熟时孢子囊上生出一排孢管，随着孢管的逐渐延长，孢子囊内的原生质也移向管的顶端。管顶端逐渐膨大形成一球形大泡囊，流至顶端的原生质集中于泡囊内，后分割成8～50个或更多的小块，每块有一核，形成1个游动孢子。游动孢子肾形，大小（14～17）μm×（5～6）μm，在其凹面生有2根鞭毛。游动孢子游动约30min后即行休止，鞭毛消失并变为圆形，萌发出芽管，再侵入寄主。卵孢子球形，光滑，悬于藏卵器内，直径13～23μm。

（二）立枯丝核菌（*Rhizoctonia solani* Kühn）

为立枯病的病原，属无性型真菌丝核菌属。有性态为瓜亡革菌*Thanatephorus cucumeris*（Frank）Donk，属真菌界担子菌门亡革菌属。自然状态下以无性阶段侵染危害，有性态不常见。菌丝有隔，直径8～12μm，初期无色，老熟时浅褐色至黄褐色，分枝处往往成直角，分枝基部略缢缩，近分枝处有一隔膜。老菌丝常呈一串筒形细胞，菌核即由筒形细胞菌丝交织而成。菌核无一定形状，浅褐色、棕褐色或黑褐色，质地疏松，表面粗糙。病菌偶能形成有性孢子。担子无色，单胞，圆筒形或长椭圆形，顶生2～4个小梗，每小梗上着生1个担孢子。担孢子椭圆形，无色，单胞，（6～9）μm×（5～7）μm。

（三）灰葡萄孢（*Botrytis cinerea* Person）

为灰霉病的病原，属无性型真菌葡萄孢属。菌丝有隔膜。分生孢子梗丛生，深褐色，顶端有1或2次分枝，大小为（960～1200）μm×（16～22）μm，分枝顶端簇生分生孢子。分生孢子短椭圆形，单细胞，无色，（12～18）μm×（9～13）μm。病菌能产生菌核。

三、病害循环

（一）猝倒病

病菌的腐生性很强，可在土壤中长期存活，以含有机质的土壤中存活较多。病菌以卵孢子在土壤中越冬和度过不良的环境，在适宜的条件下萌发产生游动孢子，或直接长出芽管侵入寄主。病菌也能以菌丝体在遗落土中的病残组织或腐殖质上营腐生生活，并产生孢子囊，释放的游动孢子直接侵入幼苗，引起猝倒。病菌借雨水或土壤中水分的流动而传播。此外，带菌堆肥、农具等也能传播病害。病菌侵入后，在皮层的薄壁细胞中很快地发展，菌丝蔓延于寄主的细胞间或细胞内，在病组织上产生孢子囊，进行再侵染，后期又在病组织内形成卵孢子越冬。

（二）立枯病

病菌主要以菌丝体或菌核在土壤或病残体中越冬。腐生性较强，一般在土壤中可存活2～3年。在适宜的环境条件下直接侵入寄主。通过雨水、流水、农具及带菌堆肥等传播蔓延。

（三）灰霉病

病菌主要以分生孢子及菌核在病组织内越冬。第二年春季，条件适宜时菌核萌发，产生菌丝体和分生孢子。分生孢子借气流、雨水和农事操作传播。病菌主要从寄主伤口或衰老组织、器官上侵入。病部产生的分生孢子，可进行反复再侵染。

四、发病条件

（一）苗床管理

苗床管理不当，如播种过密、间苗不及时、浇水量过多，造成苗床过于闷湿，或床窗启盖不及时、启盖方法不当，使床温变化幅度太大，不利于幼苗生长，都能诱发病害。此外，苗床保温不好，造成床内土壤冷湿，发病常严重。若苗床地下水位过高，土壤黏重，致使土温不易升高，也易发病。

（二）气候

1. 温度 温度包括空气温度和床土温度。茄科蔬菜幼苗适宜生长的气温为20～25℃，土温为15～20℃。在此条件下，幼苗生长良好，抗病力强；反之，温度过高或过低，容易诱发病害。一般晴天有光照，苗床内较易达到适于幼苗生长的温度。若天气长期阴雨或下雪，苗床不透光，则苗床内温度过低，如长期在15℃以下不利幼苗生长，容易诱发猝倒病。而立枯病则在苗床温度较高、幼苗徒长的情况下发生较多。若温度低于幼苗生长的临界温度，则极易发生沤根。

2. 湿度 湿度包括空气湿度和床土湿度。苗床中的湿度对幼苗发病影响更大，湿度大的苗床病害常严重。因为病菌生长、孢子萌发和侵入都要求较高的湿度和一定的水分。如果床土含水量过高，还会妨碍幼苗根系的生长和发育，降低抗病力，均有利于病害的发生和蔓延。

3. 光照和通气 光照不足，幼苗生长衰弱，叶色淡绿，抗病力差，容易发病。此外，阳光具有杀菌作用，特别是紫外光杀菌力强，但不能透过玻璃，故应在幼苗不受冻的条件下尽量揭开玻璃窗，让阳光直接照射到苗床上。苗床不常通风换气，使幼苗必需的二氧化碳缺少，或用酿热物堆制的温床，由于酿热物发酵分解，会产生一些有毒的气体，需要加强通风换气，以排除对幼苗生长有害的气体。

（三）寄主生育期

幼苗子叶中养分已经耗尽而新根尚未扎实和幼茎尚未木栓化之前，其抗病力最弱，这是幼苗的易感阶段，特别是幼苗猝倒病最为明显。新根的发育与土壤温度及养分有关，土温较低及养分不足时新根扎得慢，反之则快。新根没有扎实之前真叶抽不出来，幼苗抗病力也不能迅速提高。如果此时遇到长期阴雨天气，光合作用几乎处于停顿状态，而呼吸作用则增强，幼苗本身养分的消耗多于积累，植株生长衰弱，有利病菌的侵入，会造成病害的严重发生。

五、防治

对于上述病害的防治，应采取以加强苗床栽培管理为主、药剂防治为辅的措施。

（一）加强苗床管理

苗床应设在地势较高、排水良好的地方，要选用无病新土或风化的河泥作床土。如沿用旧床，床土应进行消毒处理。肥料要充分腐熟。播种要均匀，不宜过密。播种后盖土不要太厚，以利出苗。苗床要做好保温工作，防止冷风或低温侵袭，避免幼苗受冻。因此，要做到勤揭床窗，寒冷天气要迟揭早盖。白天在幼苗不受冻的前提下尽量多通风换气。苗床洒水应视土壤湿度和天气而定，每次量不宜过多。夜晚玻璃窗和草帘要覆盖严密，风大的一侧更要加厚覆盖，防止床温降低。

（二）床土处理

50%福美双可湿性粉剂每平方米用药量10～15g，或50%甲基硫菌灵可湿性粉剂每平方米用药量10～15g。上述药剂在使用前加半干细土10～15kg拌匀。在播种前，先将1/3药土均匀地撒在床面上作为垫土，后将种子播于垫土的上面，再将余下的药土均匀地覆盖在种子上作为覆土。覆土和垫土的量，可以按照种子的大小和苗床管理的习惯而酌量添减。覆土完毕后，土壤表面应酌量洒水，使表土保持湿润，以后在管理上也应注意不让土壤过于干燥，以免发生药害。

（三）药剂防治

可用70%噁霉灵种子处理干粉剂按（1～2）：1000的药种比进行种子包衣，或70%噁霉灵可湿性粉剂按1：（143～250）的药种比进行拌种。如苗床已发现少数病苗，拔除后可用30%噁霉灵水剂2.5～3.5mL/m^2泼浇防治立枯病，25%精甲霜灵可湿性粉剂800～900倍液或75%百菌清1000倍液喷施防治猝倒病，效果较好。灰霉病的防控药剂主要有30%啶酰菌胺悬浮剂50～80mL/亩，或43%腐霉利悬浮剂80～120mL/亩，或50%异菌脲水分散粒剂120～160g/亩，或30%咯菌腈悬浮剂9～12mL/亩，或40%嘧霉胺悬浮剂62～94mL/亩等。喷施后7～10d再喷1次，效果更好。喷施药液后往往造成床内湿度过大，可以撒施草木灰或干细土以降低湿度。

第二节　茄科蔬菜病毒病

茄科蔬菜病毒病在全国各地都有发生，其中以番茄和马铃薯受害最重，损失也较大。一般年份减产10%～30%，流行年份病株率高达50%～80%，有时可引起全田毁灭。茄受害一般较轻。辣椒发病造成花叶和顶芽枯死，对产量影响较大。马铃薯植株受害后，发育畸形、矮小、变色，引起种性退化，不能自行留种，给生产造成很大困难。

一、症状

（一）番茄

番茄染病后常有3种症状类型。

1. 花叶型　受害叶片引起轻微花叶、微显斑驳或明显花叶、新叶变小，叶脉发紫，扭曲畸形，植株矮小，下部多卷叶，可导致大量落花、落蕾，果变小，多呈花脸型。

2. 条斑型　病株上部叶片呈现或不呈现深浅绿色相间的花叶，植株茎秆上中部初生暗褐色下陷的短条纹，后变为深褐色下陷的油渍状坏死条斑，渐扩大以致病株萎黄枯死。病果畸形，果面散布不规则形褐色下陷的油渍状坏死斑。叶上也出现许多小型枯死斑。

3. 蕨叶型　初期顶芽幼叶细长，展开比健叶慢或呈螺旋形下卷，叶片狭小，叶肉组织退化，甚至不长叶肉，仅存中脉；病株矮缩，下部叶片边缘上卷成管状，叶背叶脉呈淡紫色，上部叶片细小形成蕨叶；全株腋芽所发出的侧枝都生蕨叶状小片，上部复叶节间短缩呈丛枝状。

茄多在成株期发病，叶片呈淡黄和浓绿相间的花叶，叶面皱缩不平，新叶细小，变形。

辣椒受害则以花叶型为主，也有不少条斑型、蕨叶型或顶芽枯死，下部叶腋又抽生新芽。

（二）马铃薯

马铃薯受害后常表现皱缩花叶型和卷叶型。

1. 皱缩花叶型　在叶片上出现深浅不均的病斑，叶片缩小，叶尖向下弯曲、皱缩；全株矮化，叶片、叶脉和叶柄有黑褐色坏死斑，并使叶、叶柄及茎变脆；严重时全株发生坏死性叶斑，叶片严重皱缩，自下而上枯死呈垂叶坏死症状，顶部叶片严重皱缩斑驳。

2. 卷叶型　叶缘向上卷曲，病重时呈圆筒状。病叶缩小，色泽较淡，有时叶背呈红色或紫红色。如遇天气干燥时病叶也不萎蔫下垂。病株表现不同程度的矮化，且有时提前枯死。病株所结的块茎细小，薯块簇生于母薯附近，块茎剖面韧皮部腐坏呈黑色网状。但品种间差别很大，有时块茎并不产生明显的枯黑部分。

二、病原

（一）烟草花叶病毒（tobacco mosaic virus，TMV）

寄主范围很广，有36科200多种植物都可被侵染，并且是一种抗逆性最强的植物病毒。TMV的钝化温度为90～93℃，稀释限点为1万～100万倍，体外保毒期可维持数年，有的甚至达30年以上。在指示植物上的反应：普通烟表现系统花叶，心叶烟和曼陀罗为局部枯斑；不为害黄瓜。在电镜下观察TMV的粒体呈杆状，大小为280nm×15nm。在寄主细胞内能形成不定形的内含体。TMV主要由汁液接触传染，土壤也可传播。番茄上TMV有轻花叶株系、重花叶株系和条斑株系等多种。

（二）黄瓜花叶病毒（cucumber mosaic virus，CMV）

寄主范围也很广，有39科117种植物能被侵染。CMV钝化温度60～70℃，稀释限点1万倍，体外保毒期3～4d，不耐干燥。在指示植物上的反应：普通烟、心叶烟、曼陀罗等均表现系统花叶；黄瓜呈现花叶；苋色藜、黑籽豇豆和蚕豆表现局部枯斑。在电镜下观察CMV的粒体呈球状，直径28～30nm。CMV由汁液和蚜虫传播。该病毒在番茄上主要引起蕨叶症，在茄和辣椒上引起花叶症。CMV一般可划分为普通系、轻病系、黄斑系、黄色微斑系和豆科系等5个株系。

（三）番茄花叶病毒（tomato mosaic virus，ToMV）

病毒粒子杆状，长约300nm，宽约15nm，但有些粒体较短，有的粒子则首尾相连。钝化温度为85～90℃，稀释限点为100万～1000万倍，体外保毒期1个月以上。病毒在指示植物上的反应：在普通烟和白肋烟上为局部枯斑，在心叶烟上也为局部枯斑但较TMV引起的病斑小；不能侵染青菜、白菜、萝卜、黄瓜和百日菊等植物。

（四）马铃薯X病毒（potato virus X，PVX）

病毒粒体呈线条状，大小为520nm×（10～12）nm。钝化温度60℃，稀释限点1万倍，体外保毒期2～3个月。PVX由汁液接触传染，昆虫不传染。在指示植物千日红上呈现局部枯斑。此病毒仅为害茄科植物，在马铃薯上只发生轻微花叶，俗称普通花叶病。PVX可分为斑驳系和环斑系，以前者为主。

（五）马铃薯Y病毒（potato virus Y，PVY）

病毒粒体呈弯曲长线状，大小为730nm×10.5nm。钝化温度52℃，稀释限点1000倍，体外保毒期24～36h。传染方式有汁液接触传染和蚜虫传染。病毒在指示植物上的反应：枸杞、野生马铃薯和洋酸浆上产生局部枯斑，千日红和曼陀罗对其是免疫的。除为害茄科植物外，还可为害三叶草、豌豆等作物。PVY在马铃薯植株上先表现花叶，之后再形成黑色环斑或条斑，称条斑花叶病。当PYX和PVY复合侵染时，即发生皱缩花叶症。PVX也可分为不同株系。

（六）马铃薯卷叶病毒（potato leaf roll virus，PLRV）

病毒粒体为二十面体，粒径为24～25nm。钝化温度70～80℃，稀释限点1万倍，体外保毒期3～5d。在指示植物洋酸浆上产生显著矮化、褪绿及韧皮部坏死。PLRV的寄主范围也很广，除为害马铃薯引起卷叶症外，还可侵染番茄、灯笼草、苋菜、鸡冠花、千日红和曼陀罗等。该病毒主要在韧皮部繁殖，由蚜虫传播，汁液接触不能传染。

复合侵染在自然条件下是很常见的，当TMV和PVA混合侵染番茄时，造成复合条斑症，其主要特点为病果斑块较小，而且不凹陷；当ToMV和CMV混合侵染番茄时，也可造成复合性病状。因此，复合侵染常造成鉴别上的困难。

三、病害循环

TMV主要通过分苗、定植、绑蔓、整枝、打杈及2,4-D蘸花等农事操作传播。番茄种子附着的果肉残屑也带毒。此病毒的寄主范围很广，可在许多多年生野生寄主和一些栽培作物体内越冬。此外，TMV还可在干燥的烟叶、卷烟和寄主的病残体中存活相当长的时间。所以，这些都可以成为病害的初侵染来源。

CMV主要在多年生宿根植物或杂草上越冬。这些植物在春季发芽后蚜虫也随之发生，通过蚜虫吸毒与迁移，将病毒传带到附近的番茄地里，引起番茄等发病。

马铃薯的病毒主要是在薯块里越冬。当年播种带有病毒的种薯，幼苗长大后就形成中心病株，在田间通过蚜虫进一步扩大蔓延和进行再侵染。

四、发病条件

（一）气候

病害的发生发展与气候关系密切。番茄花叶病适宜发生的温度为20℃，25℃以上趋向隐症。一般在5月下旬大量发生，6月中旬逐渐趋向隐蔽。番茄条斑病在5月下旬旬平均气温20℃时开始发生，6月上中旬旬平均气温25℃时病害流行。病区大部局限于近郊，重病田块多邻近建筑物或低洼地。同时，番茄条斑病又与降雨有关，番茄定植后即遇连续阴雨直至5月初，这期间的降水量只要达到50mm左右，这一年就有可能是重病年。如果5～6月再有较大的降水量，并且雨后连续晴天，也会促使病害的流行。

高温干旱有利于蚜虫的大量繁殖和有翅蚜的迁飞传毒，此时蕨叶病和卷叶病发生严重。

（二）栽培管理

番茄花叶病和条斑病主要是由汁液接触传染，所以一切栽培措施都能导致植株的相互摩擦从而增加病株汁液传染机会，发病常严重。蕨叶病和卷叶病由蚜虫传播，特别是桃蚜，因此桃园附近的地块一般发病普遍而严重。与黄瓜地邻近的地块发病也常较重。

（三）土壤

缺钙、钾等元素，能助长花叶病发生。条斑病毒在黏重而含腐殖质多的土壤中能较长期的保存毒力。在自然情况下，幼嫩植株发病常由带毒土壤接触摩擦引起，特别是移栽后不久幼苗的嫩叶与带毒土壤接触时易引起传染。土壤排水不良、土层瘠薄、追肥不及时，番茄花叶病常较重；反之，发病就轻。

（四）品种

在番茄品种中，‘强力米寿’‘小鸡心’‘费洛雷特’‘荷兰5号’等品种比较抗花叶病，‘北京早红’发病较重。‘阿萨克利’‘粉红甜肉’‘红牛心’等番茄品种条斑病发病严重。

五、防治

控制茄科蔬菜病毒病的发生与流行，以使用脱毒苗和农业防治为主。其中最重要的是克服一切不利因素，培育植株发达的根系，促进健壮生长，增强其对晴雨骤变的适应性，并在高温出现之前使植株组织生长达到一定的老健程度，提高对病害的抵抗力。

（一）使用无毒种薯

使用茎尖脱毒技术，培育脱毒种薯，建立无毒种薯繁育基地，繁种田应远离生产田。种薯是否带毒可采用下列方法检查：①染色检查法，取茎基与块茎相连处作切片，在溶于pH4.5的磷酸缓冲液后得到的十万分之五的品红溶液内染1～2min，再在pH4.5的磷酸缓冲液中冲洗5～6min，如坏死的筛管组织染成红色即表示薯块带毒。②紫外光检查法，把薯块切开，将剖面在紫外光下照射，如病薯内含有莨菪素则发生荧光，即表示含有病毒。

（二）夏播留种或二季作留种

将马铃薯的播期延迟到夏季，以避开结薯期的高温，用此薯块作种，第二年发病轻。有的地区选用早熟品种，春播马铃薯稍提前收获，然后在同一地块继续播种一次马铃薯，收获的块茎作第二年的种薯发病也轻。

（三）选用抗病品种

目前番茄已选出许多抗病品种或杂交一代，在防病增产中起到了很大作用，如‘强丰’、‘中蔬’系列、‘苏抗’系列、‘苏粉’系列、‘浙杂’系列、‘早魁’、‘西粉’系列、‘早丰’等。

辣椒中一般锥形椒比灯笼椒抗病，如重庆凤凰椒、九江辣椒和‘杭州早羊角’等较抗病。甜椒中以上海甜椒、南京早椒、杭州早椒等较抗病或耐病。

马铃薯品种中，‘白头翁’‘克新1号’‘克新2号’‘北京黄’‘渭会2号’等较抗皱缩花叶病；‘马尔卓’‘阿奎拉’‘渭会4号’‘抗疫1号’等较抗卷叶病。

（四）种子处理

番茄、茄和辣椒等种子在播种前先用清水浸泡3～4h，再在10%磷酸三钠溶液中浸种20～30min，捞出后用清水冲洗干净，催芽播种。这样可去除黏附在种子表面的TMV。种薯经35℃、56d，或36℃、39d处理，或芽眼切块后经每天40℃、4h，16～20℃、20h共56d的变温处理都可除去卷叶病毒。

（五）栽培防病措施

1. 深耕及轮作 必须尽量清除病株的残根落叶，并通过土壤翻耕，促其腐烂，使病毒钝化或土壤中加施石灰也有助于残根的腐烂。番茄与不感病的作物要采用3年轮作制。

2. 适时播种、培育壮苗 长江中下游地区春番茄可在12月上旬至1月播种。在育苗阶段要加强苗期管理，培育壮苗。在定植前7～10d可用2500倍矮壮素溶液灌根，每株100mL；苗期或坐果期还可连续喷8%对氯苯氧乙酸钠3200～5000倍液。定植时酌情蹲苗5～6d，可促使番茄根系发育旺盛，提高抗病力。

3. 严格挑选健壮无病苗移植 番茄等移苗时要用10%磷酸三钠溶液洗手消毒。在绑蔓、整枝、点花和摘果等农事操作时，都应先处理健株，后处理病株。接触过病株的手及用具等，应以肥皂水或磷酸钠溶液充分洗擦。

4. 加强肥水管理 底肥应增施磷、钾肥，定植缓苗可喷8%对氯苯氧乙酸钠3200～5000倍液，尤其对花叶病有明显的控制效果。花叶病在发病初期用1%过磷酸钙或1%硝酸钾作根外追肥，都有一定的控病效果。在坐果期间也应注意肥水管理，避免缺水、缺肥。

5. 防治蚜虫 对CMV来说，自苗床子叶期至大田定植后，第一层果实膨大期应抓紧灭蚜或避蚜防病工作。马铃薯在留种地及时防蚜对减轻退化有显著效果，或在治蚜的同时拔除病株，对卷叶病等的控制都有较好效果。

（六）施用钝化剂

用1：（10～20）的黄豆粉或皂角粉水溶液，在分苗、定植、绑蔓、整枝时喷施，对防止TMV在操作时的接触传染具有较强的抑制作用。

（七）施用诱抗剂与化学农药

使用病毒抑制剂或生物诱抗剂，配合磷、钾类叶面肥施用，可有较好效果。常用药剂为5%氨基寡糖素水剂86～107mL/亩，或2%香菇多糖水剂35～45mL/亩，或丁子香酚水乳剂30～45mL/亩，或0.1%大黄素甲醚水剂60～100mL/亩，或0.06%甾烯醇微乳剂30～60mL/亩，或80%盐酸吗啉胍可湿性粉剂60～70g/亩，或6%低聚糖素水剂60～80mL/亩，或30%

毒氟磷可湿性粉剂90～110g/亩，或8%混酯·硫酸铜水乳剂250～375mL/亩等。

第三节　茄科蔬菜青枯病

青枯病是我国长江流域以南茄科蔬菜重要病害之一。一般以番茄受害最严重，马铃薯、茄次之，辣椒受害较轻。该病病原菌寄主范围很广，除上述茄科蔬菜外，烟草、芝麻、花生、大豆、萝卜等和若干野生的茄科植物也能被害。

一、症状

（一）番茄

一般番茄植株长到30cm以后才开始发病。首先是顶部叶片萎垂，之后下部叶片凋萎，而中部叶片凋萎最迟。病株最初白天萎蔫，傍晚后可恢复，如果土壤干燥、气温高，2～3d后病株即不再恢复而死亡。叶片色泽稍淡，但仍保持绿色，故称青枯病。在土壤含水较多或连日下雨的条件下，病株可持续7d左右才枯死。病茎下端往往表皮粗糙不平，常发生大且长短不一的不定根。天气潮湿时病株茎上可出现1～2cm大小、初呈水渍状后变为褐色的斑块。病茎维管束褐色，用手挤压有乳白色的黏液渗出，这是本病的重要特征。

（二）茄

茄被害，初期个别分枝的叶片或一张叶片的局部呈现萎蔫，后逐渐扩展到整株分枝上。初呈淡绿色，变褐枯焦，病叶脱落后残留在茎上。病株茎面没有明显的症状，但将茎部皮层剥开，可见维管束呈褐色。这种变色从根颈部起可以一直延伸到上部茎。茎内的髓部大多腐烂空心。用手挤压病茎的横切面，也有乳白色的黏液渗出。

（三）马铃薯

马铃薯被害后，其症状与番茄病株上的相同。

二、病原

茄科劳尔氏菌*Rastonia solanacearum*，属劳尔氏菌属细菌。细菌短杆状、两端圆，大小（0.9～2）μm×（0.5～0.8）μm，极生鞭毛1～3根。在马铃薯葡萄糖琼脂（PDA）培养基上形成污白色、暗褐色乃至黑褐色的圆形或不整圆形菌落，平滑、有光泽。革兰氏染色阴性。病菌生长温度为10～41℃，最适温度为30～37℃，致死温度为52℃，对酸碱性的适应范围为pH6.0～8.0，以pH6.6为最适。此菌经长期人工培养后易失去致病力。茄科蔬菜青枯病细菌目前国内有4个专化型。

三、病害循环

细菌主要是随病株残体遗留在土中越冬。能在病残体上营腐生生活，也能在土壤中存活

14个月乃至更长的时间。病菌从寄主的根部或茎基部的伤口侵入，侵入后在维管束的螺纹导管内繁殖，并沿导管向上蔓延，以致将导管阻塞或穿过导管侵入邻近的薄壁细胞组织，使之萎蔫甚至变褐腐烂。整个输导器官被破坏后，茎、叶因得不到水分的供应而萎蔫。田间病害的传播，主要通过雨水和灌溉水将病菌带到无病的田块或健康的植株上。此外，农具、家畜等也能传病。带病的马铃薯块茎也是主要的传病来源。

四、发病条件

（一）温、湿度

高温和高湿的环境适于青枯病的发生，所以在我国南方发病重，而在北方则很少发病。土壤温度与发病的关系最为密切：一般在土壤20℃左右时病菌开始活动，田间出现少量病株，土温达到25℃左右时病菌活动最盛，田间出现发病高峰。雨水多、湿度大也是发病的重要条件。雨水的飞溅不但可以传播病菌，而且下雨后土壤湿度加大，特别是土壤含水量达25%以上时，根部容易产生伤口并腐烂，有利于病菌侵入。所以在久雨或大雨后转晴、气温急剧上升时会造成病害的严重发生。因此，降雨的早晚和多少往往是发病轻重的决定性因素。

（二）栽培技术

一般低畦发病重，高畦发病轻。番茄定植时穴开得不好，如穴中间土松，四周土紧，雨后造成局部积水，易引起病害发生。连作、微酸性土壤青枯病发生重，若将土壤酸性从pH5.2调到pH7.2或pH7.6，则病害较少发生。施用氮肥时，施硝酸钙比施硝酸铵发病轻，多施钾可减轻病害发生。番茄生长中后期中耕过深，损伤根系会加重发病。幼苗瘦小、抗病力弱时发病重。

五、防治

（一）轮作

一般发病地实行3年、重病地实行4～5年与瓜类作物的轮作。有条件的地区，与禾本科作物特别是水稻轮作效果最好。

（二）调节土壤酸度

结合整地撒施适量的石灰，使土壤呈微碱性，可抑制病菌生长，减少发病。每公顷石灰用量根据土壤的酸度而定，一般每公顷施750～1500kg。

（三）改进栽培技术

选择干燥无病菌的苗床土育苗，适期播种，培育壮苗。番茄幼苗节间短而粗的抗病力强；反之，应予淘汰。幼苗在移栽时宜多带土，少伤根。地势低洼或地下水位高的地方需做高畦深沟，以利排水。番茄生长早期中耕可以深些，以后宜浅，到番茄生长旺盛后要停止中耕、同时避免践踏畦面，以防伤害根系。在施肥技术上，注意氮、磷、钾肥的合理配合，适当增施磷钾肥。喷洒10μg /mL硼酸液作根外追肥，能促进寄主维管束的生长，提高抗病力。

番茄提倡早育苗，早移栽，避开夏季高温，在发病盛期前番茄已进入结果中后期，可减少发病。例如，浙江杭州露地番茄提前至11月下旬播种，5月初果实即可上市，待青枯病发生时，番茄大都已经采收。

（四）选用无病种薯和种薯药剂处理

马铃薯青枯病主要由种薯传病，所以应严格挑选种薯，在剖切块茎时，发现有维管束变黑褐色或溢出乳白色脓状黏液的块茎必须剔除。剖切过病薯的刀，也要用40%甲醛的1∶5稀释液消毒或沸水煮过后再用。有带病嫌疑的种薯，可用200倍甲醛液浸2h。种薯经药液处理后再切成块播种。不能先切成块再用药液处理，否则容易产生药害。

（五）药剂防治

移栽时可穴施0.5%中生菌素可湿性粉剂2500～3000倍液。田间发现病株应立即拔除销毁。病穴可灌注50倍甲醛液或20%石灰水消毒，也可于病穴撒施石灰粉，或用30%噻森铜悬浮剂67～107mL/亩灌根。在发病初期喷施20%噻森铜悬浮剂300～500倍液或各种生防菌剂，如5亿cfu/g多黏类芽孢杆菌颗粒剂2～3L/亩、5亿cfu/g荧光假单胞菌300～600倍液、20亿cfu/g蜡质芽孢杆菌可湿性粉剂100～300倍液、1亿cfu/mL枯草芽孢杆菌水剂100～300倍液等，每隔7～10d 1次，喷3或4次。有机蔬菜地可用0.1亿cfu/g多黏类芽孢杆菌细粒剂，按300倍液、0.3g/m^2、1050～1400g/亩的量分别进行浸种、苗床泼浇和灌根。

第四节　茄科蔬菜绵疫病

绵疫病是茄科蔬菜的一种重要病害，全国各地均有发生，长江流域以茄受害最重，俗称烂茄子、水烂。在北方以番茄发病普遍，常是番茄大量烂果的重要原因。此病在田间蔓延迅速，可使茄果成片腐烂脱落，造成巨大损失。一般茄果腐烂率20%～30%，严重的达60%～70%。

一、症状

绵疫病主要为害果实，也能侵害幼苗，使嫩茎呈水渍状缢缩，幼苗猝倒死亡。条件非常适宜时，还能侵害叶、花、茎等。果实染病以下部老果腰部受害较多。发病初期病部生水渍状圆形病斑，逐渐扩大后又蔓延到整个果实。病部稍凹陷，黄褐色或暗褐色，在较高湿度下产生茂密的白色棉絮状菌丝，内部果实变黑腐烂。当病斑扩展到全果1/2时，果实就很容易与花萼脱离而掉落。病果落在潮湿地面，很快全果腐烂遍生白霉，最后干缩成为黑褐色的僵果。叶片被害，产生不规则圆形水渍状褐色病斑，有明显轮纹，扩展极快。潮湿时病斑边缘不清，生稀疏的白霉，干燥时病斑边缘明显，易干枯破裂。花常在发病盛期受侵，呈水渍状褐色湿腐，很快向下蔓延，常使嫩茎变褐腐烂，缢缩以致折断，其上部叶萎蔫下垂，潮湿时也长出茂密的白色霉层。

二、病原

烟草疫霉*Phytophthora nicotianae* van Breda de Haan，属卵菌门疫霉属。异名：茄疫霉*P. melongenae* Sawada、寄生疫霉*P. parasitica* Dast.。菌丝无色，无隔，老熟后有时也能产生隔膜，

不产生吸器，菌丝直接穿入寄主细胞吸收养分。后期在病部生茂密的气生菌丝，并产生大量的孢子囊。孢囊梗均不分枝，基部有不规则弯曲或短的分枝。孢子囊单胞，圆形，顶端有乳头状突起，大小为（24～72）μm×（20～48）μm，萌发时产生多个卵形至椭圆形、具有双鞭毛、大小为（10～11）μm×（6～8）μm的游动孢子。游动孢子从孢子囊逸出后，继续游动30～40min，然后收缩鞭毛进入休止状态，再经20～30min，萌发长出芽管。在水分不足或温度过高的条件下，孢子囊也可以直接萌发长出芽管。病菌有性时期产生卵孢子。卵孢子圆形，壁厚，表面光滑，无色至黄褐色，萌发时直接产生芽管。绵疫病菌发育温度范围为8～38℃，最适温度为30℃。相对湿度为85%左右时，孢子囊才能很好形成；95%以上时，菌丝发育良好。

三、病害循环

病菌主要以卵孢子在土壤中的病残体上越冬。越冬后病菌可以直接侵害幼苗的茎或根部，也能经雨水反溅到靠近地面的果实上，萌发出芽管直接穿透寄主表皮，引起初次侵染。以后在病斑上产生大量的孢子囊。孢子囊或其萌发的游动孢子在植株生长期间又经风、雨和流水传播，进行再侵染，使病害在田间扩大蔓延。最后在病组织中形成卵孢子。在28～32℃保湿箱内，在果实表面接种后，感病品种经24h即显现出水渍状黄褐色病斑，64h后长出白色霉状物；如果伤口接种时，则发病更快。

四、发病条件

（一）温、湿度

一般在25～30℃和相对湿度80%以上时，此病极易流行。正常植物生长季节，温度可满足病害的发生，湿度和降水量就成了病害发生早晚和轻重的决定性因素。因病害和雨季直接相关，故各地发病的情况因气候不同而有差异。绵疫病在长江以南地区一年通常有两次发病盛期：一次是梅雨季，即6月中下旬开始发生，7月上中旬进入发病盛期；另一次是秋雨季，即8、9月份。果实的发病高峰往往紧接在雨量的高峰之后，一般田间在大雨后2～3d即可出现大量烂果。

（二）栽培管理

凡是地势低洼、排水不良、土质黏重、雨后积水或渠旁漏水的地块，发病均重。偏施氮肥、管理粗放、杂草丛生或红蜘蛛危害严重的地块发病也重。栽植密度也直接影响发病的轻重，密度过高、通风透光条件差发病重。连作地发病早而重，合理轮作则发病轻。

（三）品种

茄品种间的抗病性有差异，一般长茄系品种比圆茄系品种发病重，含水量高的品种比含水量低的品种发病重。

五、防治

防治绵疫病，应以农业措施为主，结合药剂保护才能取得良好效果。

（一）选用抗病品种

在常年发病重的地区，可选栽适于本地区的抗病品种，如九叶茄、大民茄、紫圆茄、苏州条茄、牛角茄、‘辽茄3号’‘辽茄4号’‘中茄1号’‘中茄2号’等。

（二）加强栽培管理

避免与茄科蔬菜连作。重病地可与豆类、瓜类等蔬菜进行4～5年轮作。选择地势高、排水良好的地方栽种。整地要平，以免雨后或灌水后积水。增施底肥，适时追肥，施用磷、钾肥，促进植株健壮提高抗病力。雨后及时采收，并注意清除病果。使用黑色塑料薄膜铺盖地面，防止雨水将地面病菌孢子反溅到地面较近的果实上和增加土壤温度，对植株生长和防病效果都好。要及时清除田间病叶、烂果。雨季可用木条等将种茄底部架起，防止果实腐烂。

（三）药剂防治

发病前或发病初及时喷药保护。根据当地气候和发病情况每隔7d左右喷药1次，连续2或3次。可参照蔬菜其他卵菌病害进行药剂防治。

第五节 茄科蔬菜早疫病

茄科蔬菜早疫病又称轮纹病，是重要的病害之一，尤以番茄、马铃薯受害最重。在全国各地都有发生。发病严重时引起落叶、落果和断枝，对产量影响很大。危害减产达50%左右。

一、症状

早疫病能侵害叶、茎和果实。叶片被害，初呈深褐色或黑色圆形至椭圆形的小斑点，逐渐扩大，达1～2cm，边缘深褐色，中央灰褐色，有同心轮纹，边缘有黄色晕环。天气潮湿时病斑上长有黑霉，即病菌分生孢子梗和分生孢子。病害常从植株下部叶片开始，渐次向上蔓延。发病严重时，植株下部叶片全枯死；茎部病斑多数在分枝处发生，灰褐色，椭圆形，稍凹陷，也有同心轮纹；可造成断枝。幼苗常在接近地面的茎部发病，病斑黑褐色。病株后期茎秆上常布满黑褐色的病斑。番茄果实上病斑多发生在蒂部附近和有裂缝的地方，圆形或近圆形，褐色或黑褐色，稍凹陷，也有同心轮纹，其上长有黑霉，病果常提早脱落。

二、病原

茄链格孢*Alternaria solani*（Ellis and Martin），属无性型真菌链格孢属。分生孢子梗单生或簇生，圆筒形，有1～7个隔膜，暗褐色，大小（40～90）μm×（6～8）μm。分生孢子长棍棒状，顶端有细长的喙，黄褐色，具纵横隔膜，大小（120～296）μm×（12～20）μm。病菌在1～45℃都能生长，最适温度为26～28℃。相对湿度31%～96%分生孢子均可萌发，相对湿度86%～98%对孢子萌发更为有利。

三、病害循环

病菌主要以菌丝体及分生孢子随病残组织遗留在田间越冬，种子外附带的分生孢子也可越冬。第二年残体上产生新的分生孢子，通过气流和雨水传播。分生孢子在室温下可存活17个月。病菌一般从气孔或伤口侵入，也能从表皮直接侵入。在适宜的环境条件下，病菌侵入寄主组织后只需2～3d就可形成病斑，再经过3～4d在病部就可产生分生孢子，进行多次再侵染。

四、发病条件

温度高、湿度大有利于发病。分生孢子在16～34℃下的水滴中经1～2h即萌发，而在适温28～30℃下只要35～45min就可萌发。天气多雨雾时，分生孢子可以大量形成和迅速萌发，常引起病害的流行。此病大多在结果初期或块茎膨大期开始发生，结果盛期发病较重；老叶一般先发病，幼嫩叶片衰老后才发病。植株生长衰弱、田间排水不良发病重。番茄早疫病在温度15℃左右、相对湿度80%以上开始发生；20～25℃、连续阴雨、田间湿度大时，病情迅速发展；在同样的温度条件下，如果相对湿度低，则发病缓慢；温度在25℃以上，湿度大，病情还能继续发展。通常番茄苗在4～5叶期就开始发病，大田一般在4月下旬开始发病，5月至6月上旬为盛发期，6月中旬以后病害逐渐减少。

五、防治

（一）选栽抗病品种

改良‘石红206’‘A112’‘3144’‘早雀钻’‘小鸡心’‘荷兰5号’等番茄品种较抗病，可以选栽。也可以利用杂交一代种，如‘苏抗4号’‘苏抗5号’‘浙杂5号’等。

（二）轮作

要选择连续两年没有种过茄科作物的土地作苗床，如苗床沿用旧址，则床土要换用无病新土，或进行基质育苗。避免与其他茄科作物连作，应实行番茄与非茄科作物3年轮作制。

（三）种子处理

如种子带菌，可用52℃温汤浸30min或55～60℃温水浸10min，取出后摊开冷却，然后催芽播种。

（四）加强培育管理

苗床内要注意保温和通气，每次洒水后一定要通风，叶面干后盖窗。降低床内空气湿度，控制病害发生和发展。高畦种植，做好开沟排水工作。早期发现病叶或病株应及时摘除，加以深埋。番茄生长期间应增施磷、钾肥，特别是钾肥可促进植株生长健壮，提高对病害的抗性。

（五）药剂防治

在发病初期可喷洒1∶1∶200波尔多液，或75%代森锰锌水分散粒剂175～200g/亩，或25%嘧菌酯悬浮剂24～32mL/亩，或50%肟菌酯水分散粒剂8～10g/亩，或30%醚菌酯悬浮剂50～60mL/亩，或500g/L异菌脲悬浮剂75～100mL/亩，或50%啶酰菌胺水分散粒剂20～30g/亩，或10%苯醚甲环唑水分散粒剂80～100g/亩，或75%百菌清可湿性粉剂147～267g/亩。苗期喷施波尔多液的浓度一般以1∶1∶500为宜。第一次喷药后，每隔7～10d再喷1次，连喷3～5次。

第六节 番茄灰霉病

番茄灰霉病是为害保护地番茄的重要侵染性病害。自20世纪80年代以来，随着我国保护地蔬菜种植面积的不断扩大，该病已成为番茄生产的限制性因素。病害在国内各地均有发生，对设施栽培番茄的危害极大，具有发生时间早、蔓延速度快、持续时间长、病菌易产生抗药性、经济损失大的特点。除为害番茄外，还可为害茄、辣椒、黄瓜等20多种蔬菜。其主要为害果实，往往造成极大的经济损失。发病后一般减产20%～30%，严重时果实大量腐烂，可减产50%以上。该病不仅在植株生长期间严重发生，而且在采后的储藏、运输过程中还可继续造成严重危害。

一、症状

番茄苗期、成株期均可发病，为害茎、叶、花及果实。苗期染病时，子叶先端变黄并扩展至幼茎，产生褐色病变，病部缢缩、折断或直立，湿度大时，发病部位表面产生灰色霉层，即病菌分生孢子梗和分生孢子。真叶染病产生水渍状白色病斑，后呈灰褐色水渍状腐烂。幼茎染病，呈水渍状缢缩，变褐变细，幼苗折倒。果实发病，以青果受害严重，病菌多从果脐、果基萼片处侵染，后向果面扩展。初期果面水渍状、灰白色，很快软化腐烂，病部密生厚厚的土灰色霉层。病果一般不脱落，发病后相互接触感染、扩大蔓延，严重时整穗果实全部腐烂。

二、病原

番茄灰霉病由灰葡萄孢*Botrytis cinerea* Person侵染引起，属无性型真菌葡萄孢属。分生孢子梗丛生，具隔，褐色，顶端有1或2次分枝，大小为（960～1200）μm×（16～22）μm。分枝顶端稍膨大，呈棒头状，其上密生小梗，并着生大量分生孢子。孢梗长短与着生部位有关。分生孢子圆形至椭圆形，单细胞，近无色，（12～18）μm×（9～13）μm。病菌在寄主上能形成菌核，少见；当田间条件恶化时，则可产生黑色片状菌核。从番茄果实及叶上分离灰霉菌，在PDA培养基上生长一周后，开始产生菌核，两周后菌核大小为（3.0～4.5）mm×（1.8～3.0）mm。

三、病害循环

病菌主要以菌核在土壤中或以菌丝块及分生孢子随病残体在土壤中越冬。翌春条件适宜时菌核萌发，产生菌丝体和分生孢子。分生孢子成熟后脱落，借气流、雨水或露珠及农事操作进行传播。分生孢子萌发长出芽管，从寄主伤口或衰老的器官及枯死的组织上侵入。蘸花是重要的人为传播途径。花期是侵染高峰期，尤其是在穗果膨大期浇水后，病果剧增，是烂果的高峰期。后在病部又可产生大量分生孢子，借气流传播进行再侵染。该病菌为弱寄生菌，可在有机质上腐生。

四、发病条件

（一）温、湿度

低温、高湿是影响灰霉病发生的主要因素。病原菌发育温度范围2～31℃，最适温度18～22℃。一般12月至翌年5月，如遇连续阴雨天气，不能及时通风，特别是加温温室刚停火时，棚室内气温低，相对湿度持续90%以上，气温20℃左右，病害发生严重。

（二）病苗

在温室温湿度适宜的条件下，病苗是番茄灰霉病的重要侵染源，是影响番茄后期叶部、果实病害发生的重要因素。若温室当年定植时苗期病情重，后期叶部和果实的病情也较重，反之亦然。不同年份间，还受温度、湿度等因素的影响。

（三）农事操作

2,4-D等激素蘸花，或整枝打杈、摘除病果等，也是重要的人为传播途径，加速了灰霉病的蔓延。同时，种植密度过大、管理不当、通风不良，都会加快病情的发展。

五、防治

灰霉病的危害以保护地为主，应采取变温管理抑制病菌滋生、及时清除病残体、结合化学防治的综合防治措施。

（一）生态防治

加强通风，实施变温管理。晴天上午晚放风，使棚温迅速升高。当棚温超过33℃时再开始放顶风，31℃时以上高温可降低病菌孢子萌发速度，推迟产孢，降低产孢量。当棚温降至25℃时，中午继续放风，使下午棚温保持在20～25℃；棚温降至20℃，关闭通风口，以减缓夜间棚温下降。夜间保持棚温15～17℃。阴天中午也要打开通风口换气。

（二）加强栽培管理

定植时施足底肥，促进植株发育，增强抗病能力。严格控制浇水，尤其在花期应控制用水量及次数。浇水宜在上午进行，发病初期适当控制浇水，防止过量，浇水后防止结露，避免阴天浇水。发病后及时摘除病果、病叶和侧枝，集中烧毁或深埋。在番茄蘸花后15～25d用手摘除幼果残留的花瓣及柱头，防病效果明显。

（三）药剂防治

发病初期及时喷药。可喷43%腐霉利悬浮剂600～1000倍液，或50%异菌脲水发散粒剂120～160g/亩，或30%咯菌腈悬浮剂9～12mL/亩，或嘧霉胺可湿性粉剂32～38g/亩，或

0.3%丁子香酚可溶液剂90～120mL/亩，或30%啶酰菌胺悬浮剂50～83mL/亩，或2亿孢子/g木霉菌可湿性粉剂120～250g/亩，或100亿孢子/g枯草芽孢杆菌可湿性粉剂100～120g/亩等。由于灰霉病菌易产生抗药性，应尽量减少用药量和施药次数，最好轮换和交替施用，可提高防效，延缓抗药性。

第七节 茄褐纹病

褐纹病是茄特有的重要病害，在我国分布非常普遍，南方、北方均有发生。其发病程度因气候条件而异，高温多雨地区发病较重。此病从苗期到成株期均可危害，常引起死苗、枯茎和果腐，以果腐损失最大，常年可造成10%～20%的果腐。在茄果运输和贮藏中仍能继续侵染危害，使整堆茄果腐烂，损失更大。在长江流域及淮北地区，种茄发病最重，采种株病果率可高达60%～80%，严重影响采种。

一、症状

从苗期到成熟期均可发生，因发病部位不同，可分为幼苗立枯、茎秆溃疡、叶斑和果腐等。

幼苗受害，多在幼茎与土表接触处形成近梭形水渍状病斑，后病斑渐变为褐色或黑褐色，稍凹陷并收缩。病斑扩展环绕茎部，导致幼苗猝倒。幼苗稍大时，则造成立枯，并在病部生有黑色小粒点。

成株受害，叶片、茎秆、果实均可发病。①叶片：一般先从下部叶片发病，初期为苍白色水渍状小斑点，逐渐变褐色近圆形。后期病斑扩大呈不规则形，边缘深褐色，中间灰色或灰白色，轮生许多小黑点。病斑在后期常多个汇合成片。叶片病斑组织脆薄，干燥时易开裂，阴雨时则易脱落而成穿孔。②茎秆：以茎基部或分杈处较多。初期为褐色水渍状纺锤形病斑，后扩为边缘暗褐色中间灰白凹陷的干腐状溃疡斑，生许多隆起的黑色小粒点。病部的韧皮部常干腐而纵裂，最后皮层脱落露出木质部，遇大风易折断。茎基部溃疡斑如环绕茎秆一圈时，其上部随之枯死。③果实：症状常因品种不同而异，一般初生黄褐色或浅褐色圆形或椭圆形稍凹陷的病斑，后扩展变为黑褐色，常互相联合而造成整果腐烂。病斑逐渐扩大时常出现明显的同心轮纹；如在多雨或高湿的情况下迅速扩展，则不形成同心轮纹，后期密生隆起的黑色小粒点，即病菌的分生孢子器。病果腐烂后，常落地软腐或悬挂在枝上干缩成僵果。

二、病原

无性态为茄褐纹拟茎点霉*Phomopsis vexans*（Sacc.& P. Syd.）Harter，无性型真菌，拟茎点霉属。分生孢子器单独生在子座上，球形或扁球形，壁厚而黑，有凸出的孔口，初期埋生在寄主表皮下，成熟后突破表皮而外露。分生孢子器大小因寄生部位和环境不同变异很大，一般长在果实上的直径为120～135μm，在叶片上的直径为60～200μm。分生孢子梗长10～15μm。分生孢子有两种类型：一种为椭圆形，大小为（4～6）μm×2.5μm，两端各含有一油球；另一种为丝状，直或一端稍弯曲，均为单胞，无色透明，大小为（22～122）μm×（1.8～2）μm。一个分生孢子器内有时单生一种分生孢子，有时两种分生孢子同时存在。一般以椭圆形分生孢子占多数，多长在叶斑的分生孢子器内；而丝状分生孢子则少见，多长在茎及果实上的分生孢子器内。丝状分生孢子不能发芽。

有性态为茄褐纹间座壳*Diaporthe vexans*(Sacc. & P. Syd.) Gratz，子囊菌门，间座壳属，田间很少见到，如有则多长在茎或果实的老病斑上。子囊壳多2或3个聚生在一起，球形或卵形，有不整形的喙部，直径为130～150μm。子囊倒棍棒形，无柄。子囊孢子双胞，无色透明，长椭圆形或钝纺锤形，横隔膜处稍缢缩。

病菌发育最适温度为28～30℃，最高为35～40℃，最低为7～11℃。分生孢子器形成的适温为30℃。分生孢子形成的适温为28～30℃，发芽适温为28℃。分生孢子在清水中不能萌发，而在新鲜茄汁浸出液中萌发最好。

三、病害循环

病菌主要以菌丝体或分生孢子器在病残体上越冬，也可以菌丝潜伏于种皮内部或以分生孢子黏附在种子表面越冬。病菌在种子上可存活2年，在土壤中的病残体上存活2年以上，在高寒少雨地区可达3年以上。种子带菌是引起幼苗猝倒的主要原因，而土壤中病残体所带病菌多造成植株的茎部溃疡。病苗及茎部溃疡斑上产生的分生孢子是再侵染的主要来源，通过重复侵染而使叶片、果实和茎的上部发病。带病种子可远距离传病。田间主要以分生孢子借风雨、昆虫和农事操作等传播。分生孢子萌发后直接从寄主表皮侵入，也可通过伤口侵入。病菌侵入后，在病苗上潜育期为3～5d，成株上7～10d，病部就可产生分生孢子器。

四、发病条件

（一）温、湿度

诱发褐纹病需要28～30℃的高温和80%以上的相对湿度。长江流域6～8月高温多雨，发病较重。华北、东北、西北地区褐纹病有的年份发生重，有的年份发生轻，取决于当年雨季的早晚和降水量多少。

（二）栽培管理

苗床播种过密，幼苗细嫩，郁闭窝风，定植田地势低洼，土质黏重，排水不良，偏施氮肥或定植过晚，发病严重。茄连作地发病早而重，邻近前两年褐纹病重的地块发病也重。

（三）品种

茄品种间抗病性有差异：一般长型种较圆型种抗病；白皮茄、绿皮茄较紫皮茄、黑皮茄抗病；含水量低的较含水量高的抗病。

五、防治

（一）选用抗病品种

目前生产上尚缺乏免疫或高度抗病的品种，但品种抗病力仍有显著差异。一般长茄比圆茄抗病，例如，北京线茄、吉林线茄、吉林羊角茄、铜川牛角茄、吉林白茄、盖县紫水茄、旅大紫长茄、灯泡茄、牛心茄、六叶茄，以及‘长春科选1号’‘通选2号’‘山东早丰产’等都是比较抗病的品种。

（二）加强栽培管理

栽培管理措施如下：①苗床要选用无病净土，最好是用多年没种过茄的葱、蒜或粮食作物的土壤或无菌基质。苗床土壤消毒可用甲醛处理。②选地时必须注意避免与茄连作。应进行3～5年的轮作，并且茄地最好要与前两年栽过的地有100～150m的间隔，以防刮风、流水传播病菌。同时，要注意选择多雨不积水、少雨湿润不龟裂的砂壤土。土壤黏重可用过筛煤渣改良其理化性状，有利茄苗生长而收到防病效果。③茄生长期间发现病斑、病果应及时摘除。收获后应及时清除病株残体，并立即深耕，以减少下年发病来源。④根据各地具体情况和品种特性，在适当密植时应考虑田间通风透气，降低株间湿度。⑤根据茄需水和天气情况，科学用水。茄生育后期降低田间湿度对防病非常重要，可采用小水勤灌的办法满足茄结果对水分的大量需要。雨季到来前，清理好排水沟，雨后及时排水，勿使地面积水。保护地茄应进行膜下滴灌，以降低湿度。

（三）化学防治

种子消毒用10%抗菌剂401的1000倍液浸种30min，浸后要用清水将种子洗净后晾干备用。也可用药剂拌种和包衣的方法，使用药剂参照其他拟茎点霉属真菌引起的蔬菜病害。苗期发病，可喷70%代森锰锌可湿性粉剂500倍液，每5～7d喷1次。定植后，在茄株茎基部撒施草木灰或石灰粉，能减少茎基部溃疡。雨季来临前喷洒75%百菌清可湿性粉剂600～800倍液或70%代森锰锌可湿性粉剂500倍液等，连续2次，以控制蔓延。以后根据病势发展情况，每7～10d喷药1次。

第八节　辣椒炭疽病

辣椒炭疽病是辣椒较常发生的一种病害，分布普遍，危害也较严重。根据其症状表现和不同的病原可分为黑色炭疽病、黑点炭疽病和红色炭疽病3种。长江下游流域以红色和黑色炭疽病居多，黑点病次之。3种炭疽病菌均能为害茄，黑色炭疽病菌还能为害番茄。

一、症状

（一）黑色炭疽病

果实及叶片均能受害，特别是成熟的果实及老叶易被侵害。果实受害，病斑为褐色、水渍状长圆形或不规则形、凹陷、稍隆起的同心环状斑，生无数黑色小点，周缘有湿润的变色圈。干燥时病斑常干缩似羊皮纸，易破裂。叶上病斑初为褪绿水渍状斑点，渐变成褐色，稍圆形而中间灰白色，上面轮生黑色小点，茎及果梗上产生褐色病斑，稍凹陷，不规则形，干燥时容易裂开。

（二）黑点炭疽病

主要是成熟果实受害严重，病斑很像黑色炭疽病，但病斑上生出的小黑点较大，色更深，潮湿条件下小黑点处能溢出黏性物质。

（三）红色炭疽病

成熟果及幼果均能受害。病斑圆形、黄褐色、水渍状凹陷，斑上着生橙红色小点，略呈同心环状排列，潮湿条件下整个病斑表面溢出淡红色黏质物。

二、病原

三种炭疽病的病原均为无性型真菌炭疽菌属真菌。

（一）黑色炭疽病

果腐炭疽菌*Colletotrichum coccodes*（Wallr.）S. Hughes。病菌的分生孢子盘周缘生暗褐色刚毛，有2～4个隔膜，大小为（74～128）μm×（3～5）μm。分生孢子梗圆柱形，无色，单胞，大小为（11～16）μm×（3～4）μm。分生孢子长椭圆形，无色，单胞，大小为（4～21）μm×（3～5）μm。

（二）黑点炭疽病

辣椒炭疽菌*Colletotrichum capsici*（Syd. & P. Syd.）E.J. Butler & Bisby。分生孢子盘周缘及内部均密生刚毛，尤以内部刚毛特别多。刚毛暗褐色或棕色，有隔膜，大小为（95～216）μm×（5～75）μm。分生孢子新月形，无色，单胞，大小为（26～237）μm×（5～25）μm。

（三）红色炭疽病

胶孢炭疽菌*Colletotrichum gloeosporioides*（Penz.）Penz. & Sacc.。分生孢子盘无刚毛。分生孢子椭圆形，无色，单胞，大小为（125～157）μm×（38～58）μm。

三、病害循环

炭疽病菌以分生孢子附着在种子表面或以菌丝潜伏在种子内越冬，也可以菌丝体、分生孢子，特别是分生孢子盘随病残体遗留在土壤中越冬，成为第二年的初侵染来源。发病后病斑上产生新的分生孢子，通过气流、雨水等进行多次再侵染。孢子萌发后，其芽管多由伤口侵入，而红色炭疽病菌还可直接侵入。

四、发病条件

病害发生与温、湿度有密切关系，一般温暖多雨有利于炭疽病的发生和发展。病菌发育温度为12～33℃，适温为27℃，相对湿度为95%左右，低于70%的湿度不适其发育。品种间抗病性有差异，甜椒最易感病，辣椒较抗病。凡是果实受日灼的炭疽病较严重，成熟果或过成熟果容易受害，幼果很少发病。田间排水不良、种植过密、施肥不足或施氮肥过多，以及各种引起果实受损的因素，都会加重炭疽病的发生。

五、防治

（一）选择抗病品种

辣味强的品种较抗病，如杭州鸡爪椒。在留种时一定要选择无病果留种，及早剔除病果。

（二）种子消毒

种子消毒的方法：①在播前先将种子在清水中浸泡6～15h，再用1%硫酸铜液浸5min，捞出后拌少量消石灰或草木灰中和酸性，再进行播种；②用55℃温水浸种10min，然后立即移入冷水中进行冷却，再催芽播种。

（三）加强田间管理

避免连作，可与瓜类、豆科等蔬菜进行2～3年轮作。果实采收后，要彻底清除田间病残体，集中深埋。结合深耕，促进病菌消亡。合理密植，注意田间排水，适当增施磷、钾肥，防止植株落叶和果实受日灼，促使植株生长健壮，提高植株的抗病力。

（四）药剂防治

田间发现病株时应及时喷药。用70%代森锰锌可湿性粉剂500倍液，或50%甲基硫菌灵可湿性粉剂500倍液，或22.5%啶氧菌酯悬浮剂28～33mL/亩，或40%二氰蒽醌悬浮剂34.5～39.4mL/亩，或30%肟菌酯悬浮剂25～37.5mL/亩，或10%苯醚甲环唑水分散粒剂83～108g/亩，或25%嘧菌酯悬浮剂33～48mL/亩，或45%咪鲜胺乳油15～30g/亩，或30%琥胶肥酸铜可湿性粉剂65～93g/亩，或75%百菌清可湿性粉剂600倍液等。

第九节 辣椒疫病

辣椒疫病是辣椒生产上的一种世界性分布的毁灭性土传病害。美国1918年首次报道。我国江苏1940年报道此病的发生。20世纪80年代以来，辣椒疫病在全国各地普遍发生。随着保护地辣椒种植面积的逐年上升，尤其是连作面积的增加，辣椒疫病日趋严重。受疫病危害后，辣椒轻则落叶，严重者整株死亡，一般损失可达20%～30%，重者绝收。该病发病周期短，蔓延流行速度快，不仅为害辣椒，还可为害番茄、茄、西葫芦和冬瓜等蔬菜。

一、症状

辣椒苗期至成株期均可被侵染，茎、叶和果实都可发病。苗期发病，茎基部呈水渍状病斑，迅速褐腐缢缩而猝倒。有时茎基部呈黑褐色，幼苗枯萎死亡。成株期叶片感病，病斑圆形或近圆形，直径2～3cm，边缘黄绿色，中央暗褐色。果实发病，多从蒂部开始，水渍状、暗绿色，边缘不明显，扩大后可遍及整个果实，潮湿时表面产生白色稀疏的霉层，即病菌孢子囊和孢囊梗。果实失水干燥，形成僵果，残留在枝上。茎秆和枝条多从枝杈交界处开始，病部初呈水渍状暗绿色，后呈现环绕表皮扩展的褐色或黑色条斑，病部以上枝叶迅速凋萎。成株期发病症状易与枯萎病症状混淆，诊断时应注意。枯萎病发病时全株凋萎，不落叶，维管束变褐，根系发育不良；而疫病发病时部分叶片凋萎，相继落叶，维管束色泽正常，根系发育良好。

二、病原

辣椒疫霉*Phytophthora capsici* Leonian，属卵菌门疫霉属。菌丝无隔膜，丝状，有分枝，偶尔呈瘤状或结节状膨大，寄生于寄主细胞间或细胞内，菌丝直径5～7μm。无性繁殖时形成不分枝或单轴分枝的孢囊梗。孢囊梗无色，丝状，顶生孢子囊。孢子囊卵圆形、长圆形或扁圆形，无色，单胞，顶端乳头状突起明显，偶有双乳突。孢子囊大小（21～51）μm×（22～34）μm，成熟后脱落具长柄，平均柄长6.6μm。孢子囊在病株病果上或蒸馏水水培时易形成，在固体培养基上23～28℃培养10～15d后也可形成。在油菜琼脂培养基上也可产生大量的孢子囊。

有性生殖为异宗配合，在鲜菜汁、燕麦片和PDA培养基上对峙培养45d可形成卵孢子。藏卵器球形，淡黄色至金黄色，直径15.5～28.9μm。雄器围生，扁球形，直径14.4～16.7μm。卵孢子球形，浅黄色至金黄色，直径15.0～28.0μm。厚垣孢子球形，单胞，黄色，壁平滑。病菌生长发育温度10～37℃，最适温度28～32℃，致死温度50℃。

三、病害循环

病菌主要以卵孢子和厚垣孢子在土壤中或残留在地上的病残体内越冬，在土中病残体内越冬的卵孢子，一般可存活3年。土壤中或病残体中的卵孢子是主要的初侵染源。条件适宜时卵孢子萌发并侵染寄主植物的根系或地下部分。当温度24～27℃、相对湿度95%以上时，可产生游动孢子囊，并释放游动孢子，经雨水或灌溉水传播到植物地上茎、叶及果实上引起发病。田间发病表现出明显的发病中心。再侵染主要来自病部产生的孢子囊，借气流和雨水不断扩展，再侵染频繁发生，病害发展十分迅速。病菌可直接侵入或从伤口侵入，有伤口存在则更有利于侵入。肾形双鞭毛的游动孢子在水中游动到侵染点附近，形成休止孢，再长出芽管侵入寄主。因此，水在病害循环中起着重要作用。24℃时病害潜育期仅为2～3d，因此，在条件具备时，可在2～3d内使全田毁灭。

四、发病条件

辣椒疫病的发生与气候条件、品种抗性和栽培条件有关。

1）气候条件：辣椒疫病的发生、流行与温度、湿度呈正相关关系，其中温度是疫病暴发的基本条件，暴雨是辣椒疫病发生的先决条件。气温在20～30℃时，适合孢子囊产生；在25℃左右，最适合游动孢子的产生和侵入，适温高湿有利于病害的发生和流行。降雨多，发病重。一般大雨后天气突然转晴、气温急速上升，或灌水量大、次数多，病害易流行。相反，干旱少雨年份发病轻。

2）品种抗性：尽管多数品种感病，但品种间抗病性仍有一定差异。一般甜椒系列品种不抗病，辣椒系列品种比较抗病。

3）栽培条件：与辣椒或茄科作物重茬发病重。地势低洼积水，过于密植，施肥未经腐熟或施氮肥过多等均有利于该病的发生和流行。棚室内湿度过大，叶面结露或叶缘吐水，光照不足或长时间阴雨均有利于病菌的扩展与侵染。田间大水漫灌或灌水次数多，病害蔓延迅速。

五、防治

防治辣椒疫病应采取农业防治与化学防治相结合的综合防治措施。

（一）选育和引进抗病品种

近年来，我国各地已培育出一批抗病品种，除‘春辣19号’‘泰国朝天王’‘金辣3号’‘红太阳’表现高抗外，‘长丰1号’‘辣风88’线椒、‘8819’线椒、‘春研辣王’‘中椒105’‘炮椒王后’‘微风168’和‘大绿单身’等品种或品系也比较抗病，可因地制宜加以选用。

（二）田园卫生

及时拔除病株，带出田外销毁。

（三）实行轮作、加强田间管理

避免同瓜、茄果类蔬菜连作，可与十字花科、豆科等实行3年以上轮作。施足腐熟基肥，实行配方施肥；推广高垄双行栽培；合理灌水，严禁大水漫灌，雨后及时排除积水，以防高湿条件的出现；合理密植，每亩定植3300～3500株，改善田间通风透光条件，降低田间湿度。

（四）药剂防治

发病初期可喷1∶1∶（200～320）波尔多液，或75%百菌清600倍液，或80%代森锰锌150～210g/亩，或5亿cfu/mL侧孢短芽孢杆菌A60 50～60mL/亩，或20%丁吡吗啉125～150g/亩，或80%烯酰吗啉20～25g/亩，或50%氟啶胺25～35mL/亩，或70%丙森锌150～200g/亩，或50%嘧菌酯20～36g/亩，或0.5%小檗碱200～250mL/亩，或1%申嗪霉素50～120mL/亩。

第十节　茄科蔬菜其他病害

1. 茄科蔬菜白绢病

【症状特点】主要在近地面的茎基部发病。病害基部初现暗褐色病斑，后逐渐扩展，稍凹陷，其上有白色丝状的菌丝体长出，多数为辐射状，边缘尤其明显，病株下部的叶片开始变黄或萎蔫。后期在病部生许多茶褐色油菜籽状的菌核。天气潮湿时，菌丝体会扩展到根部周围的地表和土壤中，并纠集形成菌核。这时病株的茎基部已完全腐烂，致使全株茎叶萎蔫和枯死。有时近地面的番茄、茄和马铃薯块等都有被害，果实或块茎被害部呈软腐状，表面密生白色绢丝状菌丝体和菜籽状的菌核。

【病原】有性态为罗耳阿太菌*Athelia rolfsii*（Curzi）C.C. Tu & Kimbr，担子菌门，阿太菌属；无性态为齐整小核菌*Sclerotium rolfsii* Sacc.，无性型真菌，小核菌属。病菌主要以菌核在土壤中越冬，也可以菌丝体随病残组织遗留在土中越冬，通过雨水及中耕等农事操作而传播。

【防治要点】①重病地可与禾本科作物或水旱轮作；②深翻土壤；③及时拔除病株，用50%代森铵可湿性粉剂400倍液喷洒或撒施石灰粉；④发病初期用50%代森铵可湿性粉剂

800～1000倍液浇于植株基部及周围土壤。

2. 番茄枯萎病

【**症状特点**】早期症状主要表现在距地面较近的叶片上。初期叶片发黄，继变褐色、干枯，但枯叶不脱落，仍连在茎上。枯黄的叶片有时仅出现在茎的一边，另一边茎上的叶片仍正常，或在一片叶上一边发黄，另一边正常。病叶的出现是由下向上发展，除了顶端数叶外，后期整株叶片均枯死，靠近地面的茎、叶柄和果梗等的维管束均呈褐色。天气潮湿时茎基部常产生粉红色霉。病株从开始出现病状直至全株枯萎，需半个月至1个月。

【**病原**】尖孢镰孢菌番茄专化型*Fusarium oxysporum* f. sp. *lycopersici*，属无性型真菌镰孢菌属。病菌以菌丝体和厚垣孢子随病株残体在土中或以菌丝潜伏在种子上越冬，经伤口侵入，借土壤和流水传播。

【**防治要点**】①无病植株采种；②其他防治法同黄瓜枯萎病。

3. 番茄斑枯病

【**症状特点**】又称鱼目斑病、白星病，主要为害番茄的叶片、茎和花萼，尤其在开花结果期的叶片上发生最多，通常是接近地面的老叶最先发病，以后逐渐蔓延到上部叶片。初发病时，叶片背面出现水渍状小圆斑，不久正反两面都出现圆形和近圆形的病斑，边缘深褐色，中央灰白色，凹陷，一般直径2～3mm，密生黑色小粒点，病斑形状如鱼目，故又称鱼目斑病。茎上病斑椭圆形，褐色。果实上病斑褐色，圆形。

【**病原**】茄壳针孢菌*Septoria lycopersici* Speg.，属无性型真菌壳针孢属。病菌主要以分生孢子器或菌丝体随病残体遗留在土中越冬，也可在多年生的茄科杂草上越冬。病菌借雨水飞溅传播。

【**防治要点**】①重病地与豆科或禾本科作物实行3～4年轮作；②番茄采收后，要彻底清除田间病株残体和田边杂草，集中沤肥；③从无病株上选留种子，种子可用50℃温汤浸种25min，晾干备用；④发病初期喷施化学农药，药剂参照茄科蔬菜早疫病。

4. 番茄叶霉病

【**症状特点**】温室和塑料大棚内栽培番茄的重要病害之一。叶、茎、花和果实都能被害，以叶片发病最为常见。被害叶片，最初在叶背面出现椭圆形或不规则形的淡绿色或浅黄色的褪绿斑，后在病斑上长出灰色渐转灰紫色至黑褐色的霉层。叶正面病斑呈淡绿色，边缘不明显，病斑扩大后，叶片干枯卷曲。病株下部叶片先发病，后逐渐向上蔓延，发病严重时可引起全株叶片卷曲。嫩茎及果柄上也产生与上述相似的病斑，并可延及花部，引起花器凋萎或幼果脱落。果实受害，常使蒂部产生近圆形硬化的凹陷斑，并可扩至果面的1/3左右，老病斑表皮下有时产生黑色针头状的菌丝块。

【**病原**】褐孢霉菌*Fulvia fulva*（Cooke）Cif.，属无性型真菌褐孢霉属。病菌以菌丝体或菌丝块在病残体内越冬，也可以分生孢子附着于种子表面或以菌丝潜伏于种皮越冬，通过气流传播。

【**防治要点**】①从无病株上选留种子，可用52℃温汤浸种30min，晾干备用。②番茄应与瓜类、豆类等实行3年轮作。③在温室和塑料大棚内栽培的番茄，应适当控制浇水，加强通风，或以薄膜覆盖地表。露地番茄也要注意田间通风、透光，不宜种植过密，并适当增施磷、钾肥。④连年发病严重的温室，在番茄定植前应进行消毒处理。⑤发病初期用70%甲基硫菌灵水分散粒剂55～75g/亩，或50%克菌丹可湿性粉剂125～187g/亩，或6%春雷霉素水剂53～58mL/亩，或200g/L氟酰羟·苯甲唑悬浮剂40～60mL/亩，或42.4%唑醚·氟酰胺悬浮剂20～30mL/亩喷雾。

5. 番茄脐腐病

【**症状特点**】病斑发生于幼果脐部。病部初呈水渍状，暗绿色，通常直径为1～2cm，有时可扩展到半个果实以上，病部很快呈暗褐色或黑色，其下部的果肉组织崩溃收缩，所以被害部分呈显著扁平状。病果的健全部分提早变红。病部果皮质地柔韧，但较坚实。在潮湿环境下，发病中后期常在病斑外见到墨绿色或粉红色的霉状物，这些霉层均为腐生菌，而非该病病原。

【**病原**】由水分供应失调、缺钙、缺硼等因素造成的生理性病害。

【**防治要点**】①管理上必须保证水分的均匀供应，特别在初夏温度急剧上升时尤须注意水分的供给。田间浇水宜在早晨和傍晚进行。②选择保水力强、土层深的砂质壤土种番茄。③培育壮苗，促进根系发育，提高抗病力。④避免使用浓度过高和含氮过多的肥料。⑤番茄开始着果后30d内是吸收钙素的关键时期，在此期间应保证钙的需要量，增施石灰可以预防脐腐病的发生。用1%过磷酸钙、0.1%氯化钙或0.1%硝酸钙进行根外追肥有较好的防病效果。

6. 番茄裂果病

【**症状特点**】近果蒂部果皮开裂，轻者仅果皮及果肉的一部分裂开，重者裂成深沟，易诱发软腐病。

【**病原**】生理性病害。由水分供应失调、雨水过多、果实吸水过量以致崩裂造成病害。

【**防治要点**】①加强肥培管理，雨后及时做好排水工作；②选栽果皮较厚的品种。

7. 番茄实腐病

【**症状特点**】果实上生褐色或黑褐色圆形病斑，略凹陷，后期病斑上形成同心轮纹，其上密生黑色小点。病斑较坚实，不软化腐烂。叶上病斑褐色圆形，有同心轮纹，其上也密生黑色小点。

【**病原**】*Remotididymella destructiva*（Plowr.）Valenz.-Lopez，属无性型真菌*Remotididymella*属。病菌以分生孢子器随病残体在地表越冬。

【**防治要点**】①收获后彻底清除病残体，集中烧毁，并进行深耕，促使病菌死亡；②与其他作物实行隔年轮作；③喷药保护可用1∶1∶200波尔多液，或75%百菌清可湿性粉剂500倍液，或40%多·硫悬浮剂500～600倍液。

8. 番茄黑斑病

【**症状特点**】主要为害果实，茎、叶也能受害。果实上病斑近圆形，黑褐色，凹陷，有明显的边缘，扩大可达果面1/2以上，病斑上遍生黑色霉状物，为病菌分生孢子梗与分生孢子。

【**病原**】番茄链格孢菌*Alternaria tomato*（Cooke）L.R. Jones，属无性型真菌链格孢属。病菌以菌丝体潜伏在种子表皮内或以菌丝体及分生孢子在病残体上越冬。

【**防治要点**】参照番茄实腐病。

9. 番茄褐斑病

【**症状特点**】主要为害叶片，也侵染叶柄、果柄、茎及果实。叶上病斑近圆形或椭圆形，直径1～10mm，灰褐色，边缘明显，大的病斑有时呈现轮纹。果实上病斑圆形，常数个病斑愈合成不规则形，大的直径达3cm；凹陷成黑色硬疤，也显轮纹。叶柄、果柄及茎上病斑大小不一，常愈合成条斑，凹陷，灰褐色。在病部均可生成灰黄色至黑色霉状物。

【**病原**】番茄长蠕孢*Helminthosporium carposaprum* Pollack，属无性型真菌长蠕孢属。病菌以菌丝或分生孢子在病残体上越冬。分生孢子借气流及雨水传播。

【**防治要点**】①做好排灌设施，防止积水；保持田园卫生，清除病残体，减少菌源。②发病初期每隔10～15d喷药1次，连续3或4次。药剂可用1∶1∶200波尔多液和70%甲基硫菌灵可湿性粉剂1000倍液等。

10. 番茄溃疡病

【**症状特点**】又称细菌性溃疡病，是番茄的一种毁灭性病害，各地均有发生。病株茎秆上呈褐色狭长条斑，下陷、开裂，髓部变褐，并产生大小不等的空腔，最后全株枯死，上部顶叶呈枯状。多雨或湿度大时菌脓从病茎或叶柄中溢出或附在其上，形成白色污状物。果面上呈略隆起的白色圆点，直径约3mm，中央为褐色木栓化突起，称为鸟眼病。

【**病原**】密执安棒形菌密执安亚种 *Clavibacter michiganensis* subsp. *michiganensis*，属棒形杆菌属细菌，仅为害茄科中一些属或种，病菌在种子或病残体中越冬。

【**防治要点**】①严格检疫；②种子用55℃温水浸种30min或70℃干热灭菌72h；③发现病株及时拔除，全田喷施药剂可用46%氢氧化铜水分散粒剂30～40g/亩，或77%硫酸铜钙可湿性粉剂100～120g/亩，每次用药间隔7～10d，每季最多使用3次。

11. 茄子黄萎病

【**症状特点**】田间一般多在苗期即可染病，在坐果后开始表现症状。多自下而上或从一边向全株发展。初期先从叶片边缘及叶脉间变黄，逐渐发展以致叶片半边或整个叶片变黄。发病初期，病叶在天气干旱或晴天中午前后表现萎蔫，早晚尚可恢复正常。后期病叶由黄变褐，有时叶缘向上卷曲，萎蔫下垂或脱落，严重时病株叶片脱光只剩茎秆。剖视病株根、茎、分枝及叶柄等部，可见其维管束变褐色。

【**病原**】大丽轮枝菌 *Verticillium dahliae* Kelb，属无性型真菌轮枝孢属。病菌以休眠菌丝和微菌核随病株残体在土中越冬，也能以菌丝体和分生孢子在种子内外越冬。一般可存活6～8年，微菌核甚至可存活14年，靠风雨、灌溉水、农具及农事操作等传播。

【**防治要点**】①做好种子处理；②茄不能与棉花轮作；③定植时用50%多菌灵500～1000倍液浸苗30min，定植后用10亿芽孢/g枯草芽孢杆菌300～400倍液灌根，每株250mL，可间隔5d后使用第二次；④选用‘长茄1号’等抗病品种。

12. 茄子褐色圆星病

【**症状特点**】主要为害叶片。病斑初为暗褐色小斑点，后变灰褐色，圆形或椭圆形，边缘明显，上生暗灰色霉层。

【**病原**】酸浆尾孢菌 *Cercospora physalidis* Ellis，属无性型真菌尾孢属。病菌以菌丝块及分生孢子在病残体上越冬。

【**防治要点**】①采收后彻底清除病残体，集中烧毁或深埋；②实行3年以上轮作；③合理密植，增施肥料，特别注意多施磷、钾肥。

13. 茄炭疽病

由辣椒炭疽菌和辣椒丛炭疽菌侵染引起，详见辣椒炭疽病。

14. 辣椒疮痂病

【**症状特点**】又称细菌性斑点病。幼苗发病，子叶上生银白色小斑点，呈水渍状，后变为暗色凹陷病斑。幼苗受侵染常引起全株落叶，植株死亡。成株上叶片发病初期呈水渍状黄绿色的小斑点，扩大后变成圆形或不规则形、边缘暗褐色且稍隆起、中部颜色较淡稍凹陷、表皮粗糙的疮痂状病斑。叶缘、叶尖常变黄干枯、破裂，最后脱落。茎上初生水渍状不规则的条斑，后木栓化隆起，纵裂呈溃疡状疮痂斑。果实上初生黑色或褐色隆起的小点，或为一种具有狭窄水渍状边缘的疱疹，逐渐扩大为1～3mm稍隆起的圆形或长圆形的黑色疮痂斑。病斑边缘有裂口，开始时有水渍状晕环，潮湿时疮痂中间有菌脓溢出。

【**病原**】野油菜黄单胞菌疮痂致病变种 *Xanthomonas campestris* pv. *vesicatoria*（Doidge）

Dye，属黄单胞菌属细菌。革兰氏染色阴性。病原细菌在种子表面或随病残体越冬，借雨水或昆虫传播，从气孔侵入。

【防治要点】①从无病株或无病果上采种；②实行2～3年轮作；③发病初期喷46%氢氧化铜可湿性粉剂30～45g/亩，或20%锰锌·拌种灵可湿性粉剂100～150g/亩。

15. 辣椒白星病

【症状特点】又称斑点病，主要为害叶片。病斑圆形或椭圆形，边缘深褐色且稍隆起，中央灰白色，其上散生黑色小粒点。

【病原】辣椒叶点霉菌*Phyllosticta capsici* Sacc.，属无性型真菌叶点霉属。病菌以分生孢子器在病残体上越冬。

【防治要点】①采收后彻底清除病残体，集中深埋或烧毁；②与其他蔬菜实行2～3年以上轮作；③化学防治方法参照番茄实腐病。

16. 辣椒褐斑病

【症状特点】主要为害叶片。病斑圆形或近圆形，有轮纹，中间灰白色，表面稍隆起，四周黑褐色。

【病原】辣椒尾孢菌*Cercospora capsici* Heald et Wolf，属无性型真菌尾孢属。病菌以菌丝块在病残体上越冬。

【防治要点】参照番茄实腐病。

17. 辣椒白粉病

【症状特点】主要为害叶片。发病初期叶片正面出现边缘不明显的淡黄色或黄绿色病斑，最后全叶发黄，叶背面产生白色粉状物。发病后常病叶早落，严重时仅残留顶端数片嫩叶。

【病原】有性态为鞑靼内丝白粉菌*Leveillula taurica*（Lév.）G. Arnaud，子囊菌门，内丝白粉菌属；无性态为辣椒拟粉孢霉*Oidiopsis taurica*（Lév.）E.S. Salmon，无性型真菌，拟粉孢属。

【防治要点】①加强管理，注意通风透光，使植株生长健壮，增强抗病力；②发病初期可用12%苯甲·氟酰胺悬浮剂40～67mL/亩，或25%咪鲜胺乳油50～62.5g/亩喷雾。

18. 辣椒灰霉病

【症状特点】为温室中的主要病害之一。主要为害幼苗。发病初期子叶先端变黄，后扩展到子叶的幼茎。茎部产生褐色或暗褐色不规则病斑。幼苗常自病部折断而死亡。在潮湿环境下病部长出灰色的霉层。

【病原】灰葡萄孢*Botrytis cinerea* Pers.，属无性型真菌葡萄孢属。病菌以菌核在土壤中越冬，也可以分生孢子在病残体上越冬。

【防治要点】①选无病新土育苗或苗床进行消毒处理；②加强苗床管理，注意通风透光，以降低床内湿度；③发病初期可用40%嘧霉胺可湿性粉剂63～94g/亩、50%异菌脲可湿性粉剂50～100g/亩喷雾。

19. 辣椒软腐病

【症状特点】主要为害果实。病斑水渍状，先呈暗绿色，后变成暗褐色，病果腐烂发臭。病果常脱落或留在枝上，失水干枯后呈白色。

【病原】胡萝卜果胶杆菌胡萝卜亚种*Pectobacterium carotovorum* subsp. *carotovorum*，属果胶杆菌属细菌。革兰氏染色阴性。病原细菌在病残体上越冬，从伤口侵入，借助雨水和昆虫传播。

【防治要点】①彻底治虫，于蛀食以前消灭虫害；②加强田间管理，注意通风透光，降低田间湿度；③及时清除病果。

20. 辣椒日灼病

【症状特点】辣椒果实向阳面褪绿变硬，呈淡黄色或灰白色，皮革状，病部表皮失水变薄易破。患部常易被炭疽病菌或一些腐生菌腐生。

【病原】生理性病害，由强光直接照射所引起。

【防治要点】①选栽耐热品种；②合理密植，加强田间管理，合理施肥及灌水，与玉米等高秆作物间作，以遮阴降温；③阳光照射强烈时，可用遮阳网或喷水降温。

21. 马铃薯环腐病

【症状特点】引起地上部茎叶萎蔫或叶片发生枯斑。地下部块茎沿维管束发生淡黄色或乳黄色至褐色环状腐烂。严重时薯皮与薯心极易分离。

【病原】密执安棒杆菌马铃薯环腐致病变种 *Clavibacter michiganense* pv. *sepedonicum*，属棒形杆菌属细菌。革兰氏染色阳性。薯块带菌，切刀传染。

【防治要点】①整薯播种和选用无病种薯；②切刀用0.1%～0.5%升汞或75%乙醇溶液消毒；③薯块用100～200μg/mL多抗霉素消毒。

22. 马铃薯晚疫病

【症状特点】叶部病斑大多先从叶尖或叶缘开始，初呈水渍状褪绿斑，病斑扩展后，形成暗褐色大斑，病健交界不明显。空气潮湿时很快扩大，且病斑边缘长出一圈灰白色霉层，雨后或有露水的早晨叶背最明显。严重时病斑可沿叶脉侵入叶柄及茎部，形成褐色条斑。最后植株叶片萎垂，发黑，全株枯死。病薯表面初期形成小的褐色或稍带紫色的病斑，病斑向内扩展，形成褐色坏死，病健交界不明显。

【病原】致病疫霉 *Phytophthora infestans*（Mont.）de Bary，属卵菌门疫霉属。主要以菌丝体在块茎中越冬。病菌借风雨传播。

【防治要点】①选育和利用'克新1号''克新2号''克新3号'等抗病品种；②选用无病种薯，建立无病留种地；③出现中心病株后，用80%代森锌可湿性粉剂80～100g/亩、250g/L的嘧菌酯可湿性粉剂17～20mL/亩或50%氟啶胺悬浮剂25～35mL/亩喷雾。

23. 马铃薯黄萎病

【症状特点】地上部叶片发黄，叶稍向上卷，茎内维管束变色，无黏液和粉红色霉层。

【病原】大丽轮枝菌 *Verticillium dahliae* Kleb.，属无性型真菌轮枝孢属。病菌以菌丝体、微菌核随病残体在土壤中越冬。

【防治要点】参照茄黄萎病。

24. 马铃薯黑痣病

【症状特点】地上部茂密簇生，地下茎和匍匐茎上形成褐色稍凹陷坏死斑，茎基部常有白色蛛丝状霉层或小菌核，块茎表面散生很多黑褐色菌核。

【病原】立枯丝核菌 *Rhizoctonia solani* Kühn，属无性型真菌丝核菌属。病菌以菌丝、菌核随病残体在土壤中越冬。

【防治要点】①轮作3年以上；②选用抗病品种和无病种薯；③播种时用25%嘧菌酯悬浮剂48～60mL/亩喷雾沟施，或用25g/L咯菌腈悬浮剂100～200mL/100kg种子进行种子包衣。

25. 马铃薯粉痂病

【症状特点】块茎受害后形成稍隆起的水泡状斑点，后扩大成明显的病斑，直径3～5mm，病重时病斑可合成大疱疮，以后表皮破裂，散出深褐色粉末。

【病原】马铃薯粉痂菌 *Spongospora subterranea*（Wallr.）Lagerh.，属根肿菌门粉痂菌属。

病菌以休眠孢子囊随病残体在土壤中越冬，能存活5年之久。

【**防治要点**】①建立无病留种地；②实行4～6年轮作；③多施草木灰或石灰，改变土壤酸碱度。

26. 马铃薯黑胫病

【**症状特点**】地上部黄化萎缩，茎基部连同以下一段变黑腐烂，严重病株的细根和块茎也腐烂。轻病薯只是脐部变黑褐色。

【**病原**】黑腐果胶杆菌*Pectobacterium atrosepticum*，属果胶杆菌属细菌。种薯带菌越冬，切薯时通过切刀传播。

【**防治要点**】①选无病株留种；②种薯切块切面干后播种，可减少侵染；③发病初期可用6%春雷霉素可湿性粉剂37～47g/亩，或20%噻菌铜悬浮剂100～125mL/亩，或20%噻唑锌悬浮剂80～120mL/亩，或12%噻霉酮水分散粒剂15～25g/亩喷雾。

27. 马铃薯软腐病

【**症状特点**】块茎外表出现褐色病斑，内部软腐，干燥后呈灰白色粉渣状。

【**病原**】胡萝卜果胶杆菌胡萝卜亚种*Pectobacterium carotovorum* subsp. *carotovorum*，属果胶杆菌属细菌。革兰氏染色阴性。细菌随病残体在土壤中越冬，由伤口侵入，随流水、地下害虫等传播。

【**防治要点**】①收获时避免损伤，收后晒1～2d，待表面干燥后贮藏；②注意窖内温湿度管理，保持通风干燥；③化学防治参照马铃薯黑胫病。

28. 马铃薯疮痂病

【**症状特点**】主要为害薯块，块茎受害后开始产生褐色小点，后扩大成圆形或不规则形的疮痂状斑，只为害表皮。

【**病原**】疮痂链霉菌*Streptomyces scabies*（Thaxter）Waks. & Henvici，属链霉菌属。病菌能在土壤中腐生，也能在种薯上越冬，由种薯和土壤传病，从皮孔及伤口侵入块茎。块茎表面木栓化组织形成后就难侵入。微碱性土壤发病重。

【**防治要点**】①选用无病种薯；②轮作4～6年；③多施绿肥等有机肥料，可抑制发病。

29. 马铃薯癌肿病

【**症状特点**】块茎上的芽及匍匐茎均能受害，形成癌肿症状。癌瘤形状不一，由极小的突起到很大的多分枝状，形似“菜花头”。表皮常龟裂，癌肿组织前期呈黄白色，后期变黑褐色，松软，易腐烂并产生恶臭。地上部，田间病株初期与健株无明显区别，后期病株较健株高，叶色浓绿，分枝多。重病田块部分病株的花、茎、叶均可被害而产生癌肿病变。

【**病原**】内生集壶菌*Synchytrium endobioticum*（Schilb.）Percival，属壶菌门集壶菌属，病菌以休眠孢子囊在土壤中越冬，并可存活9～12年。

【**防治要点**】①严格实行检疫，封锁疫区，一般发现病害应立即封锁，严防外传；②实行较长期轮作，连作5～6年以上后不种马铃薯、番茄等作物；③选育和利用抗病品种。

第十六章　葫芦科蔬菜病害

葫芦科蔬菜通常称瓜类蔬菜，我国栽培的有黄瓜、南瓜、西葫芦、冬瓜、丝瓜、苦瓜、越瓜、瓠瓜、西瓜和甜瓜等，发生的病害种类也很多。由于各地栽培的品种不同，病害的种类和危害程度也有差异。一般情况下，苗期以猝倒病危害比较普遍；成株期各地发生普遍和危害较重的有霜霉病、白粉病、炭疽病、病毒病和枯萎病等。霜霉病主要为害黄瓜、甜瓜和丝瓜，是许多地区黄瓜生产上的重要问题；白粉病和蔓枯病主要为害黄瓜、南瓜和西葫芦；炭疽病主要为害冬瓜、黄瓜、甜瓜和西瓜；枯萎病对黄瓜和西瓜威胁较大；病毒病是黄瓜、西葫芦和西瓜上的重要病害；黄瓜疫病在沿江一带和长江以南地区发展迅速，危害严重；细菌性角斑病在一些地区也可使黄瓜遭受很大损失。此外，近年来黄瓜菌核病、黑星病等在覆盖栽培条件下发病较严重。

第一节　黄瓜霜霉病

黄瓜霜霉病在我国各地均有发生，露地或保护地栽培的黄瓜常因此病而遭受严重损失。在适宜发病的环境下，此病发展迅速，1～2周内即可使植株中下部叶片枯死，直接影响结瓜，流行年份减产可达30%～50%，因此，有的田块只采1或2次瓜后即提早拉蔓。本病除为害黄瓜外，还为害甜瓜、越瓜、丝瓜、瓠瓜、苦瓜、南瓜等，但一般发病较轻，西瓜则很少发生。

一、症状

黄瓜霜霉病主要为害叶片，偶尔也能为害茎、卷须和花梗等。黄瓜幼苗期便可受害，刚出土的幼苗子叶很容易感病，受侵染后正面显现不均匀的褪绿、黄化，逐渐产生不规则的枯黄斑，潮湿条件下叶背可产生黑色霉层。随着病情的发展，子叶很快变黄干枯。成株发病多在植株开花结瓜以后。发病初期，叶上出现水渍状浅绿色斑点，扩大后受叶脉限制呈多角形，其色泽变为黄绿色或黄色，最后变为褐色，但病斑边缘仍呈黄绿色，病部与健部交界不明显。潮湿环境下叶背部病斑上长出紫黑色的霉层。塑料大棚内湿度高，斑上形成较厚的黑色霉层，如遇干燥天气霉层易消失。感病品种上的大病斑互相愈合成片，致使叶片早期枯死，直接影响植株生长。抗病品种上的病斑小，圆形，褐色，很少扩大，在叶背病斑上也很少长霉状物。

二、病原

古巴假霜霉菌*Pseudoperonospora cubensis*（Berk. et Curt.）Rostov，属卵菌门假霜霉属。菌丝体无隔，无色，在寄主细胞间生长发育，以卵形或指状分枝的吸器伸入寄主细胞内吸收养分。无性繁殖产生孢子囊，孢子囊着生于孢囊梗上，孢囊梗从寄主气孔伸出，单生或2～5根丛生，无色，大小（200～480）μm×（4～9.5）μm，基部稍膨大，先端锐角分枝3～5

次，末端着生孢子囊。孢子囊卵形或椭圆形，顶端有乳头状突起，淡紫褐色，单胞，大小（18～28）μm×（13～16）μm。孢子囊在水中游动片刻后收缩，变成圆形、直径9～11μm的休止孢子囊。休止孢子囊在水中萌发形成芽管侵入寄主，孢子囊在较高温度和低湿的情况下，也可直接萌发产生芽管。

三、病害循环

病菌以在土壤或病株残余组织中的孢子囊，以及潜伏在种子中的菌丝体进行越冬和越夏。在中国南部地区，黄瓜全年均能栽植，霜霉病能不断发生危害。华东、华中、华北等地区冬季病菌也能以孢子囊在塑料大棚及温室黄瓜植株上继续危害，并能产生大量孢子囊，作为第二年露地黄瓜霜霉病初次发病的侵染来源。所以瓜田距离温室和塑料大棚越近，发病越严重。田间发病多先从低洼潮湿瓜田开始，并多出现于距地面较近的叶片，形成中心病株后继续向四周扩大蔓延，特别是顺风一面蔓延很快。病菌的孢子囊主要通过气流、雨水，甚至害虫等进行传播。孢子囊萌发后，从寄主的气孔或直接穿透寄主表皮侵入。在适宜环境下，其潜育期为4～5d，如果环境不适宜，潜育期可延长至8～10d。随后在寄主叶片上产生孢子囊，孢子囊成熟后随气流传播可进行多次再侵染。

四、发病条件

（一）温、湿度

霜霉病的发生和流行与温、湿度关系最大，特别是湿度，湿度越高孢子囊形成越快，数量越多，相对湿度在83%以上，经44h病斑上就可产生孢子囊；相对湿度在50%～60%以下，则不能产生孢子囊。孢子囊的萌发要求叶面有水滴或水膜存在，此时只需1.5h即可萌发，2～3h即可完成侵染。在气温为20℃、湿度达到饱和的条件下，经6～24h病斑上才能产生大量的孢子囊。

病菌对温度适应范围较广，在黄瓜整个生育期内，田间的温度基本均在病菌发育所需的温度范围内。孢子囊在5～30℃范围内均可萌发，但最适温度为15～22℃。侵入的温度范围为10～25℃，以16～22℃为最适。孢子囊在10～30℃都能形成，最适宜的温度范围为15～20℃。田间开始发病和适于流行的气温分别为16℃和20～24℃。晚上凉爽、白昼温暖和多雨潮湿的天气，最有利于病害的流行。气温在15～22℃，降雨次数多或大雾重露，病害蔓延迅速。广东在4～5月病害严重发生；江苏、浙江于4月底至5月上旬开始发病，5月中旬至6月上旬为盛发期；山东、河南、湖北等地则以5月下旬至6月中下旬发展最为迅速；华北地区于6月中旬开始发病，6月下旬至7月上旬发病最盛。当温度高于30℃或低于15℃时，病害受到抑制。

温室和大棚黄瓜霜霉病的发生规律和露地的基本相同，只是田间小气候受棚型结构和管理方法的影响很大，如温湿度控制不好、通风不良，造成棚室内湿度过高，日夜温差大，夜间容易结露，就直接影响病害发生的早晚和危害的程度。

（二）光照

孢子囊的产生要求光照与黑暗交替的环境条件。试验证明，保湿前用光照处理8～48h，病斑上产生孢子囊的数量比不进行光照处理的多；强光处理的比弱光处理的产孢多；有利于光合作用的红光、蓝光处理的比绿光处理的产孢多。

（三）品种

黄瓜不同品种对霜霉病的抗性差异很大。一般早熟品种抗病性比晚熟品种差，多数品质好的品种抗病性也较差。此外，有一些抗霜霉病的品种不抗枯萎病，推广后使黄瓜生产又受到枯萎病的威胁。

（四）栽培管理

靠近温室、大棚及苗床附近的黄瓜发病重。地势低洼、栽植过密、通风透光不良、肥料不足、浇水过多、地面潮湿等发病重。大棚内套种油菜、白菜、芹菜时，若基肥不足，黄瓜生长受抑制，棚内高湿或杂草多的地块发病也重。

五、防治

防治黄瓜霜霉病采用以选育抗病品种为基础，结合药剂保护和改进田间栽培管理的综合防控措施。对于保护地黄瓜，特别是塑料大棚、日光温室，由于其面积较小，便于人工控制，又多要求早熟，应采用以栽培管理为主，结合药剂防治的综合防控措施。

（一）选用抗病品种

抗病的露地栽培品种有‘津研2号’‘津研4号’‘津研6号’‘津研7号’‘津杂1号’‘津杂2号’‘中农2号’‘中农6号’；保护地栽培抗霜霉病黄瓜品种有‘津春3号’‘津春4号’‘津杂2号’‘津优2号’‘津优3号’‘中农7号’‘碧春’等。

（二）改善栽培管理

选择地势较高，排水良好，离温室、日光温室及塑料大棚较远的地块栽种。土地经过深耕和平整后，施足底肥，增施磷、钾肥，并在生长前期适当控制浇水，以促进植株根系发育。结瓜后防止大水漫灌，雨季注意排水。根据各地具体情况培育壮苗，使幼苗生长健壮，提高抗病性。塑料大棚及温室内灌水后，要注意通风排湿，夜间保持湿度在90%以下，清晨最好叶面无结露现象，同时注意通风降温，晴天、白天气温控制在25～30℃为宜。

（三）药剂防治

病害发展迅速，易于流行，故喷药必须及时、周到和均匀，才能收到良好的防治效果。定植前在苗期发病地区可喷1次药，带药移苗。定植后根据历年发病情况，结合当年的气候条件做好预测，确定适当的喷药日期，要求在发病前7～10d即开始喷药。但中心病株周围应重点连续喷药2或3次，并结合摘除病叶。喷药间隔时间和喷药次数视大田、塑料大棚及温室等具体情况而定。多雨要在雨前喷药，露地黄瓜喷药后即遇雨，应在雨止后补喷。常用药剂有50%福美双可湿性粉剂500～1000倍液、45%代森铵悬浮剂78mL/亩、50%吡唑醚菌酯可湿性粉剂25～30g/亩、250g/L嘧菌酯悬浮剂32～48mL/亩和80%烯酰吗啉可湿性粉剂22～25g/亩等。

（四）保护地黄瓜处理

保护地黄瓜处理的方法：①塑料大棚内在发病前期和中期，利用高温灭菌的方法处理

1或2次，能在一定程度上控制霜霉病的发展。具体方法是选择晴天密闭大棚，使棚内瓜秧顶端部的温度上升至44～46℃，连续维持2h后及时降温。处理前土壤要求较潮湿，必要时可提前一天灌1次水，处理后应及时追肥、灌水。每次处理相隔7～10d。要严格掌握温度范围，高于48℃以上植株易受损伤，低于43℃以下杀菌效果不显著。②用75%百菌清可湿性粉剂207～267g/亩或40%百菌清悬浮剂163～175mL/亩，隔5～7d喷雾1次；或用10%百菌清烟剂730～800g/亩点燃放烟，对防治保护地黄瓜霜霉病都有较好效果。

第二节　瓜类白粉病

白粉病是瓜类作物的重要病害之一，也是一种常发性病害，在各种露地和设施栽培的瓜类上普遍发生，尤其在黄瓜、瓠瓜、甜瓜、西葫芦、南瓜等作物上最为常见。该病在黄瓜的整个生育期都能发生，但在中、后期危害较重。一旦发生，短期内便可迅速蔓延，给瓜类生产带来较大损失。黄瓜、西葫芦、南瓜、甜瓜受害较重，冬瓜和西瓜次之，丝瓜抗病性较强。

一、症状

白粉病主要侵染叶片，也为害茎部和叶柄，而瓜果较少染病。发病初期叶片正面或背面产生白色近圆形的粉状小斑点，后渐扩成边缘不明显的连片白粉斑，即病菌的菌丝体、分生孢子梗及分生孢子。随后许多粉斑连在一起布满整个叶面，白色粉状物渐变成灰白色或红褐色，叶片也变枯黄而发脆，但一般不脱落。后期病斑上出现散生或成堆的黑褐色小点，即病菌的闭囊壳。叶柄和嫩茎受害，症状与叶片相似，只是霉斑较小，白粉较少。

二、病原

病原为子囊菌门的两个属真菌：白粉菌属的瓜白粉菌*Erysiphe cucurbitacearum*　Zheng et chen和单囊壳属的瓜类单囊壳菌*Sphaerotheca cucurbitae*（Jacz.）Zhao。专性寄生，为害葫芦科植物。两种病菌的无性态相似，都产生成串、椭圆形、单胞无色的分生孢子；分生孢子梗不分枝，圆柱形，无色。瓜白粉菌分生孢子向基型2个串生，有性态产生扁球形、暗褐色的闭囊壳，闭囊壳内多子囊，附属丝菌丝状，长约300μm；瓜类单囊壳菌分生孢子向基型多个串生，闭囊壳内单子囊，附属丝无色或仅下部淡褐色。

三、病害循环

南方温暖地区常年种植黄瓜或其他瓜类作物，白粉病终年不断发生。病菌不存在越冬问题。北方病菌以闭囊壳及子囊孢子随病残体在土壤中越冬；冬季有保护栽培的地区病菌以分生孢子和菌丝体在温室或大棚内病株上越冬，不断进行侵染。分生孢子主要通过气流传播，在适宜环境条件下，潜育期很短，再侵染频繁。气温上升至14℃时开始发病，连续阴天和闷热天气病害发展很快。

四、发病条件

（一）温、湿度

空气相对湿度大，温度在20～24℃时，最利于白粉病的发生和流行。保护地瓜类白粉病发生较露地为重。两种病菌的分生孢子在相对湿度低于25%时仍可萌发并侵入危害，在水滴中吸水过多，膨压增高使胞壁破裂，对孢子萌发反而不利。通常空气湿度45%～75%发病快，超过95%明显受抑制。雨量偏少的年份发病较重。孢子萌发适温20～25℃，低于10℃或高于40℃都不利。

（二）栽培管理

施肥不足，管理不当，土壤缺水，灌溉不及时，光照不足，浇水过多，氮肥过量，植株徒长，通风不良，排水不畅等均有利于白粉病发生。

（三）品种

露地栽培的黄瓜中，'津春4号''津春5号''中农4号''中农8号''夏青4号''津研4号'等品种较抗病；大棚栽培的黄瓜中，'中农5号''中农7号''津春1号''津春2号''津优1号''津优3号''龙杂黄5号'等品种比较抗病。

五、防治

控制白粉病应采用以选用抗病品种和加强栽培管理为主，结合药剂防治的综合防治措施。

（一）选用抗病品种

一般抗霜霉病的品种也抗白粉病，具体品种参照黄瓜霜霉病。

（二）加强栽培管理

注意田间通风透光，降低湿度，加强肥水管理，防止植株徒长和脱肥早衰等。

（三）药剂防治

发病初期及时喷药，可选用50%硫黄悬浮剂150～200mL/亩，或50%福美双可湿性粉剂500～1000倍液，或1000亿孢子/g枯草芽孢杆菌可湿性粉剂70～84g/亩，或15%吡唑醚菌酯悬浮剂33～67mL/亩，或32.5%苯·甲·嘧菌酯悬浮剂30～50mL/亩，或1%蛇床子素水乳剂150～200mL/亩，或0.5%几丁聚糖水剂150～200mL/亩喷雾。

第三节　瓜类枯萎病

瓜类枯萎病又称萎蔫病、死秧病，是瓜类主要病害之一。全国各地均有发生，以黄瓜、冬瓜和西瓜发病最重，甜瓜次之，南瓜极少发病。黄瓜常年病株率为10%～30%，严重时可达80%～90%甚至绝收。此病仅为害瓜类作物，但各种瓜类病原菌存在明显的生理分化现象。

一、症状

枯萎病的典型症状是萎蔫，幼苗发病，子叶萎蔫或全株枯萎，茎基部变褐缢缩，多呈猝倒状。该病有潜伏侵染的现象，病菌在苗期侵染，但在植株开花结瓜前后才陆续显症。成株期发病初期，病株表现为叶片从下向上逐渐萎垂，似缺水状，中午凋萎，早晚恢复正常，数日后整株枯萎。病株根部褐色腐烂，易拔起，病茎基部软化稍缢缩，常纵裂，先呈水渍状后逐渐干枯，有的病株被害部溢出琥珀色胶质物。如将病茎纵切，其维管束呈褐色。在潮湿环境下，病部表面常产生白色或粉红色的霉层，最后病部变成丝麻状。

二、病原

瓜类枯萎病由无性型真菌镰孢属真菌侵染引起，主要有以下两类。

1）*Fusarium oxysporum* f. sp. *cucumerinum* Owen，为尖镰孢菌黄瓜专化型，我国大部分地区属此种。气生菌丝白色，棉絮状，培养基底部淡黄色或淡紫蓝色。小型分生孢子无色，产生快且量多，长椭圆形，无隔或偶有1个分隔，大小为（5～12.5）μm×（2.5～4）μm；大型分生孢子无色，产生慢且量少，纺锤形或镰刀形，1～5个分隔，多为3个，顶细胞较长，渐尖，足胞有或无，大小为（15～47.5）μm×（3.5～4）μm；厚垣孢子产生慢且量少，顶生或间生，淡黄色，圆形，直径5～13μm。该病菌除为害黄瓜外，人工接种时对甜瓜有较强的致病力，对西瓜、冬瓜等能轻度侵染。

目前已知为害瓜类的*F. oxysporum*至少有8个专化型，除上述专化型外，还有尖镰孢菌西瓜专化型*F. oxysporum* f. sp. *niveum*、尖镰孢菌甜瓜专化型*F. oxysporum* f. sp. *melonis*、尖镰孢菌丝瓜专化型*F. oxysporum* f. sp. *luffae*、尖镰孢菌葫芦专化型*F. oxysporum* f. sp. *lagenariae*、尖镰孢菌冬瓜专化型*F. oxysporum* f. sp. *benincasae*、尖镰孢菌苦瓜专化型*F. oxysporum* f. sp. *momodicase*和尖镰孢菌瓜类专化型*F. oxysporum* f. sp. *cucurbitacearum*等。

2）*F. bulbigenum* var. *niveum*（E.F.Sm）Wollenw，为瓜类萎蔫镰孢菌。大型分生孢子梭形、镰刀形，无色透明，两端渐尖削，顶细胞圆锥形，有时微呈钩状，基部倒圆形或有足胞，3～5个分隔；小型分生孢子椭圆形，近梭形或卵形，无色透明，不分隔或有1分隔。在PSA培养基上，子座紫色、紫红色或玫瑰色，气生菌丝絮状、繁茂。厚垣孢子数量较多、顶生或间生、球形、多单胞、表面光滑，生暗蓝色菌核。

枯萎病菌除有专化型外，还存在明显的生理分化现象。国外有生理小种1号、2号和3号。我国黄瓜枯萎病菌的致病性与国外不同，命名为生理小种4号。

三、病害循环

尖镰孢菌主要以菌丝、厚垣孢子和菌核在土壤和未腐熟的肥料中越冬，成为第二年的初侵染来源。分生孢子在幼根表面萌发，产生菌丝，主要通过根部伤口、侧根枝处或茎基部裂口侵入，然后进入维管束发育，堵塞导管，影响水分运输，导致植株萎蔫。病菌在土壤中离开寄主仍能存活5～6年之久，厚垣孢子和菌核通过动物的消化道后仍有部分保持其生活力。从病株采收的种子虽其内部和表面都能带菌，但带菌率很低，仅0.14%～3.3%。因此，种子带菌作为病害的初侵染来源是次要的。黄瓜枯萎病菌有潜伏侵染现象，其幼苗可能早期即被病菌侵染，但要到成株期开花结瓜前后才表现症状。土壤接种植株带菌率虽达100%，但发病率在接种后50d也只能达到62.5%，说明染病的植株不一定全部发病。枯萎病是土传病害，发病的轻重取决于当年初侵染的菌量，再侵染作用小，地上部由于绑蔓等引起的伤口，再侵染也能造成局部枝蔓的萎蔫。

四、发病条件

（一）连作

连作地枯萎病菌积累多，发病重。一般在固定温室和塑料大棚内因多年连作，发病往往比露地重。老菜区比新菜区发病重。

（二）栽培管理

凡土质黏重、地势低洼、排水不良、整地不平等对瓜类根系发育不利，发病都较重。平畦比高畦发病重。施肥不足、偏施氮肥和施用未腐熟的带菌肥发病也重。浇水次数过多、水量过大或排水不及时均有利于发病。

（三）气候条件

枯萎病发生的轻重随土壤湿度而变化，雨水多、久雨后遇干旱或时雨时晴的天气发病重。发病的温度范围在8～34℃，以24～32℃为最适。在人工接种情况下，幼苗期的潜育期一般为5～10d，也可长达1个月；成株期潜育期一般为10～15d，在1个月后才显症。通常土温在15℃时潜育期为15d，20℃时为9～10d，25～30℃时仅4～6d。

（四）品种

黄瓜不同品种对此病的抗性有明显的差异。但我国目前栽培的品种中尚未发现免疫品种，多数属中感和高感品种，且一般抗枯萎病的品种较感霜霉病，反之亦然。

五、防治

瓜类枯萎病的防治应以加强栽培管理为主，结合实际选用抗病品种，重病地配合药剂处理土壤及发病初期药剂灌根等综合措施。

（一）轮作

避免连作是防治此病的重要措施，可与非瓜类作物轮作3年以上，最好6～7年。

（二）加强栽培管理

瓜田应平整，定植前应深耕，施足腐熟的基肥和做好排灌设施。定植后，前期适当控制浇水以提高地温、促进根系发育。结瓜后适当增加浇水次数并及时追肥，防止植株早衰或因土壤水分供应不均衡而发生自然裂伤。育苗时应选用优质种子，播前用55℃温水浸种10min后催芽。育苗应采用营养钵，以防起苗时伤根。避免在发病重的温室、塑料大棚育苗。

（三）嫁接

由于尖镰孢菌具有明显的寄生专化性，侵染黄瓜、西瓜的病菌一般不侵染或轻度侵染其他瓜类作物。因此，将黄瓜、西瓜与其他瓜类嫁接，利用其他瓜类作物根部的抗病性可达到防病的目的，如黄瓜与南瓜、西瓜与瓠瓜等嫁接防病已在生产上加以应用。

（四）药剂防治

采用药剂防治仅是一项辅助措施，包括播种、定植前的土壤消毒和发病初期药液灌根等。播种前对重病地或苗床土可用99.5%氯化苦液剂125g/m^{2}进行土壤熏蒸。种子可用300亿芽孢/mL枯草芽孢杆菌悬浮种衣剂5000～10 000mL/100kg种子，或25g/L咯菌腈种子处理悬浮剂476～588mL/100kg种子进行种子包衣。

发病始期用70%敌磺钠可溶粉剂250～500g/亩，或50%甲基硫菌灵悬浮剂60～80g/亩，或6%春雷霉素可湿性粉剂150～225倍液，或32%唑酮·乙蒜素乳油75～94mL/亩等，茎叶喷雾；或用0.2%咯菌嘧菌酯颗粒剂10～15kg/亩、30%精甲·噁霉灵可溶液剂600～800倍液、30%氰烯菌酯苯醚甲环唑悬浮剂1000～2000倍液、15%氰烯菌酯悬浮剂400～660倍液、27%春雷溴菌腈300～500倍液、98%噁霉灵可溶粉剂2000～2400倍液穴施或灌根；也可用1%嘧菌酯2000～3000g/亩进行撒施。

第四节　瓜类病毒病

瓜类病毒病又称花叶病，在我国各地分布相当普遍，其中以西葫芦、西瓜发病最重，前者重的年份发病率高达50%～100%；甜瓜、南瓜、丝瓜和黄瓜次之，某些年份也造成一定的减产和品质降低。

一、症状

各种瓜的病毒病所表现的症状大同小异。叶片受害呈深浅绿色相间的花叶或黄白色斑驳。严重时叶变小、皱缩畸形。南瓜和西葫芦果面凹凸不平，有深浅绿色斑驳。

二、病原

瓜类病毒病是由多种病毒侵染引起的，目前已经报道的有28种，主要有以下几种。

（一）黄瓜花叶病毒（cucumber mosaic virus，CMV）

在西葫芦、笋瓜和南瓜上引起黄化皱缩，甜瓜上引起黄化，黄瓜上则为系统花叶，不侵染西瓜。黄瓜种子不带毒，而甜瓜种子带毒率高达16%～18%。其他特性见茄科病毒病一节。

（二）甜瓜花叶病毒（melon mosaic virus，MMV）

只侵染葫芦科植物。在甜瓜、白兰瓜、哈密瓜上导致系统花叶；在西葫芦上叶片呈斑驳、鸡爪叶，果实上有凹凸不平的黄绿色斑驳；西瓜表现花叶、小叶或皱叶。病毒稀释限点为2500～3000倍，钝化温度60～62℃，体外保毒期3～10d。病毒可以由蚜虫、瓜叶虫及汁液传染，早期受侵染的甜瓜种子带毒率高达36%～70%，其他时期的为10%～20%；黄瓜种子带毒。

（三）西瓜花叶病毒（watermelon mosaic virus，WMV）

病毒粒体长750nm，稀释限点10万倍，钝化温度55～60℃，体外保毒期16～32d。由汁液、蚜虫传染，种子不带毒。除侵染葫芦科植物外，还可侵染苋色藜产生褪绿斑。

（四）南瓜花叶病毒（squash mosaic virus，SqMV）

不侵染黄瓜，也很难侵染甜瓜。南瓜和西葫芦受侵后导致鸡爪叶、畸形、深绿疱斑等。病毒粒体球形，直径30～33nm，稀释限点100万倍，钝化温度70℃，体外保毒期5d，自然条件下蚜虫不传播，而由甲虫传染。

（五）烟草环斑病毒（tobacco ring spot virus，TRSV）

病毒粒体球形，直径25nm，稀释限点10万倍，钝化温度70℃，体外保毒期5d，蚜虫不能传染，线虫为主要传毒介体。

三、病害循环

CMV、MMV及WMV在黄瓜种子上不带毒，但前者可以在一些宿根性的杂草根上越冬。田垄间的反枝苋、荠菜、刺儿菜等杂草都是CMV的寄主，有的又是蚜虫的越冬场所。另外一些蔬菜作物如菠菜、芹菜等也带有CMV，所有这些都可作为黄瓜病毒病初侵染的毒源。甜瓜种子可带毒，带毒种子培育的幼苗是田间初侵染的毒源。瓜类作物生长期间除蚜虫、甲虫等传毒外，田间农事操作和汁液接触也可扩大蔓延。

CMV和MMV在日平均温度为25.5℃时潜育期较短，CMV为7d，MMV为7～9d；日平均温度在18℃以下时，两病毒的潜育期约延长为11d。

四、发病条件

（一）气候

通常温度高、日照强、干旱时发病重，所以此病多盛发于夏季。因为此条件不仅有利于蚜虫的繁殖和有翅蚜的迁飞，而且与病毒的增殖、潜育期缩短、田间再侵染的数量增加等都有密切关系；干旱又降低了植株的抗病性，所以发病严重。

（二）栽培管理

瓜类播期及生长初期和中期缺水、缺肥、管理粗放等发病均较重。西葫芦花叶病的发生与播种期有密切关系，适期早播、早定植的发病轻；迟播、晚定植的发病重。瓜田杂草丛生及瓜地附近有番茄、辣椒和甘蓝、菠菜等作物时，由于毒源多，发病也重。

五、防治

防治瓜类病毒病的主要途径包括选育和利用抗病品种，采用无病毒瓜种，清除田边杂草，及时消灭带毒蚜虫及加强栽培管理等综合措施。

（一）选育和利用抗病品种

国际上防治黄瓜花叶病基本采用抗病品种。例如，‘长春密刺’‘中农5号’‘中农18号’‘中农106号’‘京旭2号’‘津春4号’‘津优12号’等；比较耐病毒病的西葫芦品种有‘极纳544’‘长青王4号’‘长青王5号’‘黑皮’‘天津25号’等；西瓜品种有‘郑杂7号’‘浙蜜2号’‘新红宝’‘新澄1号’等。

（二）采用无病种子及种子消毒

留种地应远离蔬菜地，且进行一系列综合防病措施，保证获得无毒种子。甜瓜种子可在播种前用60～62℃温水浸种10min或55℃温水浸种40min后移入冷水中冷却再播种；或用10%磷酸三钠溶液浸种20min然后水洗，或将干种子在70℃下干热处理3d，对钝化种子上的病毒有一定效果。

（三）加强栽培管理

注意培育壮苗，合理施肥和用水，使瓜秧健壮，增强抗病力。在农事操作中应将病健株分开进行，以免传毒；或在操作过程中用肥皂水洗手。及时防治蚜虫、彻底清除杂草。露地栽培还可采用银灰色地膜或悬挂银灰色塑料膜条以驱避蚜虫。

（四）药剂防治

瓜类病毒病可用1%香菇多糖水剂200～400倍液，或4%低聚糖素可溶粉剂85～165g/亩，或24%混脂·硫酸铜水乳剂78～117mL/亩喷雾。

第五节　葫芦科蔬菜其他病害

1. 瓜类炭疽病

【症状特点】幼苗发病，子叶边缘出现褐色半圆形或圆形病斑；茎基部受害，患部缢缩，变色，幼苗猝倒。成株期叶片、茎蔓和瓜果都可受害，不同瓜类其症状稍有差异。

西瓜叶片受害，最初出现水渍状圆形斑点，很快发展为黑色圆形病斑，外围有紫黑色晕圈，有时出现同心轮纹，病斑扩大后常互相汇合，引起叶片早枯。潮湿条件下叶正面病斑初生粉红色、后为黑色小点。茎蔓或叶柄受害，病斑长圆形，微凹陷，先呈黄褐色水渍状，后变为黑色，病斑若发展至绕茎蔓或叶柄一周，即引起全茎蔓或全叶枯死。西瓜果实受害，先呈暗绿色水渍状小斑点，后扩大为圆形、凹陷的暗褐色至黑褐色病斑，凹陷处常龟裂。潮湿环境下病斑上产生粉红色黏状物，即病菌的分生孢子团。幼果被害，往往全果变黑，皱缩腐烂。

黄瓜、甜瓜被害，症状基本与西瓜相似，但叶上病斑呈红褐色，外围有黄色晕圈，病斑较大。黄瓜未成熟的果实不易受害，成熟果实受害时先呈淡绿色水渍状斑点，很快变为黑褐色，并逐渐扩大，凹陷，中部色较深，上生许多黑色小粒点。病果弯曲变形，留种黄瓜发病较多。甜瓜成熟果极易感病，病斑较大，显著凹陷，开裂，常生红色黏状物。

【病原】有性态为*Glomerella lagenarium*（Pass.）F. Stevens，子囊菌门，小丛壳属，自然情况下少见；无性态为*Colletotrichum orbiculare*（Berk. et Mont.）Arx，无性型真菌，炭疽菌属。分生孢子盘产生在寄主表皮下，成熟后突破寄主表皮外露。分生孢子梗无色，单胞，圆筒状，大小为（20～25）μm×（2.5～3.0）μm。分生孢子单胞，无色，长圆形或卵圆形，一端稍尖，大小为（14～20）μm×（5.0～6.0）μm，多数聚结成堆后呈粉红色。分生孢子盘上着生一些暗褐色的刚毛，长90～120μm，有2～13个横隔。

【防治要点】①从无病株、无病果中采收种子；播前种子用55℃温水浸种15min进行种子消毒。②加强栽培管理，选择排水良好的砂壤土种植，避免在低洼、排水不良的地块种瓜。重病地应与非瓜类作物进行3年以上的轮作。施足基肥，增施磷钾肥。雨季注意排水，西瓜的果实下最好铺草，以防止瓜果直接接触地面。收获后及时清除病蔓、病叶和病果。温室用硫制剂熏蒸。③发病初期及时喷药保护，每隔7～10d喷1次，连喷3或4次。常用药剂有25%吡唑醚菌酯悬浮剂30～40mL/亩，或22.5%啶氧菌酯悬浮剂40～45mL/亩，或40%苯醚甲环唑悬浮剂15～20mL/亩，或50%嘧菌酯水分散粒剂2000～3000倍液，或22.7%二氰蒽醌悬浮剂66～88mL/亩，或50%克菌丹可湿性粉剂125～187.5g/亩，50%咪鲜胺悬浮剂60～80mL/亩，或10%丙硫唑水分散粒剂150g/亩，或80%代森锰锌可湿性粉剂130～210g/亩等。

2. 瓜类蔓枯病

【症状特点】主要为害瓜蔓，叶、果也能受害。病蔓开始在近节部呈褪色油渍状病斑，稍凹陷，并分泌黄白色流胶，干燥后红褐色，病部干枯，表面散生大量小黑点，即病菌的分生孢子器及子囊壳。叶片染病，产生近圆形或不规则大斑，多从叶缘开始发病，有时形成黄褐色至褐色“V”字形病斑，其上密生小黑点，干燥后易破碎。蔓枯病与枯萎病不同，它不导致全株枯死，维管束也不变色。

【病原】有性态为甜瓜球腔菌*Mycosphaerella melonis*（Pass.）Chiu et Walk.，子囊菌门，球腔菌属；无性态为西瓜壳二孢菌*Ascochyta citrallium*，无性型真菌，壳二孢属。病菌以分生孢子器、子囊壳附着在病残体上于土中，或附在种子、棚架上越冬，借雨水传播。

【防治要点】①选留无病种子，种子消毒可用55℃恒温水浸种15min；②实行2～3年以上轮作，最好实行水旱轮作；③选择排灌条件好的地块种瓜；④发病初期除去病蔓烧毁；⑤喷药保护可用40%苯甲·吡唑酯悬浮剂20～25mL/亩，或30%苯甲·咪鲜胺悬浮剂60～80mL/亩，或250g/L嘧菌酯悬浮剂60～90mL/亩喷雾。

3. 瓜类细菌性青枯病

【症状特点】又称细菌性枯萎病。茎蔓受害，病部变细，两端呈水渍状，病部上端蔓呈现萎蔫，随后全株凋萎死亡。剖视茎蔓和用手挤压病蔓，有乳白色黏液（菌脓）自维管束断面溢出，有恶臭味。导管一般不变色，根部也很少腐烂，可与镰孢菌引致的枯萎病区分。

【病原】茄科劳尔氏菌*Ralstonia solanacearum*（Smith）Yabuuchi et Ai.，为劳尔氏菌属细菌。病原细菌可随病残体遗留在土壤中越冬，也可在某些食叶甲虫体内越冬，并通过甲虫取食传播病原。

【防治要点】①及时拔除病株；②彻底防治食叶甲虫；③化学防治药剂可参照茄科蔬菜青枯病。

4. 黄瓜细菌性角斑病

【症状特点】主要为害叶片，也侵染果实和茎蔓。叶片受害，叶正面病斑呈淡褐色，背面受叶脉限制呈多角形，初呈水渍状，后期病斑中央组织干枯脱落形成穿孔。果实及茎上病斑初期也呈水渍状，湿度大时表面可见乳白色细菌菌脓。果实上病斑可向内扩展，沿维管束的果肉逐渐变色，并可蔓延到种子，果实软腐有异味。幼苗也可受害，子叶上初生水渍状圆斑，稍凹陷，后变褐色干枯，如果病部向幼茎蔓延，可引起幼苗软化死亡。

【病原】丁香假单胞菌流泪致病变种*Pseudomonas syringae* pv. *lachrymans*，属假单胞菌属

细菌。革兰氏染色阴性反应。细菌在种子内或随病残体在土壤中越冬，远距离传播主要靠种子带菌，通过雨水传播。

【防治要点】①选无病瓜留种，用50℃温水浸种20min；②与非瓜类作物实行2年以上轮作；③生长期及收获后清除病叶、蔓，并进行深翻；④发病初期用3%中生菌素可湿性粉剂95～110g/亩，或33.5%喹啉铜悬浮剂60～80mL/亩，或30%噻唑锌悬浮剂83～100mL/亩，或3%噻霉酮微乳剂75～110g/亩，或20%噻菌铜悬浮剂83.3～166.6g/亩，或30%琥胶肥酸铜可湿性粉剂215～230g/亩喷雾防治。

5. 瓜类叶枯病

【症状特点】叶受害初呈水渍状圆形小斑，扩大后病斑正面具有同心轮纹，数个病斑常合并成大斑，使叶片卷曲或全株大量落叶。瓜果发病产生褐色凹斑。

【病原】瓜链格孢*Alternaria cucumerina*（Ell. et Ev.）Elliott，无性型真菌，链格孢属。病菌以分生孢子、菌丝体在病残体、种子及杂草上越冬。

【防治要点】①种子消毒处理；②清除病残体及杂草；③喷药保护可用12%苯甲氟酰胺悬浮剂40～67mL/亩，或10%苯醚甲环唑水分散粒剂30～75g/亩，或43%氟菌·肟菌酯悬浮剂20～30mL/亩。

6. 瓜类花腐病

【症状特点】丝瓜、南瓜、西葫芦等果实容易受害。初在幼果脐部残留的花上引起腐烂，并生灰白色棉毛状霉，其中有灰白至黑色的大头针状物，即病菌菌丝、孢囊梗和孢子囊。进而引起残花附近幼果发病，呈水渍状软腐，严重时全果腐烂。也为害茄、辣椒。

【病原】瓜笄霉*Choanephora cucurbitarum*（Berk. et Rav.）Thaxt，属接合菌门笄霉属。

【防治要点】注意瓜地通风透光，防止湿度过大。

7. 瓜类灰霉病

【症状特点】多从开败的花器开始发病，致花瓣腐烂，并长出灰色霉层。后期逐步向幼瓜扩展，受害花蒂、幼果蒂部呈水渍状软化，表面密生灰色霉层，以后花瓣枯萎脱落，病瓜呈黄褐色而萎缩。

【病原】灰葡萄孢*Botrytis cinerea*，属无性型真菌葡萄孢属。病菌以菌丝体、分生孢子及菌核随病残体在土壤中越冬。

【防治要点】①加强管理，培育壮苗，防止湿度过高，日照不足；②发病初期喷50%啶酰菌胺水分散粒剂35～45g/亩，或40%嘧霉胺悬浮剂62～94mL/亩，或2亿孢子/g木霉菌可湿性粉剂185～250g/亩。

8. 黄瓜黑星病

【症状特点】地上各部位均可发病，主要为害生长点、嫩叶、嫩茎和幼瓜。叶片受害产生近圆形病斑，淡黄褐色，后期病斑呈星状开裂形成穿孔。茎蔓发病产生椭圆形或长圆形凹陷病斑，上生灰黑绿色霉层。果实受害，病斑初呈暗绿圆形至椭圆形，溢出透明的黄褐色胶状物，后变为琥珀色，凹陷、龟裂呈疮痂状，病部停止生长，瓜畸形，病瓜一般不腐烂。

【病原】瓜枝孢菌*Cladosporium cucumerinum* Ell. et Arthur，属无性型真菌枝孢属。病菌以菌丝体随病残体在土壤中或附着在架材上越冬，也可以分生孢子附着在种子表面或菌丝潜伏在种皮内越冬。

【防治要点】参考瓜类炭疽病。

9. 黄瓜菌核病

【症状特点】主要为害茎蔓和果实，苗期和成株期都可发生。茎蔓受害初期呈现淡褐色水渍状斑，茎蔓软腐，长出白色菌丝，病茎纵裂干枯，病部以上茎叶萎蔫枯死，病茎内有鼠粪状黑色菌核。果实受害，先侵染残花部，形成水浸状病斑腐烂，表面长满棉絮状菌丝体后形成黑色菌核。

【病原】核盘菌*Sclerotinia sclerotiorum*（Lib.）de Bary，属子囊菌门核盘菌属。病菌以菌核随病残体在土壤中越冬。

【防治要点】①收获后彻底清除病残体，同时进行土壤消毒，消灭菌源；②注意通风透光，特别在温室及大棚内要加强管理，防止温度偏低、湿度过大；③药剂防治见油菜菌核病。

10．黄瓜疫病

【症状特点】主要为害茎部、叶和果实，以蔓茎部及嫩茎节部发病较多。近地面茎基部发病，初呈暗绿色水渍状，病部缢缩，其上的叶片逐渐枯萎，最后造成全株枯死。由于病情发展迅速，病叶枯萎时为绿色，故症状为青枯型。节部被害，病部缢缩并扭折后造成上部的茎叶枯萎。叶片被害，初生暗绿色水渍状斑点，后扩展成为近圆形的大斑。天气潮湿时，病斑扩展很快，常造成全叶腐烂。天气干燥时，病斑边缘为暗绿色，中部淡褐色，干枯易脆裂。果实被害，形成暗绿色近圆形凹陷的水渍状病斑，很快扩展到全果。病果皱缩软腐，表面长有灰白色稀疏的霉状物。

【病原】掘氏疫霉菌*Phytophthora drechsleri* Tucker，属卵菌门疫霉属。病菌以菌丝体、卵孢子随病残组织遗留在土壤中越冬。

【防治要点】①选用抗病品种及种子处理。②加强栽培管理，高畦深沟，加强防涝；合理轮作，增施有机肥料；控制浇水和追肥。③育苗时，可用66.5%霜霉威盐酸盐水剂5.4～8.1mL/m^{2}或722g/L霜霉威水剂5～8mL/m^{2}进行苗床浇灌。发病初期可用50%烯酰吗啉可湿性粉剂30～40g/亩，或18.7%烯酰·吡唑酯水分散粒剂75～125g/亩喷雾。

11．南瓜角斑病

【症状特点】主要为害叶片，在子叶或叶片上形成多角形或不规则形病斑，受叶脉限制。初呈淡黄色或黄褐色，渐变灰白色，呈干枯状，边缘明显，中心稍凹陷。病部中央散生小黑点，即病菌的分生孢子器。严重时病斑融合成片，可引起叶早枯。

【病原】瓜角斑壳针孢菌*Septoria cucurbitacearum* Sacc.，属无性型真菌壳针孢属。病菌以菌丝及分生孢子器随病残体在地表越冬。

【防治要点】①收获后彻底清除病残体，烧毁或深埋；②药剂防治参照瓜类炭疽病。

12．冬瓜疫病

【症状特点】主要为害成熟的瓜果，叶、茎蔓也可受害。瓜发病先在靠近地面部位呈黄褐色水渍状病斑，后病部凹陷，其上密生白色棉毛状霉，腐烂发臭，叶上病斑黄褐色，生白霉腐烂。蔓上病斑暗绿色，湿腐。

【病原】同黄瓜疫病，病菌以卵孢子随病残体在土壤中越冬，也可附着在种子上越冬。

【防治要点】①收获后彻底清除病残体，减少病原；②适当控制浇水，严防大水漫灌，雨季注意及时排水；③药剂防治参照黄瓜疫病。

13．丝瓜白斑病

【症状特点】叶受害初呈湿润性斑点，渐扩展呈黄褐色，后变成灰白色或黄褐色、圆形或不规则形病斑，边缘紫色至深褐色，严重时全叶黄化枯死。

【病原】瓜类尾孢菌*Cercospora citrullina* Cooke，属无性型真菌尾孢属。病菌以菌丝或分生孢子在病残体及种子上越冬，翌年产生分生孢子借气流和雨水传播。多雨时此病易流行。

【防治要点】药剂防治参照瓜类炭疽病。

第十七章　豆科等蔬菜病害及蔬菜根结线虫病

豆科是种子植物的第三大科，广泛分布于世界各地。鲜食豆类有青豆、蚕豆、豌豆、豇豆、菜豆、扁豆等。豆类植物营养价值极高，大豆中的蛋白质含量比肉类还高，红豆中的钙、铁、磷的含量也十分丰富，豇豆除有易于消化吸收的优质蛋白质外，还有多种纤维素和微量元素。在生长发育过程中，豆科植物可遭受多种病害的侵袭，如豆类的锈病、白粉病、叶斑病、炭疽病和病毒病等。芹菜、葱、蒜、韭菜等蔬菜也是我国重要的园艺作物，易受多种病害侵染。

近年来随着保护地设施蔬菜的面积扩大、多年连作、过量施用化肥等，导致土壤盐化及病菌在土壤中的积累，以根结线虫病为代表的土传病害日趋严重，成为实现日光温室等设施蔬菜产品安全生产和可持续发展的重大制约因素。根结线虫病已被列为世界十大植物线虫病害之首。蔬菜根结线虫病在我国各地分布普遍，它不仅直接影响蔬菜作物生长，还可加重镰孢菌、丝核菌和轮枝菌等引起的土传病害的发生与危害。根结线虫寄主范围广，可为害葫芦科、茄科、十字花科及其他多种蔬菜，以番茄、瓜类、菜豆、胡萝卜、芹菜等受害较重。

第一节　豆 类 病 害

一、豆类锈病

【症状特点】为害各种豆科蔬菜。主要发生在叶上，也可为害叶柄、茎和豆荚。病叶上初生很小的黄白色斑点，稍突起，后渐扩展，呈现黄褐色的夏孢子堆，表皮破裂，散出红褐色夏孢子。夏孢子堆多发生在叶背面，而在相对方向正面部位形成褪绿斑点。发病后期或寄主接近衰老时，夏孢子堆周围产生黑色的冬孢子堆。性孢子和锈孢子两个发育阶段在豆类蔬菜上一般不发生。

【病原】豆类锈病的病原菌分别为菜豆锈菌*Uromyces appendiculatus*、豇豆锈菌*U. vignae*、蚕豆锈菌*U. fabae*和豌豆锈菌*U. pisi*，均属担子菌门，单胞锈菌属。除豌豆锈菌是转主寄生外，其他三种都是单主寄生的锈菌。南方温暖地区以夏孢子随病残体越冬，并以夏孢子引起初侵染；北方以冬孢子随病残体越冬，条件适宜时产生担孢子引起初侵染，担孢子侵入寄主形成锈孢子腔，产生的锈孢子侵染寄主后形成夏孢子堆，散出的夏孢子可进行再侵染，病害蔓延扩大，这些孢子均可通过气流传播。

【防治要点】①收获后清除田间病残体并集中烧毁；②发病初期用10%苯醚甲环唑水分散粒剂65～80g/亩，或250g/L嘧菌酯40～60mL/亩，或75%百菌清可湿性粉剂113～206g/亩，或12%苯甲·氟酰胺悬浮剂40～67mL/亩，或29%吡萘·嘧菌酯悬浮剂45～60mL/亩喷雾；③选育抗病品种，在菜豆蔓生种中细花种比较抗病，而大花、中花品种则易感病。

二、豆类炭疽病

【症状特点】从幼苗到收获期都可发生，地上各部分均能受害。叶上出现红褐色近圆形病斑，后转为灰褐色至灰白色，沿叶脉扩展后可呈多角形，病斑凹陷易碎裂。茎秆受害形成条状或梭形褐色病斑，凹陷，纵向开裂，纵向扩展后呈细长条形，严重时幼茎折断死亡。豆荚病斑为红褐色小点，扩大后直径可达1cm左右，长圆形至近圆形，中心凹陷，周围可出现紫色晕圈或突起。病菌可从豆荚侵入籽粒。在茎秆和豆荚表面常出现黑色颗粒状物，即病菌分生孢子盘，分生孢子盘常呈轮纹状排列；当天气潮湿时病斑上常产生大量淡红色黏质物，即病菌分生孢子。

【病原】菜豆炭疽菌*Colletotrichum lindemuthianum*（Sacc.& Magn.）Bri. & Cav.，属无性型真菌炭疽菌属。病菌主要以菌丝体在豆荚、种子或病残体内越冬，病部产生的分生孢子借风雨和昆虫传播，从伤口或表皮侵入致病，在生长季节中可多次发生再侵染。

【防治要点】①从无病荚上采种并粒选种子，或播种前用40%福尔马林200倍液浸种30min。②深翻土地，增施磷、钾肥，施肥后培土；雨后及时中耕，注意排涝；进行地膜覆盖，可防止或减轻土壤病菌传播，降低空气湿度。③发病初期用75%百菌清可湿性粉剂113～206g/亩，或325g/L苯甲·嘧菌酯悬浮剂40～60mL/亩喷雾。

三、豆类病毒病

【症状特点】植株受害，嫩叶初呈明脉、失绿或皱缩现象，新长出来的嫩叶呈现花叶，花叶的绿色部分突起或凹下成袋形，叶片通常向下弯曲，有些品种感病后叶片变为畸形。感病植株矮缩或不矮缩，开花延迟，豆荚很少发生病状。菜豆黄花叶病毒所引起的病状一般比较严重，花叶的颜色较黄，叶片向下弯曲也较严重。

【病原】有4种：①菜豆普通花叶病毒bean common mosaic virus（BCMV）；②菜豆黄色花叶病毒bean yellow mosaic virus（BYMV）；③黄瓜花叶病毒菜豆株系cucumber mosaic virus phaseoli（CMVP）；④豇豆花叶病毒cowpea mosaic virus（CMV）。4种病毒均由蚜虫传播。

【防治要点】①选育抗病品种；②选留无病毒种子；③加强肥水管理；④注意避蚜防病。

四、菜豆细菌性疫病

【症状特点】又称火烧病，地上部均可发病。叶上初生暗绿色油渍状小斑点，后渐扩展呈不规则形，被害组织渐变褐干枯，组织薄而半透明。病斑周围有黄色晕环。病斑上常溢出淡黄色菌脓，干后呈白色或黄白色菌膜，最后引起叶片枯死，但一般不脱落，经风吹雨打后病叶碎裂。在高温潮湿的条件下，部分病叶有时迅速凋萎变黑。豆荚受害最初呈暗绿色油浸状斑点，扩大后为不规则形，红褐色，最后变为褐色，中央部分凹陷，常有淡黄色菌脓。

【病原】野油菜黄单胞菌菜豆变种*Xanthomonas camestris* pv. *phaseoli*，属黄单胞菌属细菌。革兰氏染色阴性。病菌主要是在种子内或附在种子外表越冬，菌脓可经风雨、昆虫传播。

【防治要点】①从无病地采种，也可用45℃温水浸种10min；②与非豆类蔬菜轮作2年以上；③及时中耕除草，合理施肥，防治害虫，作物收获后将地面病残体集中销毁；④药剂防治参考辣椒疮痂病。

五、菜豆根腐病

【症状特点】一般在菜豆生长5～6周后即开始发生，早期症状不明显，植株较矮小，到开花结荚后症状才逐渐显现。病株下部叶片发黄，从叶片边缘开始枯萎，但不脱落，拔出病株可见主根上部和茎的地下部分变黑褐色，病部稍下陷，有时开裂和深入到皮层内。剖视茎部，可发现维管束变褐，病株侧根很少且主根腐烂。病株茎基部产生粉红色的霉状物。

【病原】茄镰孢菌菜豆专化型*Fusarium solani* f. sp. *phaseoli*，属无性型真菌镰孢属。病菌以菌丝体、厚垣孢子和菌核在病残体及土壤中越冬，借雨水及流水传播。

【防治要点】①可与白菜、葱、蒜类等实行3年以上的轮作。②发现病株应及时拔除，并在其病穴及四周撒消石灰；采用高畦或深沟栽培，防止大水漫灌，雨季注意排除渍水，防止植株根系浸泡在水中。③药剂防治参考瓜类枯萎病。

六、菜豆绵腐病

【症状特点】为害叶和荚。初从距地面较近处发病，荚上初生水渍状斑点，后稍变为褐色，迅速扩大，并产生纯白色棉絮状物。在叶片上初生水渍状斑，后扩大并略呈褐色，表面着生白色绵状物。

【病原】瓜果腐霉*Pythium aphanidermatum*（Eds.）Fitzp，属卵菌门腐霉属。病菌以卵孢子同病残体在土壤中越冬，卵孢子萌发时先产生芽管，继在其芽管顶端膨大形成孢子囊，孢子囊长出排泄管，在排泄管顶端形成泡囊和游动孢子，借雨水、灌溉水等传播。

【防治要点】参考茄科蔬菜苗期病害。

七、菜豆白绢病

【症状特点】病部先呈暗褐色水渍状病变，后茎基部皮层变褐腐烂，表面密生白色绢丝状菌丝，后期形成菜籽状、球形、褐色菌核，最后全株枯萎死亡。

【病原】齐整小核菌*Sclerotium rolfsii* Sacc.，属无性型真菌小核菌属。病菌以菌核或菌丝体随病残体在土壤中越冬。可借助流水、灌溉水、雨水溅射传播。菌核萌发产生菌丝，从植物根部或茎基部伤口侵入。

【防治要点】参考茄科蔬菜白绢病。

八、菜豆菌核病

【症状特点】近地面茎基部和蔓局部受害，病部初呈水渍状，后呈灰白色，皮层组织崩溃，仅残存纤维，病部遍生白色菌丝，湿度大时在病茎中腔或外部生黑色鼠粪状菌核，后植株枯萎死亡。豆荚发病时，病斑呈浅褐色腐烂，病部产生白色霉层，后期产生鼠粪状菌核。

【病原】核盘菌*Sclerotinia sclerotiorum*（Lib.）de Bary，属子囊菌门核盘菌属。病菌以菌核随病残体在土壤中或混在堆肥及种子中越冬。

【防治要点】参考十字花科蔬菜菌核病。

九、菜豆角斑病

【**症状特点**】主要为害叶片，产生多角形黄褐色斑，后变紫褐色，叶背簇生灰紫色霉层，即病菌子实体。严重时为害荚果，病斑边缘紫褐色，中间黑色，后期密生灰紫色霉层，病斑不凹陷，区别于炭疽病。严重时可使种子霉烂。

【**病原**】灰拟棒束孢菌*Isariopsis griseola* Sacc.，属无性型真菌拟棒束孢属。分生孢子梗无色或淡黄褐色，直立或密集成串，不分枝，顶端钝圆。分生孢子顶生或侧生，圆筒形、倒棍棒形或长梭形，基部钝圆，顶部略细。以菌丝体、分生孢子在种子和病残体上越冬。

【**防治要点**】①选用无病种子，播种前用45℃温水浸种10min；②轮作；③喷70%代森锰锌可湿性粉剂700倍液，或50%克菌丹可湿性粉剂250倍液，或在开花前喷1∶1∶250波尔多液。

十、菜豆斑点病

【**症状特点**】主要为害叶片。叶上生褐色小斑，圆形或近圆形，后渐扩大至边缘褐色、中央淡褐色的病斑，直径6～15mm，呈现同心轮纹，散生或轮生小黑点，即病菌分生孢子器。

【**病原**】菜豆叶点霉*Phyllosticta phaseolina* Sacc.，属无性型真菌叶点霉属。北方以菌丝和分生孢子器随病残体在土壤中越冬，翌年条件适宜时，产生分生孢子进行初侵染和再侵染，借雨水溅射传播蔓延。南方周年种植菜豆区，病菌辗转危害，无明显越冬期。

【**防治要点**】参考菜豆角斑病。

十一、菜豆褐斑病

【**症状特点**】叶上病斑为圆形或不规则形，较大，褐色，边缘色略深，有明显轮纹，湿度大时叶背病斑上产生灰色霉层，即病菌分生孢子梗和分生孢子。

【**病原**】有性态为豆煤污球腔菌*Mycosphaerella cruenta*（Sacc.）Lath，子囊菌门，球腔菌属；无性态为菜豆假尾孢菌*Pseudocercospora cruenta*（Sacc.）Deghton，无性型真菌，假尾孢属。分子孢子梗丛生，直立，具隔膜，褐色。分生孢子鞭状，浅褐色，具有3～15个隔膜，大小（25～150）μm×（2～5）μm。病菌以子囊座在病残体上越冬，翌年产生子囊孢子进行初侵染，病部产生的分生孢子可借气流和雨水传播进行反复再侵染。

【**防治要点**】参考菜豆角斑病。

十二、豇豆煤霉病

【**症状特点**】又称豇豆叶霉病。多于豇豆开花结荚期开始发病，病害多发生在老叶或成熟的叶片上。叶两面初生紫褐色斑点，后扩大为直径1～2cm的近圆形或多角形深褐色病斑，病健交界不明显。湿度大时，病斑表面密生煤烟状霉层，尤以叶背面显著。严重时，病叶屈曲，叶片早期枯死脱落，仅残留梢部嫩叶。

【**病原**】煤污尾孢菌*Cercospora vignae* F. et E.，属无性型真菌尾孢属。病菌以菌丝体和分生孢子随病残体在土壤中越冬，翌年春季环境条件适宜时，在菌丝体上产生分生孢子，经气流传播，引起初侵染。受害部位产生新的分生孢子，进行反复再侵染。

【防治要点】①收获后将病残株集中烧毁；②加强栽培管理；③发病初期及时用1∶1∶200波尔多液，或50%甲基硫菌灵可湿性粉剂1000倍液，或50%多菌灵可湿性粉剂1000倍液，或70%代森锰锌可湿性粉剂500～600倍液，每隔10d喷施1次，连续喷2或3次。

十三、豇豆疫病

【症状特点】主要为害茎蔓、叶及荚果，以茎蔓节部发病最为常见，苗期也能感病。病部初呈暗绿色水渍状，继而环绕茎部1周后，病部缢缩，变褐，病茎以上叶蔓萎蔫，最后全株枯死。被害叶初呈暗绿色水渍状病斑，后扩大为圆形，淡褐色。荚果被害，形成暗绿色水渍状病斑，很快扩展到全荚软腐，长出稀疏的白色霉层。

【病原】豇豆疫霉菌*Phytophthora vignae* Purss.，属卵菌门疫霉属。病菌以卵孢子随病残体在土壤中越冬。卵孢子萌发时产生孢子囊，借风雨传播危害。适温（25～28℃）高湿与孢子囊的产生、萌发、侵染有直接关系。

【防治要点】①选用抗病品种；②实行轮作；③药剂防治参考辣椒疫病。

十四、豇豆枯萎病

【症状特点】主要发生在豇豆开花结荚期。植株发病后，根系发育不良，根部皮层腐烂，新根少或完全没有新根。病株根茎部皮层常开裂，剖开病株茎基或根部，可见内部维管束组织变褐色。发病初期，植株白天中午呈萎蔫状态，早晚能恢复正常。下部叶片发病后，常先在叶缘或叶尖产生不规则水渍状斑，叶脉呈褐色，后整叶变黄至黄白色枯死，植株茎叶干枯，重病株根系完全腐烂。湿度大时病部表面出现粉红色霉层。

【病原】尖镰孢菜豆专化型*Fusarium oxysporum* f. sp. *phaseoli*，属无性型真菌镰孢菌属。病菌以菌丝和厚垣孢子在土壤、病残体、肥料中越冬，种子也能带菌。越冬菌源借雨水、灌溉水传播，通过根部伤口或根毛顶端细胞侵入。

【防治要点】①发病地最好与禾本科作物进行轮作；②栽培‘猪肠豆’‘珠燕’‘西圆’等抗病品种；③在苗期每公顷沟施1500kg石灰能减轻枯萎病的发生；④药剂防治参考瓜类枯萎病。

十五、豇豆茎枯病

【症状特点】又称茎腐病。主要为害叶柄、茎蔓和近地面的茎基部，苗期染病，幼苗茎基部变褐、萎蔫或枯死；成株染病先生黑褐色梭形小斑点，后逐渐扩大呈中央灰色病斑，病健分界不明显，后期病部变为黑色不规则形病斑。病株生长缓慢，叶片变黄，病部绕茎1周后，致茎部以上枝叶枯死，豆角干瘪，后期病部密生黑色小粒点，即病菌的分生孢子器，有时可见黑色菌核。

【病原】菜豆壳球孢菌*Macrophomina phaseolina*（Tassi）Goil.，属无性型真菌壳球孢属。分生孢子器暗褐色、球形，初分散埋生于植物组织内。产孢细胞葫芦形，无色，大小为（5～13）μm×（4～6）μm。分生孢子单胞、无色，圆柱形或纺锤形，大小为（16～32）μm×（5～10）μm。菌核黑色、坚硬，直径5～100μm，病菌以菌丝或菌核随病残体在土壤中越冬。

【防治要点】①选用无病种子；②与禾本科作物轮作；③施用酵素沤制的堆肥，多施钾肥；④药剂防治参照蔬菜其他茎基部病害。

十六、豇豆轮纹病

【症状特点】叶面初生深紫色小斑点，扩大后为圆形或近圆形红褐色病斑，边缘明显。病斑上有明显的同心轮纹。茎蔓发病，产生不规则深褐色的条斑，绕茎一周后引起病部以上的茎叶枯死。荚上生赤紫色斑点，扩大后呈褐色轮纹斑。

【病原】豇豆尾孢菌*Cercospora vignicola*（Kaw.）Goto.，属无性型真菌尾孢属。分生孢子梗丛生，线状，不分枝，暗褐色，具1～7个隔膜，大小多为（80～283）μm×（6～9）μm，少数长达700μm。分生孢子倒棍棒形，淡褐色，具2～12个分隔，大小为（39～222）μm×（12～20）μm。病菌以菌丝体随病残体遗留在土壤中越冬，第二年条件适宜时产生分生孢子，借气流传播，在病部产生分生孢子进行反复再侵染。

【防治要点】①收获后将病残体集中烧毁；②合理增施磷、钾肥，提高植株抗病能力；③药剂防治参考豇豆煤霉病。

第二节 芹 菜 病 害

一、芹菜斑枯病

【症状特点】又称叶枯病。主要为害叶片，根据病斑大小可分为大斑型和小斑型两种。华南地区主要是大斑型，东北、华北、江苏则以小斑型为主。在叶片上，这两型病害早期症状相似。病斑初为淡褐色油渍状小斑点，逐渐扩大后中心开始坏死。后期症状则不相同：大斑型可继续扩大到3～10mm，多散生，病斑外缘深红褐色，中间褐色，在中央部分散生少量小黑点；小斑型很少超过3mm，常数个病斑联合，病斑外缘黄褐色，中间黄白色至灰白色，在其边缘聚生有很多黑色小粒点，病斑外常有一黄色晕环。在叶柄和茎上两型病斑均为长圆形，稍凹陷，不易区别。

【病原】芹菜生壳针孢菌*Septoria apiicola* Speg.，属无性型真菌壳针孢属。分生孢子器球形。分生孢子无色透明，丝状，直或稍弯曲，0～7个分隔，大小为（35～44）μm×（2～3）μm。病菌以菌丝体潜伏在种皮内或病残体上越冬。由种子、风雨传播。

【防治要点】①将种子用48～49℃温水浸种30min，后入冷水降温，晾干后播种；②清除田间病残体及进行2～3年轮作；③药剂可用37%苯醚甲环唑水分散粒剂9.5～12g/亩，或25%咪鲜胺乳油50～70mL/亩喷雾。

二、芹菜早疫病

【症状特点】又称芹菜叶斑病，主要为害叶片，也发生在茎和叶柄上。叶上病斑初期为水渍状黄绿色斑点，后发展为圆形或不规则形、褐色或暗褐色病斑。病斑边缘不明显。茎及叶柄上初生水渍状条斑，后变暗褐色、凹陷，茎秆开裂后缢缩、倒伏。高湿时病斑中部产生灰白色霉层。

【病原】芹菜尾孢菌*Cercospora apii* Fres.，属无性型真菌尾孢属。病菌以菌丝体附着在种子或病残体及病株上越冬。条件适宜时产生分生孢子，借助风、雨、种子、农事活动等传播。病菌发育适温为25～30℃，孢子萌发、侵染最适温度为28℃。

【防治要点】①种子消毒：播种前用48℃温水浸种30min，捞出晾干后再播种。②收后彻底清除病残体，并结合进行深翻；重病地进行1～2年轮作。③实行高畦种植，合理密植，科学用水。④发病初期摘除病叶、脚叶后用10%苯醚甲环唑水分散粒剂60～80g/亩喷雾。

三、芹菜黑腐病

【症状特点】又称基腐病，主要为害近地表的根茎部和叶柄基部，有时也侵染根部。发病初期病部先变灰褐色，扩展后变成暗绿色至黑褐色，严重时病部变黑腐烂，腐烂处很少向上或向下扩展，其上生许多小黑点，即病菌分生孢子器。植株因病往往长不大，外边1～2层叶常因基部腐烂而脱落。

【病原】芹菜拟茎点霉菌*Phoma apiicola* Kleb.，属无性型真菌茎点霉属。病菌以菌丝体或孢子器随病残体在地表或在种子上越冬。播种带菌种子，长出的幼苗可猝倒枯死，病部产生的分生孢子借风、雨或灌溉水传播，进行反复再侵染。

【防治要点】防治方法参照芹菜早疫病。

四、芹菜软腐病

【症状特点】又称腐烂病，主要发生在叶柄基部或茎上。初期在叶柄基部生纺锤形或不规则形凹陷病斑，后呈水渍状腐烂并发臭，干燥后呈黑褐色，最后只剩维管束。

【病原】胡萝卜果胶杆菌胡萝卜亚种 *Pectobacterium carotovora* subsp. *carotovora*，属果胶杆菌属细菌。病原细菌随病残体在地表越冬。通过昆虫、雨水或灌溉水等从伤口侵入。

【防治要点】①发病地应避免连作，可与大麦、小麦、豆类和葱蒜类作物实行2年以上轮作；②发现病株及时拔出深埋，并撒入石灰消毒；③药剂防治参见马铃薯黑胫病。

第三节　葱、蒜、韭菜病害

一、葱类霜霉病

【症状特点】主要为害大葱、洋葱叶片，鳞茎染病后长出的病叶为灰绿色，发病严重的病叶畸形或扭曲、枯黄矮缩、变肥增厚。湿度大时，表面长出大量白色或紫灰色绒霉，无明显单个病斑。叶片染病时，病部以上叶片干枯下垂，易从病部折断枯死。假茎受害时常向被害一侧弯曲，易折断。

【病原】葱霜霉菌*Peronospora schleidenii* Ung.，属卵菌门霜霉属。孢囊梗自气孔伸出，单枝或多枝，无色，基部稍膨大，上部叉状分枝，末枝较粗，直或稍弯曲。孢子囊长卵形或纺锤形，淡褐色，大小为（49～64）μm×（20～38）μm。卵孢子较少，球形，直径31～39μm。

【病害循环】病菌以卵孢子随病残体在土中或以菌丝体潜伏在鳞茎及其侧生苗中越冬，也可以菌丝体潜伏在种子或以卵孢子黏附在种子表面越冬。卵孢子在土壤中可存活数年。越冬的卵孢子及鳞茎传带的菌丝体都能侵染幼苗，形成系统侵染。秋播苗染病后，菌丝在葱体内随生长点蔓延，2～3月出现系统侵染症状。孢子囊在相对湿度95%、温度13～18℃时形成，借气流、雨水和昆虫传播。孢子囊接种葱叶后，在遇水条件下萌发、侵入，形成局部侵染。叶片和叶梢的病部可向基部蔓延，引起鳞茎感染。病部产生的孢子囊可多次重复侵染，形成大流行。

【发病条件】凉爽高湿的天气有利于病菌发育和病害发生。气温在15℃左右，降雨较多有利于发病。土壤黏湿、地势低洼、大水漫灌、偏施氮肥、重茬连作、密植或长势不良的地块均易发病。秋季病重的田块，第二年春季发病也较重。

【防治要点】①种子消毒：种子用50℃温水浸种25min，冷却后播种。鳞茎消毒：用45℃温水浸1.5h。②实行与非葱类作物轮作2～3年。③发病初期可用25%吡唑醚菌酯悬浮剂24～40mL/亩，或50%烯酰吗啉可湿性粉剂30～50g/亩喷雾。

二、葱类紫斑病

【症状特点】又称黑斑病。主要为害叶片和花梗。病斑多从叶尖或花梗中部开始发生，几天后即可蔓延至下部。病斑椭圆形至纺锤形，通常较大（1～5cm或更长），紫褐色，病斑出现明显同心轮纹；湿度大时，病部长出深褐色至黑灰色霉状物，即病菌分生孢子梗和分生孢子。病斑常数个愈合成长条形大斑，致使叶片和花梗枯死。采种株染病，种子皱缩不饱满，发芽率低。本病还可为害大蒜、韭菜、薤头（藠头）等蔬菜。

【病原】葱链格孢菌*Alternaria porri*（Ell.）Cifferri，属无性型真菌链格孢属。病菌以菌丝体或分生孢子在病株或残体上越冬，种子也可带菌。分生孢子借气流和雨水传播，从伤口、气孔或表皮直接侵入致病。病菌的孢子形成、萌发、侵入均需要有水滴存在，故温暖高湿的天气有利于病害的发生。

【防治要点】①种子和鳞茎消毒可用40～45℃温水浸泡90min；②重病地要与非葱类作物进行2年轮作；③及时拔除病株、摘除病部深埋或烧毁；④发病初期可用25%吡唑醚菌酯悬浮剂24～40mL/亩，或15%多抗霉素可湿性粉剂15～20g/亩，或60%苯醚甲环唑水分散粒剂10～13g/亩，或43%氟菌·肟菌酯悬浮剂20～30mL/亩喷雾。

三、葱类锈病

【症状特点】发生于叶及绿茎部分。病部初期出现零星白色突起小疮疱，后发展成椭圆形或纺锤形稍隆起的褐色小疱斑，后期表皮纵裂，散出橙黄色粉末，即夏孢子。秋末及冬季可在病部形成长纺锤形、黑褐色、稍隆起的病斑，破裂后散出紫褐色粉末，即冬孢子。

【病原】葱柄锈菌*Puccinia allii*，属担子菌门柄锈菌属。病菌以冬孢子在病残体上越冬，随气流传播，通过寄主表皮或气孔侵入，进行初侵染。病部形成的夏孢子可反复再侵染，向周围植株蔓延。夏孢子淡褐色、椭圆形至圆形，大小为（19～32）μm×（16～26）μm。冬孢子长筒形，大小为（42～70）μm×26μm。

【防治要点】①发病初期及时摘除病叶深埋或烧毁；②施足肥料，注意氮、磷、钾肥合理搭配；③发病初期用30%醚菌酯可湿性粉剂15～30g/亩喷雾。

四、葱类小菌核病

【症状特点】主要为害叶片和花梗。发病初期叶片、花梗尖端先开始变色，以后逐渐向下发展，致植株局部或全部枯死，仅留新叶。病部可见棉絮状菌丝，表皮下散生许多黑色小菌核。菌核多分布在近地表处，呈不规则形，有时整个合并在一起，将植株从土中拔起，可见地下部变黑腐败。

【病原】葱核盘菌*Sclerotinia allii*，属子囊菌门核盘菌属。病菌以菌丝体及菌核随病残体或遗落在土壤越冬，翌年条件适宜时，菌核萌发产生子囊盘，子囊盘上着生子囊孢子，子囊孢子借助气流传播。南方温暖地区，病菌可以菌丝体或小菌核越冬或辗转危害，不产生或很少产生有性态。

【防治要点】①收后彻底清除病残体，深耕土地；②合理密植，注意肥水管理；③重病地实行2～3年轮作；④药剂防治参见十字花科蔬菜菌核病。

五、葱类白腐病

【症状特点】整个生育期均可发病。发病初期，外叶叶尖向下逐渐变黄，后扩展到叶鞘及内叶，植株生长衰弱，严重时整株变黄、枯死。病叶组织内密生白色绒状霉层，后变成灰黑色，并迅速形成大量菌核。拔出病株可见鳞茎表皮呈水渍状病斑，茎基部变软，鳞茎变黑腐烂。田间葱株常成窝枯死，形成一个个病窝，并不断扩大蔓延，最后成片枯死。

【病原】白腐小核菌*Sclerotium cepivorum*，属子囊菌门小核菌属。病菌以菌核在土壤中或病残体上越冬。翌年条件适宜时，菌核随灌溉、雨水蔓延传播，并萌发长出菌丝，侵染寄主。

【防治要点】①用无病葱秧，控制种苗传病；②收后彻底清除病残体并进行深耕，重病地至少要进行3～5年的轮作；③田间发现病株立即拔出，并用石灰或草木灰消毒土壤；④药剂防治参见油菜菌核病。

六、葱类黑斑病

【症状特点】主要为害叶片。叶上病斑初呈椭圆形，后迅速向上下扩展，变为黑褐色，边缘有黄色晕圈，略现同心轮纹。后期病斑略凹陷，密生黑色短绒层，即病菌的分生孢子梗和分生孢子。被害部软化，容易折断，病情严重时叶片变黄枯死。

【病原】有性态为枯叶格孢腔菌*Pleospora herbarum*（Pers. et Fr.）Rabenh.，子囊菌门，格孢腔菌属。子囊座近球形，黑色；子囊圆筒形；子囊孢子多胞，椭圆形，具纵隔0～7个，横隔3～7个，黄褐色，大小为（31～39）μm×（13.5～18）μm。无性态为匍柄霉*Stemphylium botryosum* Wallr.，无性型真菌，匍柄霉属。分生孢子梗单生或束生，顶端孢痕明显。分生孢子着生于梗顶端或分枝上，褐色，两端钝圆，略呈椭圆形，具纵横隔膜，有时隔斜生，表皮具细刺，无喙，大小为（13.2～47.5）μm×（10.6～24.6）μm。病菌以子囊座随病残体在土中越冬。

【防治要点】参见葱类紫斑病。

七、葱类炭疽病

【**症状特点**】多发生于叶片和花梗，发病初期在病部出现近椭圆形至纺锤形褪绿病斑，以后发展成不规则形淡灰褐色至褐色坏死斑，后期在病部产生许多黑色小点，即病菌的分生孢子盘。严重时叶片和花梗枯死。

【**病原**】葱炭疽菌 *Colletotrichum circinans*（Berk.）Vogl.，属无性型真菌炭疽菌属。病菌以子座或分生孢子盘、菌丝体随病残体或鳞茎在土壤中越冬，条件适宜时分生孢子盘产生分生孢子形成侵染，病部形成的分生孢子借气流和雨水飞溅形成再侵染。

【**防治要点**】①收获后彻底清除病残组织，及时耕翻，减少越冬菌源数量；②与非葱蒜类作物实行轮作2年以上；③药剂防治参照瓜类炭疽病。

八、韭菜疫病

【**症状特点**】叶、茎、根及花梗等均可受害，以假茎和鳞茎受害最重。叶上病斑呈水浸状暗绿色，病叶渐变黄、下垂、软腐；湿度大时病部产生稀疏的灰白色霉层。假茎上病斑水渍状褐色软腐，叶鞘易剥下；鳞茎受害，根盘部呈水渍状浅褐色至暗褐色腐烂，纵切鳞茎其内部组织呈浅褐色，生长受抑制。根部发病亦呈暗褐色，腐烂，根毛明显减少，新根极少，生长减弱。在潮湿环境下病部生灰白色稀疏的霉层。

【**病原**】烟草疫霉菌 *Phytophthora nicotianae* DeHaan，属卵菌门疫霉属。病菌以卵孢子、厚垣孢子或菌丝体随病残体在土壤中越冬，翌年条件适宜时产生孢子囊和游动孢子，借风雨和流水传播。孢子囊和游动孢子均可萌发，萌发后的芽管可直接侵入寄主表皮。发病后湿度大时，在病部可继续产生新的孢子囊，随风雨传播，进行反复再侵染。

【**防治要点**】①轮作换茬；②加强栽培管理，精细整地，消灭涝洼坑，及时修整排涝系统，以防积水；③培育健壮植株，注意养根，不过多收获，收割后及时追肥；④药剂防治参见辣椒疫病。

九、韭菜灰霉病

【**症状特点**】又称白点病。主要为害叶片。其症状有三种：①白点型，病株在叶片正反面生白色至灰褐色小斑点，扩大后呈梭形或椭圆形，常数斑汇合成大斑，直到半叶以至全叶枯焦；②干尖型，病株由收割的刀口处向下腐烂，开始时呈水渍状，后变为浅绿色，有褐色轮纹，多呈半圆形或“V”字形，病部向下延伸2～3cm，病叶组织黄褐色；③湿腐型，发病后在高湿环境下，叶片上无白点，枯叶表面密生灰色至绿色绒毛状霉层。

【**病原**】葱鳞葡萄孢菌 *Botrytis squamosa*，属无性型真菌葡萄孢属。菌丝为有隔菌丝。无色透明。分生孢子梗初淡灰色，后暗褐色，具0～7个隔膜，基部稍膨大，顶部有较多分枝，分枝处有缢缩，顶部球状膨大，上面密生小梗。分生孢子着生于小梗上，卵圆形至椭圆形，透明，初浅灰色，后褐色，大小为（12.5～25）μm×（8.5～18.5）μm。病菌以菌核随病残体在地表越冬，也可以菌丝体及分生孢子在保护地栽培的韭菜植株上越冬。

【**防治要点**】①选用抗病品种，如‘黄苗’‘寒青’‘中韭2号’等。②实行轮作倒茬，与百合科或葫芦科等其他蔬菜轮作种植。③加强栽培管理，做好田园卫生。扣膜栽培的韭菜，适时通风，降低棚内湿度；及时清洁田园，尤其应彻底清除病残叶，集中烧毁。④保护地可用15%腐霉利烟剂200～333g/亩点燃放烟，或50%腐霉利可湿性粉剂40～60g/亩喷雾。

十、大蒜叶枯病

【症状特点】主要为害叶片和花梗，叶片多从下部叶片叶尖开始发生，发病初期病斑呈水渍状，叶色逐渐减退，叶面出现灰白色稍凹陷的圆形斑点。病斑扩大后变为灰黄色至灰褐色，空气湿度大时为紫黑色，病斑表面密生黑褐色霉状物。病斑形状不整齐，有梭形和椭圆形。病斑大小不一，小的直径仅5～6mm，大的可扩展到整个叶片。发病部位由下部叶片向上部叶片扩展蔓延。花梗受害易从病部折断，最后病部散生许多黑色小粒点。发病严重时，植株生长势弱，地上部矮黄萎缩甚至提早枯死，迟抽薹或不抽薹，蒜头和蒜薹产量降低，外观品质大大降低。

【病原】有性态为枯叶格孢腔菌*Pleospora herbarum*（Pers.）Rabh.，子囊菌门，格孢腔菌属；无性态为*Stemphylium botryosum* Wallr.，无性型真菌，匍柄霉属。病原主要以菌丝或子囊壳随病残体遗落土中越冬。翌年由子囊孢子引起初侵染，以后病部产生分生孢子进行再侵染。该菌系弱寄生菌，常伴随霜霉病或紫斑病混合发生。

【防治要点】①合理轮作，与非百合科蔬菜轮作2年以上。②加强田间管理，合理密植，合理施用氮、磷、钾肥，雨后及时排水，及时清除田间病残体。③发病初期，用10%苯醚甲环唑水分散粒剂30～60g/亩，或60%唑醚·代森联水分散粒剂60～100g/亩，或25%咪鲜胺乳油100～120g/亩，或50%咪鲜胺锰盐可湿性粉剂50～60g/亩喷雾，视病情每隔10～14d喷1次。贮藏期，可用25%已唑醇悬浮剂2000～3000倍液，或10%多抗霉素可湿性粉剂500～750倍液浸梢。

十一、大蒜茎腐病

【症状特点】主要表现在叶片和鳞茎上。发病从外部叶片开始，逐渐向内侵染，初期鳞茎以上外部叶片发黄，根系不发达。后期鳞茎腐烂枯死，病部表皮下散生褐色或黑色小菌核。发病重时植株叶片黄化枯死，须根、根盘腐烂，蒜头散瓣，严重影响产量和品质。

【病原】葱核盘菌*Sclerotinia allii*，属子囊菌门核盘菌属。病菌在土壤、病残体和带菌的蒜种中越冬，通过雨水和土杂肥等传播。

【防治要点】①选用个大、健康、均匀或经脱毒的优质蒜种。②发病重的地块每种5年大蒜轮作1年小麦。③加强田间管理，适时足墒播种，合理密植；施足基肥，多施土杂肥，做到氮、磷、钾肥合理搭配，提高植株抗病能力；雨后及时排水；及时清除病残体，减少田间病源。④药剂防治参照十字花科蔬菜菌核病。

十二、大蒜紫斑病

【症状特点】主要为害叶和花梗，贮藏期为害鳞茎。田间发病多开始于叶尖或花梗中部，初呈稍凹陷白色小斑点，中央淡紫色，扩大后病斑呈纺锤形或椭圆形，黄褐色甚至紫色，病斑多具有同心轮纹，湿度大时，病部长出黑色霉状物，即病菌分生孢子梗和分生孢子。严重时病斑逐渐扩大，致全叶枯黄。贮藏期染病，鳞茎颈部变为深黄色或黄褐色软腐。南方苗高

10～15cm时开始发病，生育后期危害最甚，北方主要在生长后期发病。

【病原】葱链格孢菌*Alternaria porri*，属无性型真菌，链格孢属。病菌以菌丝体或分生孢子附着在病残体上越冬，为翌春的初侵染源，分生孢子借助气流雨水在田间传播蔓延。温暖多湿、连阴雨、植株生长衰弱、连作田和低畦地易发病。

【防治要点】①合理轮作，与非百合科蔬菜轮作2年以上。②加强田间管理，选择地势高、通风、排水都良好的地块栽培；适期播种，合理密植，合理施用氮、磷、钾肥，雨后及时排水；及时清除田间病残体。③种瓣处理，播种前用40～45℃温水浸泡90min。④药剂防治参照葱紫斑病。

十三、大蒜根腐病

【症状特点】主要为害根茎，贮藏期为害鳞茎。植株感病后，初生根由根尖向基部腐烂，之后次生根相继腐烂，部分植株连蒜母一起腐烂，腐烂处有恶臭味，易引发地蛆及其他寄生性害虫。病株叶片褪绿发黄，并从叶尖开始沿叶脉纵向软腐，植株矮小；根系发黄腐烂，蒜头小，严重时整个植株死亡。

【病原】病原为尖刀镰孢菌（*Fusarium oxysporum*）和茄镰孢菌（*Fusarium solani*）混合种群。病菌以厚垣孢子留在土壤中越冬，翌春条件适宜时产生分生孢子，借雨水、灌溉水等方式传播，从伤口侵入，在病株上产生分生孢子进行再侵染。施肥不当或氮肥过多、土壤过湿及生长后期遇高温多雨易发病，大水漫灌、田间积水或低洼地块发病重。

【防治要点】①合理轮作，与非百合科蔬菜轮作2年以上。②加强田间管理，选择地势高、通风、排水都良好的地块栽培；适期播种，合理密植，合理施用氮、磷、钾肥，雨后及时排水；及时清除田间病残体。③药剂防治，根腐病为土传病害，发病后用药效果差，故应做好种子处理。发病后化学防治参照茄科蔬菜枯萎病。

第四节　莴苣、菠菜病害

一、莴苣霜霉病

【症状特点】主要为害叶片，多从植株下部、外部叶片开始发病。发病初期，叶片上出现黄绿色、无明显边缘的病斑，后呈现不规则形，或受叶脉限制而呈多角形，正面淡黄色至褐色，背面有浓厚的白色霜状霉层，高温时叶片正面也能看到。发病后期病斑连成片，天气干燥时，叶片褐色干枯，全叶枯死。最后莴苣茎表面变褐变黑，整株腐烂。

【病原】莴苣盘梗霉*Bremia lactucae* Regel.，属卵菌门盘梗霉属。病菌孢囊梗呈二叉状分枝，顶部碟状或漏斗状，边缘有3～5个短柄，其上着生孢子囊。孢子囊卵圆形，无色，顶端有乳突，萌发后产生游动孢子。游动孢子无色，双鞭毛。有性态产生卵孢子，卵孢子淡褐色，圆形，直径26～35μm。病菌以菌丝体或卵孢子在菊科杂草上、病残体和种子上越冬，经风雨、昆虫传播。

【防治要点】①种子用48℃温水浸种30min；②发病初期可用30%吡唑醚菌酯悬浮剂25～33mL/亩，或80%烯酰吗啉水分散粒剂25～35g/亩，或90%三乙膦酸铝可溶粉剂40～80g/亩喷雾。

二、莴苣菌核病

【**症状特点**】主要为害莴苣茎基部。在整个莴苣生育期均可发病，苗期发病能造成幼苗成片倒伏腐烂。抽薹期发病，首先在植株近基部的叶缘、叶柄出现褐色水渍斑，后病斑扩大，病叶凋萎；茎部染病，先出现褐色水渍状病斑，后整株腐烂倒伏，病部产生大量白色菌丝，并有菌核产生。留种田发病后期，病茎内产生大量鼠粪状菌核。

【**病原**】核盘菌*Sclerotinia sclerotiorum*（Libert）de Bery，属子囊菌门核盘菌属。同十字花科蔬菜菌核病菌。

【**防治要点**】参照十字花科蔬菜菌核病。

三、莴苣灰霉病

【**症状特点**】主要为害叶片。病斑有两种类型：一种是叶尖和叶缘发病，形成褐色湿腐的不规则形病斑，有时呈"V"字形或半圆形，病斑上密生灰白色霉层；另一种从叶片内部发生，先期呈近圆形，后病斑不断扩大，有时有轮纹。

【**病原**】灰葡萄孢*Botrytis cinerea*，属无性型真菌葡萄孢属。同番茄灰霉病菌。

【**防治要点**】参照番茄灰霉病。

四、莴苣病毒病

【**症状特点**】苗期发病，出苗后半个月叶片出现淡绿或黄白色不规则斑驳、明脉、褐色坏死斑点及花叶。成株染病症状与苗期相似，严重时叶片皱缩，叶缘下卷成筒状，植株矮化，叶片边缘不整齐，出现缺刻。

【**病原**】莴苣花叶病毒lettuce mosaic virus（LMV）、黄瓜花叶病毒cucumber mosaic virus（CMV）、蒲公英花叶病毒dandelion yellow mosaic virus（DYMV）等多种病毒，可单独侵染，也可复合侵染。病毒主要由蚜虫或汁液接触传染。

【**防治要点**】①加强栽培管理，清除田园及周边杂草，尤其应及时治蚜；②选育和选用抗（耐）病品种；③药剂防治参照十字花科蔬菜病毒病。

五、菠菜霜霉病

【**症状特点**】主要为害叶片。初期生淡绿色水渍状病斑，边缘不明显，渐发展为较大的黄色圆形病斑；后期受叶脉限制，扩大呈不规则形，叶背病斑上产生灰白色霜状霉层，后变为紫灰色霉层。病斑从植株下部向上扩展，夜间有露水时易发病。严重时，叶片病斑连接成片，整个叶片变黄枯死。

【**病原**】粉霜霉*Peronospora farinose* Fries，属卵菌门霜霉属。孢囊梗基部膨大，呈二叉状分枝，一般分枝5～8次。孢子囊卵圆形至椭圆形，浅褐色，大小为（17.6～34）μm×（9.8～19.6）μm。卵孢子圆形，黄色，壁厚有皱褶，直径25～33μm。病菌以菌丝体潜伏于秋播的菠菜上越冬，在寒冷地区以卵孢子在土壤中越冬，种子也可带菌。

【**防治要点**】①清除田间病残体，深埋或烧掉；②合理密植，适当灌水，禁止大水漫灌；

③与葱、蒜类实施2～3年的轮作；④发病初期喷洒50%烯酰吗啉水分散粒剂30～35g/亩，或66.5%霜霉威盐酸盐水剂90～120mL/亩。

六、菠菜炭疽病

【**症状特点**】主要为害叶片及茎。叶上病斑初为淡黄色的小斑，后扩大成圆形或椭圆形病斑，灰褐色，有轮纹。中央生有略作同心圆状排列的小黑点，即病菌分生孢子盘。采种株发病，主要发生于茎部，病斑梭形或纺锤形，密生黑色轮纹状排列的小黑点。

【**病原**】菠菜炭疽菌*Colletotrichum spinaciae*，属无性型真菌炭疽菌属。分生孢子盘寄生于植物表皮下，成熟后不规则开裂。刚毛暗褐色，顶端尖细，2或3个隔膜。分生孢子新月形，无色，单胞。病菌最适发育与侵染发病的温度为20～25℃，相对湿度95%以上。病菌以菌丝体在病组织或黏附在种子上越冬，在田间可通过风雨传播。

【**防治要点**】①种子消毒：播种前用52℃温水浸种20min，然后移入冷水中冷却，晾干后再播种。②发病初期摘除病叶；收获后清除田间残体，深埋或烧掉。③合理密植，避免大水漫灌，增加中耕次数，降低田间湿度。④药剂防治参见瓜类炭疽病。

七、菠菜病毒病

【**症状特点**】从苗期至成株期均可发病。最初为害心叶，叶脉褪绿或叶片呈黄绿相间斑纹，随病情的发展，出现3种症状：①花叶型，病株叶片上出现许多黄色斑点，逐渐发展成不规则的深绿和浅绿相间的花叶。叶片边缘向下卷，病株无明显矮化。②矮化型，病株除出现花叶症状外，叶片还变窄、皱缩并有瘤状突起，心叶卷缩，植株严重矮化。③坏死型，病株叶片上有坏死斑，甚至心叶坏死，导致全株死亡。

【**病原**】甜菜花叶病毒beet mosaic virus（BMV）、黄瓜花叶病毒cucumber mosaic virus（CMV）及芜菁花叶病毒turnip mosaic virus（TuMV），三种病毒可单独或混合侵染，引起多种混合症状。在生长季节，病毒主要由蚜虫或汁液接触进行传播。

【**防治要点**】①加强栽培管理，提高植株抗病能力；②可用25%噻虫嗪水分散粒剂6～8g/亩，或50%吡蚜酮可湿性粉剂10～12.5g/亩喷雾防治蚜虫。

第五节　生 姜 病 害

一、姜瘟病

【**症状特点**】又称姜青枯病、姜腐烂病。主要发生在地下根茎部，一般多在近地面的茎基部和根茎上半部先发病。被害部初呈水渍状，黄褐色，失去光泽，其后逐渐软化腐败，仅留残存外皮。剖开根茎或茎基部，可见维管束变褐色，用手挤压可从维管束溢出灰白色的菌脓。根部染病后呈淡黄褐色，后期全部腐烂。茎被害部呈暗紫色，后内部病组织变褐腐烂。病株叶片呈凋萎状，叶尖及叶脉变枯黄色，后变黄褐色，边缘卷曲。病叶凋萎下垂。

【**病原**】茄劳尔氏菌*Ralstonia solanacearum*（Smith）Yabuuchi et al.，属劳尔氏菌属细菌。病菌生长发育最适温度为28～29℃；pH 4.0～9.5范围内均可生长，但以pH 5.4～7.3为宜。

细菌在土壤及种姜内越冬，从茎基部和子姜的自然裂口及机械伤口侵入，借灌溉水、风雨、昆虫等传播蔓延，也可沿维管束在植株体内纵向扩展，导致植株全株死亡。带菌种姜是远距离传播的主要途径。

【防治要点】①种植前先把切开的种姜用8亿孢子/g蜡质芽孢杆菌可湿性粉剂，按240～320g制剂/100kg种姜的用量浸泡30min，或用草木灰蘸封种姜创面，避免病菌自伤口侵入。②播种前可用99.5%氯化苦液剂34g/亩进行土壤熏蒸；与其他非寄主植物轮作2～3年。③低洼地要起高畦种植。注意田间排水。多施基肥，特别要多施草木灰。发现病株应即拔除，并在病穴及其四周撒施石灰消毒。病株应集中处理，深埋或烧毁。④防止病田的灌溉水流入无病田中，病姜不要随意丢弃，也不宜用作堆肥。⑤药剂防治可用20%噻森铜悬浮剂500～600倍液灌根，或46%氢氧化铜水分散粒剂1000～1500倍液喷淋或灌根，或8亿孢子/g蜡质芽孢杆菌可湿性粉剂400～800g/亩顺垄灌根。

二、姜茎基腐病

【症状特点】又称姜根腐病、绵腐病。主要为害茎基部和块茎，叶片也可受害。叶片发病，先从近地表叶的叶缘褪绿变黄，后蔓延至整个叶片，并逐步向上部叶片扩展，至整株叶片黄化凋萎。茎基部发病，初期出现大小不等的水渍状斑，逐渐扩大，变黄褐色，由于水分养分运输受阻，地上部分叶片发黄凋萎后枯死。地下部块茎感病，初期出现凹陷病斑，后期出现软腐；湿度大时茎基部和块茎表面会产生白色霉层。

【病原】主要为群结腐霉 *Pythium myriotylum* Drechsler，属卵菌门腐霉属。孢子囊由菌丝膨大形成，膨大部分指状或裂瓣状，顶生或间生。每个孢子囊内可产生大量游动孢子。游动孢子肾形，双鞭毛，大小为（11.6～16.9）μm×（9.2～11.6）μm；休止孢直径约12μm，萌发产生芽管；藏卵器球形或近球形，平滑，顶生或间生，偶有2个串生；雄器棒状或钩状，产生于分枝的雄器柄顶端，与藏卵器异丝生，以顶端与藏卵器接触。病菌以菌丝体潜伏在种姜及病残体上越冬，或以菌丝体及厚垣孢子在土壤内越冬，条件适宜时病害开始发生。贮藏期也可发生病害。

【防治要点】①姜种处理：精选姜种，避免使用去年发病地块的姜块做姜种。②加强栽培管理：选择地势平坦，土质较疏松的土壤栽培；有条件地区可避雨栽培。③药剂防治可参照茄科蔬菜苗期病害中猝倒病的防治。

三、姜斑点病

【症状特点】又称白星病。主要为害叶片，发病初期为淡褐色小斑，有淡黄色晕环，后期病斑扩展为梭形或长圆形，长2～5mm，病斑中部变薄，呈浅黄色或灰白色，边缘红褐色，易破裂或成穿孔。严重时，病斑密布，全叶似星星点点，故又名白星病。病部可见针尖大的小黑点，即病菌的分生孢子器。

【病原】姜叶点霉菌 *Phyllosticta zingiberi*，为无性型真菌叶点霉属。分生孢子器球形，具孔口，黑褐色。分生孢子椭圆形，单胞，无色，大小为（5～9）μm×（2.5～3.5）μm。病菌主要以菌丝体和分生孢子器随病残体遗落土中越冬，以分生孢子完成初侵染和再侵染。田间可借雨水溅射传播。

【防治要点】①避免连作，不要在低洼地种植，注意清沟排渍，做好清洁田园工作；②避免偏施过施氮肥，注意增施磷钾肥及有机肥；③于发病初期，用70%甲基硫菌灵可湿性粉剂与75%代森锰锌可湿性粉剂1：1混合后的1000倍液，或250g/L嘧菌酯悬浮剂2000倍液，或10%苯醚甲环唑水分散粒剂1000倍液，或40%多福溴菌腈可湿性粉剂800～1000倍液，或25%咪鲜胺乳油1000～1500倍液，隔7～10d喷1次，连续喷施2或3次，采收前20d停止用药。

第六节　蔬菜根结线虫病

一、症状

仅发生于根部，以侧根及支根最易受害。根部被害后可产生根结，根结大小因寄主和线虫种类不同而异。豆科和瓜类蔬菜被害后在主、侧根上形成较大串珠状的根结，使整个根肿大，粗糙，呈不规则状；而茄科或十字花科蔬菜和芹菜等受害，大多在新生根的根尖产生较小的根结，发病后期，大型根结表面粗糙褐色，易腐烂。剖视根结，可见许多柠檬形雌虫，且常在肿大根外部见透明胶质状卵囊，偶见蠕虫形雄虫。病株营养不良，矮小，生长衰弱，叶片褪绿黄化，结果少且小，品质变劣，严重时整个植株逐渐萎蔫死亡。

二、病原

蔬菜根结线虫病由根结线虫属（*Meloidogyne*）的多种线虫侵染所致，该属已报道有百余种，基本可以寄生所有的维管束植物。其中南方根结线虫*M. incognita*、爪哇根结线虫*M. javanica*、花生根结线虫*M. arenaria*和北方根结线虫*M. hapla*等是最重要而常见的种，南方根结线虫是我国根结线虫优势种。

该属线虫成虫为雌雄异型。雌成虫固定寄生在根内，膨大呈梨形或球形，前端尖，乳白色，大小为（0.3～0.7）mm×（0.4～1.3）mm。解剖根结肉眼可见，这是诊断根结线虫病的标准之一。每个雌虫可产卵500～1000粒，常产在体外的胶质卵囊中。雌虫的会阴花纹是该属分种的重要依据之一。雄虫呈线状、圆筒状，无色透明，尾部短而钝圆，大小为（0.7～1.9）mm×（0.03～0.04）mm，与雌虫交配后离开根组织，并迁移至根围土壤中。2龄幼虫呈线状，无色，透明，比雄成虫要少得多，此阶段为侵染虫态。3龄和4龄幼虫膨大为囊状，固定寄生于根结内。卵长椭圆形或肾形，大小为（0.4～0.5）mm×（0.013～0.015）mm。本属线虫以土壤温度25～30℃、土壤持水量40%左右时发育最适宜。幼虫一般在10℃以下停止活动。55℃下10min可致死。

三、病害循环

根结线虫主要以卵在土壤中越冬，也可以2龄幼虫在土壤、病残体和粪肥中越冬。翌年环境适宜时越冬卵孵化为2龄幼虫，2龄幼虫多从植物根伸长区侵入，在没有分化的根细胞间移动，最后在根中柱与皮层中的固定位置取食后不再移动，引起寄主皮层薄壁细胞过度生长，形成巨型细胞，并引起细胞增生，最后形成根结。2龄幼虫在根结内生活，经三次蜕皮发育为成虫。雌雄成虫交配或雌虫营孤雌生殖后，雌虫产卵于胶质卵囊中，卵囊附于阴门外，常裸露于根结外，雄虫从根部钻出进入土壤。1龄幼虫在卵内孵化，2龄幼虫破壳而出，离开植物体到土中，进行再侵染或在土中越冬。根结线虫主动传播距离有限，主要通过流水或黏附在农具上的土壤传播，但可通过带病种苗、基质等进行长距离传播。

四、发病条件

（一）土质和地势

根结线虫是好气性的，凡地势高而干燥、结构疏松、含盐量低而呈中性反应的砂壤土，都适宜根结线虫的活动，因而发病重。反之，潮湿、黏质土壤，结构板结等均不利于根结线虫生长与繁殖。

（二）耕作制度

连作地发病重，感病寄主连作年限越长危害越严重。根结线虫的虫瘿多分布在表层下20cm的土中，特别是在3～9cm内最多。因为根结线虫的活动力有限，而且土层越深透气性越差、越不适于病原线虫生活，所以将表层土壤深翻后，大量虫瘿从上层翻到底层，可以消灭一部分越冬的虫源，同时耕翻后表层土壤疏松，日晒后易干燥，不利于线虫活动，虫源也相对减少。

（三）土壤温度

线虫在作物一个生长季中可发生5或6代。南方温度高，根结线虫危害时间长，世代多，病害一般重于北方。保护地比露地土温高，根结线虫初侵染提前，危害期长。

五、防治

（一）轮作

轮作能使病情显著减轻，若能进行2～3年轮作，效果更显著；最好与禾本科作物轮作，因禾本科作物较少发生根结线虫病。采用无虫土育苗、夏季深翻晒土壤、大水浸灌可减少虫口密度。

（二）土壤消毒

本法主要用于苗床或设施蔬菜地。药剂在播种前2～3周施于离土表15～25cm深的土中，施药前应保持湿润，施药后覆土压实，以达到熏蒸杀虫的目的。可采用98%棉隆微粒剂30～45g/m^{2}进行土壤处理，或40%氟烯线砜乳油500～600mL/亩土壤喷雾，或20%异硫氰酸烯丙酯水乳剂3～5kg/亩土壤喷雾并覆膜熏蒸，或99%硫酰氟气体制剂55～70g/m^{2}土壤熏蒸，或99.5%氯化苦液剂5～10g/鼠穴进行土壤熏蒸。

（三）加强栽培管理

彻底清除病残株，集中深埋。合理施肥和灌水对病株有延迟症状表现或减轻损失的作用。通过增施有机肥、合理施肥，避免设施内土壤酸化，控制好限制根结线虫发生和繁衍的土壤环境条件。夏天休棚期采用大水灌棚，棚内灌水保持1周以上，线虫由于缺氧窒息而死。

（四）物理防治

用50℃左右的温水处理可有效防治此类病害。根据不同植物和线虫对温度的敏感性差异，确定热处理的温度和时间，达到既消灭线虫、又不影响植物生长的目的。保护地可利用太阳能高温闷棚杀虫。盛夏季节，深翻土壤，撒上3～5cm长的碎稻草，再均匀洒上石灰水后，深翻土壤30cm左右，浇透水后用塑料地膜覆盖，将大棚密闭15～20d，土壤升温可达55℃以上，足以杀死土壤中的线虫。

（五）选用抗线虫品种和抗线虫砧木

目前，番茄有抗根结线虫的品种，如国外引进的‘博尔特’‘飞腾’‘凯蒂’，国内的抗根结线虫的品种有‘仙客5号’‘仙客6号’‘佳红6号’‘浙杂301’和‘东农708’等。对于瓜类和其他茄果类蔬菜，培育和筛选抗根结线虫的嫁接砧木也是降低根结线虫病危害的绿色高效方法，利用角黄瓜抗根结线虫的特性将其作为黄瓜嫁接砧木已获成功。

（六）伴生栽培

伴生栽培可充分利用作物空间分布差异、肥料养分吸收差异和自身分泌物差异，改善土壤环境，趋避和减少土传病害的危害。生产上可以利用葱、蒜或者韭菜作为设施蔬菜黄瓜、番茄或者辣椒等主栽蔬菜的伴生植物，不仅能减少线虫危害，还能有效降低土壤盐害。

（七）药剂防治

1%阿维菌素缓释粒2250～2500g/亩穴施，或10%噻唑膦颗粒剂1500～2000g/亩进行土壤撒施，或0.5%氨基寡糖素水剂600～800mL/亩灌根，或50%氰氨化钙颗粒剂48～64kg/亩沟施，或35%威百亩水剂4000～6000g/亩沟施，或5亿活孢子/g淡紫拟青霉颗粒剂2500～3000g/亩沟施或穴施。

第十八章　水生蔬菜病害

水生蔬菜是指适合在淡水环境生长，产品可作为蔬菜食用的维管束植物，主要包括莲藕、茭白、荸荠、慈姑、水芹、芋和水蕹菜等。大多数水生蔬菜原产于中国或以中国为主要产地，在我国长江流域及以南地区，水资源丰富，适宜发展水生蔬菜种植。当前，随着社会经济的发展和人们生活水平的提高，水生蔬菜以其特有的口感和营养价值，受到越来越多人的喜爱。随着水生蔬菜大面积重茬栽培，病害问题逐年加重，例如，茭白胡麻斑病、纹枯病、锈病，莲藕腐败病、炭疽病，慈姑黑粉病和荸荠秆枯病等。

第一节　茭白、莲藕病害

一、茭白胡麻斑病

茭白胡麻斑病又称茭白叶枯病、茭白褐斑病、茭白眼斑病。全国各茭白产区均有分布，是秋茭的主要病害之一。病害在整个茭白生长期均可发生，7～9月是该病的流行期，最严重时病叶率可达100%，病情指数高达60～70，常造成大面积叶片枯死，对产量和品质均有较大影响。本病在自然条件下仅为害茭白，人工接种可侵染水稻。

（一）症状

主要为害叶片，叶鞘和茭肉也可受害。叶上初生针头大小的褐色斑点，后扩展成圆形、椭圆形或长菱形病斑。病斑边缘淡褐色至深褐色，中间黄褐色至灰白色，有时呈轮纹状，外围有黄色或淡黄色晕圈。后期病斑可相互愈合成大斑块，终致叶片干枯。湿度大时，病斑两面生明显的褐色霉层，即病菌的分生孢子梗和分生孢子。叶鞘和茭肉上病斑一般较小，通常无淡黄色晕圈，其他特征同叶片。

（二）病原

菰平脐蠕孢 *Bipolaris zizaniae*（Nisikado）Shoemaker，属无性型真菌平脐蠕胞属。分生孢子梗多为数根丛生，少数单生，黄褐色至绿褐色，不分枝，有膝状曲折，基部细胞膨大，顶端色淡，3～10个隔膜，大小为（150～275）μm×（7～9）μm。分生孢子倒棍棒状，长椭圆形，黄褐色至暗橄榄色，中央最宽，两端渐狭，孢壁较厚，顶、基细胞呈钝圆形，5～8个隔膜，大小为（40～165）μm×（12～29）μm，脐明显突出。

（三）病害循环

病菌以菌丝体和分生孢子在植株残体上越冬。翌年气温回升后，病菌产生分生孢子，借风雨传播引起初侵染。分生孢子在温湿度适宜时，经1～2h发芽产生芽管，然后穿透寄主表皮细胞或由气孔直接侵入。在27℃时潜育期仅有1～2d。发病后病斑上产生的分生孢子可进行多次再侵染。

（四）发病条件

1. 温、湿度 当温度在15℃以下时病害零星发生，且发展缓慢；在20～32℃高温多雨环境下，病情发展很快，即出现发病高峰；遇35℃以上高温干旱天气，病害明显受到抑制。

2. 栽培管理 通常土壤瘠薄、保肥保水能力差的田块发病重。土壤偏酸、缺钾、长期灌深水、管理粗放及生长衰弱的田块发病也重。偏施氮肥、植株徒长、通风不良等也会加重发病。

（五）防治

冬前割下的茭株及秋冬挖出的茭墩必须在翌年3月底前全部烧毁。如用作肥料，一定要充分腐熟。施足基肥，增施磷钾肥，能使植株生长健壮，提高抗病力。据测定，土壤含速效磷10～20μg/g，每公顷施氯化钾150kg，防病增产效果相当显著。加强水层管理，如长期灌深水而缺氧，应适当搁田；若天气高温干旱，应适时适量灌深水，以减轻危害。土壤pH5～6时，每公顷施600～1125kg石灰或草木灰，可减轻发病。发病初期用250g/L丙环唑乳油15～20mL/亩，或25%咪鲜胺乳油50～80mL/亩喷雾。

二、茭白纹枯病

纹枯病为茭白主要病害。分布较广，发生较普遍。夏秋季发病较重，一般病株率30%～60%，重病田发病率可达80%以上，严重影响茭白生产。

（一）症状

主要为害叶鞘，其次是叶片，先从近水面的叶鞘上开始发病，初为暗绿色水渍状、边缘不清晰的小斑点，后逐渐扩大变成圆形至椭圆形或不规则形病斑。病斑中部呈淡褐色至灰白色，湿度大时呈墨绿色，病斑边缘深褐色，与健康组织分界明显。后期多个病斑相互重叠形成水渍状、暗绿色至黄褐色云纹状病斑。病斑由下而上扩展，延伸至叶片，使叶片上也出现云纹状病斑。严重时叶鞘变褐、腐烂，叶片提早发黄枯死，茭肉干瘪。在潮湿条件下，病部常可见灰白色蛛丝网状物，即病菌菌丝体，并逐渐缠绕成棉絮状团，最后变成黑褐色似油菜籽大小的粒状菌核。

（二）病原

有性态为瓜亡革菌*Thanatephorus cucumeris*（Frand）Donk，担子菌门，亡革菌属；无性态为立枯丝核菌*Rhizoctonia solani* Kühn，无性型真菌，丝核菌属。菌丝分枝发达，分枝处稍缢缩，近缢缩处有分隔，为多核菌丝。菌丝初无色，后变淡褐色；菌核茶褐色，扁球状，表面粗糙。病菌生长温度范围10～40℃，适温28～32℃。

（三）病害循环

主要以菌核遗落土中，或以菌丝体和菌核在病残体或杂草及田间其他寄主上越冬，成为初侵染源。再侵染主要靠田间病株，病菌借菌丝攀缘，或菌核借水流传播。

（四）发病条件

1. 田间遗落的菌核 在茭白收获后，病菌菌核会大量掉落在田间土壤中越冬，成为翌年发病的主要菌源；少数以菌丝体和菌核在病残体或田间杂草及其他寄主上越冬。遗落在土中的菌核可存活1～2年，翌年春季借助水流，大部分菌核漂浮和混杂于浪渣中，当气温上升到15℃以上时传播侵害茭白，并很快形成病斑。沉于水下的菌核也能萌发侵入茭白；茭白生长期间，落入田间的菌核随水漂浮可再次侵害。因此，田间遗落的菌核量决定着该病发生流行的轻重程度。

2. 温、湿度　茭白纹枯病属于高温高湿性病害，温度在25～31℃，相对湿度达97%以上时发病重。

3. 水肥管理　茭田长期深灌、偏施氮肥，病害发生严重。

4. 种植密度　过分密植，田间通风透光性差，不但影响光合作用，而且会提高田间湿度，有利于病害发生，发病也重。

（五）防治

实行3年以上水旱轮作，并于种植茭白前清除田间菌源。合理密植；结合中耕等农事操作，及时清除下部病叶、黄叶，改善通风透光条件。加强肥水管理，施足基肥，增施腐熟的有机肥，适当增施磷钾肥，避免偏施氮肥。发病初期用30%噻呋酰胺悬浮剂2000～2500倍液，或24%井冈霉素水剂1666～2000倍液喷雾，或参照水稻纹枯病防治用药。

三、茭白锈病

锈病为茭白重要病害。主要在南方地区发生。发病后病情往往较重，病株率可高达60%以上，严重影响茭白生产。

（一）症状

主要为害叶片和叶鞘。发病初期在叶片和叶鞘上散生橘红色隆起小疱斑，即夏孢子堆。之后破裂，散出锈黄色粉末状物，即夏孢子。条件适宜时，常产生狭长条至长梭形锈黄色疱斑，周缘有黄色晕环。后期在叶片和叶鞘上出现黑色疱斑，即冬孢子堆。冬孢子堆表皮不易破裂，破裂后可散出黑色粉末状物，即冬孢子。

（二）病原

冠单胞锈菌*Uromyces coronatus* Miyabe et Nishida，属担子菌门单胞锈菌属。病菌夏孢子球形至椭圆形，黄褐色，壁厚，表面具微刺，大小（16～26.5）μm×（23.5～39.5）μm。冬孢子卵圆形至长椭圆形，顶端壁厚，上有若干指状突起，下部具淡褐色柄，大小（26～44）μm×（16～26）μm，柄长2.5～47.5μm。

（三）病害循环

病菌以菌丝体、夏孢子堆和冬孢子在病残体上越冬。翌年在茭白生长期间，夏孢子借气流传播进行初侵染。病部产生夏孢子不断重复侵染。采茭结束，病菌又在老株和病残体上越冬。

（四）发病条件

病菌喜高温潮湿的环境，最适发病温度为25～30℃，相对湿度80%～85%。通常天气高温多湿、连作田块的茭白锈病发生重。植株下部的茎叶发病早且重。偏施氮肥、生长茂密、通透性差的茭田发病重。

（五）防治

采茭后彻底清理病残体及田间杂草，减少田间菌源。适时翻耕，减少连作。一般免耕连续种植2～3年后，应耕种1次，最好是每年翻耕种植，能有效减轻发病率。增施磷钾肥，避免偏施氮肥。高温季节适当深灌水，降低水温和土温，控制发病。发病初期适时喷药，药剂防治可参照豆类锈病。

四、莲藕腐败病

莲藕腐败病又称枯萎病，广泛分布于我国各产区。除生长期受害外，贮藏期也可陆续发病。轻者减产20%～30%，严重者可达70%～80%，是莲藕生产的重大障碍之一。

（一）症状

莲藕的叶、鞭、藕等部位均可受害。发病植株地下茎及根系首先变黑，维管束变淡褐色，逐渐成纵向坏死。后随病情扩展，由种藕延及当年新生藕及藕节，呈褐色至紫黑色腐败，不堪食用。由于地下部受害，藕株输导机能受阻，从病茎抽出的地上部叶片也现病态，初期荷叶叶缘出现青枯状，随后青枯范围逐渐向叶柄处蔓延，最后整叶失水焦枯。发病严重时，全田一片枯黄，似火烧状。荷梗发病，沿气孔变褐凹陷。病藕在疏导组织位置常褐变，后期在藕节气孔内常见灰白色菌丝体及粉红色霉层。贮藏期藕受害，初期外表症状不明显，横切病藕导管变浅褐色或褐色，随后变色部位逐渐扩大，藕孔中充满絮状菌丝体，病藕腐烂或不腐烂，外表皮纵皱。

（二）病原

莲藕腐败病由多种无性型真菌镰孢属真菌侵染引起，不同地区病原有所不同。主要为尖镰孢菌莲专化型*Fusarium oxysporum* f. sp. *nelumbicola*，其次为藤黑镰孢菌*F. fujikuroi*、茄镰孢菌*F. solani*、半裸镰孢菌*F. semitectum*、接骨木镰孢菌*F. sambucinum*和球茎状镰孢菌莲变种*F. bulbigenum* var. *nelumbicolum*等。

病菌可产生大型分生孢子和小型分生孢子。大型分生孢子无色，新月形，两端尖，具脚胞或不明显，顶细胞尖，顶端略弯曲，1～5个隔膜，多为3个隔膜，大小为（38～52）μm×（3.3～4.6）μm。小型分生孢子无色，单胞，少数具1隔，椭圆形或略呈弯曲状，大小为（5～13）μm×（2～4）μm。

（三）病害循环

病菌以厚垣孢子及菌丝体在病残体、土壤或以菌丝体潜伏在种藕中越冬。病藕中的病菌可存活18个月以上，土表及20cm深土壤中的病残体中病菌也可存活10个月，而土壤中病菌可存活5～6年。翌年带菌种藕移栽后引起发病，病菌由根部伤口侵入，由地下茎相互接触及人为操作接触传播。田间发病轻重主要取决于越冬菌量，分生孢子再侵染作用不大。

（四）发病条件

1. 带病的种藕和连作多年的病藕田（池）发病重 据调查，连作3～5年或更长时间的藕田（池）藕的病株率为10%～20%，连作5年以上池藕的病株率达30%以上，连作8年的发病率可达70%以上。随着莲藕连作年限的增加，腐败病有明显加重发生的趋势。

2. 土壤酸性大、通气性差发病重　连续种植藕多年的田块，由于连作使土壤腐殖质含量增加，土壤黏重，通气性差，加之病菌的逐年积累，一般发病均重。

3. 气候条件　病害发生与20cm处土壤温度有密切关系。病菌生长发育最适温度27～30℃，最适pH 7.2左右。6月份以后，土温在20℃左右时开始显症，到24～26℃时形成发病高峰期，7月下旬至8月中旬土温达30℃以上时病情受抑制。秋季土温降到25℃左右时，田间常会出现第二个发病高峰。此外，降雨多的年份发病重，因降雨后常导致土温降至适宜发病的温度，病情加剧。

4. 栽培管理　酸度高或长势差的田块，迟栽迟发田，偏施氮肥、直接施未经发酵腐熟的有机肥料、根部害虫多的田块发病均比较重。藕田湿润多水发病较轻，藕田断水干裂则发病严重。水稻田改种藕的地块发病重，藕田水层浅是诱发病害的主要原因。

5. 品种间抗性有差异　一般深根系品种较浅根系品种发病轻，如柴藕、'毛节''仙玉莲2号'等较抗病。

（五）防治

1. 选用抗病品种和无病种藕　种藕截断处可蘸石灰乳或草木灰，再用硫酸铜200倍液处理24h，方可栽植。

2. 土壤施药　在种藕前土壤翻耕时，每公顷用50%多菌灵或50%速克灵30kg混合湿润细土450kg均匀撒施，具有较好防病效果且能推迟发病期。

3. 闷种　种藕洗净晒干，并用50%多菌灵或硫菌灵800倍液＋75%百菌清可湿性粉剂800倍液浸1～2h，或喷上药液后闷种一昼夜，待药液干后栽种。

4. 加强栽培管理　有条件地区可与大蒜、芹菜、旱稻等作物实行2年以上轮作；生长前期灌浅水，深5～6cm，促进发芽长叶，中期灌水深15～16cm，后期浅水，有利于结藕。注意清洁田园，拔除病株并烧毁；生长中后期应避免下田，以防造成伤口；增施有机肥和磷钾肥；避免串灌；加强地下害虫的防治。冬季翻耕晒田，播种前加入生石灰或有机肥后旋耕。

5. 生长期用药　在移栽前或发病初，可用10%混合氨基酸铜络合物乳剂200～300g，拌细土25～30kg，堆闷3～4h后撒施于浅水藕田中，或用4%嘧啶苷类抗菌剂水剂500～600倍液、70%甲基硫菌灵可湿性粉剂800倍液＋75%百菌清可湿性粉剂600倍液、40%硫黄多菌灵悬浮剂500～700倍液进行叶面和叶柄喷雾。

五、莲藕炭疽病

炭疽病是莲藕重要的叶部病害，分布广泛，危害严重。近几年呈发展扩大之势，发病重的可造成毁灭性损失。

（一）症状

叶片上病斑圆形至不规则形，略凹陷，红褐色，具轮纹，与黑斑病初期症状相近，后期上生很多小黑粒点，即病原菌的分生孢子盘。病害严重时病斑密布，叶片局部或全部枯死；茎上病斑近椭圆形，暗褐色，也生许多小黑点，致全株枯死。幼叶病斑紫黑色，轮纹不明显。

（二）病原

有性态为围小丛壳菌*Glomerella cingulate*（Stonem）Schr. et Spauld，子囊菌门，小丛壳属；无性态为胶孢炭疽菌*Colletotrichum gloeosporioides*（Penz.）Penz. & Sacc.，半知菌类，炭疽菌属。子囊壳近球形，基部埋在子座中，散生，喙明显，孔口处暗褐色，大小（180～190）μm×（132～144）μm。子囊棍棒形，单层壁，内含8个子囊孢子，大小（48～77）μm×（7～12）μm，无侧丝。子囊孢子单行排列，无色，单胞，长椭圆形至纺锤形，直或微弯，大小（15～26）μm×4.8μm。分生孢子盘圆形至扁圆形，黑褐色，大小90～250μm，分生孢子梗短，密集。产孢细胞瓶状，分生孢子单胞，无色，短圆柱形至近椭圆形，有的一端略小，大小（5.63～11.25）μm×（2.25～5.00）μm，多数孢子具油球2个，少数3个，刚毛少见。附着胞初无色，后变褐色，近圆形，个别不规则。分生孢子在10～35℃范围内均可萌发；最适宜温度为20～28℃，孢子萌发最适相对湿度为100%，适应pH范围广，pH3～11均可萌发，pH4～8萌发率最高，51℃处理10min后可致死。

（三）病害循环

病菌以菌丝体和分生孢子盘随病残体遗落在藕塘中存活越冬，也可在田间病株上越冬。病菌分生孢子盘上产生的分生孢子借助气流、风雨和人为田间农事操作传播，进行初侵染与再侵染。尤其在田间折蕾和摘叶后，有伤口的条件下，更易发病。

（四）发病条件

高温多雨尤其暴风雨频繁的年份或季节易发病；连作地或藕株过密通透性差的田块发病重；氮肥偏施过施，植株体内游离氨态氮过多，抗病力降低而易感病。

（五）防治

1）注意田间卫生，发现病株及时拔除，收获时或生长季节收集病残物深埋烧掉。

2）种植抗病品种，与其他作物轮作2年以上。

3）加强栽培管理，适期栽种，注意有机肥与化肥相结合，氮肥与磷钾肥相结合施用。按藕株不同生育期管好水层，适时换水，深浅适度，以水调温调肥促植株壮而不过旺，增强抗病力，减轻发病。

4）药剂防治可在莲藕定植前结合整地施用50%多菌灵可湿性粉剂1～1.5kg/亩，或在发病初期用50%多菌灵可湿性粉剂800倍液，或70%甲基硫菌灵可湿性粉剂600倍液进行喷雾，每7～10d一次，连续防治2或3次。

第二节　慈姑、荸荠病害

一、慈姑黑粉病

慈姑黑粉病，俗称疮疱病，是慈姑上的主要病害之一，凡栽培慈姑的地区都有此病发生，尤以长江流域及华南等地发生特别严重，常引起叶片枯焦，一般植株发病率20%～40%，重病田发病率达60%～100%，可造成20%～30%的减产，重病田减产达50%以上，严重影响了慈姑的产量品质和经济效益，有的甚至失去食用价值。慈姑黑粉病仅为害慈姑。

（一）症状

从子叶期至结球期均可发病，主要发生在叶片和叶柄上，有时花器和球茎也可受害。病菌侵入叶片后，可表现3种症状类型：①初期产生黄绿色近圆形或不规则形的疱状病斑，逐渐变为黄褐色，疱斑向叶面隆起，叶背凹陷呈泡状，故称疱疱病。病斑较大，10～20mm。病部常有白色浆液流出，后表皮破裂，散出黑色粉末，为病菌冬孢子。有时疱斑全部脱落形成穿孔状。②叶上生不规则形黄褐色小型而不隆起的肿斑，病斑干缩破裂后，极易脱落成筛网状的孔洞。③叶片正面生有边缘不明显的褪绿色或橙黄色病斑，大小不一，表皮下生许多黑色小点。相应的背面表皮初为灰白色或黄白色，始终不形成肿斑，后叶背表皮破裂露出黑色冬孢子球。叶柄受害常形成梭形或短条状带有纵沟的青褐色至深褐色瘤状突起。花梗受害形成球形肿瘤。花器受害整个子房全部被黑色冬孢子球所替代。球茎受害，表皮黑色隆起，破裂后露出黑色粉末。

（二）病原

慈姑虚球黑粉菌*Doassansiopsis horiana*（Henn.）Shen，担子菌门，虚球黑粉菌属。冬孢子球球形、椭圆形或不规则形，深褐色，大小为（88～211）μm×（34～146）μm。冬孢子球的外围由3层或数层菌丝状无色不孕细胞组成的包被所包裹；中心部分由拟薄壁组织组成的不孕细胞，无色或淡褐色，直径7～16μm；中间一层为排列紧密的冬孢子，圆形至长椭圆形，红褐色至深褐色，表面光滑，大小为（10～22）μm×（5～14）μm。由次生菌丝产生的分生孢子无色，单胞，腊肠状，大小为（2.9～4.9）μm×24.5μm。冬孢子球发芽最适温度30℃，最高35～37℃，最低10℃。

（三）病害循环

病菌以冬孢子球附着在留种球茎表面、病株残体和遗落土中越冬。翌年春日均温达15℃以上时，冬孢子球萌发产生担孢子，担孢子通过气流、雨水传播到慈姑苗上引起初侵染。担孢子经气孔或表皮直接侵入，1～2d后表现症状，1周左右就可产生分生孢子或冬孢子，又借助风雨传播，进行多次再侵染。

（四）发病条件

1. 温、湿度　高温高湿是慈姑黑粉病发生和发展的主要因素。发病最适的气候条件为温度20～30℃，相对湿度95%以上，一般在气温26～28℃、连续下雨2d以上时，病情发展最快，且每次雨后发病加重。该病在长江流域6～8月高温多湿的天气条件下容易发生和发展；浙江及长江中下游地区的发病盛期为6～8月，5月中下旬为初发期，6～7月梅雨季节当气温达25℃以上、连续阴雨、相对湿度在80%以上时为发病高峰期。以梅雨期长、雨量大及初夏雷阵雨天气多的年份发病重。慈姑的最适感病生育期为成株期至采收期。

2. 栽植密度　慈姑栽植过密、叶片重叠、株间湿度大，有利于病害发生。一般寄秧田密度为80～90株/m^2时株发病率达85%，叶发病率为21.8%，病情指数为8.7；密度为36～50株/m^2时分别为62.5%、15.8%和5.5。

3. 生育期　慈姑生长旺盛期也是发病盛期。随气温上升植株生长加快，一般进入6月下旬，日均温25℃左右，雨水多，平均每5d抽生一张新叶，此时病情猛增。未展开的新叶发病率最高，老叶一般不发病。

4. 品种 慈姑品种间对黑粉病抗性也有差异。一般狭箭叶型比阔箭叶型耐病，如‘宝应紫圆’、沈荡慈姑较耐病，‘苏州黄’易感病。

此外，氮肥施用过多、植株生长嫩绿的田块发病重。种芽带菌率高、连作田等都会加重病害的发生。病害的流行程度与5～6月份慈姑新叶的增长量呈显著正相关。同时与蚜虫的发生量也有密切关系，6月份蚜虫在田间盛发，分生孢子借助蚜虫的传播，增加侵染概率，加速病害的流行。

（五）防治

1. 选用抗病或耐病品种 结合生产和加工需要，因地制宜选用抗病或耐病品种。

2. 培育壮苗 选用无病球茎作种进行育苗，选择品种特征明显、大小适中、充分成熟的球茎，在冬前折芽贮藏，即将顶芽稍带一部分球茎用刀削下，适当摊晾至表面干燥后，窖藏越冬。4月上旬于15℃以上湿润环境中进行催芽育苗，催芽前作种的球茎应进行药剂处理，可用15%三唑酮可湿性粉剂1000倍液等浸种球2h。同时，应选土质肥沃、排灌方便、保水保肥的田块育苗，幼苗萌芽生长期间，保持2～3cm的浅水，促进发根，早春注意防止冻害。

3. 合理轮作 对已经发生慈姑黑粉病的田块，需要进行合理的轮作，可采用慈姑与茭白、藕、荸荠、水稻轮作或水旱轮作3年以上。

4. 加强田间管理 晒垡7～15d能有效抑制冬孢子球萌发。适时合理密植，早熟慈姑一般要求苗龄达45d以上、苗高25～30cm、具有4或5片绿叶时定植。早熟栽培一般行距、株距均为40～45cm；晚熟栽培一般行距、株距均为35cm左右。水层管理以浅水勤灌、严防干旱为主，但在高温多雨情况下，应注意适当放水搁田，以防引起徒长。在高温干旱情况下，应注意适当深灌凉水，以防引起早衰。避免长时间深灌和过量施用氮肥，后期采用间湿间干的水层管理方法，促进根系发育。整个生育期必须重视氮、磷、钾的配合施用，及时摘除老、黄、病叶。采收后及时收集病残体并集中销毁。

5. 药剂防治 催芽前对种球进行药剂处理，可用77%氢氧化铜干悬剂1000倍液或15%三唑酮可湿性粉剂1000倍液浸种2～3h。田间发病初期用50%多菌灵可湿性粉剂800倍液，或50%福美双可湿性粉剂500倍液，或15%三唑酮可湿性粉剂600倍液防治3或4次，每次间隔1周。

二、荸荠秆枯病

荸荠秆枯病俗称荸荠瘟、细荸荠，是荸荠上的毁灭性病害。在我国各荸荠产区发生普遍，一般老产区发病严重，尤以江浙一带为突出；新产区发病较轻。一般病秆率30%～40%，重者达100%，造成荸荠大量枯死、倒伏，以致地下部结荠很小，甚至不结荠。病秆率达40%以上时，荸荠减产70%以上，以致失去商品价值，严重者颗粒无收。此病仅在荸荠和野荸荠上发生。

（一）症状

此病不仅为害茎秆，还可侵染叶鞘和花器，但不侵染球茎。叶鞘首先受害，产生暗绿色水渍状不规则形病斑，后渐扩至整个叶鞘，最后病斑干燥变为灰白色。荠秆发病，起初病斑为暗绿色，水渍状，典型病斑梭形，也有椭圆形或不规则形的。病部组织变软凹陷，易倒伏。病斑可扩大相互愈合成长条状枯黄色大斑，严重时可使全秆枯死倒伏，呈暗稻草色。湿度大时病斑表面可见大量浅灰色霉层，为病菌的分生孢子。当气温在18℃左右时，秆上形成的病斑较小，不扩展或很少扩展，病斑长度为1～3mm，多为梭形，外围初为青绿色，后转为黄白色。27℃左右时，秆上病斑较大，扩展很快，长度为2～3cm，甚至形成更大的黑褐色枯斑。花器受害主要引起鳞片和穗颈部枯死。以上所有发病部位均生有许多黑色小点或长短不定的黑色线条点，有时呈同心圈状排列，为分生孢子盘。

（二）病原

荸荠柱盘孢菌*Cylindrosporium eleocharidis* Lentz，属无性型真菌柱盘孢属。病斑表面的分生孢子盘细长，突出不显著，平行排列成长短不定的黑色短条点。分生孢子盘小，不呈典型盘状，主要由短分生孢子梗平行排列，稍突出于表皮上而成，外观黑色是由于菌丝后期和寄主组织变为黑褐色。在表皮下组织中的菌丝无色或淡褐色，较疏松，后在表皮层表面形成一层瓶梗，顶端可陆续产生大量分生孢子。分生孢子梗数根丛生，紧密排列在寄主角质层下，短棒状或梨状，不分枝，无隔，初无色，渐变为浅褐色，顶端尖削，中央腹鼓，基部稍宽，大小为（7～19）μm×（4～7）μm。分生孢子无色，无隔，线形，直或微弯，或弯曲似线虫状，常有一至数个圆形滴状点，基部圆形，顶端窄而略尖，大小为（24～82）μm×（3～7）μm。

（三）病害循环

病菌主要以菌丝体和分生孢子盘在病株残体、土壤和带土球茎上越冬，新茬田则以带菌球茎为主。病菌孢子借风雨和灌溉水传播，经气孔或直接侵入，荸荠生长季节有多次再侵染，温度越高潜育期越短。一般潜育期为5～13d，26～29℃时为5～6d，23～25℃时为8～9d，17～22℃时为9～20d。

（四）发病条件

影响病害流行的主要因素是天气条件，一般从5月中旬至初冬均可发病，田间气温在17～19℃时，降水量和重雾露天气是加速、加重发病的主要因素，7～10月雨水多或后期温差大、多积露、重雾的年份并伴有大风，有利于病菌孢子传播。尤其在封行后病情增长最烈。

此外，种植密度过大发病重，麦茬地分株定植以45 000穴/hm^2、球茎定植以15 000穴/hm^2为宜；老产区病田重茬发病重；早期追施氮肥过多、磷钾肥缺乏，串灌、漫灌等都会使病害加重。

（五）防治

1. 实行轮作 特别是老病区，实行3年以上轮作是防治本病的经济有效措施。

2. 选用抗病品种 结合生产或加工需要，因地制宜选用番瓜荠等抗病品种。

3. 加强管理 田块宜小，做到排灌分开，避免串灌或漫灌。零星发病时及时拔除病株，防止病害蔓延。

4. 球茎或荠田药剂处理 用25%多菌灵250倍液或50%甲基硫菌灵800倍液，于育苗前浸球茎18～24h；定植前再把荠苗浸泡18h。或将留种球茎在育苗前反复冲洗几遍，对新产区防止病害发生也有重要意义。

5. 药剂防治 经常检查，发现病株及时用药保护，常用有效药剂有25%多菌灵可湿性粉剂300～500倍液，或50%甲基硫菌灵悬浮剂1000～1500倍液，或20%三唑酮乳油40～42mL/亩，每隔7～10d喷1次。重点保护新生荠秆免遭病菌侵染，雨后及时补喷。

第三节 水芋、水芹、水蕹菜病害

一、水芋污斑病

水芋污斑病又称污点病、污叶病，在水芋种植区普遍发生，对植株光合作用和正常生长发育影响较大。病芋球茎粗纤维增多，煮后呈紫黑色，失去原有品质。除水芋外，也为害旱芋和野芋。一般发病率为30%～50%，严重的可达100%。

（一）症状

主要为害叶片，叶斑初为油渍状淡黄色，后扩大呈淡褐色至暗褐色圆形至不规则形病斑，直径0.3～1cm；叶背病斑较叶面色泽浅，病斑边缘多不明显，似污渍状，故称污斑。湿度大时病斑上产生暗色隐约可见的薄霉层。严重时病斑布满全叶，叶面外观远看呈锈褐色，导致病叶变黄干枯，严重影响植株的光合作用和芋头的正常生长。一般从老叶开始发病，后蔓延至新叶，顶叶很少发病。

（二）病原

芋枝孢菌*Cladosporium colocasiae* Saw.，属无性型真菌枝孢属。分生孢子梗单生，或2或3根簇生，丝状，基部稍粗，略弯曲、呈暗褐色、大小为（70～134）μm×（4.5～6）μm，有1～6个隔膜。分生孢子单胞或双胞，茧形、长椭圆形或纺锤形，无色或淡黄色，大小为（12～18）μm×（7～8）μm，双细胞分隔处稍缢缩。病菌多侵染生长衰弱的植株，在病部或土中营腐生生活。分生孢子萌发适温为25℃左右或稍高，发芽最低温度5℃，最高40℃。

（三）病害循环和发病条件

病菌以菌丝体和分生孢子在病残体上越冬。翌年环境条件适宜时，病菌以分生孢子进行初侵染，感染及发病适温约25℃，潜育期4～7d。病菌借气流或雨水溅射传播蔓延，后病部不断产生分生孢子进行再侵染，使病害扩散蔓延。在南方，田间芋株周年存在，病菌可辗转危害，无明显越冬期。高温高湿的天气或田间郁蔽高湿，或偏施氮肥、旺而不壮，或肥力不足致使芋株衰弱，均有利此病发生。

（四）防治

应在无病田选择大小一致的子芋作种，若先在旱地假植应待发芽长叶后再移栽到水田，可以增强抗病能力。种植水芋2～3年后可与花生、玉米等禾本科作物进行水旱轮作。注意田间卫生，及时清除老叶、病株残体并深埋或烧毁。加强肥水管理，施足基肥等有机肥，化肥宜用缓效性肥料，做好清沟排渍等工作。合理密植，种植密度根据品种、土壤、肥水而定。为了提早收获上市，每亩应种植2500株左右。在病害发生初期，可用50%多菌灵可湿性粉剂500倍液，或75%百菌清可湿性粉剂500倍液，或80%代森锰锌可湿性粉剂600倍液，或

50%嘧菌酯悬浮剂22.5～30mL/亩喷雾。喷雾时雾滴要细，可加入400倍27%高脂膜乳剂以增加展着力。

二、水芋疫病

水芋疫病发生普遍，在适宜条件下发病迅速，造成叶片干枯，对产量和品质影响较大，发病率一般为10%～30%，严重的可达80%以上。

（一）症状

主要为害叶片和球茎，叶上初生黄褐色圆形斑点，后逐渐扩大为具明显浓淡相同的同心轮纹大病斑，尤其是叶背面更明显。病斑上常分泌有淡黄色液滴状物，病斑周缘有暗绿色和黄色水渍状环带。后期病斑多腐烂穿孔，严重时仅留主脉，形似破伞。潮湿时背面可产生稀薄的白色粉末状霉。

（二）病原

芋疫霉*Phytophthora colocasiae* Racib.，属卵菌门疫霉属。孢囊梗1至数枝，自叶片气孔伸出，短而直，无色，无隔膜，大小（15～24）μm×（2～4）μm，顶端着生孢子囊。孢子囊梨形或长椭圆形，单胞，无色，胞膜薄，顶端具乳头状突起，下端具短柄，大小（45～145）μm×（15～21）μm，遇水萌发产生游动孢子，湿度不足则直接萌发产生芽管。游动孢子肾状，单胞，无色，无胞膜，为一团裸露的原生质，大小（17～18）μm×（10～12）μm，中部一侧具两根鞭毛，在水中能游动。

（三）病害循环和发病条件

病菌主要以菌丝体在种芋球茎内或病残体上越冬，也可以厚壁孢子随病叶留在地上越冬。在我国，初侵染源主要是带菌种芋，收获时散落田间的零星病芋长出的芋株可成为中心病株，病部产生的孢子囊可通过气流传播，进行反复再侵染。在南方，田间芋株终年存在，初侵染源主要来自遗落田间的零星病株，病菌借风雨辗转传播危害，无明显的越冬期。水芋疫病的发生与流行取决于当地的降水量和降水日数，并由风雨传播进行重复侵染。芋疫霉孢子囊萌发、游动孢子产生、侵入都需要有水滴。一般在种植地低洼渍水、偏施氮肥、过度密植或长势过旺，都会引起病害的严重发生。

（四）防治

从无病田选留种芋，与玉米、花生实行2年以上轮作。加强田间管理，清洁田园，选排水良好、地势较高的水稻田作芋园，施足底肥（有机肥作基肥），增施钾肥，避免偏施氮肥，提高芋株抗病力。发病初期可用50%嘧菌酯悬浮剂22.5～30mL/亩，或50%唑醚·噻唑锌悬浮剂800～1000倍液，或40%氟醚·烯酰悬浮剂35～40mL/亩喷雾。一般每7～10d喷药1次，连续用药2或3次。

三、水芹斑枯病

水芹斑枯病又叫水芹叶枯病，该病发生普遍，全国各地都有发生，以江苏、福建、浙江等地发病较重。常造成叶片枯死，对产量和品质有较大影响。

（一）症状

主要为害中下部叶片，叶柄、茎秆及花器也可受害。叶上初生淡褐色水渍状小斑点，以后扩大为椭圆形至不规则形坏死斑，大小为3～4mm，病斑有时受主脉限制，病斑外围及近叶缘处有褪绿色或黄色晕圈，病斑中央灰白色，后期产生少量小黑点（即病菌的分生孢子器），严重时叶片干枯。茎和叶柄染病，初为浅褐色小点，以后形成略凹陷的近椭圆形坏死斑，有时龟裂，后期产生少量小黑点。

（二）病原

水芹壳针孢菌*Septoria oenanthis-stoloniferae* Sawada.，属无性型真菌壳针孢属。分生孢子器黑色，生于叶面，扁球形，直径61～170μm，孔口直径7～20μm。分生孢子无色，长圆筒形，稍弯曲，有隔膜1～6个，大小为（22～49）μm×（1～2）μm。

（三）病害循环和发病条件

病菌以菌丝体潜伏在病株及种根病残体内越冬，也可以分生孢子器在植株上过冬。翌年春在留种株上继续危害，病菌靠风雨传播，直接侵入或从气孔侵入。夏季植株逐渐老熟进入休眠状态，病害基本停止发生。8～9月植株定植大田后，一般9月下旬开始发病，不久便形成发病高峰，但随着植株的生长并逐渐提高水位，植株中下部的发病部位便沉入水中，引起病部腐烂。病害可一直延续到翌年3～4月。适温高湿利于病害流行，20～25℃和多雨季节发病重，蔓延快。白天干旱、夜间多露，温度过高或过低均易加剧发病。连作、种植过密发病重。

（四）防治

实行水旱轮作，选栽无病种株，留种田植株不宜过密，适当控制水肥，增施钾肥等，以增强植株抗病力。种植抗病品种，如'伏芹1号'、湖北野水芹。鉴于水芹生长的特殊生态条件，目前大田生产上一般不采用药剂防治，如留种田发病重，可在发病初期使用1∶0.5∶200波尔多液，或50%甲霜灵锰锌可性粉剂500倍液，或75%百菌清可湿性粉剂600倍液喷雾。一般每7～10d喷药1次，连续用药2或3次。

四、水蕹菜白锈病

水蕹菜白锈病发生较普遍，严重者可使叶片枯焦，在整个生长期均可发病，但以侵染植株的幼嫩组织为主。

（一）症状

植株的叶、茎和花器均可受害，以叶片症状为常见。被害叶片正面初现淡绿色小斑点，后渐变黄，并在病斑相应的背面出现稍隆起的白色有光泽的小疱斑，病斑圆形或近圆形，直径2～10mm，有时愈合成较大的疱斑，后期破裂散出白色粉末，为病菌的孢子囊。叶片受害严重时，疱斑密布全叶，病叶畸形、枯黄并易脱落。茎和花器受害后肿大畸形，内含有大量卵孢子。

（二）病原

Albugo ipomoeae-aquaticae Saw和*A. ipomoeae-panduranae*（Sehw.）Swingle都可侵染水蕹菜引起白锈病，均属卵菌门白锈菌属。孢囊梗丛生，平行排列在寄主表皮下，呈棍棒状，无色，无隔膜，不分枝，大小为（24～48）μm×（15～26）μm，顶端自上而下依次形成孢子囊，串生，连接处有细小颈部。孢子囊短圆柱形或近球形，顶部的有时呈球形，无色，单胞，大小为（17～26）μm×（14～21）μm。在中腰处壁常稍厚。卵孢子在肿大的茎部及叶柄内产生，球形，表面光滑，浅黄褐色或褐色。成熟时外壁有网纹状突起，直径30～60μm。

（三）病害循环和发病条件

病菌以卵孢子随病残体遗落在土壤中或黏附在种子表面越冬。卵孢子可直接萌发引起初侵染。生长季节主要靠孢子囊借气流传播进行再侵染。孢子囊萌发适宜温度为20～35℃，病害潜育期一般为4～5d。病害的发生与湿度的关系相当密切，孢子囊只有在叶表面的水膜中才能萌发侵染。因此，多雾、多露、昼夜温差大的季节发病重。此外，生长茂密、重茬地等发病均较重。

（四）防治

选无病种株。每2～3年与非旋花科蔬菜轮作，选用土层较厚、有机质含量较高的田块种植。及时清除病株残体及病蔓和病叶等，并进行集中处理。发病初期用50%嘧菌酯水分散粒剂22～33g/亩，每隔7～15d施用1次，施药频率前密后疏。

第四节　水生蔬菜其他病害

一、慈姑斑纹病

【症状特点】主要为害叶片和叶柄。叶上病斑椭圆形或多角形，黄褐色、深褐色或灰褐色，具轮纹。病斑周围有时有黄绿色晕圈，严重时叶片枯焦。叶柄受害形成长短不定的条斑，湿度大时病部可见点状霉层。田间一般6月中下旬开始发病，8～10月危害最重，后期常造成叶片提早枯死。

【病原】慈姑尾孢菌*Cercospora sagittariae*，属无性型真菌尾孢属。分生孢子梗生于叶的两面，无子座，分生孢子梗数根至数十根丛生或束生，褐色，顶端色淡，隔膜少，不分枝，直或者屈曲1或2次。分生孢子针形至倒棍棒形，直至微弯，无色，5～7个隔膜，大小为（15～25）μm×（3～5）μm。病菌以菌丝体在病残体中越冬，或以菌丝随着慈姑及其同科杂草病株上越冬，种球也可带菌。翌年条件适宜时，产生分生孢子，通过气流、雨水传播，侵入植株危害。病部不断产生新的分生孢子进行再侵染，使病害不断蔓延加重。

【防治要点】①及时清除病残体，集中烧毁或深埋。②合理施肥，注意氮、磷、钾的配合使用；科学用水，做好排灌，改善通风条件。③发病初期可选用1：1：200波尔多液，70%代森锰锌可湿性粉剂600倍液，或50%多菌灵可湿性粉剂500～600倍液，或75%百菌清可湿性粉剂500～800倍液喷施。

二、慈姑褐斑病

【**症状特点**】也称斑点病。主要为害叶片和叶柄，叶上病斑深褐色，小且密，有时呈多角形或不规则形，病斑上常有一白色小点。叶柄上生黑褐色细小条点，长度一般不超过5mm。

【**病原**】慈姑柱隔孢菌*Ramularia sagittariae*，属无性型真菌柱隔孢属。分生孢子梗由气孔伸出，数枝丛生，极短，不分枝，无色，末端稍弯曲。分生孢子圆柱形或短棒形，单胞或双胞，无色，大小为（16～24）μm×（3～4）μm。病菌以菌丝体或分生孢子在球茎和病残体上越冬，种子也可带菌，成为第二年的初侵染来源。自病部产生的分生孢子借气流和雨水溅射传播，在生长季节中，频繁再侵染。

【**防治要点**】参见慈姑斑纹病。

三、莲藕褐斑病

【**症状特点**】主要为害叶片。叶上病斑圆形，一般直径0.5～8mm，初淡褐色至黄褐色，后灰褐色，边缘有1mm左右的浅褐色波状纹。条件适宜时，病斑可愈合成不规则形大斑，略具同心轮纹，病斑微向叶面隆起，严重时叶片布满病斑以致叶枯。

【**病原**】睡莲尾孢菌*Cercospora nympnaeacea*，属无性型真菌尾孢属。分生孢子梗散生或密集成束状，淡褐色，不分枝，隔膜不明显，孢子痕小。分生孢子细鞭状，无色，直或稍弯，多分隔，但隔膜不明显，大小为（25～130）μm×（2.0～3.5）μm。以分生孢子和菌丝体随病叶残体在土中越冬，以分生孢子进行初侵染，病原菌借助风雨或气流传播，进行再侵染。

【**防治要点**】①结合冬前割茬，及时清除病叶或病残体；②病害常发区要增施磷、钾、锌肥，并适度排水晒田，促进根系生长；③发病初期可用75%百菌清可湿性粉剂600倍液或50%多菌灵可湿性粉剂500倍液等喷雾。

四、莲藕黑斑病

【**症状特点**】主要为害叶片。叶上初现针头大小边缘透明的褐色斑点，扩大后呈圆形或不规则形，表面棕红色，后期呈深浅相间的轮纹，有时生有黑色霉层。叶脐受害，病斑水渍状，边缘紫色，后期变为瓦灰色。

【**病原**】莲链格孢*Alternaria nelumbil*（Ell. et Ev）Enlows et Rand.，属无性型真菌链格孢属。分生孢子梗褐色，单生或2～6根簇生，不分枝，屈膝状。分生孢子卵圆形至近椭圆形，褐色至淡褐色，具纵横隔，隔膜处略缢缩，喙较短，大小为（35～65）μm×（10～16）μm。病菌以菌丝体和分生孢子随病残体在藕田越冬，条件适宜时产生分生孢子借助风雨传播，进行初侵染。病部产生的分生孢子可进行反复再侵染。

【**防治要点**】①实行2～3年水旱轮作。②采藕后及时清除田间病残体，并集中烧毁。③加强水肥管理，多施有机肥，避免偏施氮肥，增施磷、钾肥及微肥等；保持藕田适宜水位，暴风雨季节要注意保持较深的水位，防止风害；防治蚜虫。④药剂防治。可在发病初期使用50%多菌灵可湿性粉剂600倍液，或75%百菌清可湿性粉剂1000倍液，或70%代森锰锌可湿性粉剂600倍液，或50%甲米多可湿性粉剂1500～2000倍液，或5%异菌脲可湿性粉剂500

倍液喷雾，每隔7d 1次，连喷2或3次。

五、荸荠枯萎病

【症状特点】从播种至收获皆可危害。受害后可引起烂芽、秆枯和球茎腐烂，尤以成株期受害重。发病初期茎秆基部变褐色，植株生长衰弱、矮化、变黄，似缺肥状。严重时荠秆表现青枯型枯萎，根、茎腐烂，易倒伏，易拔起，直至全株枯死。田间缺水时，枯死株秆基部长满粉红色黏稠物，即病菌分生孢子座和分生孢子。球茎受害，荠肉变黄褐色至红褐色干腐。

【病原】尖镰孢菌荸荠专化型*Fusarium oxysporum* f. sp. *eleocharidis* Schiecht, D. H. Jiang. H. K. Chen，属无性型真菌镰孢属。病菌气生菌丝茂盛，在马铃薯蔗糖琼脂培养基和米饭培养基上均能产生紫色色素。大型分生孢子镰刀形或纺锤形，具有逐渐变细的顶胞，基部有足胞，分隔1～6个，多3分隔，大小为（14.5～49.5）μm×（2.0～3.8）μm。小型分生孢子卵圆形、椭圆形或棍棒形，0或1分隔，假头状着生于孢子梗上，大小为（4.8～14.3）μm×（2.5～3.8）μm。厚垣孢子球形，单个或成串生于菌丝顶端，直径9.0～11.5μm。病菌以菌丝体潜伏在种球茎内或表面越冬，并可随球茎作为蔬菜或种球的调动进行远距离传播。

【防治要点】①有条件的地区实行水旱轮作或与水稻轮作；②种球和种苗用50%多菌灵600倍液浸种球或移栽前浸种苗24h消毒；③科学灌水；④注意防虫；⑤土壤翻耕时可撒施适量多菌灵；⑥田间发病初期喷50%多菌灵600倍液2或3次，每次间隔7～10d。

六、水芋花叶病

【症状特点】受害叶片沿叶脉出现褪绿黄点，扩展后呈黄绿相间的花叶。新生叶除产生上述症状外，常沿叶脉出现羽毛状黄绿色斑纹，叶片扭曲畸形，严重的植株矮化。重病株维管束呈淡褐色，分蘖少，球茎少。

【病原】由黄瓜花叶病毒（CMV）、芋花叶病毒（dasheen mosaic virus，DsMV）、芋羽状斑驳病毒（taro feathery mottle virus，TFMoV）等十多种病毒侵染引起，主要由CMV和DsMV随蚜虫和带毒球茎传播扩散，长江以南5月中下旬至6月上中旬为发病高峰期。用带毒球茎作母种，病毒随之繁殖蔓延，造成种性退化。

【防治要点】①选用青梗芋和红梗芋中的抗病品种；②采用茎尖脱毒技术，培育无病种苗；③严防蚜虫，减少病毒在田间的传播；④发病初期使用30%毒氟磷可湿性粉剂500～1000倍液喷雾。

七、水蕹菜褐斑病

【症状特点】主要为害叶片。受害叶片初生黄褐色小点，扩展后边缘深褐色，外围淡褐色，中间具灰白色小圈点，圆形或椭圆形或不规则形，直径4～8mm。严重时，病斑较多，病叶枯黄而死。潮湿条件下，病斑上可见灰褐色的稀疏霉层。

【病原】有性态为甘薯生球腔菌*Mycosphaerella ipomoeaecola* Hara，子囊菌门，球腔菌属；无性态为帝纹尾孢*Cercospora timorensis* Cooke，无性型真菌，尾孢属。子囊座球形至扁球形；子囊圆筒形至棍棒形，大小为（45～65）μm×（12～15）μm；子囊孢子纺锤形或长椭圆形，双胞，大小为（14～18）μm×（6～7）μm。分生孢子梗单生或2～10根成束，浅褐色，稍屈曲，隔膜不明显或1～3个；分生孢子无色，倒棍棒形至圆筒形，直或稍弯，2～10个隔膜，基部平切状。病菌以子囊果或菌丝体在病残体内越冬，翌年条件适宜时，子囊孢子接触寄主产生初侵染，病部产生的分生孢子可多次反复再侵染。天气多雨潮湿或反季节栽培水蕹菜易发病，大田8～9月始病，10月为发病高峰期。

【防治要点】①冬季清除地上部病残体，集中深埋或烧毁；施用酵素沤制的堆肥；适当密植，及时采收，增加田间通风透光。②重病田实行1～2年轮作。③发病初期用75%百菌清可湿性粉剂600～700倍液，或70%代森锰锌干悬粉500倍液，或50%多菌灵可湿性粉剂600～700倍液喷施，每7～10d 1次，连续2或3次。

八、水蕹菜轮斑病

【症状特点】主要为害叶片，叶上初生褐色小点，扩大后呈圆形、椭圆形或不规则形，红褐色或浅褐色，病斑较大，（2.5～32）mm×（1.5～28）mm。病斑易脱落穿孔。叶上病斑较少，大多2或3个，极少数可达10个以上。有时多个病斑愈合成大块斑，边缘明显，淡褐色，具明显同心轮纹，后期病斑两面产生稀疏的小黑点，即病菌的分生孢子器。叶柄和嫩茎发病，病斑为椭圆形的凹陷斑，易从病部折断。

【病原】旋花叶点霉菌*Phyllosticta ipomoeae*，属无性型真菌叶点霉属。分生孢子器球形或扁球形，生于叶斑两面，埋藏于寄主组织内，孔口突破表皮外露。分生孢子卵圆形或椭圆形，无色，单胞。病菌在病残体内越冬，翌年产生分生孢子，随风雨传播，引起初侵染。植株发病后，病斑上产生分生孢子，继续传播侵染，一个生长季节可发生多次侵染。

【防治要点】同水蕹菜褐斑病。

九、水芹锈病

【症状特点】主要为害叶、叶柄和茎。叶片受害初生许多针头大小的褪色斑，呈点状或条状排列，后变褐色，中央疱状隆起，为夏孢子堆，疱斑破裂散出橙黄色至红褐色粉状物即夏孢子。后期在疱斑上及其附近可产生暗褐色的冬孢子堆。叶柄与茎染病，病斑初为绿色点状或短条状隆起，破裂后散出夏孢子。受害部病斑密布，且相互愈合使表皮破裂，后叶片、茎秆干枯，病株茎叶成片枯死。天气温暖少雨或雾大露重、偏施氮肥、植株徒长、管理不善等发病重。

【病原】爪哇水芹柄锈菌*Puccinia oenanthes-stoloniferae*，属担子菌门柄锈菌属。夏孢子堆直径0.1～0.6mm。夏孢子球形、卵圆形至椭圆形，淡褐色或淡黄色，大小为（20～32）μm×（16～23）μm，单胞，有小刺，芽孢2或3个，不明显。冬孢子堆与夏孢子堆相似，但呈暗褐色。冬孢子椭圆形，两头圆，分隔处缢缩，淡褐色，大小为（30～38）μm×（20～26）μm，表面有细瘤，顶端不特厚，柄无色，易脱落。病菌以夏孢子堆在病株上越夏或菌丝体和冬孢子在病株上越冬。南方可以以夏孢子在田间辗转危害，完成病害周年循环。

【防治要点】①选择健壮种株进行留种；②实行水旱轮作，施足基肥，增施磷钾肥；③发病初期选用15%粉锈宁可湿性粉剂2000倍液，或70%代森锰锌可湿性粉剂1000倍液喷雾。

十、菱角白绢病

【症状特点】又称菱角菌核病，俗称菱瘟、白烂病。菱盘各部位均可受害，主要为害菱叶，叶柄、花和菱角也可受害，但不为害水面以下茎部等。叶片受害，多在叶片中部或边缘产生黄白色、水渍状小斑，扩大后呈圆形或不规则形，极易腐烂、穿孔。翻开叶背，病部可见生有大量白色菌丝或菌索，以后逐渐形成球形菌核，油菜籽状，初为白色，后逐渐转变为棕色或深褐色。条件适宜时，2～3d即可引起大面积菱叶腐烂。

【病原】齐整小核菌*Sclerotium rolfsii*，属无性型真菌小菌核属。菌核表生，球形、椭圆形或不规则形，大小为（0.6～1.5）mm×（0.6～1.3）mm。菌核表面光滑而且有光泽，如油菜籽。病菌以菌核漂浮在水面，或于病残体和塘边四周杂草上越冬。翌年当菱盘伸出水面时，漂浮水面的菌核附着在菱叶背面萌发，长出菌丝并产生附着胞和侵入丝，直接穿透表皮或从伤口侵入。病部产生的菌丝或菌核可引起反复再侵染。

【防治要点】①铲除塘边杂草，减少病菌越冬场所；入冬前打捞池塘下风处菱株残体，翌年3月前后灌深水，同时打捞塘边的残渣，减少有效菌源。②加强菱生长期的管理，4～5月在菱塘周围留一道空白带，宽1.0～1.5m，起隔离保护作用；在入水口处安装防渣栅（或网），阻止上游带菌残渣进入菱塘。同时加强菱的水肥管理，防止串灌、漫灌，控制菱叶甲等害虫的危害。③历年病重的菱塘，应在5月底或6月初在菱塘的隔离保护带内喷药预防。发现病叶，在去除病株的同时还应及时施药封锁。常用药剂有50%多菌灵可湿性粉剂800倍液、50%硫菌灵可湿性粉剂1000倍液、75%百菌清可湿性粉剂800倍液、40%菌核净可湿性粉剂500倍液等，以上药液可加0.01%洗衣粉以增加黏着性。

第十九章　主要栽培药用植物病害

中医药是中国人民几千年来同疾病斗争所积累的宝贵财富，对中华民族繁荣昌盛和保障人民健康起着巨大的作用。而中药材是中医药学的基础，其中大部分来源于植物。药用植物的栽培不仅满足了人民的用药需求，同时因为其经济价值高，对于发展经济、改善民生等也有重要意义。近年来，随着中医药的大力推广，药用植物的需求量增加，全国药用植物栽培面积不断增加。而药用植物的设施栽培、异域栽培导致其病害发生越来越严重，如人参立枯病、黑斑病、炭疽病、锈腐病，党参锈病、根腐病，三七根腐病、炭疽病、锈病，白术立枯病、白绢病，贝母灰霉病和延胡索霜霉病等。

第一节　人 参 病 害

人参（*Panax ginseng*）为五加科多年生草本植物，是一种名贵的中药材，有补元安神、补脾益肺、复脉固脱的作用。我国人参栽培历史悠久，据史料记载有1660余年。人参在栽培过程中，可遭受多种病害侵袭。苗期病害主要有立枯病、猝倒病及小苗烂根病等，以立枯病发生最普遍且危害严重。地上部为害茎叶的病害主要有黑斑病、炭疽病、褐斑病、斑点病、斑枯病等，为害浆果的有白粉病和红腐病。为害根部的有锈腐病、根腐病、疫病、菌核病、白绢病、细菌性软腐病等。生理性病害有日灼、烧须和裂根等。

一、人参立枯病

人参、西洋参立枯病在各栽培地区均有发生，常造成播种地参苗大面积死亡，是苗期主要病害。立枯病不仅为害一二年生幼苗，三四年以上的植株在生育期也常受害。

（一）症状

发病部位在幼苗的茎基部，距土表3～6cm的干湿土交界处。侵染初期，茎基部被害组织逐渐腐烂、缢缩，后呈现黄褐色凹陷长斑。严重时病斑深入茎内，环绕整个茎基部，破坏输导组织，最终使幼苗倒伏、枯萎死亡。出土前遭受侵染的小苗不能出土，幼芽在土中即烂掉。在田间，中心病株出现后病害迅速向四周蔓延，幼苗成片死亡。病部土表常可见蛛网状菌丝。

（二）病原

立枯丝核菌*Rhizoctonia solani* Kühn，属无性型真菌丝核菌属。菌丝体具隔膜，有分枝，直径8～12μm，分枝常呈直角，分枝处缢缩，距分枝不远处常有一隔膜。在PDA培养基上菌落初为淡灰色，逐渐转为褐色。菌丝在生长后期，部分细胞逐渐膨大呈筒状，互相衔接，纠结形成菌核。菌核初为白色，逐渐变为黑褐色，形状不规则，直径通常为1～3mm。菌核与菌核之间常有菌丝连接。

（三）病害循环

病菌以菌丝体、菌核在病株残体内或土壤中越冬，成为翌年的初侵染来源。病菌腐生力强，可在土壤中长期存活。在5～6cm土层内温、湿度合适时，菌丝便在土壤中迅速蔓延，以菌丝体直接或从伤口侵入幼茎，之后可多次侵染人参幼苗。菌核则可借助雨水、灌溉水及农事操作进行远距离传播。

（四）发病条件

当温度连续偏低，土壤湿度比较大时，立枯病最易发生。在东北，5月下旬至6月下旬是立枯病的盛发期，有时可延至7月上旬。天气高温干燥，土壤湿度在20%以下，病菌便停止活动。早春雨雪交加，冻、化交替引起参苗长势衰弱，常常导致立枯病大流行。土壤质地黏重，排水不良，地势低洼等，发病重。苗期植株密度过高，通风不良造成幼苗徒长，从而降低植株抗性，导致病害加重。

（五）防治

选用疏松的砂壤土做苗床，倒土做床时，可用75%百菌清可湿性粉剂或65%代森锌可湿性粉剂5～7g与细土10～12kg拌匀作为1m^{2}苗床的垫土或盖土。合理密植，加强排水，及时通风，并增施有机肥改良土壤。药剂防治时，要做好种子处理，用25g/L咯菌腈200～400mL/100kg种子、25%噻虫·咯·霜灵悬浮种衣剂800～1360mL/100kg种子进行种子包衣，或32%精甲·噁霉灵种子处理液剂1500～2000倍液浸种。发现病株时，及时拔除并用50亿cfu/g多黏类芽孢杆菌4～6g/m^2、40%二氯异氰尿酸钠6～12g/m^{2}拌土进行药土法撒施，或用100亿cfu/g枯草芽孢杆菌可湿性粉剂0.5～2g/m^2、3亿cfu/g哈茨木霉菌5～6g/m^{2}浇灌，或30%精甲·噁霉灵可溶液剂1.5～2mL/m^{2}土壤喷洒。浇灌床面时，以药液渗入土层4～6cm为度。

二、人参炭疽病

人参炭疽病在东北地区及北京市均有发生，有时低年生参苗受害严重。在西洋参上常引起苗枯。

（一）症状

主要为害叶片，也发生于茎、果实和种子等部位。叶上病斑圆形，初为暗绿色小斑点，渐次扩大，直径2～5mm，病斑边缘明显，呈黄褐色或红褐色眼圈状。后期病斑的中心部呈黄白色，薄而透明，并产生一些黑色小点，即病菌的分生孢子盘。病斑常破碎造成穿孔。病情严重时病斑多而密集、连片，常使叶片枯萎并提早落叶。茎和花梗上病斑长圆形，边缘暗褐色，果实和种子上病斑圆形，褐色，边缘明显。空气湿度大、连阴多雨时，病部腐烂。

（二）病原

人参炭疽菌*Colletotrichum panacicola* Uyeda et Takim，属无性型真菌炭疽菌属。分生孢

子盘黑褐色，散生或聚生，初期埋生，后期突破表皮。刚毛暗褐色，顶端色淡，数量很少，分散在分生孢子盘中，形状正直或微弯曲，基部稍大，顶端较尖，有1～3个隔膜，大小为（32～118）μm×（4～6）μm。分生孢子梗圆柱状，正直，单胞，无色，大小为（16～23）μm×（4～5）μm。分生孢子长圆柱形，无色，单胞，两端较圆或一端钝圆，内含物颗粒状，大小为（8～18）μm×（3～5）μm，有时老熟的分生孢子含有油球。

（三）病害循环

病菌以菌丝体或分生孢子在病株残体上和种子表面越冬。翌春条件适宜时，分生孢子随气流传播引起侵染。病菌可以从伤口和自然孔口侵入。在生育期内，病斑上不断产生大量的分生孢子，引起连续再侵染，直至晚秋。

（四）发病条件

降雨多，空气湿度大，有利于病害的发生和流行。生长季，病斑上不断产生大量分生孢子，借助雨滴飞溅和风力传播引起多次再侵染。空气湿度大有利于病害的发生和流行。在水滴中，分生孢子很易萌发，并长出芽管和附着胞。病菌生长发育的适宜温度为25℃，低于10℃或高于30℃时，病菌的生长受到抑制。在22～25℃条件下，潜育期为5～6d。在东北6月下旬开始发病，7～8月为盛发期。病菌可以从伤口和自然孔口侵入，但在自然条件下，以直接侵入为主。

（五）防治

入冬前做好清园，烧毁枯枝残叶。种子处理可参照人参立枯病。田间病害发生初期，使用30%唑醚·戊唑醇悬浮剂1500～2000倍液喷雾。

三、人参黑斑病

人参黑斑病又称斑点病，凡种植人参、西洋参的地区均有发生。我国各人参栽培区均有其危害，在吉林、辽宁、北京等地，严重时发病率高达100%，造成叶片早期枯萎脱落，种子干瘪，对参根和种子产量及质量影响很大。西洋参严重感病时，可引起毁苗。

（一）症状

人参黑斑病可为害人参植株地上、地下任何部位，以叶片、茎、花轴、果实、果柄受害最重。叶片发病后，在叶尖、叶缘或叶中间生成近圆形、不规则形的水浸状褐色病斑，起初病斑为黄褐色，渐次转为黑褐色。病斑中心部分色泽稍淡，干燥后极易破裂。多雨潮湿时，病斑扩展十分迅速，多个病斑连成一片，延至叶柄，使叶片提前脱落。茎、大叶柄、花梗处的病斑圆形，褐色，逐渐延伸成长条斑，病部凹陷。茎上病斑可深陷茎内，后期易使茎秆折倒。花梗发病后，花序枯死，果实与籽粒干瘪。果实上病斑褐色，水浸状，不规则。被害种子起初表面米黄色，渐次转为锈褐色。在潮湿条件下，各病部均可产生黑色霉状物，即病菌分生孢子梗与分生孢子。

（二）病原

人参链格孢*Alternaria panax* Whetz，属无性型真菌链格孢属。菌丝发达，有隔，颜色深。分生孢子梗单生或成簇，有横格、褐色，顶端色淡，基部细胞稍大，不分枝，正直或有一个膝状节。分生孢子在形态上差异很大，有砖格，多数具长喙，单生，或者2或3个孢子串生；少数分生孢子直或稍弯曲，浅褐色或黄色，长椭圆形或倒棍棒形，有短喙。成熟的孢子体有很多球形的膨大细胞，细胞壁在隔膜处收缩，大小为（32～96）μm×（12～24）μm。电镜观察，分生孢子体表面光滑或具有花纹，田间病斑上的分生孢子与培养基上分生孢子的花纹不同，前者表面有整齐而稠密的小疣，后者具有波状纹饰。菌丝生长温度为5～30℃，以25℃为适温。在pH 5～10范围内病菌均可较好生长，以pH 6为最适宜。光照对菌丝生长无显著影响，但与分生孢子形成关系密切，紫外光的连续照射可促进分生孢子形成。在黑暗条件下分生孢子几乎不能形成。分生孢子萌发需要较高湿度，相对湿度40%～79.5% 时萌发率仅为1%～5%；相对湿度98%时萌发率为87%。分生孢子可萌发的温度范围为5～40℃，适宜温度为15～35℃。

（三）病害循环

病菌以菌丝体和分生孢子在人参病残体、种子及土壤中越冬，也能存活在根茎受害部位。人参出苗至展叶期，初次侵染引起茎上病斑，产生的分生孢子主要靠风雨传播，特别是雨水飞溅可将病菌带到植株上，引起上部叶片、叶柄及花梗等部位陆续发病。一年可发生多次再侵染。

（四）发病条件

病菌生长发育和分生孢子萌发均需要较高的温、湿度。在东北，人参黑斑病在5月中旬开始发病，6月病情发展平缓，7～8月高温期遇连续阴雨，空气湿度大，孢子繁殖快，病害发展迅速。直至9月上旬气温开始下降时，病害逐渐减轻。

（五）防治

及时拔除病株，摘除病叶、病果；秋收后，收集地面病残落叶集中烧毁或深埋。选择地势高、排水和透气好的田块栽参。荫棚结构合理，透光适度不漏雨。种子和种苗消毒，种子处理可参照人参立枯病，种苗消毒可使用70%百菌清可湿性粉剂500倍液、70%代森锰锌可湿性粉剂1000倍液、3%多抗霉素可湿性粉剂150～300倍液浸根15min。在发病期，可喷施3%多抗霉素可湿性粉剂150～300倍液、25%嘧菌酯悬浮剂20～30mL/亩，或10%苯醚甲环唑可湿性粉剂70～100g/亩，或30%醚菌酯水分散粒剂40～60g/亩，或50%异菌脲可湿性粉剂130～170g/亩，或25%丙环唑乳油25～35mL/亩，或80%代森锰锌可湿性粉剂150～250g/亩，或30%王铜悬浮剂900～1800倍液。

四、人参菌核病

人参菌核病在中国、日本、朝鲜、苏联及北美的西洋参上均有发生。我国主要分布在吉林、辽宁、北京等地，其他地区发生较少。分布虽不广，但一旦发病参根迅速腐烂，甚至整畦参根大半腐烂，重病地区存苗率不足20%，产量损失可达60%～70%。

（一）症状

人参菌核病主要为害3年生以上参根。发病部位为芽孢、根和根茎。参根被害后，初期在表面生少许白色绒状菌丝体，以后内部迅速腐败、软化，细胞全部被消解，只留下坏死的外表皮。表皮内外形成许多鼠粪状菌核。发病初期病株与健株的地上部分无明显区别，后期病株地上部表现萎蔫，极易从土中拔出，此时地下参根已腐烂。

（二）病原

白腐核盘菌*Sclerotinia libertiana* Fuck，属子囊菌门核盘菌属。在PDA培养基上，菌落白色，绒毛状。菌核黑色，形状不规则，大小不一，通常为（0.6～5.5）mm×（1.7～15）mm。在适宜条件下，菌核可萌发并形成子囊盘。前期子囊盘呈漏斗状、淡棕色；成熟后呈浅盘状，棕色。子囊孢子单胞，无色，椭圆形。在自然条件下及在室内有性世代都不易产生。病原菌生长的温度为12～18℃，最适温度为15℃。

（三）病害循环

病原菌以菌核在病根上或土壤中越冬，翌年条件适宜时萌发出菌丝侵染参根。以后病部又可产生菌丝扩展蔓延为害邻近参株。菌核可随土壤移动而扩散。自然条件下，菌核偶尔也可萌发长出子囊盘，产生子囊孢子，引起初侵染，但在病害流行传播中不重要。

（四）发病条件

人参菌核病菌是低温菌，从早春土壤解冻、土温达到2℃至人参出苗为发病盛期。在东北4～5月为发病盛期，6月以后气温、土温上升，基本停止发病。地势低洼、土壤板结、排水不良、低温高湿及氮肥过多是人参菌核病发生和流行的有利条件。9月中下旬，土温降到6～8℃，病害又有所发展。有性世代在病害流行、传播中不占重要地位。

（五）防治

选择排水良好、地势高的地块栽参。早春注意提前松土，以利降湿和提高土温。出苗前用1%硫酸铜溶液或1∶1∶100波尔多液120倍液进行床面消毒。及时发现并拔除病株，再用生石灰或1%～5%的石灰乳消毒病穴，或用50～80倍福尔马林液进行病区土壤消毒。于发病初期用50%腐霉利可湿性粉剂800倍液，或50%异菌脲可湿性粉剂1000倍液进行药剂灌根。

五、人参锈腐病

人参锈腐病分布广，在日本、韩国、朝鲜等国家称根腐病，我国统称锈腐病。该病是东北、华北及其他人参、西洋参产区的一种常见重要的根部病害。锈腐病危害期长，对人参产量和质量影响严重。

（一）症状

人参锈腐病为害人参的根部、根茎、芽孢。根部发病，初期在侵染点出现黄褐色小点，逐渐扩大为近圆形、椭圆形或不规则形的锈褐色病斑。病斑边缘稍隆起，中部微陷，病健部界线分明。发病较轻时表皮完好，也不侵及参根内部组织。仅在病斑表皮几层细胞发病，严重时不仅破坏表皮，且深入根内组织，病斑处初聚生大量锈粉状物，呈干腐状，停止发展后则形成愈伤的疤痕。如病情继续发展，则可深入到参根的深层组织，导致软腐，使侧根甚至主根横向腐烂。发病重时地上部表现植株矮小，叶片不展，呈红褐色，最终可枯萎死亡。越冬芽受害后，出现黄褐色病斑，重者往往在地下腐烂，不能出苗。锈腐病可为害幼苗到成株各龄参根，在人参的整个生育期均可侵染危害。

（二）病原

在我国已报道的病菌有4种，即毁灭柱孢菌*Cylindrocarpon destructans*（Zinss）Scholten、人参柱孢菌*C. panacis* Matuo et Miyazawa、人参生柱孢菌*C. panicicola*（Zinss）Zhao et Zhun和钝柱孢菌*C. obtusisporum*，均属无性型真菌柱孢属。其中，*C. destructans*和*C. panacis*致病力较强，*C. panicicola*和*C. obtusisporum*致病力较弱。在PDA培养基上，子座茶褐色，气生菌丝稀疏至繁茂，初白色，后褐色。厚垣孢子数量多，往往间生、串生，或呈结节状，茶褐色，直径6～18μm。分生孢子梗单生或分枝。分生孢子单生或聚集成团，圆柱形、长圆柱形、卵圆形、椭圆形，有的具乳头状突起，无色透明，单胞或1～3个隔膜，少数4～6个隔膜。孢子正直或微弯，有时隔膜处有缢缩，大小为（5～51）μm×（2.5～9）μm。有时在分生孢子内形成厚垣孢子。病菌最适生长温度为22～24℃，低于13℃或高于28℃时，生长明显减弱。

（三）病害循环

为典型的土传病害，病菌可在土壤中长期存活，为土壤习居菌。1～5年生参根在整个生育期内均可被其侵染危害。病菌主要以菌丝体和厚垣孢子在宿根和土壤中越冬。春季土温升高，厚垣孢子萌发，自参根伤口侵入。

（四）发病条件

1～5年生的参根内部普遍带有潜伏的锈腐病菌，带菌率随根龄的增长而提高。3年生参根带菌率为53.33%～96.67%。参根的抗病力随着参龄的增长而下降。当参根生长衰弱、抗病力下降，土壤条件有利于发病时，潜伏的病菌就扩展、致病。另外，土壤黏重、板结、积水、酸性土及肥力不足会使参根生长不良，利于锈腐病的发生。

（五）防治

选高燥、通气、透水性良好的森林土；栽参前要使土壤经过1年以上的熟化，精细整地做床，清除树根等杂物。精选参根，实行2年制轮栽，改秋栽为春栽。移栽时，增施有机肥。可用25%噻虫·咯·霜灵悬浮种衣剂进行种子包衣。人参播种移栽前选用50%多菌灵可湿性粉剂或50%甲基硫菌灵可湿性粉剂等，按7～10g/m^{2}的用量进行混土处理。发病初期用50%多菌灵或甲基硫菌灵可湿性粉剂5～10g/m^{2}浇灌。哈茨木霉对人参锈腐病菌有明显的拮抗作用，栽参时施入哈茨木霉制剂对锈腐病有明显防效。

六、人参疫病

人参疫病在各参栽培区均有发生，是人参、西洋参成株期的重要病害。漏雨参棚和林下栽培的人参受害严重，流行年份地上部和参根能迅速死亡腐烂，损失严重。

（一）症状

发病初期，叶上病斑呈水浸状，不规则，暗绿色继而软腐，收缩下垂。叶柄被害后呈水浸状，软腐，使整个复叶凋萎下垂。茎上感病后，水浸状暗色长条斑很快腐烂、茎软化倒伏。天气潮湿时，病部可见少许稀疏白霉；干燥时呈青褐色斑枯。根部感病，初为黄褐色湿腐状，以致淌水溃烂，表皮极易剥离，根肉呈黄褐色，并有花纹。腐烂的参根常伴有细菌、镰孢菌的复合侵染，还有大量的腐生线虫。烂根具有特殊的腥臭味。后期外皮常有白色的菌丝围绕，菌丝间夹带着土粒。

（二）病原

恶疫霉菌*Phytophthora cactorum*（Leb. et Coh）Schroet，属卵菌门疫霉属。菌丝体白色，绵状，菌丝具分枝，无色，无隔膜。孢囊梗无色，无隔膜，无分枝，宽4～5μm，其上生1个孢子囊。孢子囊卵形，无色，顶端具明显的乳头状突起，大小为（2～54）μm×（19～30）μm。萌发后可产生多个游动孢子。游动孢子圆形，在水中易萌发。藏卵器球形，无色或淡黄色，膜薄，表面光滑，直径30～36μm。雄器多异株生，侧生。卵孢子球形，黄褐色，表面光滑，直径28～32μm。

（三）病害循环

病菌以卵孢子、厚垣孢子及菌丝体附着在病残体、土壤中越冬。翌年条件适合时，以菌丝或卵孢子和厚垣孢子萌发后侵染参根。在病部形成大量孢子囊和游动孢子，传播到地上部引起发病。风、雨和农事操作是病害传播的主要方式。在人参生育期内，再侵染可反复发生。

（四）发病条件

当气温20℃以上、相对湿度70%以上、土壤湿度50%以上时，人参疫病会大发生。在东北6月开始发病，7月中旬至8月中旬为发病盛期。参床通风透光不好、土壤板结、氮肥过多、密度过大都有利于疫病的发生和蔓延。

（五）防治

参地应选择保水性好又不积水的地块。防止参棚漏雨，注意排水，保持床内水分适度。双透棚栽参，最好在床面上覆盖落叶。加强田间管理，保持合适的密度，使床内通风透光良好，及时拔除杂草，松土降温。发现发病中心，及时拔除病株并运出床外烧掉，病穴用生石灰或1%硫酸铜溶液封闭灭菌。药剂防治可在雨季开始前喷施1∶1∶160波尔多液，或24%霜脲·氰霜唑悬浮剂1000～2000倍液，或25%氟吗·唑菌酯悬浮剂40～60mL/亩，间隔期为7～10d。

七、人参枯萎病

人参枯萎病又称根腐病，在人参产区均有发生，尤其是农田栽参危害严重，六年生人参发病率可达50%～60%，严重影响生产。

（一）症状

主要为害茎部。病斑可发生在茎的各个部位，茎上病斑梭形，初为黄褐色，后为黑褐色，大小为（8～15）mm×（15～35）mm。严重时病斑愈合，使全茎枯萎死亡。在枯死部位有时形成橘红色的粉状物，即病菌的分生孢子堆。

（二）病原

人参枯萎病由无性型真菌镰孢属多种真菌引起，主要为茄镰孢菌*Fusarium solani*（Mart.）

App. et Wollenw.。病菌在PDA培养基上菌落呈白色至浅灰色，薄绒状；菌丝粗壮，有分隔，分枝茂盛；菌落培养基背面可见紫红色色素。分生孢子着生在光滑的胶质孢子堆上。大型分生孢子弯曲，镰刀形，大小为（36～41）μm×（2.6～3.6）μm，单个孢子无色，透明，具有4或5个隔膜。小型分生孢子椭圆形，无色，大小为（3.5～4）μm×（4.5～6.5）μm。厚垣孢子多球生，在菌丝及孢子顶端或中间单生、对生或数个串生，直径6～10μm。菌丝生长的温度范围为5～35℃，适宜温度为20～25℃；分生孢子在水中极易萌发，分生孢子萌发的温度范围为5～30℃。

另外，有报道尖镰孢菌*F. oxysporum*、接骨木镰孢菌*F. sambucinum*和拟枝孢镰孢菌*F. sporotrichioides*也能引起人参枯萎病。

（三）病害循环

病菌以菌丝体和厚垣孢子在病株残体上和土壤中越冬，在土壤中可存活3年以上，通过流水和带菌堆肥传播蔓延。翌春条件适宜时，首先在茎基部引起侵染，病菌主要从伤口侵入人参根部，渐次向上部发展。病斑上产生的分生孢子可不断引起再侵染。

（四）发病条件

枯萎病主要为害3～6年生的植株。重茬地、整地不细、过量浇水和雨后田间积水，以及地下害虫和线虫危害等，导致根系发育不良或产生伤口均易加重病害。病菌要求较高温度，因此病害常在人参生长中后期出现。

（五）防治

入冬前清除枯枝烂叶。加强栽培管理，注意防旱、排涝，保持适宜的土壤湿度；严防参棚漏雨，高温多雨季节注意通风降湿。播种前，用32%精甲·噁霉灵种子处理液剂1500～2000倍液浸种。发现病株及时拔除，在病穴处用生石灰或1%高锰酸钾溶液消毒。在人参生育期内使用40%异菌·氟啶胺悬浮剂1000～1500倍喷淋，或10亿芽孢/g枯草芽孢杆菌2～3g/m^2、70%噁霉灵可溶粉剂4～8g/m^{2}浇灌。

八、人参细菌性软腐病

（一）症状

初期病株上部叶片边缘变黄，并稍微向上卷曲；叶片上出现棕黄色或红色斑点，呈不规则状。严重时全叶呈紫红色，最后叶片萎蔫。萎蔫由可恢复性发展为不可恢复性。根部病斑褐色，软腐状，边缘清晰，圆形至不规则形，由小到大，数个联合，最后使整个参根软腐。用手挤压病斑，有糊状物溢出，具浓重的刺激性气味。病情严重时，整个参根组织解体，只剩下参根表皮的空壳。

（二）病原

胡萝卜果胶杆菌胡萝卜亚种*Pectobacterium carotovora* subsp. *carotovora* Dye和胡萝卜果胶杆菌黑胫亚种*Pectobacterium carotovora* subsp. *atroseptica* Dye为果胶杆菌属细菌，石竹假单胞菌*Pseudomonas caryophylli*（Burkholder）Starr & Burkholder为假单胞菌属细菌。细菌杆状，革兰氏染色阴性。人参软腐细菌大量存在于土壤之中，栽参土壤是软腐细菌的越冬场所和初侵染来源。细菌通过参根上的各种伤口进入参根。

（三）防治

移栽时要防止参根受伤，不使用带伤口的种栽。栽参做床选择高燥的地块，防止土壤板结、积水。药剂防治参照十字花科蔬菜软腐病。

九、人参褐斑病

（一）症状

病菌侵染主要在人参生长的中后期，很少侵染幼叶。最初在叶片上形成近圆形或椭圆形病斑，以后逐渐扩大，直径2～4mm，褐色。发病严重时，往往多个病斑相互愈合，呈不规则褐色斑块，病叶比健叶提前枯死。天气潮湿时，病斑的两面均可产生黑色霉状物，即病菌的分生孢子梗与分生孢子。

（二）病原

瓜类小枝顶孢菌*Acremoniella cucurbitae* Schulz et Sacc，属无性型真菌小枝顶孢属。分生孢子梗散生，直立，分枝稀少且常直角，端渐尖，无色，光滑，具分隔，大小为（27.5～97.5）μm×（4.8～7.5）μm。产孢细胞无色，全壁芽生。分生孢子单个顶生，无隔膜，近球形或卵形，橙黄色，光滑，大小为（20～25）μm×（16～20）μm。病菌以菌丝体在枯枝残叶上越冬，翌春气温较暖时产生大量分生孢子引起初侵染。病部产生的分生孢子可借助风雨、接触和昆虫传播，引起反复再侵染。

（三）防治

入冬前清除枯枝烂叶，消灭越冬菌源。药剂防治参照人参黑斑病，于发病期用药。

十、人参斑枯病

（一）症状

叶片上病斑近圆形或多角形，黄褐色，中心部分颜色稍淡。后期病斑的发展常为叶脉所限。8月病部长出小黑点，即病菌的分生孢子器。

（二）病原

忽木壳针孢菌*Septoria araliae* Ell. et Ev.，属无性型真菌壳针孢属。分生孢子器生在叶面，聚生或散生，球形至近球形，器壁膜质褐色。分生孢子针形，无色透明，基部钝，顶端稍尖，具隔膜1～3个，略弯曲，大小为（15～27）μm×（1.5～2）μm。病菌主要以菌丝体或产孢机构在病残体上越冬，翌年条件适宜时产生分生孢子进行初侵染和再侵染。分生孢子主要通过风雨、接触和昆虫传播。东北一般叶片老熟后易发病，天气干燥、气温高有利于病害的发生。

（三）防治

入冬前清理枯枝烂叶，减少越冬菌源。药剂防治参照人参黑斑病，于发病期用药。

十一、人参蛇眼病

（一）症状

人参蛇眼病又称斑点病。叶片上病斑多为圆形，个别为不规则形，中心部分褐色，边缘红褐色，呈较细的眼圈状，酷似蛇眼。病斑直径3～10mm。后期病斑上生出许多黑色的小点，即病菌的分生孢子器。

（二）病原

人参叶点霉*Phyllasticta panax* Kakata et Takimoto，属无性型真菌叶点菌属。分生孢子器生于叶正面，初埋生，后突破表皮，球形或近球形，器壁褐色。分生孢子单胞，椭圆形，无色，大小为（2～4）μm×（2～2.5）μm。病菌以分生孢子器及菌丝体在枯枝烂叶中越冬，成为翌年的初侵染来源。

（三）防治

越冬前清除参床上的枯枝烂叶，减少越冬菌源。在人参生长期喷施75%百菌清可湿性粉剂500倍液，或50%多菌灵可湿性粉剂300倍液，也可结合炭疽病防治。

十二、人参猝倒病

（一）症状

人参猝倒病主要为害人参幼苗茎基部。发病初期，近地面处幼苗基部出现暗色水浸状病斑，逐渐向上下浸润，很快收缩变软，使地上部折倒。同时茎和叶发生腐烂，在被害部位表面常常出现一层灰白色霉状物。严重发病时，人参成片倒伏死亡。

（二）病原

德巴利腐霉菌*Pythium debaryanum* Hesse，属卵菌门腐霉属。菌丝发达，分枝不规则，白色棉絮状，孢子囊顶生或间生，成熟后不脱落，内形成肾形无色游动孢子。孢子囊可直接萌发产生菌丝。病菌的腐生性极强，可在土壤中长期存活。病菌一旦侵入寄主，即在皮层的薄壁细胞内和细胞间发展。在病组织上生出孢子囊，游动孢子可进行多次再侵染。

（三）防治

注意参床排水良好，及时松土散湿，防止参棚漏雨。播前2周，每平方米苗床30mL 40%福尔马林100倍液喷雾。发病期，拔除病株，并及时浇灌70%代森锰锌可湿性粉剂600倍液，或20%精甲霜灵可粉性粉剂800倍液，或用30%精甲·噁霉灵1.5～2mL/m^2进行土壤喷洒。

十三、人参生理性病害

1. 红皮病　参根表皮呈浅红色至棕红色。严重时表皮增厚、发脆、变硬、开裂、翻卷、须根脱落。参根纤维素增加，韧性差。人参红皮病的发生原因较为复杂，一般认为是非侵染性病害，例如，土壤中铁、锰离子过多引起毒害作用；整地较晚，土壤未充分熟化及雨季作业等造成土壤湿度大、通气性差，使土壤长期处于还原状态，以及地势低洼等。但有人认为参根表面某些特有的细菌也是引起病害的原因之一。

防治：①采用隔年土栽参。②选择高燥的地块做床。及早、精细整地，提高做床质量，低洼易涝地要在栽参前一年耕翻，第二年进行多次翻晒以增加通透性，减少铁、锰离子的含量。③清除床土中的树根、枯叶。④在易发生红皮病的低洼地块掺黄土，可降低红皮病的发病率，减轻危害程度。

2. 日灼病　主要为害叶片，叶色浅绿带黄，叶缘呈黄褐色，卷缩枯死。严重时整个叶片及地上部分枯黄，卷缩死亡。人参为喜弱光植物，光照过强时叶片气孔闭锁，蒸腾作用降低，叶面温度过高，超过自身忍耐能力，使叶绿素受到破坏，进而使叶肉组织失水，焦枯是日灼病发生的直接原因。参龄越小，日灼病越易发生；高湿干燥及土壤含水量低会加重危害，遮阴棚透光率过大易发生。

防治：①调整好参棚内的光照，前后檐长度要适宜，棚顶遮阴要适度；②炎热的夏季，温度高，光照强，可在参棚前后挂帘遮阴；③及时排灌，控制土壤含水量，避免干旱。

3. 烧须病　参须呈淡黄色至黄色，根尖呈结节状，根毛消失，丧失吸收作用，看上去如被火烧烤过一样。栽播参地土壤未经改良或休闲年限短，土壤理化反应不良；土壤水分失调，严重缺水，影响参株的正常生理代谢活动；施药、施肥或灌溉不当造成的药害、肥害、毒害；整地粗糙，残枝落叶在土壤中腐烂发酵；人参连作等均易引起烧须病。

防治：①选择土壤结构适宜的地块做床；②避免人参连作；③干旱年份注意灌溉。

4. 裂根病　主根纵向裂开，严重时可深入髓部。仅外皮开裂的，在以后的生长中可长出愈伤组织覆盖伤口，深度开裂者常被土壤中微生物侵染引起烂根。水分失调是裂根的主要原因。秋季，参根内贮藏物质大量积累，如遇土壤水分过多，积累的淀粉、糖分就会大量吸水，致使膨压过大，外皮胀裂。而早春气候一般都干旱，解冻后土壤水分散失很快，如果越冬前土壤水分多，参根已充分膨胀，此时如不注意土壤保墒，参根外皮就会迅速失水收缩而开裂。秋季雨水多，土壤含水量高，而翌春天气干旱，土壤失水过快，是裂根发生的最主要气候条件。高龄参根贮藏物质多，吸水快，容易发病。

防治：①秋季雨水多时要及时排水，降低土壤湿度；②春季干旱时要注意保墒，防寒土和覆盖物宜慢慢撤去。

5. 人参冻害　人参的幼芽极易受冻害。受害的幼芽变为黄褐色，最后枯萎死亡。受害严重的根茎也随之软化，甚至主根软化脱水。受害轻微的，越冬芽会延迟出土，而生活力很弱，极易被病菌侵染危害，腐烂死亡。已出土的参苗遭霜冻时，叶片卷缩，生长停顿。轻者尚可恢复生长，重者则枯萎死去。有些受冻的叶片在整个生育期内不能展开而呈畸形。受冻的根部常常留下隐患，在生育期内发生腐烂，而使整个参株死亡。

防治：①做好秋季防寒工作，防寒土要在10cm以上，再加上5cm以上的树叶；②早春从土壤化冻到参苗出齐是防止冻害发生的关键时期，要采取有力措施促进人参出苗，同时要密切注意天气变化，采取有力的临时防寒措施。

第二节　党参病害

党参别名潞党，为桔梗科植物。党参（*Codonopsis pilosula*）以根入药，有益气、生津、止渴的作用。在我国分布于东北、华北、西北等地。

一、党参锈病

（一）症状

主要为害叶片，茎、花托等部位也可受害。叶片两面均可发病，正面病斑淡褐色或褐色，较大，形状不规则，周围有黄色晕圈。叶背病斑处隆起，周围有黄白色晕圈。病斑多生在叶脉两侧，聚集成堆。孢子堆的表皮破裂后，散出大量黄色粉末，即病菌夏孢子。发病后期，叶、茎枯黄，严重的全株枯死，严重影响根的产量。

（二）病原

金钱豹柄锈菌*Puccinia campanumoeae* Pat.，属担子菌门柄锈菌属。冬孢子双胞，褐色，平滑，在隔膜处缢缩，顶端有圆形的乳突，柄长，无色，大小为（50～66）μm×（4～6）μm。党参锈病的冬孢子阶段极少发生。夏孢子黄色，椭圆形，表面有刺，大小为（33～46）μm×（15～17）μm。病菌以夏孢子在宿根、枝叶上越冬，南方5月发现中心病株，夏孢子借风雨传播扩大侵染，6～7月发病严重，植株枯死；东北、华北则秋季发病重。

（三）防治

党参枯苗后及时清园，处理病残枝叶并烧毁。土面喷洒石硫合剂，可以延迟和减轻锈病的发生。施足基肥，增施磷、钾肥，使植株生长粗壮，叶片浓绿厚实，抗病性增强。药剂防治可参照葱蒜类锈病和豆类锈病，于发病初期施药，7～10d 1次，连续喷2或3次。

二、党参根腐病

（一）症状

有两种症状，即慢性型和急性型。

1. 慢性型 发病初期下部须根或侧根出现暗褐色病斑，接着变黑腐烂。病害扩展到主根后，自下而上逐步呈水渍状腐烂，病健交界分明。腐烂的部分很快解体消失。剩下尚未腐烂的“半截参”，接近腐烂的部位呈黑褐色，参根维管束为深褐色。如发病较晚，秋后尚能残存“半截参”，到第二年春季芦头还可发芽出苗，但夏季条件对病害发展适宜时，“半截参”则继续腐烂。地上部自发病初开始，植株叶片由下向上逐渐变黄，最后全株枯死。

2. 急性型 参根一经感染，整株参根几乎同时发病，呈水渍状，质地变软，剖视维管束变为浅褐色，几天后全参软腐。腐烂后其上可见少量灰白色霉状物。地上部，首先是部分叶片出现急性萎蔫，随着参根腐烂程度的加重，出现全株性萎蔫而植株枯死。

（二）病原

尖镰孢菌*Fusarium oxysporum* Schl.，属无性型真菌镰孢属。菌丝有隔，无色。产孢细胞单瓶梗。大型分生孢子镰刀形，中间宽，两端细，足胞明显，具3～5个横隔膜，多数为3隔，大小为（24.6～33.2）μm×（2.9～4.1）μm。小型分生孢子多，卵圆形或肾形，单胞，无色，大小为（4.8～13.6）μm×（2.1～4.0）μm。厚垣孢子易产生，且数量多，球形，直径2.9～4.1μm。病菌以菌丝或厚垣孢子在土壤中或带菌的参根上越冬，第二年土温升高后开始侵染健参，在上年已染病的参根继续危害。一般重茬田、易积水田、地下害虫危害重的参田，病害发生重。

（三）防治

实行轮作。选栽无病的种苗。疏通水沟，降低田间湿度。选择地势高燥、土质疏松、排水畅通的地块种植参。用32%精甲・噁霉灵种子处理液剂1500～2000倍液浸种；苗床用25%多菌灵可湿性粉剂500倍液，或40%福尔马林50倍液处理土壤后播种，福尔马林处理土壤必须用塑料薄膜覆盖3～5d，揭膜透气1周后，方可播种；发现病株后，用10亿芽孢/g枯草芽孢杆菌2～3g/m^2，或70%噁霉灵可溶粉剂4～8g/m^2，或50%多菌灵可湿性粉剂500～1000倍液浇灌病株及其周围植株，以控制病害蔓延。

三、党参紫纹羽病

（一）症状

整个生长季节均可发病，主要为害根部。须根首先发病，蔓延至主根后表面出现紫红色绒线状菌索。病害继续发展，菌索布满参根，在表面交织密结成一层深褐色绒毛状的菌膜，此时植株生长受到抑制，下部叶片渐渐变黄。随着病情发展，菌膜内的参根由外向内逐渐腐烂成糜渣，地上部分枯死。菌膜破裂时，糜渣流出，最后参根变成黑褐色的空壳。受害轻的参根坚硬短细，呈灰褐色，无药用价值。

（二）病原

桑卷担子菌*Helicobasidium mompa* Tanaka，属担子菌门卷担子菌属。菌丝层扁平，紫绒状，由5层组成，在外层着生担子和担孢子。担子无色，圆筒状，向一方弯曲，被3个隔膜分成4个细胞，在每个细胞上长出1个小梗，大小为（26.2～39.6）μm×（3.5～6.0）μm。担孢子着生在小梗上，无色，单胞，卵圆形，顶端圆，基部尖，大小为（15.2～20.1）μm×（6.0～6.4）μm。菌核半球形，外层紫色，内部黄褐色至白色。病菌以菌丝体、根状菌索或菌核随着病根遗留在土壤里，可存活多年，遇到新寄主的根即侵入危害。主要通过土壤、种苗、未腐熟的肥料传播，以重茬地发病最为严重。降雨多、湿度大、土壤黏重板结等，都加重病害发生。

（三）防治

轮作是防治该病最经济有效的措施。若有条件，最好在新垦的生荒地种植党参。选用多年种植禾本科植物的无病田育苗。苗圃基肥最好施用经过充分腐熟的厩肥或饼肥，忌用林间土渣肥。由于病菌喜偏酸（pH 4.7～6.5）土壤，因此在播种或移栽前每公顷施用生石灰1200～1500kg，可收到较好的防病效果。用40%多菌灵胶悬剂500倍液或25%多菌灵可湿性粉剂300倍液处理土壤（5kg/m^{2}浇灌），也可收到显著的杀菌效果。在移栽前用40%多菌灵胶悬剂300倍液浸泡病参秧的参根30min，晾干后栽种。发病率高的田块，必须停止栽种党参，彻底清除地里的参根，改种禾本科植物如玉米、高粱、麦类等，5年后再种党参。

第三节　三七病害

三七也称田七（*Panax notoginseng*），是我国亚热带高山地区特产的名贵药材，内销与创汇驰名中外。广西、云南为全国三七的两大产区，已有400多年的栽培历史，现四川、湖北、江西等省也有栽培。三七在中药材生产中的地位仅次于人参。具有止血、散瘀、止痛的作用，是消肿药及云南白药的主要成分。

三七是一种多年生宿根性、半阴半阳草本植物，要求气候温暖、凉爽，土壤疏松湿润，忌强光烈日与严寒酷暑的环境条件。这也是病虫害发生繁殖的良好环境条件。所以，三七的病虫害种类繁多，发展蔓延较快，危害时间长，经济损失也较大。迄今已发现三七各类病害十多种，其中真菌病害近10种，细菌病害和线虫病害各1种，此外还有生理性病害。苗期有炭疽病、立枯病，以炭疽病发生更普遍；成株期根部病害主要有根腐病、疫病及一种茎线虫病，以根腐病影响生产最大；地上部病害有锈病、黑斑病、炭疽病、疫病、白粉病等；生理性病害有荫棚透光度过大引起的干叶、灼斑。

一、三七炭疽病

三七炭疽病发生很普遍，广西、云南三七产区均有分布，一年四季各年生的三七，各个器官部位均有此病发生，如不及时防治会引起严重的经济损失。

（一）症状

从苗期开始，能为害叶、叶柄、茎、花及果实等所有地上部位。幼苗发病，在假茎（叶柄）的基部出现棱形红褐色斑或长条形环绕凹陷缢缩斑，引起幼苗折断倒伏。顶部若发生坏死斑则造成幼苗顶枯。成株期发病，叶片病斑圆形或近圆形，黄褐色，边缘红褐色，后期病斑中央变薄破裂穿孔。茎和叶柄发病，产生梭形黄褐色溃疡斑，致使叶柄盘曲及茎折断，药农俗称“扭下盘”；发生在花梗和花盘上的则称“扭上盘”，造成干花干籽。茎基部发生的病斑除引起植株倒伏，并诱发羊肠头（根茎芽）腐烂。果实被害产生圆形或不规则形浅黄色凹陷斑，果皮腐烂。

（二）病原

胶孢炭疽菌*Colletotrichum gloeosporioides* Penz、黑线炭疽菌*C. dematium* Pers ex Fr. Grove和人参生炭疽菌*C. panacicola* Vyeda et Takimoto，均属无性型真菌炭疽菌属，均可引起三七炭疽病，但以胶孢炭疽菌为主。胶孢炭疽菌分生孢子圆柱形或稍长椭圆形，1个油球，两端钝圆，大小为（13.6～20.4）μm×（2.9～4.4）μm；附着胞圆形，弹状或不规则形，黑色，大小为（6.6～9.9）μm×（4.6～6.9）μm。寄主范围广。黑线炭疽菌分生孢子新月形，镰刀状，两端尖，1个油球，大小为（14.6～23.8）μm×（2.4～4.2）μm；附着胞卵圆形、近圆形或不规则形，暗褐色至黑色，大小为（6.3～9.1）μm×（5.4～6.6）μm；此菌在自然界不普遍存在，标本分离出现的频率也较低。人参生炭疽菌分生孢子长圆柱形，无色，单胞，两端较圆或一端钝圆，1个油球，大小为（8～18）μm×（3～5）μm；附着胞卵圆形、近圆形或不规则形，暗褐色至黑色，大小为（6.3～9.5）μm×（5.0～6.5）μm。

（三）病害循环

病菌以菌丝存在于红子（即种子）软果皮层或以孢子附着在种子表面越冬，成为主要的初侵染来源。而羊肠头或残桩株叶则是三七炭疽病菌越冬的另一场所，也可作为侵染来源。此病主要是由红子传染，也有昆虫等媒介物近距离传播，不断进行再次侵染。

（四）发病条件

由于病菌能侵染多种植物，又能在种子内部及病残株叶内生活，故在三七园中普遍存在。病害的发生与流行程度主要取决于气象因素和荫棚透光度。病菌的分生孢子在15～28℃均可产生。病部湿润，水滴或水膜是病菌大量产生分生孢子的重要条件。因此该病主要发生在降雨期间，通常多发生在高温高湿的6、7月，病情的急剧增长发生在连续降雨期。雨后天气闷热，通风不良；天棚过稀，透光度过大；种植过密，株间相对湿度增大及低海拔地区都能促使本病加重发生。在上年度发病较重，而冬季管理又差的三七园，下年度发病早且较严重。此外，偏施氮肥或使用未腐熟的有机肥料则往往严重发病。

（五）防治

冬季清洁三七园，及时烧毁病株残叶，加强栽培管理，施用腐熟厩肥，增施磷、钾肥提高抗性。对红子进行消毒处理，控制初侵染来源是防治三七炭疽病的关键措施。可用福尔马林15倍液浸泡10min。脱去软果皮后用75%甲基硫菌灵水分散粒剂0.5%～1.5%拌种，防效明显，可保全苗。雨季可用塑料薄膜遮盖荫棚顶部，以免雨水直接淋湿三七植株表面，或雨后打开园门促进通风，降低温度。调补天棚，控制透光度。幼苗三七园荫棚透光度以17%～25%为宜，2～4年生三七园荫棚透光度以20%～35%为宜，岁尾年初的两三个月透光度可调节至稍大些。在出苗期和雨后及时施药防病，可采用30%唑醚·戊唑醇悬浮剂1500～2000倍液喷雾。

二、三七黑斑病

三七黑斑病俗称扭脖子、黑秆瘟、烂脚瘟等。广西、云南三七产区普遍发生，云南省文山州各县一般发病率为20%～35%，严重达90%以上，是造成三七产量和红子大幅度减产的主要原因。除三七外，其他寄主有野三七、人参、花生等。

（一）症状

三七植株的茎、叶、叶柄、花轴、果实、果柄、根、根茎及芽等均能被侵染危害，尤以茎、叶、花轴等的幼嫩部分受害严重。发病的茎、叶柄、花轴等初呈椭圆形褐色斑，水浸状。然后病斑向上、下扩展凹陷，上生黑色霉状物，随即病部折断。茎发病严重时常引起全株枯萎死亡；叶柄受害则叶片脱落，花轴发病则花蔓下垂，枯萎死亡；叶片受害，多数在叶尖、叶缘和叶片中间产生近圆形或不规则形、水渍状、褐色病斑，后期病斑穿孔或破裂，严重时导致叶片脱落；果实被害后，果面产生褐色、不规则形、水渍状病斑，果皮逐渐干缩，上生黑色霉状物；种子被害，表面由白色变成米黄色，渐成锈褐色，上生黑绿色霉状物，胚乳霉烂。

（二）病原

人参链格孢菌*Alternaria panax* Wlletz，属无性型真菌链格孢属。三七黑斑病菌与人参黑斑病菌为同一个种，其生物学特性基本相同或相似。分生孢子梗2～13根丛生，顶端色淡，基部细胞膨大，不分枝，正直或有一个膝节状，1～4个隔膜，大小为（17～67）μm×（3～5）μm。分生孢子倒棍棒状，黄褐色，单生，或者2或3个串生，孢身至喙渐变细，有3～15个横隔膜，隔膜处缢缩，纵隔1或2个，分生孢子大小为（43～113）μm×10μm，喙色淡，不分枝，0～3个横隔膜。发芽时，分生孢子任何隔膜处都可长出芽管。

（三）病害循环

病残株与带菌种子及土壤是主要侵染来源。当环境条件适宜时分生孢子即可萌发侵染危害，引起再侵染。分生孢子靠风雨、浇水飞溅、昆虫、人等因素传播，可多次循环侵染。

（四）发病条件

一年四季都有发生。发病程度与气候条件密切相关，当气温达15℃、相对湿度80%以上时，分生孢子即可萌发侵染危害。一般3月出苗期就可在茎部出现病斑，4～5月天旱少雨时发病少。6～9月雨季气温与湿度增高，病害蔓延迅速，叶片、叶柄、花轴等部位相继发病，10～12月气候干燥，病情也相应下降。如三七园内温度高、湿度大、植株过密荫蔽、施肥不当、荫棚透光稀密不均，均会导致病害蔓延，使危害加重。

（五）防治

选用无病种苗、做好种苗消毒。严格选地，注意栽培防病。三七园一般宜选生荒地，忌连作。采用非寄主作物如玉米等进行3年以上轮作。加强田间管理，及时消除中心病株，彻底清理病叶、病根与杂草，集中烧毁。透光度一般应控制在25%～30%。要经常开关园门，以调节三七园内的温湿度，使三七生长良好，增强抗病力。在发病初期，可用5%大蒜素微乳剂120～150mL/亩，或10%苯醚甲环唑水分散粒剂30～45g/亩喷雾，均有明显防效。

三、三七锈病

三七锈病又名黄锈病、黄袍病、黄沙病、黄腻。主要分布于我国三七主产区广西和云南，发病率一般为15%～26.5%，病情严重时达98%，对三七生产造成严重损失。

（一）症状

可为害叶片、茎部、花梗、果实等地上部位，但以叶片为主。叶片背面密集似针脚一样大小的夏孢子堆，初期呈水青色小疱，叶片皱缩，叶缘稍卷，以后孢子堆变黄，破裂。病情严重的病株，叶片卷缩不展，最后变黄，枯萎脱落成光秆。

（二）病原

大山赭痂锈菌*Ochropsora daisenensis* T. Hirats.& Uchida.，属担子菌门赭痂锈菌属。夏孢子堆散生或群生于叶面及叶背，近圆形或不规则形，大小在1mm左右，有包膜，破裂后呈松散黄色粉末。夏孢子近球形至广卵形或梨形，大小为（22.5～25.0）μm×（20.5～24.0）μm，壁厚1.8～2.2μm，孢子膜外满布刺状物，通常萌发具1或2个芽管。冬孢子堆散生或群生于叶背，初呈淡黄色，后变枯黄色，多为近圆形。冬孢子茄瓜形或短圆柱形，一般具3个隔膜，孢子顶端钝形，柄稍窄小，由4个细胞构成，隔膜很薄。冬孢子大小为（49～61）μm×（15.5～21.5）μm，胞壁光滑，浅黄色，孢柄无色，柄基部稍膨大。

（三）病害循环

病菌在病残枝叶和羊肠头（根茎芽）上越冬。冬孢子萌发，侵染羊肠（休眠芽）成为翌年初发病的中心病株。春旱不利病菌传播和侵染，风雨能帮助病菌进行短距离传播。

（四）发病条件

在高温多湿条件下，潜伏期短（30～40d），发病迅速。上年度发生过锈病危害的三七园发病早，病势也较猛。翌年春病块根仍可发芽，但出土新苗也是病株。4月以后辗转侵染病叶，陆续出现夏孢子堆，由叶背面转向叶正面。7～8月锈病危害加剧，往往造成第二次落叶高峰。11月以后，在叶背产出大量冬孢子堆，均匀密布叶片。初期淡黄色，后变为橘黄色。锈粉不易脱落，也不散开。遇雨水后，成熟冬孢子极易发芽，侵染寄主。早春2～3月，正值多年生三七纷纷抽芽，凡是去年曾发生锈病的三七园都能或多或少发现病株。

（五）防治

新园应选用无病种子或用无病种苗栽种。加强冬春预防工作，幼芽萌发展叶后，及时拔除早春中心病株。在盖冬芽肥之前或未出苗前施药，用石硫合剂喷施茎部和墒面1次，以减少越冬菌源。发病初期及时摘除病株并烧毁，药剂防治参照葱蒜类锈病和豆类锈病。

四、三七根腐病

三七根腐病，又名烂根病、鸡屎烂、臭七等。为害三七地下部分，多年生三七一年四季都能受害，发病率高达20%～50%，重病田高达60%～70%。在云南三七产区该病是一种毁灭性病害。

（一）症状

一年生至三四年生的三七都能被侵染发病，但主要为害一二年生三七。苗期芽发病后腐烂不能出苗，呈现黄褐色，俗称“梧头烂”。成株期根系受害，出现黄褐色或水渍状小斑，逐渐扩展后导致受害部腐烂。当病部扩大到整个根系或病菌蔓延到所有根部的输导组织，则根皮腐烂，心部软腐，最后只残存根皮及其纤维状物（破麻袋状）。地上部初期叶色不正，叶脉附近稍淡，展叶不整，叶尖略微向下。随病情发展，叶片萎蔫，发黄脱落。三年生以上，三七较多出现烂羊肠头（根茎芽）。开始时轻微萎蔫，叶色仍正常，最后黄萎下垂。用手轻提茎秆，即可带出部分腐烂的羊肠头。羊肠头被害初期呈现水渍状、黄褐色病斑。随病势发展，羊肠头腐烂并延及根系发病。

（二）病原

多种病菌可以引起三七根腐病，有的单一侵染，有的复合侵染。目前已知能引起三七根腐病的病菌有茄镰孢菌根生专化型*Fusarium solani* f. sp. *radicicola*、尖镰孢菌*F. oxysporum*、串珠镰孢菌中间变种*F. momiliforme* var. *intermedium*（现更名为藤黑镰孢菌中间变种*F. fujikuroi* var. *intermedium*）、双孢柱孢菌*Cylindrocarpon didymum*、坏损柱孢菌*C. destructans*、恶疫霉*Phytophthora cactorum*、草茎点霉*Phoma herbarum*等真菌和一种假单胞菌*Pseduomonas*，且一种小杆线虫可促进三七根腐病的进程。

（三）病害循环

病菌以菌体、菌丝体、厚垣孢子、分生孢子、卵孢子等在土壤和病残体及种苗上越冬，第二年环境条件适宜时病菌通过根部伤口或从羊肠头自然裂口侵入。冷害、机械伤及地下害虫和线虫危害造成的伤口是病菌侵入的最好途径。

（四）发病条件

轮作年限短、耕作粗放、土壤黏重、排水不良、移栽后和冬春干旱浇水不及时、施用不腐熟肥料、化肥用量过多等均是诱发三七根腐病的重要条件。病害发生程度还与气候条件密切相关。该病3月出苗期即发生，4～5月高温干燥不利发病，6～9月高温多雨，病害进入高峰期。潜育期由一般的7d缩短为3～5d，蔓延快，危害重。10～12月低温干燥，病害发生明显下降。

（五）防治

选育无病健壮的种苗栽种。选用土壤疏松、排水良好的无病生荒红壤地种植。实行5年以上的轮作制，一般三七连栽不宜超过3年。加强三七园管理，及时清除销毁病株和病根，病穴用石灰或药剂消毒。及时浇水，雨季防涝，施用腐熟的有机肥料，调节土壤酸碱度，改善土壤的理化性状等。根据各地三七根腐病病原鉴定结果，合理选择施用化学农药进行药剂防治。

五、三七白粉病

（一）症状

三七出苗即开始发病。主要为害叶片，其次叶柄、花盘及果实。被害叶片正、背面均可出现灰白色粉霉状病斑，但以叶背为主；继而霉斑扩大连接成片，严重时整个叶片脱落。有时花盘、果实被害，出现“灰盘”，花而不实，严重影响结籽及种子饱满度。茎秆受害，初期出现灰白色小斑点，渐扩大为较大的灰斑。天气干燥时，霉层迅速扩大，叶片脱落成光秆。

（二）病原

人参白粉菌*Erysiphe panacis* Bai & Liu，属子囊菌门白粉菌属。病菌的菌丝体在羊肠头上越冬。病斑上产生的分生孢子通过气流传播引起再侵染。

（三）防治

秋季清园并剪除病株叶，发现中心病株，立即拔除，深埋销毁。加强田间管理，合理降低密度，改善通风透光条件。在发病前或初期施药防治效果较好，使用药剂可参照瓜类白粉病。

六、三七立枯病

（一）症状

种子、种芽受害变黑褐色腐烂，造成种子成塘或成片不出苗。幼苗在假茎（叶柄）基部出现水渍状黄褐色至暗褐色斑，病部环形缢缩，折倒干枯死亡，严重时常常使一年生三七成片倒苗死亡。

（二）病原

立枯丝核菌*Rhizoctonia solani*，属无性型真菌丝核菌属。病菌以菌丝和菌核在土壤和病残体上越冬。

（三）防治

防治方法参照人参立枯病。

七、三七疫病

（一）症状

发病初期，叶片呈暗绿色不规则病斑，随后病斑颜色变深，叶片软化，呈半透明状干枯或下垂，像开水烫过一样。茎秆发病后呈暗绿色水渍状，病部变软，植株倒伏死亡。三七疫病是三七苗期毁灭性病害。

（二）病原

恶疫霉菌*Phytophthora cactorum*，属卵菌门疫霉属，同人参疫病菌。病菌以菌丝和卵孢子在病残体和土壤中越冬，翌年条件适宜时，以菌丝体直接侵染根或形成孢子囊或游动孢子传播到地上部分引起发病。风雨和人的农事操作是病害传播的主要方式。三七疫病常在多雨季节发生，一般早春阴雨或晚秋低温多雨均易诱发此病。三七园荫棚过密、氮肥过量，有促进病害发生的作用。干旱少雨、天气转凉后发病轻。一般始见于3～4月，终止于10月下旬至11月上旬，发病高峰期集中在4～5月和8～10月，有时会延至11月初。

（三）防治

进行苗畦处理，合理密植，增施磷、钾肥，提高植株抗性。及时清除病株、病叶，并喷施24%霜脲氰霜唑悬浮剂1000～2000倍液。其他对三七疫病有较好防治效果的药剂及其用量为50%王铜甲霜灵可湿性粉剂100～125g/亩、58%锰锌·甲霜灵可湿性粉剂150～188g/亩、30%烯酰·甲霜灵水分散粒剂67～100g/亩、722g/L霜霉威水剂60～100mL/亩、52.5%噁酮·霜脲氰水分散粒剂23～35g/亩、50%烯酰吗啉可湿性粉剂33～73g/亩、81%甲霜·百菌清可湿性粉剂100～120g/亩、72%霜脲·锰锌可湿性粉剂125～167g/亩、68%精甲霜·锰锌水分散粒剂100～120g/亩和250g/L嘧菌酯悬浮剂48～90mL/亩。

八、三七圆斑病

（一）症状

可为害植株各个部位，叶片发病，初期叶背面呈现黄色小点，在天气潮湿或连续阴雨天，迅速扩大成透明状圆形；发病后气候干燥，病斑较大，圆形、褐色，有明显轮纹。茎秆受害时，受害部位呈板栗色，病部有灰白色霉层，可引起芽腐和茎基腐。

（二）病原

槭菌刺盘孢*Mycocentrospora acerina*（Hartig）Deighton，属无性型真菌刺盘孢属。在PDA培养基上，病菌菌落先无色，后变为紫红色，直至黑色。菌丝常见膨大、厚壁、褐色的厚垣孢子。分生孢子梗短菌丝状，淡褐色，分枝，有隔膜，合轴式延伸。产孢细胞合生，圆筒形，孢痕平截。分生孢子单生、顶侧生，倒棍棒形，具长喙，基部平截，淡褐色，大小为（54～250）μm×（7.7～14）μm，4～16个隔膜，隔膜处微突起。少数孢子具有一个从基部细胞侧生出的刺状附属丝，大小为（25～124）μm×（2～3）μm。病菌主要以菌丝体在病残体上越冬。

（三）防治

药剂防治参照三七黑斑病。在发病初期，可用5%大蒜素微乳剂120～150mL/亩，或10%苯醚甲环唑水分散粒剂30～45g/亩喷雾，均有明显防效。

第四节　白术病害

白术（*Atractylodes macrocephala*）又名于术、冬术、浙术，为菊科植物。入药部分为根状茎，有健脾补胃、燥湿利水、止汗安胎等作用。全国各地多有栽培。白术主要分布于长江流域的浙江、安徽、湖南、湖北等省，以浙江于潜县所产为最有名，所以称为于术。白术喜干燥，怕高温多湿，越夏病害较多。苗期有立枯病危害，成株期根和根茎部有根腐病、白绢病及根结线虫病等，分别引起根茎腐烂和根上产生根结。叶茎部主要有斑枯病、黑斑病及锈病等，其中斑枯病在产区历年危害较重，产量损失很大。寄生在茎上的菟丝子多发生在耕作粗放、杂草较多的田块。全株性的花叶病也时有发生。白术生理性病害有沤根病。

一、白术根腐病

根腐病为白术重要病害之一。该病发生普遍，也是江苏、浙江等省白术生产上危害很重的病害。

（一）症状

白术受害后，其根首先受害呈黄褐色；随后变褐色而干瘪，并延及粗根和根状茎，病菌也可由根状茎的顶端及其他受损部位先感染。根状茎感染后，横切面有明显的近圆形褐色点状圈，继续向茎秆蔓延。后期根状茎干腐，其皮层和腐朽的肉质部脱开，仅留木质纤维和碎屑。根状茎发病后，养分运输受阻，枝叶萎蔫。

（二）病原

尖镰孢菌*Fusarium oxysporum* Schl.，属无性型真菌镰孢菌属。菌丝无色或淡褐色，多隔膜，气生菌丝棉絮状。大型分生孢子长柱形，两端较钝，微弯或正直，足细胞较显著，无色，多隔，一般为3个隔膜，个别的有7个隔膜，大小为（19.9～23.2）μm×（2.2～3.7）μm。小型分生孢子以椭圆形为主，无色，多数单胞，大小为（6.6～8.8）μm×（1.98～2.2）μm。厚垣孢子顶生或间生。

（三）病害循环

病菌是土壤习居菌，能长期在土壤中腐生。以菌丝体在种苗、土壤和病残体中越冬，成为翌年初侵染的主要来源。病菌可借助虫伤、机械伤等伤口侵入根系，也可直接侵入，借助风雨、地下害虫、农事操作等传播。分生孢子在再侵染中的作用不大。

（四）发病条件

在日平均气温16～17℃时便开始发病，最适温度为22～28℃。在浙江一般于4月下旬开始发病，6～7月为发病盛期。发病期间雨量多、相对湿度大，是根腐病蔓延的重要条件。蛴螬等地下害虫及根部线虫危害会加剧白术根腐病的发生。此外病害与土壤质地、地势地形和施肥均有一定的关系，且连作田可使病害逐年加重，一般地块死苗30%～40%，严重地块为70%～80%，甚至绝收。

（五）防治

1）选育抗病品种：矮秆阔叶品种的肉质肥厚，质量好，抗病力较强。

2）合理轮作：土壤可以带菌，轮作的间隔以3～5年效果为好，宜与禾本科作物轮作。

3）加强肥水管理：应施足基肥，多施有机肥，增施磷、钾肥，及时追肥。

4）药剂防治：未播种前用98%棉隆微粒剂30～45g/m^{2}撒施土壤处理，或在播种前用32%精甲·噁霉灵种子处理液剂1500～2000倍液浸种，或于发病初期用1亿活芽孢/g枯草芽孢杆菌微囊粒剂灌根，或40%异菌·氟啶胺悬浮剂1000～1500倍液喷淋。

二、白术立枯病

立枯病是白术种子播种育苗中常见的病害，发生普遍，危害很重，常造成幼苗成片死亡，药农称其为烂茎瘟。

（一）症状

主要为害幼苗。幼苗发病后，近地面基部出现黄褐色病斑，并很快延伸绕茎。病斑扩大后，病部蓝黑褐色，干缩凹陷，病菌逐渐侵入茎内。受害严重的植株，最后倒伏枯死，根也随之腐烂。病部常有淡褐色蛛网状霉和附着小土粒状褐色菌核。

（二）病原

立枯丝核菌*Rhizoctonia solani* Kühn，属无性型真菌丝核菌属。该菌不产生分生孢子。菌丝早期无色，后期逐渐变淡褐色，菌丝呈近直角分枝，分枝处有明显缢缩，离分枝处不远还有隔膜。分枝的特性是鉴定丝核菌的依据。部分菌丝到一定时候产生近卵形至三角形的细胞，团聚成疏松褐色的小菌核。

（三）病害循环

病菌主要以菌丝体或菌核在土壤或寄主残余组织上越冬。在土壤腐生2～3年，遇适当寄主即可侵入危害。病部又可产生菌丝，很快蔓延扩展为害邻近的植株。雨水、灌溉水、农具等也可传播危害。该菌寄主范围广，除为害白术外，瓜类、茄果类蔬菜，大田作物和其他多种中草药等均可受害。

（四）发病条件

立枯病为低温、高湿病害。春季低温多雨，幼苗生长缓慢，茎基组织未木栓化，抗病力弱，极易发生感染。多年连作或前茬为易感病作物时，发病重。

（五）防治

1）清洁田园：收获后及时清理田间枯枝、烂叶等病残体，并带出田外集中销毁。
2）合理轮作：可与玉米、高粱、水稻等禾本科作物轮作2～3年。
3）加强田间管理：适期播种，春季多雨时及时排除积水。
4）药剂防治：播种或移栽前可用50%多菌灵可湿性粉剂2.5kg/亩或2亿孢子/g木霉菌可湿性粉剂10～15g拌土撒施；发病初期，参照人参立枯病进行药剂防治。

三、白术铁叶病

（一）症状

白术铁叶病又称斑枯病。以为害叶部为主，也为害茎及苞片。初期叶上出现黄绿色小点，扩大后形成铁黑色、铁黄色或褐色，近圆形或不规则形的病斑。病斑中心部灰白色或灰褐色，上生大量小黑点，即病菌的分生孢子器。以后病斑不断扩大，形成大斑。病斑从基部叶片开始发生，逐渐上延及全株，叶片枯焦脱落；茎秆受害后产生不规则形铁黑色病斑，中心部灰白色，后期茎秆干枯死亡。受害后在田间呈现成片枯焦，颇似火烧，所以此病有“火烧瘟”之称。

（二）病原

白术壳针孢菌*Septoria atractylodis* Yu et Chen.，属无性型真菌壳针孢属。分生孢子器表生或生于叶的两面，球形至扁豆形，无色。分生孢子直或弯，有隔膜2～4个，大小为（30～48）μm×（2～2.5）μm。

（三）病害循环

病菌主要以分生孢子器和菌丝体在病残体及种栽上越冬，成为次年病害的初侵染来源。种子带菌引起远距离传播。分生孢子器遇有水滴才能释放分生孢子，雨水淋溅在传播上起着主导作用，昆虫和农事操作也可引起传播。分生孢子萌发后从气孔侵入，发病组织病斑上产生新的分生孢子器和分生孢子进行再次侵染，扩大蔓延。

（四）发病条件

斑枯病的发生需要高湿度，10～27℃温度范围内都能引起危害。江苏、浙江、安徽一带每年一般从4月下旬至5月初开始发病，6月进入发病高峰期，一直持续至收获期。病害的发生与施肥、土壤的种类、地形地势均有一定关系。

（五）防治

1）白术收获后，收集并烧毁田间残株落叶，减少翌年菌源。注意选择地势高燥，排水良好的土地种白术。在初冬进行深翻，既可风化土壤，也可深埋病残体，减少菌源，冻死地下害虫。合理轮作和施肥，与非菊科作物轮作2～3年；施足基肥，多施有机肥，增施磷、钾肥对促进白术健壮生长，提高白术抗病能力有重要作用。

2）在播种前用50%甲基硫菌灵可湿性粉剂1000倍液浸种2～5min，晾干后播种。发现中心病株后，立即喷施50%多菌灵或甲基硫菌灵可湿性粉剂1000倍液或1：1：100波尔多液，10～15d 1次，连续喷3或4次；其他防控药剂及用量可参照人参黑斑病。

四、白术枯斑病

（一）症状

主要为害叶片，发病初期叶片上产生大小不等的褐色斑点，近圆形，病斑边缘褪绿且形状不规则。病斑扩展受叶脉限制，病健交界处为较窄的黄色晕圈，边缘为褐色，中央为灰白色。病害后期，病斑干枯并伴有穿孔，湿度适宜时，病斑上散生黑色小点，为病菌分生孢子器。病情严重时，整株叶片干枯凋落。一般年份病株率可达40%～60%，严重影响白术的产量和品质。

（二）病原

短小茎点霉菌*Phoma exigua* Sacc.，属无性型真菌茎点霉属。在PDA培养基上，菌丝初为白色，后期呈墨绿色。分子孢子器椭圆球形，孔口中央单生，无乳突状，直径91～156μm。分生孢子椭圆形，两端钝圆，光滑，无色，无隔膜，内常含2个油球，大小为（3.5～5.5）μm×（0.8～2.0）μm。病菌在5～35℃和pH 3～12范围内均能生长，以24～28℃和pH 8最适。孢子萌发的最适温度为24℃，最适相对湿度为100%或有水滴存在。由于该病病原于2018年才首次被鉴定，有关该病的病害循环与影响病害发生的因素目前还未有报道。

（三）防治

咯菌腈、啶酰菌胺、咪鲜胺、嘧菌酯、苯醚甲环唑和戊唑醇对白术枯斑病菌均有较高的毒力，抑制病菌生长的EC_{50}值分别为1.71μg/mL、2.26μg/mL、3.75μg/mL、4.75μg/mL、5.01μg/mL和10.56μg/mL，可用于生产上对白术枯斑病的化学防治。

五、白术锈病

（一）症状

主要为害叶片。发病初期，叶面发生黄绿色隆起的小点，逐渐扩大为褐色、近圆形的病斑，周围有黄绿色晕圈。在叶背，病斑处呈现黄色杯状隆起，聚生着黄色颗粒状物（孢子堆），当其破裂时散出大量黄色粉末状锈孢子。最后病斑处破裂成穿孔，叶片枯死或脱落。叶柄、叶脉的病部膨大隆起，呈纺锤形，病部也生有锈孢子腔，后期病斑变黑干枯。

（二）病原

白术柄锈菌*Puccinia atractylodis*，属担子菌门柄锈菌属。白术是病菌的中间寄主。冬孢子及其越冬场所不详。

（三）防治

防止田间过湿，雨后及时排水。每年收获白术后，清除并烧毁残株病叶，可减轻翌年发病。发病初期及时清除病株，并喷施20%三唑酮可湿性粉剂1500倍液，或参照葱蒜类锈病和豆类锈病进行用药防治。

六、白术白绢病

（一）症状

主要为害白术根状茎。发病初期，受害植株叶片黄化萎蔫；茎基及根茎初为暗褐色，上有明显的白色绢状菌丝，当整个根茎被白色菌丝缠绕时，呈黄色或黄褐色软腐，同时产生很多油菜籽状棕褐色菌核。有时还可见到菌丝层和菌核蔓延到病株周围土面。药农称根茎腐烂症状为“白糖烂”。在极其潮湿条件下，近土面叶片，甚至花蕾也延及受害，产生水渍状、不规则圆形黄褐色轮纹斑，也有辐射状的菌丝和更小的菌核。主茎已木质化的白术植株被害后，直立枯死，根茎部薄壁组织腐烂，仅剩木质化的纤维组织，呈乱麻状，极易从土中拔起。

（二）病原

齐整小核菌*Sclerotium rolfsii* Sacc.，属无性型真菌小菌核属。菌丝白色，有绢丝般的光泽，在基物上呈羽毛状，从中央向四周呈辐射状扩散。菌丝有隔膜，分枝常呈直角，分枝处有缢缩，离缢缩不远处有一横隔。菌核球形或椭圆形，大小不等。营养状况好，或温湿度高时，2或3个菌核可相互连接成块。除寄生白术外，病菌还能侵染芍药、黄芪、地黄、黄连、菊花、桔梗等中药材和其他多种农作物。病菌主要以菌核在土壤中越冬，也可以菌丝体在种栽或病残体上存活。菌核随水流、病土转移或混杂在种子中传播。

（三）防治

与禾本科作物轮作，不可与易感染此病的附子、玄参、地黄、芍药、花生、大豆等轮作。加强田间管理，雨季及时排水，避免土壤湿度过大。选用无病健栽作种，并用50%多菌灵可湿性粉剂1000倍液浸栽3～5min，晾干后下种。发现病株后，及时挖除病株及周围病土，用石灰消毒；也可用6%井冈・嘧苷素水剂400～500mL/亩或16%井冈霉素可溶粉剂150～200g/亩喷淋。

七、白术黑斑病

（一）症状

在一年生和二年生白术田均有发生，整个生长季节均可危害。多从叶尖或叶缘开始，发生黄褐色至黑色的病斑。病斑迅速扩展，使叶片局部变黑枯死。严重者扩及全叶和叶梗。病斑多不规则形，界线清晰，上有稀疏的黑色霉，即病菌的分生孢子梗和分生孢子。茎秆发病，多从叶柄基部开始发生不规则黑褐色至黑色长斑，病斑扩展面大，常可绕茎秆，严重时全茎变黑。茎上病斑仅限于表层，刮去黑皮，内部组织仍保持青绿。

（二）病原

链格孢*Alternaria alternata*（Fr.）Keissler，属无性型真菌链格孢属。分生孢子梗丛生或单生，6～10根1丛，不分枝，屈膝状弯曲，具2～5个隔膜，褐色，大小为（216～312）μm×（3.5～5.5）μm。分生孢子倒棍棒形，褐色，具3～6个横隔，少数纵隔，分格处有缢缩，具喙，大小为（23.5～49.5）μm×（13～16）μm。病菌以菌丝体或分生孢子在病残体上越冬，成为翌年的初侵染来源。凡长势好的地块，黑斑病发病轻；长势弱的田块，发病重；增加土壤有机质含量和施用氮肥，可一定程度上减轻病害的发生。

（三）防治

采用合理轮作，药剂处理和土壤消毒等综合防治措施，预防白术黑斑病的发生。加强栽培管理，增施有机肥料，提高土壤肥力，促使白术生长健壮，增强抗病力。在发病初期，施用1∶1∶150波尔多液，或50%多菌灵可湿性粉剂800倍液，或75%百菌清可湿性粉剂500倍液喷施。

八、白术细菌性枯萎病

（一）症状

发病初期，病苗或成株叶片由上而下褪绿呈枯黄状萎垂。茎基和根茎的维管束呈浅褐色，有时髓部出现水渍状斑块，保温保湿后有菌脓溢出。

（二）病原

茄假单胞菌*Pseudomonas solanacearum*，属假单胞菌属细菌。病菌广泛存在于土壤或混入肥料的病残体中，随时可以侵染寄主。

（三）防治

与禾本科作物轮作。选择无病苗床，清除病残体。药剂防治方法参照茄科蔬菜青枯病。

九、白术病毒病

（一）症状

植株染病后，幼叶侧脉及支脉呈半透明状，即脉明。叶片颜色黄绿相间，厚薄不匀，呈花叶状。后期在中下部叶片上出现大量深褐色坏死斑，发病严重的叶片皱缩、畸形、扭曲。早期发病的植株节间缩短，严重矮化，生长缓慢；严重时不能开花结实，并易脱落。染病果实多膨大畸形。在4～6月白术蚜虫大量发生，植株缺水缺肥，生长衰弱时，该病症状表现最明显。在夏季高温时，出现隐症现象。

（二）病原

烟草花叶病毒TMV和黄瓜花叶病毒CMV。带病越冬植物所带病毒借汁液或蚜虫传播引起初侵染，田间可通过病苗与健苗摩擦、农事操作、伤口或昆虫等传播。

（三）防治

选择生长势强，发育速度快，适应当地条件的抗病、耐病品种。选用无病苗栽种或对术栽进行浸种处理。增施钾肥和含锌、钙、镁等元素的微量元素肥料。发病初期或病前，用8%宁南霉素水剂800倍液，或20%吗胍乙酸铜可湿性粉剂500倍液喷施，每7～10d 1次，连续2或3次。

第五节　贝 母 病 害

贝母属（*Fritillaria*）为百合科多年生草本药用植物。药用部分为其鳞茎，有止咳化痰作用。栽培比较广泛的有浙贝母（*F. thunbergii*）、川贝母（*F. roylei*）和平贝母（*F. ussuriensis*）等。浙贝母主产于浙江、江苏、湖北等地，鳞茎繁殖；川贝母分布于四川、云南、西藏、新疆、甘肃等地，品种较多，野生或栽培；平贝母主产于东北地区，鳞茎和种子繁殖。贝母因种类、产地和繁殖方式的差异，病害种类和发病程度也有较大差别。贝母地上部病害主要有灰霉病、黑斑病、锈病及花叶病等。灰霉病和黑斑病在浙贝母和平贝母上都有发生，但以浙贝母受害最重。锈病是平贝母上的重要病害。贝母根和鳞茎病害有干腐病、软腐病和菌核病等。干腐病和软腐病主要发生在浙贝母上。菌核病则为害平贝母。以种子繁殖为主的贝母，一二年生的幼苗常有立枯病的发生。

一、贝母灰霉病

贝母灰霉病又称贝母叶枯病，在浙贝母和平贝母上发生普遍，导致茎叶早枯，降低鳞茎产量，常年损失20%左右，严重时可达50%。

（一）症状

叶、茎、花、果等均能受害，以叶片症状最显著。叶斑圆形、椭圆形至不规则形，淡黄褐色，边缘有水渍状晕圈，潮湿时病斑迅速扩展连片，导致叶片软腐枯萎下垂。干燥天气病斑有深紫褐色边缘，中央黄褐色或微具轮纹，且变薄脆裂。茎、花和蒴果被害，产生浅褐色斑，后腐烂干枯。病部在潮湿条件下均可生灰色霉层。枯死病组织尤其是病茎基部可产生小颗粒状黑色菌核。

（二）病原

椭圆葡萄孢*Botrytis elliptica*（Berk.）Cooke，属无性型真菌葡萄孢属。分生孢子梗直立，有1～3个隔膜，淡褐色至褐色，有隔膜，顶端树枝状分枝。分生孢子疏松地聚生于各分枝顶端，椭圆形、卵圆形、少数球形，单胞，淡褐色，（16～32）μm×（15～24）μm。菌核很小，黑色，直径0.5～1mm。此外，灰葡萄孢*Botrytis cinerea* Pers.也为害贝母，引起花腐和叶枯。

（三）病害循环

病菌主要以菌丝体和菌核随病残组织在土壤中越冬，以后直接产生分生孢子，侵染贝母。病部产生的分生孢子可进行反复再侵染，通过风雨在株间传播。

（四）发病条件

低温（20℃左右）高湿病害。江苏、浙江、安徽一带浙贝母产区通常从3月下旬开始发病，4月至5月上旬有持续阴雨，短期内就能造成叶片、茎秆枯死。东北平贝母发病较晚，以5月中下旬最为普遍。栽培连茬、种植密度过大、土壤湿重及植株生长不良均易发病。

（五）防治

收获后彻底清除病残体，集中烧毁。轮作或选择向阳干燥的生地，合理密植以降低田间湿度，施足底肥。病菌一般不为害鳞茎，从病株收获的贝母鳞茎经处理后仍可用以繁殖。3月上旬开始喷药保护，使用药剂参照番茄灰霉病。

二、贝母干腐病

干腐病是浙江、江苏、安徽、湖北等浙贝母产地的一种重要病害。该病既可在田间发生，也可在贮藏期发生，但以田间发生的损失较大。在湖北，一般发病率为30%左右，严重时全田失收。

（一）症状

通常在鳞茎的基部或侧面产生不规则青褐色稍凹陷的病斑，病部干硬或褶皱，切开鳞茎，有的可见维管束变色。随着病斑的扩大和深入，腐烂组织多呈蜂巢状空隙，病部及鳞片间有粉白色绒状粉霉，即病菌菌丝和孢子团块。后期鳞茎全部变褐干腐，发病轻的仅见粗糙变色斑。鳞茎维管束受害，横切面可见褐色小点。

（二）病原

燕麦镰孢菌*Fusarium avenaceum*（Fr.）Sacc.、尖镰孢菌*F. oxysporum*、半裸镰孢菌*F. incarnatum*和茄镰孢菌*F. solani*，均属无性型真菌镰孢属，均可引起贝母干腐病。

（三）病害循环

病菌主要通过伤口侵入，地下害虫和线虫危害造成的伤口为病菌侵入提供了有利的途径。病菌以菌丝体、分生孢子和厚垣孢子通过土壤转移传播，带病种茎可做较远距离传播。

（四）发病条件

贝母鳞茎越夏和播种期正值高温多雨的夏季，土壤中病菌和有害生物正处于活动盛期。此时，贝母正值半休眠期，抗病力弱，因而易发生烂种死苗。发病的轻重还与种子质量、贮藏越夏条件、贝母重茬、土壤等因素有关。在湖北，7～8月高温、多雷阵雨、湿度大时，贝母干腐病引起的烂种发生严重。

（五）防治

种用鳞茎要选成熟健壮、没有病虫伤疤的鳞茎。药剂处理使用40%多菌灵胶悬剂或25%多菌灵可湿性粉剂500倍液，对贝母浸种10min的防病效果较好。因地制宜，实行秋播。秋播可避过夏季高温，减轻烂种，对产量无影响。深耕、轮作、休闲及淹水等栽培措施可以减少土壤病原。药剂防治可参照瓜类枯萎病。

三、贝母软腐病

贝母软腐病是浙贝母产区常见的细菌病害，也是贝母过夏留种的一种病害。在田间往往发生在积水潮湿处，室内一般在通风差或堆放过厚时发生。

（一）症状

被害鳞茎初为褐色水渍状，后快速蔓延，呈豆腐渣或糨糊状软腐、发臭。空气湿度降低后，鳞茎干缩仅存空壳，腐烂鳞茎具特别的酒酸味。

（二）病原

胡萝卜果胶软腐杆菌胡萝卜软腐致病变种*Pectobacterium carotovora* pv. *carotovora* Dye.，属果胶杆菌属细菌。菌体短杆状，大小为0.5μm×（2～2.8）μm，周鞭，革兰氏染色阴性。菌落在酵母膏蛋白胨培养基上为灰白色，圆形，边缘整齐。硝酸还原强，糖发酵不产气，兼性厌气，产生H_2S，明胶液化，伏-波试验（VP试验）阳性，水解淀粉，对牛奶凝固。

（三）病害循环

病菌随病株遗留在土中或肥料、垃圾中越冬。伤口是病菌侵入的主要途径。

（四）发病条件

病菌寄主范围很广，能为害许多科植物。高温高湿条件下病情发展迅速。大地过夏的贝母鳞茎在梅雨季（5～6月）和伏季（7～8月）多雨，一般发病很重。田间地势低洼积水、土壤黏重、通气条件差也易发生软腐病。室内过夏的鳞茎，在贮藏前未充分摊晾，虫疤伤口未愈合，或供贮藏的砂土湿度过大，均易导致贝母软腐病的发生。

（五）防治

选排水良好的砂质土作种子地，采用成熟、健壮、无病虫的中等鳞茎作为种茎。种植前彻底清除病残体，选择高燥而利于排水的砂壤土种植贝母。生长期及时防治害虫，以减少虫伤，减少病菌侵染机会。原地贮藏的鳞茎要注意控制好土壤湿度，尤其不能淹水。

四、贝母茎腐病

贝母茎腐病主要在川贝母上发生，危害较重。尤其在重茬3年以上的贝母地里死苗率可达30%左右，是贝母苗期的重要病害。

（一）症状

植株发病初期，首先在接近地表的茎段或土表以下1～3cm的茎基部出现褪绿的水渍状条斑，向上、下迅速扩展，呈灰褐色至黑褐色软腐，病部明显缢缩。随即地上部植株出现萎蔫，继而倒伏。腐烂部位生有灰白色菌丝和青灰色结构疏松的初期菌核。湿度高时，倒伏的植株很快变黑腐烂。湿度较低时，叶片逐渐失水黄化，枯死。病斑沿茎部向下发展至地下鳞茎后引起鳞茎腐烂。最后在腐烂的鳞茎上或上年的母种鳞瓣中形成大量的黑色菌核和粉状物。被侵染的鳞茎或鳞瓣成为空壳。

（二）病原

无性态为立枯丝核菌*Rhizoctonia solani* Kühn，无性型真菌，丝核属。菌丝开始无色，后逐渐变成暗褐色，分枝多呈直角，分枝处稍缢缩，近分枝点有一分隔。菌丝直径7.5～16.3μm，有4～15个核，平均8个。菌核为椭圆形至不规则形，直径0.2～0.5mm，表面光滑。有性态为瓜亡革菌*Thanatephorus cucumeris*（Frank）Donk，担子菌门，亡革菌属。担子筒形至亚圆筒形，比担子下支撑菌丝略宽，大小为（11.5～17.0）μm×11.3μm。每个担子上生有4个小梗。担孢子椭圆形，大小为（6.5～8.8）μm×（4.0～6.3）μm。此菌在培养基上不产生任何孢子。生长适温为18～20℃，pH 4.0～5.0最好。

（三）病害循环

病菌以菌丝体和菌核在土壤、病残体和种株上越冬，第二年春环境条件适宜时菌核萌发产生菌丝侵染寄主幼苗引起发病。贝母茎腐病主要发生于地上部生长的前期。春季（3月中下旬）贝母出苗后在田间开始出现零星病株。随着气温逐渐升高，病害由中心病株向四周迅速扩展蔓延。4月上中旬病害的发生达到高峰，4月下旬以后病害在田间的扩展逐渐趋于停止。

（四）发病条件

贝母茎腐病发生发展的影响因素主要有以下几个方面。①春季气候条件：3月出现长期阴雨雪的倒春寒天气，贝母幼苗受到低温寒潮的侵袭后，一旦气温回升极易感病。②贝母地重茬年限：由于茎腐病菌在土壤中逐年积累，病害在多年重茬贝母的地里发生普遍而严重。③海拔：同一年份在不同海拔的贝母地里，茎腐病的发生和流行程度存在明显差异。低海拔区（海拔700～800m）发病较重，随着海拔的增加，病害发生逐渐降低，因为高山低温不利于贝母茎腐病的发生。

（五）防治

建立无病留种田，选用无病种贝。如果用带菌鳞茎作为种贝则成为次年病害初侵染源之一。播种前应仔细精选，彻底清除带有病斑的鳞茎。轮作换茬，避免连作，选用新地种贝母是防止病害严重发生的有效途径。药剂防治：在田间发病初期（3月上中旬），用40%多菌灵胶悬剂500倍液或25%多菌灵可湿性粉剂300倍液浇灌发病中心，用药量为每处浇3～5kg、浇灌半径30～40cm，可有效控制该病在田间扩展蔓延。

五、贝母黑斑病

（一）症状

叶片受害，从叶尖开始发病，叶色变淡，出现水渍状褐色病斑，渐向叶基蔓延。病部与健部有明显界线，接近健部有晕圈。发病轻时仅出现叶尖部分枯萎现象。在潮湿情况下病斑上生有黑色霉状物，即病菌分生孢子梗和分生孢子。

（二）病原

链格孢*Alternaria alternata*，属无性型真菌链格孢属。分生孢子梗2～5根束生，顶端色淡，基部细胞稍大，有分枝，正直或1～3个膝状节，1～6个隔膜。分生孢子倒棍棒形，黄褐色，单生或2～6个串生，嘴喙稍短，色淡，不分枝，孢身至嘴喙逐渐变细，孢身具3～12个横隔膜和0～3个纵隔膜，隔膜处有缢缩，大小为（12.5～56.0）μm×（6.3～14.8）μm。嘴喙有0～4个隔膜，大小为（2.5～30.8）μm×（2.5～6.3）μm。病菌以菌丝体或分生孢子在病残体上越冬。叶片受损、生理机能减退、春雨连绵、寒流多等，病害易发生。

（三）防治

贝母收获后，清除残株病叶，集中烧毁。深耕轮作。加强田间管理，及时开沟排水，以降低田间湿度。增施磷、钾肥，以增强贝母的抗病力。自4月上旬开始，结合灰霉病进行防治，或用325g/L苯甲嘧菌酯悬浮剂30～40mL/亩，或20%抑霉唑水乳剂37.5～45mL/亩，或25%戊唑醇水乳剂10～20mL/亩，每隔7d喷1次，连续喷3或4次。

六、平贝母锈病

（一）症状

在贝母叶背面、茎和叶柄上生许多暗褐色的小疱，即冬孢子堆，破裂后散出大量冬孢子。早期在叶背与茎的下部出现稍隆起近圆形至长椭圆形的橙黄色病斑，长有成丛杯状黄色锈孢子器。性孢子器黄褐色，位于叶面或其他部位锈孢子器间。孢子群所在部位的组织穿孔，茎叶枯萎，致使早期死苗。严重时，叶片和茎秆枯萎。

（二）病原

百合单胞锈菌*Uromyces lilli*，属担子菌门，单胞锈菌属。冬孢子椭圆形、长椭圆形、洋梨形或近球形，单胞，褐色，顶端有明显的乳头状突起，或呈不明显的断续纵纹，柄无色，易脱落。锈孢子近球形，黄色，有棱角，表面有小突起。病菌以冬孢子在病株残体上越冬，成为第二年的侵染来源。越冬的冬孢子萌发后侵染贝母，产生性孢子器和锈子腔，所形成的锈孢子借风雨传播仍侵染贝母。夏孢子阶段尚未发现。

（三）防治

加强田间管理，秋冬清除田间病残体。发病前喷洒70%甲基硫菌灵可湿性粉剂800倍液，或20%粉锈宁可湿性粉剂2000倍液，或80%代森锰锌可湿性粉剂600倍液，每隔7～10d

喷1次，连续2或3次。

七、贝母根腐病

（一）症状

主要为害根部，茎、叶因根部无法供应水分而下垂、干枯。初发病的植株，鳞茎根系发霉，一触即脱落，早期植株不表现症状。后随着病部腐烂程度加剧，地上部分由于茎基受害养分供应不足，中午前后蒸腾作用强时，植株上部叶片出现萎蔫，但夜间能恢复。病情严重时，萎蔫状态不能再恢复，植株颜色逐渐变浅发白，最后发黄枯死。此时，根皮变褐，并与髓部分离，最后全株死亡。

（二）病原

茄镰孢菌蓝色变种*Fusarium solani* var. *coeruleum*，属无性型真菌镰孢属。在PDA培养基上菌丝生长旺盛，呈灰白色绒毛状，菌落背面呈毡状，深蓝色。大型分生孢子微弯或弯曲明显，镰刀形，无色，多隔膜，基部常有显著突起的足胞。小型孢子椭圆形、卵形、短圆柱形，单胞或双胞，单生或串生，着生于伸长的分生孢子梗上。厚垣孢子顶生或间生，淡棕色至蓝色。土壤带菌是该病的主要初侵染源。

（三）防治

做好留种工作，选择健壮无病的种用鳞茎。加强栽培管理，选择排水良好的砂质壤土种植。雨后及时疏沟排水，避免畦沟积水。生长期少施氮肥，增施磷、钾肥。下种时用1∶1∶150波尔多液或1∶80福尔马林浸种10～15min，晾干后下种。发病初期用40%异菌·氟啶胺1000～1500倍液喷淋。

八、平贝母菌核病

（一）症状

平贝母菌核病又称黑腐病。菌核病主要为害贝母鳞茎和茎基部。鳞茎被侵染后很快产生1至数个黑色大斑。病斑下的组织呈现灰色，与健部界线分明。随着病情的发展，鳞茎全部变成黑色，内部组织被逐渐分解而腐败，最后充满了病菌的菌丝体。这时鳞茎从外观上表现为皱缩、干腐。茎基和鳞茎的中腔内、鳞片间、鳞片内、少数在鳞茎的外部产生许多极小的黑色颗粒，即病菌的菌核。被害植株的地上部分自叶尖逐渐发黄，叶片卷缩，乃至全株逐渐萎黄枯死。后期茎基部严重腐烂，使植株极易从土中拔出。

（二）病原

座盘菌*Stromatinia rapulum*（Bull）Boud，属子囊菌门座盘菌属。菌核球形或近球形，常几十个聚在一起，菌核外部黑色，内部白色，贝母鳞茎腔内的菌核较小，直径300～450μm；鳞片间的菌核较大，直径520～855μm。病菌以菌核在鳞茎病残体上或土壤中越冬，带菌鳞茎和带菌土壤是病菌的初侵染来源。翌年5月，气候条件适宜时，菌核萌发产生菌丝侵入贝母鳞茎危害。一般多雨年份、低洼积水、栽植过密、重茬地等，病害发生重。

（三）防治

采取有性繁殖的办法，建立无病种子田，为本田生产提供无病的种栽。划定病区，加强检疫，严禁从病区引种。选择高燥向阳地块，施用腐熟粪肥，做好田园卫生，可减轻危害。及时挖除田间病株，病穴用生石灰消毒。下栽前用50%多菌灵400倍液浸种栽，晾干后下种。在贝母生育期，发病田可用25%多菌灵800倍液，或40%菌核净100g/亩，或50%腐霉利1200倍液浇灌。

第六节　枸杞病害

枸杞（*Lycium barbarum*）为茄科落叶灌木，以果实入药，具有补肾强腰膝、滋肝明目、生精益气等功效。枸杞主产于我国宁夏、甘肃、河北等地，江苏、浙江也有大面积栽培。生产上常见的病害有炭疽病、灰斑病、根腐病、白粉病等。

一、枸杞炭疽病

（一）症状

枸杞炭疽病又称黑果病。主要为害果实，也可侵染嫩枝、叶、蕾、花等各部位。发病初期，青果上出现黑色小点，然后黑点扩大成不规则的圆斑，进而使半个或整果变黑色，干燥时果实缢缩；潮湿天气，黑果表面长出无数胶状橘红色小点，即病菌的分生孢子盘和分生孢子。在早春侵染嫩枝、叶尖或叶缘，出现半圆形的褐色斑，扩大变黑；潮湿情况下病斑呈湿腐状，病部表面出现橘红色黏滴状小点，即病菌的分生孢子盘和分生孢子。

（二）病原

无性态为胶孢炭疽菌*Colletotrichum gloeosporioides*（Penz.）Penz. & Sacc.，无性型真菌，炭疽菌属；有性态为围小丛壳菌*Glomerella cingulata*（Stonem）Schr. et Spauld，子囊菌门，小丛壳属。在PDA培养基上，菌落初为白色，后内层气生菌丝为灰白色至暗灰色，培养基内菌丝变为黑色，在菌落的中心部分产生橘红色的分生孢子堆。分生孢子长椭圆形，无色，单胞，有1或2个油球，大小为（8.2～16.4）μm×（3.9～5.0）μm。分生孢子萌发的最适温度和pH分别为28℃和4.1，菌丝最适生长温度为26～28℃。树上残存的病果表面分生孢子和病组织内的菌丝体是病菌越冬的主要形态和主要的初侵染源。病菌主要通过风雨传播，可以从伤口和自然孔口侵入，也可直接侵入，但以伤口为主。病菌具潜伏侵染特性，在适宜发病的温度范围内，温度越高，潜育期越短。

（三）防治

冬季清洁田园，及时剪去病枝、病果，清扫地面枯枝落叶，减少越冬菌源。合理施肥浇水，雨季及时排水，减轻病害发生。5～6月雨季前，喷1次波尔多液（1：1：120），发病初期，喷施20%苯甲·咪鲜胺水乳剂1000～1500倍液，7～8月发病高峰期，每隔7～10d喷1次，连续喷3或4次。

二、枸杞灰斑病

（一）症状

主要为害叶片。叶上病斑圆形或近圆形，较细小，长径2～4mm，中心部灰白色，边缘褐色，病健交界清晰。在叶背面多生有淡黑色的霉状物，即病菌的分生孢子梗和分生孢子。果实染病，症状与叶片相似，病部也生有淡黑色霉状物，且病斑稍凹陷。

（二）病原

枸杞尾孢菌*Cercospora lycii* Ell. et Halst.，属无性型真菌尾孢属。分生孢子梗褐色，3～7根簇生，顶端较狭且色浅，不分枝，正直或具0～4个膝状节，顶端近截形，孢痕明显，多隔膜，大小为（48～156）μm×（4～5.5）μm。分生孢子无色透明，鞭形，直或稍弯，基部近截形，顶端尖或较尖，隔膜多，不明显，大小为（66～136）μm×（2～4）μm。在北方地区，病菌以分生孢子和菌丝体在遗落在土壤中的枯枝残叶和病果上越冬，翌年分生孢子借风雨传播；在南方地区，病菌无明显越冬期，可以分生孢子进行反复再侵染，从而完成其周年循环。

（三）防治

秋后清洁杞园，清除病株残叶及病果，减少越冬菌源。加强栽培管理，增施有机肥和磷、钾肥，增强植株抗病力。发病初期，喷70%代森锰锌可湿性粉剂600倍液，或50%多菌灵可湿性粉剂500倍液，或50%氯溴异氰脲酸可溶性粉剂1000倍液，每隔7～10d喷1次，连续喷2或3次。

三、枸杞根腐病

（一）症状

主要为害根茎部。发病初期根茎呈黑色，逐渐腐烂，植株地上部叶片变小、发黄、无光泽，枝条矮化，果实瘦小；严重的枝条萎缩或全株枯萎。有些病株，根颈部与枝干皮层变褐腐烂，叶尖变黄向上卷缩，逐渐焦枯。后期外皮脱落，只剩下木质部，剖开根茎部，可见维管束变褐色。在天气潮湿时病部出现一层白毛或粉红色的黏质物。

（二）病原

枸杞根腐病由多种镰孢属真菌引起，如尖镰孢菌*Fusarium oxysporum* Schlecht、茄镰孢菌*F. solani*（Mart.）Sacc.、同色镰孢菌*F. concolor* Reinking和藤黑镰孢菌*F. fujikuroi* Sheldon等。病菌大型分生孢子无色，镰刀状，多分隔；小型分生孢子无色，卵圆形，单胞。病菌随存活病株越冬，也可随土表或土壤中的病残体及病果越冬。病菌从伤口或直接侵入，不同种病菌的侵入方式不同，潜育期也不一样。

（三）防治

实施检疫，严禁采用有病种苗。发现病株及时拔除，并在病穴中施入石灰粉消毒。发病初期，用50%甲基硫菌灵800～1000倍液、750g/L十三吗啉乳油750～1000倍液浇注根部，控制蔓延。如果用药物喷施，坚持采用对每株由下向上、由里向外的喷药方式，并对叶背面喷药，保证每株的枝条、叶片都喷到药。

四、枸杞白粉病

（一）症状

主要为害叶片和嫩枝，严重时可为害花和幼果。发病叶面和叶背有明显的白色粉状霉层，即病菌的菌丝体、分生孢子梗和分生孢子。受害嫩叶常皱缩、卷曲和变形，后期病组织发黄、坏死，叶片提早脱落，并长出小黑点，即病菌的闭囊壳。

（二）病原

穆氏节丝壳菌*Arthrocladiella mougeotii*（Lév.）Vassilkov，属子囊菌门节丝壳属。分生孢子梗直立，包含一个足胞和2或3个短细胞，大小为（82～172）μm×（17～25）μm。分生孢子串生，圆柱形、长椭圆形，大小为（20～36）μm×（10～18）μm。闭囊壳直径137.5～187.5μm，壁细胞轮廓不清，内外两层，外层色深，为不规则的多角形，内层淡黄色，近圆形。附属丝很多，生于子囊果的“赤道”和上部，常相互交错重叠在一起，顶端2或3次双叉状或三叉分枝，有的分枝节指状，最末一次分枝顶端圆形或稍收缩，个别膨大，上下等粗或基部稍粗，无色，光滑，长度为子囊果的60%～100%。子囊18～31个，长椭圆形、卵形，有柄，（52.5～72.5）μm×（17.5～25.0）μm。子囊孢子2个，椭圆形，（15～20）μm×（10～12）μm。病菌的闭囊壳随病组织在土表面及病枝梢的冬芽中越冬，翌年春放射出子囊孢子进行初侵染。田间发病后，病部产生的分生孢子通过气流传播，进行再侵染。

（三）防治

冬季做好田园清洁，清扫地表病叶、枯枝，除去带菌病枝，减少初侵染源。发病期用70%甲基硫菌灵可湿性粉剂1500倍液或石硫合剂喷雾，每隔10～15d喷 1次，共喷2或3次，防效明显。

第七节　山茱萸、杜仲、厚朴病害

山茱萸（*Cornus officinalis*）即萸肉，为山茱萸科落叶灌木或小乔木，以果皮入药，具有补肝益肾、固精髓、逐寒湿、暖腰膝等功效。山茱萸产于浙江临安、淳安，安徽歙县，以及河南、山西、陕西、四川等地。生产上的主要病害有灰色膏药病、炭疽病等。

杜仲（*Eucommia ulmoides*）为我国特产的著名药材，以树皮入药，有补肝肾、强筋骨等作用。杜仲主产于四川、湖南、湖北、贵州、云南、陕西等地，江苏、浙江山区也有栽培。杜仲为杜仲科落叶乔木，别名扯丝皮、丝棉皮。主要病害有叶斑病、立枯病、根腐病和新皮褐腐病等。

厚朴（*Magnolia biloba*）即凹叶厚朴，为木兰科落叶乔木，以树皮、根皮及花蕾入药，具有温中、下气、散满、燥湿、消痰、破积之功效。厚朴主产于浙江，江苏、福建、江西、安徽、湖南等地也有栽培，生产上的主要病害有立枯病、叶枯病、根腐病等。

一、山茱萸灰色膏药病

（一）症状

主要为害树干和枝条。菌丝在树干的皮层上形成不规则的菌膜，呈椭圆形或圆形，好似在树皮上贴上一张膏药。发病初期为灰白色，后变灰褐色，最后呈黑褐色。病菌寄生在枝干的表面。受害严重时，常把枝条包卷而发生凹陷，其上部分枝条逐渐衰老枯死。

（二）病原

茂物隔担耳菌*Septobasidium bogoriense* Pat，属担子菌门隔担耳属。子实体平铺，下部为菌丝层，上部为子实层，担子从菌丝层上产生，由无色球形的下担子和棍棒状的上担子组成。病菌和寄主枝干上的介壳虫共生。在树皮上，担子果膏药状。病菌以菌丝体在病枝上越冬，次年春夏菌丝继续生长形成子实层。担孢子随气流或借助于介壳虫传播。

（三）防治

有计划地培育山茱萸实生苗或保护利用野生树苗，砍去生有膏药病而树势衰弱的老树，新老林合理更替。有病树干可用刀刮去菌丝膜，再在树干或枝条上涂石硫合剂或20%石灰乳进行保护。喷洒石硫合剂防治介壳虫，防止孢子在介壳虫的分泌物上发芽，减少发病。发病初期，喷洒1∶1∶100波尔多液保护，每隔10～14d喷1次，连续喷4或5次。

二、山茱萸炭疽病

（一）症状

主要为害果实，其次为叶片和枝条。叶片受害后，产生圆形病斑，边缘紫红色，中央灰白色，易穿孔。枝条受害，引起溃疡或梢枯。在绿色果实上，病斑初为圆形、红色小点；病斑扩大后，变成黑色凹陷状。病斑边缘紫红色，外围有不规则的晕圈，使青果未熟先红。病斑后期变灰黑色，并生有小黑点，即病菌的分生孢子盘；病斑不断扩大，不断发展延伸至全果，使果实变黑（俗称黑果病）；干枯脱落，仅有部分干枯果实挂在枝头。

（二）病原

胶孢炭疽菌*Colletotrichum gloeosporioides* Penz.，属无性型真菌炭疽菌属。分生孢子盘淡褐色，初埋生于寄主表皮下，后突破表皮外露，涌出橘红色的分生孢子盘。分生孢子梗单胞，无色，瓶梗形，栅状排列于分生孢子盘上。分生孢子长椭圆形或柱状，单胞，无色，两端钝圆，大小为（10.2～17）μm×（3.4～5.2）μm，成熟时内含1或2个油球。分生孢子萌发时，产生一个隔膜，芽管自孢子一端、两端或中间长出，后在芽管顶端形成圆形、黄褐色的附着胞。病菌以菌丝和分生孢子盘在病果上越冬，成为翌年的初次侵染来源。生长期产生分生孢子，借风雨传播。

（三）防治

冬季清除残落病果，翻地使土壤风化，减少越冬菌源。适时整枝修剪，留好健枝，并使树冠合理通风透光，增强抗病力。发病初期，喷洒1∶1∶100波尔多液，或50%甲基硫菌灵可湿性粉剂800～1000倍液，并交替使用，以提高防病效果。

三、杜仲立枯病和根腐病

（一）症状

1）立枯病：幼苗出土后不久，靠近上面的茎基部分腐烂，细缩变褐。幼苗很快倒伏，苗木干枯死亡。

2）根腐病：苗木根部皮层和侧根腐烂，茎叶枯死，一拔即起，但死苗直立不倒。

（二）病原

1）立枯病的病原为立枯病菌*Rhizoctonia solani*，属无性型真菌，丝核菌属。

2）根腐病可由多种真菌引起，如镰孢菌*Fusarium*、丝核菌*Rhizoctonia*和腐霉*Pythium*等。这些病菌都可长期生活在土壤中。因此，苗圃地土壤黏重、透气性差、板结、缺乏有机肥，苗木生长弱，连续阴雨，整地粗放，苗床太低，圃地积水和连续育苗的老苗圃，病害发生很重。

（三）防治

选择平整、高燥、排水良好的苗床，加强苗床管理工作，实行轮作。每公顷用硫酸亚铁112.5～150kg磨碎过筛，匀撒畦面后再播种。幼苗发病初期，用50%甲基硫菌灵可湿性粉剂400～800倍液，或25%多菌灵可湿性粉剂800倍液灌根。

四、杜仲叶斑病

（一）症状

1）角斑病：病斑多分布在叶的中部，呈不规则形或多角形、暗褐色，叶背病斑颜色较淡。病斑上长出灰黑色霉状物，即病菌的分生孢子梗和分生孢子。秋后有的病斑上散生颗粒状物，最后病叶变黑脱落。

2）褐斑病：病斑初为黄褐色，然后扩展成红褐色长块状或椭圆形大斑，有明显的边缘。病部生灰黑色小颗粒状物，即分生孢子盘。

3）灰斑病：病害先自叶缘或叶脉开始发生。初呈紫褐色或淡褐色、近圆形斑点，后扩大成灰色或灰白色、凹凸不平的斑块。病斑上散生黑色霉点。嫩枝梢病斑黑褐色，椭圆形或梭形，继而扩展成不规则形。后期病斑上有黑色霉点，严重时枝梢枯死。

4）叶枯病：被害初期，叶片上出现黑褐色斑点，不断扩大后病斑边缘褐色，中间具灰白色，有时因干脆而破裂穿孔，严重时叶片枯死。

（二）病原

角斑病菌的有性态为*Mycosphaerella*，子囊菌门，球腔菌属；无性态为*Cercospora*，无性型真菌，尾孢属。褐斑病菌*Pestalotia*，属无性型真菌盘多毛孢属。灰斑病菌*Alternaria*，属无性型真菌链格孢属。叶枯病菌*Septoria*，属无性型真菌壳针孢属。角斑病菌和褐斑病菌分别以子囊孢子或分生孢子及菌丝体在病残体上越冬。灰斑病菌以分生孢子和菌丝体在病叶和病枝上越冬。叶枯病菌以菌丝体和分生孢子器在病残体上越冬。

（三）防治

加强栽培管理，增强树势，清除病残体，减少侵染源。在发病期可喷80%波尔多液可湿性粉剂300～400倍液、70%甲基硫菌灵可湿性粉剂或50%多菌灵可湿性粉剂1000倍液等，每隔7～10d喷1次，连续喷2或3次。

五、杜仲枝枯病

（一）症状

病害多发生在侧枝上。侧枝顶梢感病，然后向枝条基部扩展。感病枝皮层坏死，由灰褐色变为红褐色。后期病部皮层下长出有针头大的颗粒状物，即病菌的分生孢子器。当病斑环绕枝梢，就会引起枝条枯死。

（二）病原

大茎点霉属*Macrophoma*和茎点霉属*Phoma*，两者均属无性型真菌。前者的分生孢子器有乳突状孔口，分生孢子梗单生，分生孢子较大，长椭圆，单胞，无色；后者分生孢子器埋生于皮层下，球形，分生孢子梗线形，无色，单胞，分生孢子较小，卵圆形至长圆形。常寄生在枯枝上越冬，翌年借风雨传播，从枝条的伤口和皮孔侵入，植株长期势差易感病。

（三）防治

促进林木生长健壮，防止产生各种伤口。感病枯枝应进行修剪，连同健康部位剪去一段，并用波尔多液涂抹剪口。发病初期，喷施70%代森锰锌可湿性粉剂600倍液，每10d喷1次，喷2或3次。

六、厚朴立枯病

厚朴立枯病有侵染性和非侵染性两类。非侵染性发病是因圃田积水、土壤板结、覆土过厚、烈日曝晒等引起的种芽腐烂、苗根腐烂或日灼性猝倒。侵染性发病主要由病菌引起。

（一）症状

苗期发生，幼苗出土不久，靠近地面的植株茎基部萎缩腐烂，呈暗褐色，形成黑色的凹陷斑，幼苗折倒死亡。

（二）病原

病原为*Rhizoctonia*，为无性型真菌丝核菌属。病菌以菌丝体或菌核在土壤中或病残组织中越冬。

（三）防治

选择排水良好的砂质壤土种植。雨后及时清沟排水，降低田间湿度。发病初期，用5%石灰液浇注，或在病株周围喷50%甲基托布津可湿性粉剂1000倍液，也可参照人参立枯病进行化学防治。

七、厚朴叶枯病和炭疽病

（一）症状

1）叶枯病：初期叶面病斑黑褐色，圆形，直径2～5mm，后逐渐扩大密布全叶，病斑呈灰白色。在潮湿时病斑上生有黑色小点，即病菌的分生孢子器。后期病叶干枯死亡。

2）炭疽病：叶片病斑长椭圆形，叶缘病斑不规则形，褐色至灰白色，边缘红褐色至暗绿色，病斑上产生小黑点，即分生孢子盘，多数呈轮纹状排列。

（二）病原

叶枯病菌为*Septoria*，炭疽病菌为*Colletotrichum gloeosporiodes*，均属无性型真菌，前者为壳针孢属，后者为炭疽菌属。病菌以分生孢子器或分生孢子盘附着在寄主病残叶上越冬，成为翌年的初次侵染来源。

（三）防治

冬季做好田园卫生，扫除枯枝病叶并集中烧毁。发病初期摘除病叶，减少侵染源。发病初期喷洒1∶1∶100波尔多液，或参照人参炭疽病进行化学防治。

八、厚朴根腐病

（一）症状

发病初期，幼苗根部首先变褐色，逐渐扩大呈水渍状。后期病部发黑腐烂，苗木死亡。

（二）病原

尖镰孢厚朴专化型*Fusarium oxysporum* f. sp. *magnoliae*，属无性型真菌镰孢属。大型分生孢子镰刀形，略向一侧弯曲，多为3分隔，有足细胞。小型分生孢子多卵形至椭圆形，产孢细胞为单瓶梗。厚垣孢子多，球形至近球形，顶生或间生。病菌以分生孢子在土壤或病残组织中越冬

（三）防治

生长期应及时疏沟排水，降低田间湿度，同时要防止土壤板结，增强植株抗病力。发病初期，用50%多菌灵可湿性粉剂800～1000倍液，每隔15d喷1次，连续喷3或4次，也可参照人参根腐病进行化学防治。

第八节　当归、黄连病害

当归（*Angelica sinensis*）为伞形科多年生草本药用植物。以根入药，具有补血和血润枯燥、破淤生新、调经止痛等功效。甘肃、四川、陕西、湖北等地均有出产。麻口病、根腐病

是当归重要的根部病害。菌核病在一些地区也时有发生。为害地上部茎叶的病害有褐斑病、白粉病及病毒病等。

黄连（*Coptis chinensis*）为毛茛科植物，主产于四川、湖北、陕西、云南等地。生药称黄连，药用部分为其根状茎，有清热燥湿、泻火解毒作用。黄连病害中危害性最大的是紫纹羽病，并有扩大蔓延的趋势。白绢病危害也较普遍。白粉病在春季发生较多，但老叶焦枯后翌春新叶仍能再生，少有毁灭性。主要病害有炭疽病、斑枯病、根腐病及基腐病等。

一、当归褐斑病

（一）症状

主要为害叶片。发病初期，叶面产生褐色斑点，扩大后病斑边缘有一褪绿晕圈，病部呈红褐色，中心部分灰白色。后期病斑内出现小黑点，即病菌分生孢子器。病害发生严重时，叶片大多呈红褐色干枯。

（二）病原

病原为*Septoria*，为无性型真菌壳针孢属。分生孢子器散生，球形、扁球形。分生孢子针形，无色透明，有些稍弯曲，有不明显的隔膜1～4个，大小为（22.0～57.8）μm×（1.3～2.9）μm。病菌以菌丝体和分生孢子器在病株芽头和残体组织中越冬，成为翌年的初侵染源。

（三）防治

冬季清除田间病株残叶，减少越冬菌源。建立无病留种田，选留无病种子。发病初期，摘除病叶，喷洒1∶1∶150波尔多液。从5月中旬以后，喷洒70%代森锰锌可湿性粉剂600倍液或50%多菌灵可湿性粉剂1000倍液，每隔10～14d喷1次，连续喷2或3次。

二、当归白粉病

（一）症状

叶片、花、茎秆均能受害，主要发生于叶背。发病初期，叶片出现白色的粉霉斑，即病原菌丝、分生孢子梗和分生孢子。后期病斑扩大成片，叶背面全部覆盖很厚的白色粉层，叶正面发黄。发病严重时，叶变细，呈畸形到枯死。白粉上产生黑色小颗粒，为病菌有性阶段的子囊果。

（二）病原

独活白粉菌*Erysiphe heraclei* DC.，属子囊菌门白粉菌属。闭囊壳聚生或散生，埋生于菌丝体中，暗褐色，扁球形、近球形。附属丝丝状，个别附属丝顶端有1或2次分枝，有隔。闭囊壳内有子囊4～6个，子囊卵形、椭圆形，有小柄，大小为（51.7～61.2）μm×（35.3～42.3）μm，子囊内含子囊孢子4～6个。子囊孢子椭圆形、卵形，淡黄褐色，壁厚，大小为（15.3～21.2）μm×（10.6～14.1）μm。分生孢子筒形或腰鼓形，单胞，无色，大小为（25.9～38.8）μm×（12.9～16.5）μm。病菌以闭囊壳或菌丝体在病残体及种根上越冬。越冬的闭囊壳来年散发成熟的子囊孢子，进行初次侵染；越冬的菌丝第二年可直接产生分生孢子传播危害。病处产生的分生孢子可借气流传播，进行反复再侵染。

（三）防治

加强管理，及时中耕除草，疏松土壤减少养分消耗，有利于植株健壮生长。发病初期喷施50%甲基硫菌灵可湿性粉剂1000倍液，或20%粉锈宁可湿性粉剂2000倍液，或参照瓜类白粉病进行药剂防治。

三、当归根腐病

（一）症状

当归根部受害，地下部根尖和幼根初呈褐色水渍状，随后变成黑色病斑，逐渐脱落。主根呈锈黄色，腐烂，只剩下纤维状物，极易从土中拔起。感病植株矮小，叶片枯黄。该病的发生常与地下线虫、根螨的危害有关。

（二）病原

燕麦镰孢菌*Fusarium avenaceum*（Fr.）Sacc.，属无性型真菌镰孢属。病菌以菌丝和分生孢子在病田土壤内和种苗上越冬，成为翌年的初侵染源。有研究表明，南方根结线虫在当归根腐病的发生过程中起重要作用。地下害虫活动频繁，根部伤口多，利于发病，连作会加重病害的发生。

（三）防治

选择排水良好，透水性好的砂质土壤作栽培地，忌连作。移栽前，每亩用65%代森锰锌可湿性粉剂200倍液均匀喷洒。选用无病健苗，并经1∶1∶150波尔多液浸种10～15min，晾干后下种。拔除病株，病穴中施一撮石灰粉或50%甲基硫菌灵可湿性粉剂800～1000倍液浇穴，也可用40%异菌·氟啶胺1000～1500倍液全面喷洒病区，以防蔓延。

四、当归菌核病

（一）症状

主要为害根、叶。被害植株开始叶片发黄，随后渐渐枯死。此时，检查田间病株发现其根及根茎部组织破坏，变成空腔，内部生有多数大小不等的黑色鼠粪状菌核。

（二）病原

病原为*Sclerotinia*，属子囊菌门核盘菌属。病菌以菌核在种子、病苗、病残体内或土壤表层越冬，在12月至翌年2～3月形成子囊壳，产生子囊孢子，借助风雨飞散，扩大危害。该病害属于低温性病害，低温高湿、杂草多、管理粗放有利于发病。

（三）防治

冬季翻耕，将表层土深翻，有利于减少越冬菌源。实行轮作，最好与禾本科作物轮作或水旱轮作。种子和种苗用0.05%代森锌溶液浸泡消毒10min，晾干后下种。在移栽时，穴内适施石灰、草木灰，增加肥力又消毒。发病初期，喷洒1∶1∶300波尔多液，或70%代森锰锌可湿性粉剂600倍液，或参照人参菌核病进行药剂防治。

五、当归茎线虫病

（一）症状

当归茎线虫病又称麻口病。茎线虫病主要为害根部，染病初期根部外皮无明显症状，纵切根部，局部可见褐色糠腐状。随着当归的增粗和病情发展，根表皮呈现褐色纵裂纹，裂纹深1～2mm，根毛增多和畸化。严重发病时，当归头部整个皮层组织呈褐色糠腐干烂，其腐烂深度一般不超过形成层，个别植株从茎基处变褐，糠腐达维管束内。轻病株地上部无明显症状，重病株则表现矮化，叶细小而皱缩。

（二）病原

腐烂茎线虫*Ditylenchus destructor* Thorne，属茎线虫属。雌雄同形，均为线形，雌虫大小为（1.1～1.6）mm×（25.6～56.3）μm，雄虫大小为（0.9～1.4）mm×（27.5～52.5）μm。虫体前端稍钝，唇区平滑，尾部呈长圆锥形，末端钝尖，虫体表面角质层上有细密环纹，侧线6条。食道为垫刃型，中食道球卵圆形，食道腺叶状。雌虫阴门横裂，阴唇稍突起，后子宫囊一般达阴门至肛门2/3处，后部宽大，前部逐渐变尖，中央有两个突起。雄虫交合伞包至尾部的2/3～3/4处，交合刺成对，朝腹部弯曲。病原线虫以成虫及高龄幼虫在土壤和病残组织内越冬，成为病害的侵染来源。种苗一般不带病。

（三）防治

栽种时先用40%甲基异柳磷乳油100倍液浸泡种苗20～30mm，晾干，或用20%三唑磷胶囊悬浮剂1500～2000mL/亩蘸根。选择发病轻的红壤土、砂质壤土，并注意轮换种植，避免与其他寄主植物连作。消除病残归根和田间杂草，以减少侵染源。发病后，可用10%丙溴磷颗粒剂2000～3000g/亩、5%灭线磷颗粒剂2500～3000g/亩沟施或穴施。

六、黄连白绢病

（一）症状

为害黄连的根茎，并扩展到近地面叶片。叶片呈紫褐色或黄褐色枯萎。根茎和须根变褐色腐烂。病部及近土面形成白色绢状霉层和茶褐色油菜籽大小的菌核。由于菌丝破坏了黄连根茎的皮层及输导组织，被害株顶梢凋萎、下垂，最后整株枯死。

（二）病原

齐整小核菌*Sclerotium rolfsii* Sacc.，属无性型真菌小菌核属。在PDA培养基上菌落白色，菌丝体有绢丝状光泽，呈羽毛状，从中央向四周辐射发展。菌丝淡灰色，有隔膜，呈锐角或近直角分枝。分枝处有缢缩，离缢缩不远处有一隔膜。菌丝易扭结，扭结的菌丝不断发育成菌核。菌核初为白色小圆点，中期淡黄色，油菜籽状，后期菌核表皮变成红褐色。菌核在土壤中能存活5～6年。土壤和带菌残体为病害的主要初侵染来源，发病期以菌丝蔓延或菌核随水流传播进行再侵染。

（三）防治

可与禾本科作物轮作，不宜与感病的玄参、附子、芍药等轮作。田间发病时，可用50%石灰水浇灌，或用50%甲基硫菌灵可湿性粉剂800～1000倍液喷洒，每隔7～10d喷1次，连续喷3或4次。发现病株，带土移出黄连棚深埋或烧毁，并在病穴及其周围撒生石灰粉消毒。也可用6%井冈·嘧苷素水剂400～500mL/亩或16%井冈霉素可溶粉剂150～200g/亩喷淋。

七、黄连白粉病

（一）症状

黄连白粉病主要为害叶。在叶背出现圆形或椭圆形黄褐色的小斑点，渐次扩大成大病斑，直径为2～2.5cm；叶表面病斑褐色，逐渐长出白色粉末，即病菌的分生孢子梗和分生孢子，表面比叶背多。7～8月于白粉处产生黑色小颗粒，即病菌的闭囊壳，叶表多于叶背。发病由老叶渐向新生叶蔓延，白粉逐渐布满全株叶片，致使叶片渐渐焦枯死亡。次年，轻者可生新叶，重者死亡缺株。

（二）病原

毛茛耧斗菜白粉菌*Erysiphe aquilegiae* var. *ranunculi*（Grev.）Zhang & Chen，属子囊菌门白粉菌属。闭囊壳散生，球形或扁球形，黑褐色。附属丝菌丝状，有19～43根，长度为闭囊壳直径的1～5倍，无隔膜。闭囊壳中含有3～10个子囊，子囊椭圆形，无色，具明显的柄，大小为（59.4～62）μm×（30～37.8）μm。子囊孢子矩圆形或椭圆形，无色透明，大小为（18.8～23.8）μm×（8.8～12.7）μm。病菌以闭囊壳或菌丝体在病株残体上越冬，次年春天产生成熟的子囊孢子，借风雨传播进行初侵染。病部产生的分生孢子可以借气流传播进行反复再侵染。

（三）防治

育苗地和成苗栽种地在下种、移栽前撒1次草木灰，育苗田450kg/hm^2，成苗地750kg/hm^2。调节荫蔽度，适当增加光照；冬季清园，将枯枝落叶集中烧毁。发病初期喷洒石硫合剂或50%甲基硫菌灵可湿性粉剂1000倍液，每7～10d喷1次，连喷2或3次。也可参照瓜类白粉病进行药剂防治。

八、黄连根腐病

（一）症状

主要为害根部。发病时，须根变成黑褐色干腐，后干枯脱落。叶面初期从叶尖、叶缘形成紫红色、不规则病斑，逐渐变暗紫红色。病变从外叶渐渐发展到心叶，病情继续发展后，枝叶呈萎蔫状。初期早晚尚能恢复，后期则不再恢复，干枯致死。病株很容易从土中拔起。

（二）病原

尖镰孢菌*Fusarium oxysporum*、茄镰孢菌*F. solani*、三线镰孢菌*F. tricinctum*，均属无性

型真菌镰孢属，都可引起黄连根腐病。病菌以菌丝或厚垣孢子等在土壤中越冬，病菌在土壤中可存活5年以上。

（三）防治

适宜与禾本科作物轮作3～5年。切忌与易感病的中药材或农作物轮作。在黄连生长期间，要注意防治地老虎、蛴螬、蝼蛄等地下害虫，以减少发病机会。及时拔除病株，并在病穴中施石灰粉。用2%石灰水或50%甲基硫菌灵可湿性粉剂800～1000倍液浇灌病区，可防止病害蔓延。发病初期喷药防治，用50%甲基硫菌灵可湿性粉剂800～1000倍液，每隔15d喷1次，连续喷3或4次。也可参照党参根腐病进行药剂防治。

九、黄连炭疽病

（一）症状

主要为害叶部。发病初期，在叶片上产生油渍状的小点，以后逐渐扩大为病斑，边缘暗红色，中间灰白色，并有不规则轮纹，叶片上着生黑色小点，即病菌的分生孢子盘。叶面向上突起，后期容易穿孔。叶柄基部常出现深褐色、水渍状病斑，后期略向内陷，造成柄枯、叶落。天气潮湿时，病部可产生粉红色黏状物，即病菌的分生孢子堆。

（二）病原

病原为*Colletotrichum*，属无性型真菌炭疽菌属。分生孢子盘黑色，无刚毛，其上着生分生孢子梗。分生孢子梗无色，不分枝，具有1～3个隔膜，大小为（15.0～20.0）μm×（3.0～4.0）μm，顶端着生分生孢子。分生孢子无色，单胞，圆筒形或长椭圆形，大小为（15.0～18.0）μm×（3.5～6.0）μm。病菌以菌丝和分生孢子附着在病残组织和病叶片上越冬，成为翌年的初次侵染来源。病菌可以从伤口侵入，也可直接穿透寄主表皮侵入。病菌在田间具有潜育期，温度越低，潜育期越长。

（三）防治

加强田间管理，清除田间杂草，降低连棚荫蔽度。发病初期，及时发现和摘除病叶，消灭发病中心。化学防治使用50%咪鲜胺锰盐可湿性粉剂1500倍液，或用65%代森锌可湿性粉剂500倍液，或50%甲基硫菌灵可湿性粉剂400～500倍液，隔7d喷1次，连续喷2或3次，有较好的防治效果。

十、黄连列当病

（一）症状

黄连被寄生后营养被列当吸收，使黄连停止生长，须根和根状茎腐烂。严重时全株死亡。

（二）病原

病原为*Orobanche*，属寄生性种子植物列当科列当属，寄生于黄连的侧根上，多数根丛生直立在一起。列当于春夏之交开白色花，花生于茎上，蒴果卵形，内含数百粒小型种子，一般长度不超过0.5mm，呈葵花籽形。列当主要通过种子传播，种子在土壤中可存活多年。

（三）防治

前期发现，应连土壤带黄连植株同时挖除，再填上新土防止蔓延，或结合除草拔除病株。应在7月上中旬列当种子未成熟前清除干净。用2,4-D 100～200倍液喷雾，有一定的效果。

十一、黄连紫纹羽病

（一）症状

主要为害3～4年以上的黄连幼苗。根和根茎感病后呈黄褐色至黑色，表面有紫色羽纹状菌丝体，缠绕成根状菌索，继而交织成厚薄不一的毛毡状紫色菌丝层，后期菌丝层的孔隙内产生暗褐色小半球形的菌核，根茎皮层组织腐烂，残留表皮，木质部也腐朽。紫色菌丝层有时露出地面，铺展在根茎周围。病株地上部生长衰弱，叶缘早枯，逐渐死亡。

（二）病原

桑卷担菌*Helicobasidium mompa* Tanakae，属担子菌门卷担子属。担子圆筒形，无色，其上产生担孢子。担孢子长卵形，无色，单胞，大小为（10.0～25.0）μm×（6.0～7.0）μm。病菌以菌索或菌丝块在病根及土壤中越冬，可存活多年。病菌随种苗调运做远距离传播。

（三）防治

选择无病田种植，忌从病区调入种苗。施用腐熟有机肥料，增加土壤肥力，改善土壤结构，提高保水力，能减轻病害发生。施石灰中和土壤酸性，改善土壤环境，对防病有良好效果。发病田块可与禾本科作物如玉米实行5年以上轮作，但忌与其他寄主范围内的作物轮作或间作。用40%多菌灵胶悬剂500倍液或25%多菌灵可湿性粉剂300倍液处理土壤（5kg/m^2浇灌），也可收到显著的杀菌效果。

第九节　黄芪、罗汉果病害

黄芪（*Astragalus membranaceus*）为豆科多年生草本药用植物。以根入药，具有补气壮脾胃、固表止汗、托疮排脓等功效。黄芪主产于山西、内蒙古、黑龙江、吉林、甘肃等地；浙江、江苏等省也有引种栽培。地下部病害主要有立枯病、紫纹羽病、根腐病、白绢病及根结线虫病等；地上部有白粉病、褐斑病及锈病等。

罗汉果（*Momordica grosvenori*）属葫芦科多年生宿根攀缘性藤本植物，是我国特有的珍贵药用植物。罗汉果原产我国广西，已有200多年的栽培历史。近年来，广西、广东、湖南、云南、江西、贵州、福建等地均有栽培。以干燥果实入药，性凉、味甘，能清热解暑、润肺止咳，主治咳嗽、喉痛、暑热等症。罗汉果的病害较多，常见的有罗汉果疱叶丛枝病和根结线虫病。

一、黄芪根腐病

（一）症状

黄芪根腐病又称黄芪枯萎病。主根顶端或侧根首先发病，然后渐渐向上蔓延。受害根部表面粗糙，呈水渍状腐烂，肉质部红褐色。严重时整个根系发黑溃烂，极易从土中拔起。土壤湿度较大时在根部产生一层白色霉层，为病菌分生孢子。地上部枝叶发黄，植株萎蔫枯死。

（二）病原

木贼镰孢菌*Fusarium equiseti*、半裸镰孢菌*F. semitectum*和茄镰孢菌*F. solani*，均属无性型真菌镰孢属。带菌的土壤和种苗是根腐病的主要初侵染来源。

（三）防治

参照白术根腐病。

二、黄芪紫纹羽病

（一）症状

主要为害一年以上的植株。由地下部须根首先发病，以后菌丝体不断扩大蔓延至侧根及主根。病根由外向内腐烂，流出褐色、无臭味浆液。皮层腐烂后易与木质部剥离。皮层表面有明显的紫色菌丝体或紫色的线状菌索。后期在皮层上生成突起的、深紫色、不规则形的菌核。有时在病根附近的浅土中可见紫色菌丝块。菌丝体自根部蔓延到地面上，形成包围茎基的一层紫色线状皮壳，即病菌菌膜。

（二）病原

桑卷担菌*Helicobasidium mompa* Tanakae，属担子菌门卷担菌属。病菌以菌丝体、根状菌索或菌核随着病根遗留在土壤里，可存活多年。翌年6～7月，由于气温回升，雨水充沛，菌核开始萌发侵染寄主植物的根茎部。在土壤黏重、偏酸、地势低洼、排水不良的条件下，病害发生重。

（三）防治

清除病残组织，集中烧毁或沤肥。与禾本科作物轮作3～4年。发现病株，及时连根带土移出田间，防止菌核、菌索散落土中。每公顷施石灰氮330～375kg作基肥，经两周后再播种。用40%多菌灵胶悬剂500倍液或25%多菌灵可湿性粉剂300倍液5kg/m^2浇灌土壤。

三、黄芪根结线虫病

（一）症状

黄芪根部被线虫侵入后，导致细胞受刺激而加速分裂，形成大小不等的瘤结状虫瘿。主根和侧根能变形成瘤。瘤状物小的1～2mm，大的可以使整个根系变成一个瘤状物。瘤状物表面初为光滑，以后变为粗糙，且易龟裂。发病植株枝叶枯黄或落叶。

（二）病原

南方根结线虫*Meloidogyne incognita*，属根结线虫属。雌虫为长洋梨形，头尖腹圆，会阴部分的弓纹较高，横条沟呈波纹状，间距较宽，侧线有时不清楚，在弓纹中心的横沟呈旋涡不规则状，大小为（0.61～0.75）mm×（0.40～0.68）mm。雄虫成虫呈蛔虫形，尾端椭圆且无色透明，长为0.8～1.9mm。在土中遗留的虫瘿及带有幼虫和卵的土壤是线虫病的传染来源。此外，带有虫瘿的土杂肥、流水和农用工具等均可传染。

（三）防治

加强田间管理。用棉隆处理土壤。参照蔬菜根结线虫病进行药剂防治。

四、黄芪白粉病

（一）症状

主要为害叶片。发病初期叶两面生白色粉霉，扩展后连接成片，叶边缘不明显的大片白粉区，严重时整个叶片被一层白粉所覆盖，叶柄和茎部也有白粉。后期白粉变灰白色，霉层中产生许多黑色小颗粒，即病菌闭囊壳。被害植株往往早期落叶。

（二）病原

豌豆白粉菌*Erysiphe pisi* var. *pisi* DC.，属子囊菌门，白粉菌属。菌丝有隔，无色，多分枝。分生孢子梗直立或略弯曲，简单不分枝，其上着生分生孢子。分生孢子无色，单生，圆筒形或椭圆形，两端圆，大小为（20.0～50.1）μm×（13.4～20.0）μm。分生孢子萌发产生芽管，芽管裂片状或直筒状。闭囊壳球形，黑色。附属丝丝状，无色，无隔，10～19根，长度为闭囊壳直径的1～3倍，常弯曲，大多数不分枝，少数顶端有1或2次叉状分枝，不反卷。子囊卵形或椭圆形，具短柄，大小为（33.4～93.4）μm×（26.7～80.0）μm。子囊孢子1～6个，椭圆形或卵圆形，大小为（20.0～33.4）μm×（13.3～20.0）μm。病菌产生闭囊壳在病叶上越冬，翌年5月气温达20℃以上时，闭囊壳发育成熟，闭囊壳内子囊孢子冲出囊壳，首先侵染二年生黄芪植株，出现发病中心，然后病菌繁殖，通过分生孢子反复侵染而广泛传播。菌丝可在黄芪芽上越冬，翌年也可致病。

（三）防治

彻底清除田间病残体，加强水肥管理，增强植株抗病性。生长期发病，可参照瓜类白粉病进行药剂防治。

五、黄芪锈病

（一）症状

被害叶片病斑初为黄白色小点，后稍扩大和突起，不久表皮破裂，呈现红褐色夏孢子堆，夏孢子堆常聚集成中央一堆。夏孢子堆周围红褐色至暗褐色。后期布满全叶，最后叶片枯死，在病部产生黑色冬孢子堆，叶柄和茎上较多。

（二）病原

斑点单胞锈菌*Uromyces punctatus* Schrote，属担子菌门单胞锈菌属。病菌为转主寄生，性孢子和锈孢子阶段寄生于大戟属植物。病菌在芦头或病残叶内越冬，生长季以夏孢子反复危害。田间种植密度过大，氮肥过多，多雨高湿有利发病。

（三）防治

合理密植，生长期注意开沟排水，降低田间湿度，减少病菌危害。彻底清除病残体，发病初期喷80%代森锰锌可湿性粉剂600～800倍液或硫制剂防治，也可参照葱蒜类锈病和豆类锈病进行药剂防治。

六、黄芪白绢病

（一）症状

主要为害根及茎基部。发病初期，病根周围及附近表土和浅土层内产生棉絮状的白色菌丝体。由于菌丝体密集而成菌核，初为乳白色，后变米黄色，最后呈深褐色或栗褐色。被害黄芪根系腐烂殆尽或残留纤维状的木质部，极易从土中拔起，地上部枝叶发黄，植株枯萎死亡。

（二）病原

病原是齐整小核菌*Sclerotium rolfsii* Sacc.，属无性型真菌小菌核属。病菌主要以菌核在土中越冬。土杂肥及黄芪苗带菌，也是初次侵染来源。

（三）防治

参照白术白绢病。

七、罗汉果疱叶丛枝病

（一）症状

嫩叶首先发病，脉间褪绿，缺刻成线形，叶脉皱缩不均，使叶肉隆起呈疱状。叶片变厚粗硬，褪绿呈斑状，最后黄化。在叶片呈现症状的同时，休眠腋芽早发而成丛枝，叶序混乱。严重抑制植物生长，果实整齐度差，降低产量和品质。

（二）病原

罗汉果疱叶丛枝病是由植原体和病毒复合侵染引起的病害。带病种薯、种苗及其他带病寄主是主要的侵染来源，病菌可通过繁殖材料传播、蔓延，叶蝉类和棉蚜是传病的主要媒介。

（三）防治

建立无病苗圃，繁殖无病苗木。选择无病隔离区，培育不带毒实生苗或繁育来自深山老林的野生苗。加强检疫。严禁从病区引进繁殖材料和罗汉果苗，以防蔓延，是保护新区和无病区的最重要措施。加强栽培管理，清除杂草，增强植株抗病能力。通过加强水肥管理来提高植株营养水平，增强抗病能力。收果后，及时将带病块茎和藤蔓烧毁，以免传染扩散。及早防治棉蚜和叶蝉类。利用病菌的不同株系进行交互保护，也是很有前途的防治措施。

八、罗汉果根结线虫病

（一）症状

地下部的根及接触土壤的块茎均可受害。根部被害时线虫多从幼嫩的根尖侵入，呈棒状、球状、大小不等的虫瘿，所以俗称起泡病。以后虫瘿膨大突起，随着根的生长，线虫再次危害又形成新的虫瘿。虫瘿汇聚，使被害根呈结节状膨大，形成大小不一的念珠状。块茎受害后，表皮形成大小不同的瘤状突起（虫瘿），发育慢，块茎小，寿命短。虫瘿初期表面光滑，后期粗糙，龟裂。解剖虫瘿，其上有乳白色、针头大小的病原线虫的雌成虫。线虫常与土内其他致病菌（真菌或细菌）发生复合侵染，造成种薯腐烂。由于正常生理活动受到影响和破坏，水分与养分不能正常供应，生长停滞，藤细弱，分枝少，空株不结果或推迟开花，只结少量果。严重时挂果植株中途死亡。

（二）病原

根结线虫有3种：南方根结线虫（*Meloidogyne incognita*），爪哇根结线虫（*M. javanica*），花生根结线虫（*M. arenaria*），三者均属根结线虫属。南方根结线虫为主要危害种。病原线虫可以卵、幼虫和成虫在病薯（块茎）、病根、土壤、病根残体中越冬，是主要侵染来源。条件适宜时，线虫可一年多代。天气干旱导致的病害症状表现越早越严重。本病主要靠带病种薯、病土、肥料、水流、农事操作等途径进行传播，因此排水不畅、土壤黏重、连作时病害发生重。

（三）防治

种植罗汉果的园地应选四周为山林，朝东背西的生荒坡地，土壤以黄红壤为宜。烧荒全垦，深翻晒冬；翌年施足腐熟有机肥料，然后整地种植。罗汉果种薯的寿命一般为4～10年，收后可改种林木或其他非寄主范围的经济作物。在轮栽期间避免种植或间作豆类、瓜类、番茄及木鳖子等寄主植物。带病种薯处理十分必要，病薯处理的办法有物理和化学方法，一般可用47～48℃的热水处理。2年生以上的重病薯，先刮除虫瘿后再进行温水处理。以种子繁殖的实生苗、组织培养的试管苗、新垦荒地上繁殖的种苗供应生产，对野生种或栽培种抗病株系加以利用，培育抗病良种也是一个有效途径。参照蔬菜根结线虫病进行药剂防治。

第十节　槟榔、延胡索病害

槟榔（*Areca catechu*）属棕榈科，常绿乔木。以种子和根、果入药，有杀虫、消肿、行气、利尿等作用。主产于海南、台湾、广东、广西、云南等地。随着栽培面积的不断扩大，病害种类也与日俱增，已发展到20多种。有些病害，如槟榔炭疽病、斑点病、叶斑病和褐根病等已严重威胁着生产。

延胡索（*Corydalis yanhusuo*）也称元胡，为罂粟科多年生草本药用植物，以块茎入药，具有活血散疲、利气止痛等功效。主产于浙江省东阳、缙云、建德、磐安等县。江苏南通、上海郊县及江西也有较大面积的栽培。在生产上主要有霜霉病、菌核病、锈病等。

一、槟榔斑点病

（一）症状

小苗至成龄树均可发病，心芽受害可引起死苗。主要为害叶片，叶片上初生褐色小圆斑，后扩展为中间灰白色，边缘暗褐色，直径达1cm以上的圆形或椭圆形病斑，偶尔有多个病斑融合，形成大块坏死枯斑，从而叶片破碎。病斑上散生许多小黑点，即病菌的分生孢子器。

（二）病原

槟榔叶点霉菌 *Phyllosticta arecae*，属无性型真菌叶点霉属。分生孢子器生于叶面，初埋生，后突破表皮而孔口外露，球形至近球形。产孢细胞瓶梗形，短，无色。分生孢子椭圆形至卵形，无色，单胞，大小为（15.0～16.0）μm×（6.5～9.1）μm。病菌主要以分生孢子器在病残组织上越冬，翌年散出分生孢子借风雨传至槟榔叶部引起发病。

（三）防治

做好田园清洁，销毁落叶和枯叶死苗，实行轮作，加强田间管理。在出苗后可用0.5%等量式波尔多液或70%甲基硫菌灵可湿性粉剂喷洒2或3次，防病效果较好。

二、槟榔炭疽病

（一）症状

炭疽病是为害槟榔小苗和成龄株的主要病害之一。主要为害叶片、花序和果实，也可引起死苗及芽腐。叶片发病，初期为水渍状暗绿色小点，后期变褐，近圆形至不规则形，中央灰白色，边缘有双褐线围绕，略呈同心轮纹状，其上密生小黑点，即病菌的分生孢子盘。后期病部组织破裂。高湿条件下病斑上产生橘红色分生孢子团。小苗被害时，重者死亡。芽腐时，心叶卷曲，病斑破裂，有腐烂臭味。花穗受害，首先雄花的小花轴上表现黄化，后从顶部向下蔓延至整个花轴，引起花穗变黑褐色干枯，此花脱落。绿果感病，出现圆形或椭圆形的墨绿色病斑；熟果感病，出现圆形褐色的凹陷斑，而后扩展引起全果腐烂。成龄树严重发生时，出现大量落花落果。

（二）病原

胶孢炭疽菌 *Colletotrichum gloeosporioides* Penz.，属无性型真菌炭疽菌属。分生孢子盘暗褐色；刚毛少，直立，具分隔，浅褐色，顶端色淡而钝；产孢细胞瓶梗形，呈栅栏状平行排列；分生孢子圆柱形至长椭圆形，无色，单胞，内含2个油球，大小为（15.0～22.0）μm×（3.6～4.8）μm。病菌主要以菌丝体或分生孢子在病残体上越冬。病害多发生于高温多雨季节，长期连阴雨发病更加严重，田间荫蔽或密度过大也会加重病情。

（三）防治

注意栽培防病，改善排水系统，增施有机肥料，苗圃荫蔽适度，做好苗圃通风，降低苗圃湿度，以减轻病害发生。在发病初期喷药保护，可用1%等量式波尔多液或70%甲基硫菌灵可湿性粉剂1000倍液或50%多菌灵可湿性粉剂800倍液等喷药保护，能有效控制此病发生。

三、槟榔细菌性条斑病

（一）症状

主要为害槟榔叶片，也能为害叶柄和叶鞘。发病初期，叶片上出现暗绿色到淡褐色水浸状的椭圆形小斑点或短条斑，病斑周围有明显黄色晕圈，病斑穿透叶片两面。适宜条件下，病斑沿叶脉间扩展，宽度达1cm以上，长度达10cm以上，甚至等于整张小叶的长度。高湿条件下，病斑背面渗出淡黄色、黏胶状菌脓。重病株病叶破裂，变褐枯死。叶柄病斑棕褐色，长椭圆形或不规则形，边缘无黄晕，病斑渗透叶柄2～5mm处，其维管束变褐色。叶鞘病斑褐色至深褐色，无黄晕，微凸起，单个病斑近圆形，后多个病斑愈合成大斑。

（二）病原

野油菜黄单胞菌槟榔致病变种*Xanthomonas campestris* pv. *arecae*（Rao et Mohan）Dye，属黄单胞菌属细菌。病原细菌在病残组织及土壤内越冬，借灌溉水、肥料、农具等近距离传播，其远距离传播途径主要靠带病苗木的调运。

（三）防治

严选无病种苗栽种，发现病株及时拔除烧毁。不用带病肥料，使用腐熟有机肥。病区的苗木外运时，必须严格进行检查，淘汰病苗，防止病害扩散。化学防治可参照其他细菌性病害进行药剂喷施。

四、槟榔叶斑病

（一）症状

初期叶上为褐色小点，后期扩展为不规则形或长条形灰褐斑，边缘具暗褐色坏死线。病斑不呈轮纹状，无黄晕。叶正面病斑上密生许多小黑点，即病菌的分生孢子盘。后期病组织枯死易碎。

（二）病原

棕榈盘多毛孢菌*Pestalotia palmarum* Cooke，属无性型真菌盘多毛孢属。分生孢子盘初埋生，成熟后突破表皮而外露，散生，暗褐色。分生孢子梗短，无色，无分隔。产孢细胞无色，较短，圆柱形，环痕型产孢。分生孢子菱形，正直，4个分隔，分隔处无或稍缢缩，中间3个细胞橄榄色，或最中间细胞榄褐色、两端细胞无色，顶细胞圆锥形，顶生2或3根无色的附属丝。附属丝有分枝，长12～26μm。分生孢子大小为（16.0～24.0）μm×（4.8～8.4）μm。病菌以菌丝体及分生孢子盘在被害叶上越冬，借风雨传播。植株长势弱易被侵染。

（三）防治

加强培育，使槟榔生长健壮，增强抗病力。结合管理摘除病叶，集中烧毁。在发病期可喷洒1%等量式波尔多液、70%甲基硫菌灵可湿性粉剂或50%多菌灵可湿性粉剂1000倍液等防治。

五、槟榔幼苗枯萎病

（一）症状

主要发生在槟榔育苗中后期。发病初期，在未展开或2叶龄的幼苗叶缘出现淡褐色水渍状、长条形病斑，而后扩展呈不规则形，灰黑色病斑。斑上散生许多小黑粒即分生孢子器。严重时病株叶片纵卷枯萎，最终死亡。幼芽受侵染引起死苗。

（二）病原

病原为*Macrophoma abensis* Hara，属无性型真菌大茎点霉属。病菌以菌丝体或分生孢子器在病部越冬，次春产生孢子进行侵染。病菌孢子随风雨传播，经伤口侵入。

（三）防治

培育壮苗，做好肥、水管理，防止苗木徒长与受伤；干旱季节要注意灌水。用1%硫酸铜液进行伤口消毒保护。

六、槟榔根茎腐烂病

（一）症状

病菌侵染根系和茎基部，引起根系变褐腐烂。剖开茎基部，可见内部组织暗褐色，呈水渍状腐烂。病斑向上扩展，病株叶片枯萎下垂，最后枯萎死亡。

（二）病原

棕榈疫霉菌*Phytophthora palmivora*（E. J. Butler）E. J. Butler，属卵菌门疫霉属。病菌以卵孢子、厚垣孢子或菌丝体随病组织在土壤里越冬。

（三）防治

要随时清除病残组织，集中烧毁。大雨时，土壤过湿要注意排水，勤除杂草，防止病菌传播与感染，以减少发病。做好药剂预防，可用60%代森锌可湿性粉剂600倍液喷药保护。

七、槟榔褐色根腐病

（一）症状

发病初期，病树叶片褪绿或变黄，并逐渐向里层叶片发展，树干干缩，呈暗灰色，随后叶片脱落，整株死亡。病根表面带有泥沙，凹凸不平，其中央有铁锈色毛毡状的菌丝层和薄而脆的黑色菌膜。木质部变轻、干枯、硬脆，其上有明显的蜂窝状褐纹。树皮与木质部之间有黄白色绒毛状菌丝体。病树一般1～2年死亡。

（二）病原

有害木层孔菌*Phellinus noxius*（Com.）G. H. Gunn.，属担子菌门木层孔菌属。担子果木质、坚硬、无柄、半圆形或不规则形，锈褐色，边缘略向上，有轮纹浅沟。底面暗灰色，密布小孔。病根、病土及残留的带病树枝是病害的初侵染来源。由风雨和接触传染。

（三）防治

重病株或因病枯死的植株要连根拔除，并用多菌灵进行土壤消毒。避免种植过密，以减少根部接触传染。加强管理，清除野生寄主，注意除草、松土、施肥，以利受害树恢复生长。

八、槟榔黑纹根病

（一）症状

病菌多从根颈部的受伤处侵入，植株发病后，叶片褪绿变黄。病根表面不粘泥沙，也无菌丝和菌膜，但在根皮与木质部之间有灰白色菌丝层。病根干腐，受害木质部出现双重黑线纹，偶见黑纹闭合成小圆圈。后期严重病树全株死亡。根颈部产生子实体。

（二）病原

病原为*Ustulina deusta*（Hoffm. et Fr.）Lind.，属子囊菌门焦菌属。无性子实体青灰色，边缘灰白色，质地柔软，扁平，紧贴在病根上。分生孢子梗短，不分枝，无色，密集成孢子层。分生孢子单胞，瓜子形，无色。有性态产生子囊壳，球形，黑色。子囊棒状，内有子囊孢子8枚，单行排列，具侧丝。子囊孢子单胞，香蕉形，褐色至黑色。病残根、杂树病根与病土是黑纹根病的初侵染来源。

（三）防治

清除杂树桩，及时处理病树（连根拔除）。加强病区除草、松土和施肥以提高植株抗性，有良好的防病效果。

九、槟榔果腐病

（一）症状

病菌侵入幼果和果柄，呈褐色水渍状腐烂，其上有白色霉层，引起落果。病害蔓延到心芽，使心叶萎缩，叶片枯黄下垂，逐渐死亡。

（二）病原

接骨木镰孢菌*Fusarium sambucinum* Fuckel s. str.，属无性型真菌镰孢属。病菌在树上干的病果、病果穗及落地病果中越冬，成为第二年发病的初侵染源。

（三）防治

注意收集落叶、落果，集中烧毁或深埋，以减少侵染源。加强田间管理，合理密植，增加槟榔园的通风透光，降低园中空气湿度。合理施肥，提高槟榔树抗病力。在雨季来临之前喷洒1∶1∶100波尔多液1次，以后间隔40～45d喷第二次。依雨季长短持续喷药2或3次。

十、槟榔黑霉病

（一）症状

在小叶和叶柄表面附生大量的黑色霉污物，于解剖镜下观察如同堆积的黑色毛发。叶背面仅为浅黄色不规则形的褪绿斑。

（二）病原

槟榔短蠕孢菌*Acroconidiellina arecae*（Berk. & Broome）M. E. Ellis，属无性型真菌短蠕孢属。子实体叶正面生，极少叶背面生，菌丝体暗褐色或近黑色，毛茸状交织在一起，表生，菌丝宽达10～13μm。分生孢子梗直立不分枝，有分隔，节间偶尔膨大，暗褐色，具皱纹和疣状突起，壁厚，在菌丝上产生，基部细胞不膨大，顶细胞稍细，宽达8～12μm，梗长36～65μm。分生孢子倒陀螺形至倒棍棒形，直立，通常有3或4个隔膜，中间2个细胞颜色较深，暗褐色，壁上具疣状突起，两端细胞较浅，橄榄色，壁也较光滑，（48～63）μm×（14～19）μm。

（三）防治

发病初期可喷雾10%波尔多液和一定浓度的石硫合剂，每隔10～15d喷1次，连续2或3次。加强田间栽培管理，合理密植，注意通风透光，合理施肥，及时清除病叶，减少侵染来源以防病害蔓延。

十一、延胡索霜霉病

（一）症状

主要为害叶片。发病初期，叶面失去绿色光泽，产生黄褐色小点，后扩大联合成不规则的褐色病斑，密布全叶。在湿度较大时，病叶背面生有一层紫灰色的霜霉状物，即病菌孢囊梗与孢子囊。如温湿度条件适宜，病情发展迅速，茎叶变褐枯萎，甚至腐烂，植株死亡。俗称瘟病、火烧瘟。

（二）病原

紫堇霜霉菌*Peronospora corydalis*，属卵菌门霜霉属。子实层紫灰色。丛生的孢囊梗从气孔中伸出，多为1～4根，无色，二叉状分枝4或5次，除第一分枝对称外，其余分枝都不对称。孢子囊椭圆形或卵圆形，无色至浅灰色，有乳头状突起，大小为（16.9～23.7）μm×（13.5～16.9）μm。卵孢子球形，黄褐色，直径为33.8～37.0μm。病菌以菌丝在块茎中越夏，病块茎多形成系统症状病株。病部产生的孢子囊借风雨向周围传播，造成病害流行。块茎带菌为主要初侵染来源。

（三）防治

一般需隔3～4年后再种，宜与禾本科作物轮作。种用块茎用350g/L精甲霜灵种子处理乳剂浸种24～72h，待干后下种。清除病残组织，减少越冬菌源，减轻来年发病。春寒多雨季节，在雨后应及时疏沟排水，降低田间湿度，减少感染机会。发现中心病株应及早拔除，连土移出田间，集中沤肥处理。发病初期，喷722g/L霜霉威盐酸盐水剂100～120mL/亩，于3月上旬喷雾，每隔10～15d喷1次，持续喷3或4次。

十二、延胡索锈病

（一）症状

叶面出现圆形或不规则形的绿色病斑，略有凹陷，叶背病斑隆起，生有枯黄色凸起的胶黏状物，即夏孢子堆。夏孢子堆破裂后，散出大量锈黄色夏孢子，不断飞散进行再侵染。病斑常出现在叶尖或边缘，叶边发生局部卷缩。病斑呈褐色，最后穿孔。严重时致使全叶枯死。叶柄和茎同样被害。

（二）病原

元胡柄锈菌*Puccinia brandegei* Peck.，属担子菌门柄锈菌属。延胡索为病原锈菌的中间寄主。病菌以冬孢子随病残体在土表越冬，成为翌年的初侵染来源。受感染叶片初现圆形或不规则形绿色病斑，略有凹陷；叶背面病斑稍隆起，产生橘黄色凸起的夏孢子堆。夏孢子通过风雨传播，引起再侵染。

（三）防治

加强田间管理，疏通排水沟，降低田间湿度。增施磷、钾肥，提高植株抗病力。发病初期，36%喹啉戊唑醇悬浮剂20～40mL/亩喷施，7～10d后再喷施1次。

十三、延胡索菌核病

（一）症状

近土表的茎基部首先产生黄褐色或深褐色的梭形病斑。湿度较大时，茎基腐烂，植株倒伏搭叶，俗称搭叶烂、鸡窝瘟。受害叶片，初期呈椭圆形水渍状病斑，后变青褐色。严重时叶片成批枯死，土表布满白色棉絮状菌丝及大小不同的不规则形的黑色鼠粪状菌核。

（二）病原

核盘菌*Sclerotinia sclerotiorum*，属子囊菌门核盘菌属。病原菌以菌核遗留在土中或混杂在种用块茎间越冬越夏。第二年早春，菌核萌发形成子囊盘，从子囊内散发出子囊孢子，借气流传播，引起初次侵染。

（三）防治

实行轮作，若与水稻等禾本科作物轮作，可显著减轻菌核病的发生。发病初期应及时铲除病株病土，清除菌核和菌丝，并在病区撒施石灰粉，控制蔓延。撒施石灰、草木灰，或于发病初期用25%嘧霉胺可湿性粉剂90～150g/亩喷雾。

主要参考文献

柴兆祥．2001．兰州地区葡萄褐斑病发生危害及菌种鉴定［J］．甘肃农业大学学报，36（1）：61-64．

方丽，熊方珍，顾立明，等．2013．桃枝枯病的症状及其病原鉴定［J］．浙江农业学报，25（1）：103-107．

纪兆林，戴慧俊，金唯新，等．2016．桃枝枯病发生规律研究［J］．中国果树，(2)：13-17，21．

李科孝，谢宏伟．2001．大棚韭菜灰霉病的发生规律与防治［J］．植物保护，27（2）：46．

李远想．2019．莲藕腐败病的发生规律及综合防治技术［J］．中国瓜菜，32（4）：76，77．

梁春浩，刘丽，臧超群，等．2014．葡萄褐斑病品种抗性鉴定及其病原菌的生物学特性［J］．吉林农业大学学报，4（36）：401-406．

梁鹏博，张志想，刘斐，等．2016．苹果花叶病病原鉴定中遇到的问题及其可能的病原探究［J］．果树学报，33（3）：332-339．

沈阳药学院．1963．东北药用植物原色图志［M］．北京：科学普及出版社．

王连荣．2000．园艺植物病理学［M］．北京：中国农业出版社．

肖敏，曾向萍，赵志祥，等．2014．海南生姜斑点病的综合防治技术［J］．农业开发与装备，1：129，130．

邢飞，王红清，李世访．2020．中国苹果花叶病病原研究现状分析［J］．果树学报，37（12）：1953-1963．

熊方珍，方丽，顾立明，等．2013．桃枝枯病防治药剂比较试验［J］．浙江农业科学，(6)：713-715．

Tang W，Ding Z，Zhou ZQ，et al．2012．Phylogenetic and pathogenic analyses show that the causal agent of apple ring rot in China is *Botryosphaeria dothidea*［J］．Plant Disease，96（4）：486-496．

白菜白锈病

白菜软腐病

白菜炭疽病

草莓白粉病（果实）

草莓白粉病（叶部）

草莓红叶病

草莓灰霉病果

草莓枯萎病

草莓炭疽病

葱锈病

葱叶枯病

大蒜锈病

番茄灰霉病　番茄枯萎病　番茄脐腐病

番茄早疫病　甘蓝黑腐病　柑橘黄龙病

柑橘溃疡病　柑橘青霉病　瓠瓜白粉病

花菜软腐病　黄瓜白粉病　黄瓜根结线虫病

黄瓜黑星病　黄瓜枯萎病　黄瓜霜霉病

黄瓜细菌性角斑病　豇豆白粉病

豇豆病毒病（花叶）　豇豆病毒病（皱缩）　豇豆立枯病

豇豆煤霉病　豇豆锈病　豇豆灼伤

茭白胡麻叶斑病

辣椒病毒病（花叶）

辣椒病毒病（皱缩）

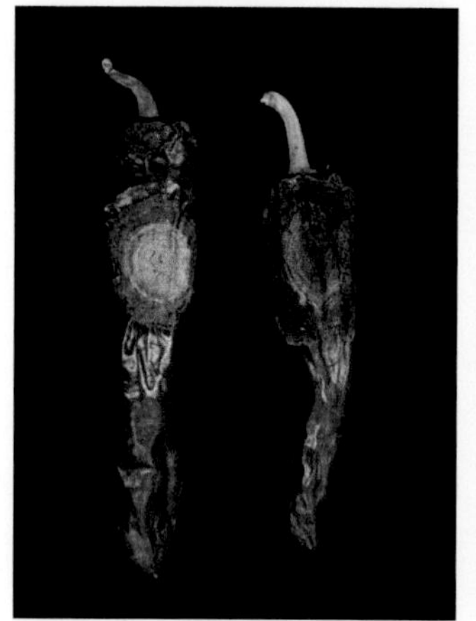

辣椒炭疽病

辣椒早疫病

梨锈病

莲藕炭疽病

莲藕叶腐病

萝卜病毒病

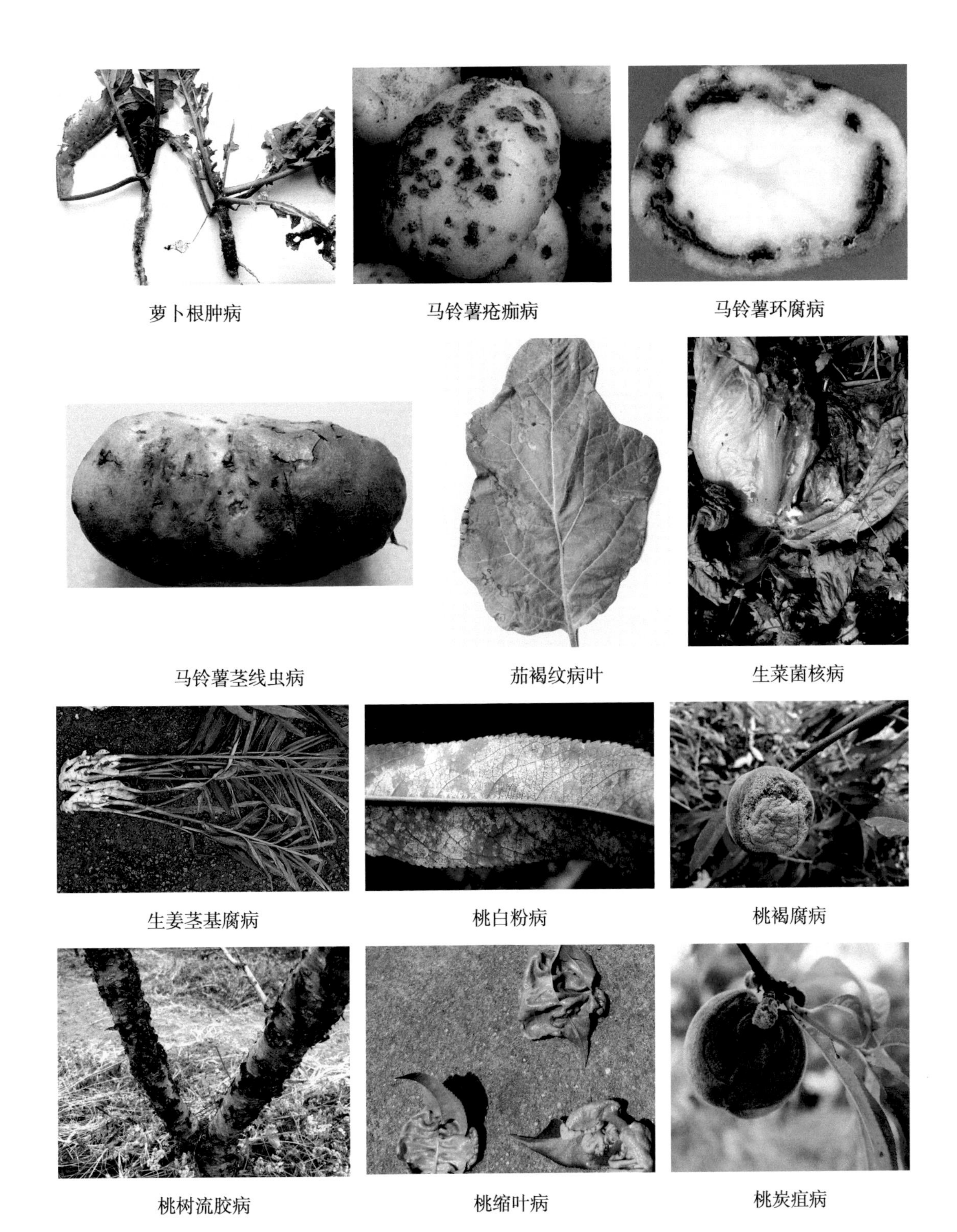

萝卜根肿病　马铃薯疮痂病　马铃薯环腐病

马铃薯茎线虫病　茄褐纹病叶　生菜菌核病

生姜茎基腐病　桃白粉病　桃褐腐病

桃树流胶病　桃缩叶病　桃炭疽病

桃细菌性穿孔病

桃枝枯病

莴苣灰霉病

莴苣霜霉病

西瓜病毒病

油菜生理性白化

芋疫病

元胡霜霉病